奶牛环境与疾病

鲁　琳　侯引绪　编著

中国农业大学出版社
·北京·

内容简介

全书共分 9 章，着重介绍了奶牛养殖与环境、奶牛福利与生产工艺、粪污处理与环境保护、热应激环境及其防控、环境消毒与疫病防控、奶牛传染病等各类疾病的防治。本书的特点是，奶牛环境部分融入自然科学、工程科学和社会科学为一体，既揭露现代奶牛产业中存在的主要问题、经验和教训，又能够解决环境友好型可持续奶牛产业中环境控制及环境保护的战略与措施；疾病部分紧扣奶牛生产现状，理论联系实际，将"养 、防 、治一体化"科学理念贯通牛病防治的全过程，充分体现牛病防治与社会经济和生态效益的高度统一。

本书可作为高等学校动物科学和动物医学专业参考书籍，也可供从事奶牛生产与疾病防治的科技人员阅读。

图书在版编目(CIP)数据

奶牛环境与疾病/鲁琳，侯引绪编著. —北京：中国农业大学出版社，2014.8
ISBN 978-7-5655-1026-7

Ⅰ.①奶… Ⅱ.①鲁… ②侯… Ⅲ.①牛舍-环境管理-②乳牛-牛病-防治 Ⅳ.①S823.9 ②S858.23

中国版本图书馆 CIP 数据核字(2014)第 162533 号

书　名　奶牛环境与疾病
作　者　鲁　琳　侯引绪　编著

责任编辑　张秀环　　**策划编辑**　张秀环
封面设计　郑　川　　**责任校对**　王晓凤　陈　莹
出版发行　中国农业大学出版社
社　址　北京市海淀区圆明园西路 2 号　　**邮政编码**　100193
电　话　发行部 010-62818525，8625　　读者服务部 010-62732336
编辑部 010-62732617，2618　　出　版　部 010-62733440
网　址　http://www.cau.edu.cn/caup　　**e-mail** cbsszs @ cau.edu.cn
经　销　新华书店
印　刷　涿州市星河印刷有限公司
版　次　2014 年 8 月第 1 版　2014 年 8 月第 1 次印刷
规　格　787×1092　16 开本　16.5 印张　407 千字
定　价　35.00 元

前 言

现代奶牛生产过程中，养殖环境的清洁舒适和疾病防治至关重要。一方面，良好的养牛环境可以充分发挥良种奶牛的遗传潜力和饲料营养成分的利用率，降低疫病发生率，为高产、优质、高效和安全的奶牛生产创造条件，达到提高奶牛生产水平的目的。近年来，国外奶牛产业在进一步提高集约化、自动化的同时，越来越关注奶牛的生存环境，重视奶牛本身行为福利和生理需求，积极推行清洁养殖和福利养殖。特别是欧洲国家近年来开始立法，以确保动物福利。另一方面，奶牛疾病的发生不仅对奶牛本身造成巨大伤害，使产奶量降低，饲养成本提高，更严重是导致牛奶品质下降，如微生物数量超标、体细胞数量增加、药物残留提高，直接威胁到人类食品安全和健康，从而对奶牛产业健康发展造成严重影响。

为更好地适应世界奶牛产业发展趋势，推进我国奶牛产业的可持续发展，寻求符合奶牛福利的新型奶牛生产工艺模式，以及与之配套的环境控制技术、清洁生产技术、精准饲养技术、福利养殖技术和疾病防治技术，已成为我国奶牛产业能否崛起的关键技术。因此，需要从奶牛生产工艺新型模式着手，通过相关配套技术的集成与示范，来提高资源利用率、减少粪污和温室气体排放、降低饲养成本和能耗，协调好奶牛、环境与人之间的关系，以保障牛奶质量安全，提高其国际竞争力。

在本书编著的过程中得到了路永强研究员、倪和民教授、孟庆翔教授、颜培实教授、吴清民教授、顾宪红研究员和董晓霞副研究员的指导和帮助，在此深表谢意！同时，本书出版也得到了奶牛产业技术体系北京市创新团队项目经费的资助，在此也一并表示感谢！

由于编著者专业水平和实践知识有限，书中不足和疏漏之处在所难免，敬请广大同行、读者批评指正！

编著者

2014 年 3 月

目 录

第一章 奶牛养殖与环境

奶业是节粮、高效、产业关联度高的产业。奶业的平稳健康发展，对于改善居民膳食结构、提高全民素质，促进农村产业结构调整和城乡协调发展，为农民增收提供新的增长点，带动国民经济相关产业发展等，都具有十分重要的意义。从2001年以来，党和政府高度重视乳业经济的发展，在国家长期科学和技术发展规划纲要(2006—2020)中，明确把现代奶业作为重点支持的产业，从中央到地方，对奶业发展给予了大量资金和政策支持，促进了奶业持续快速的发展。而北京奶业发展具有明显的市场优势，由于地处首都、居住人口和流动人口数量位居全国前列，它既是我国最为领先的乳品消费基地，同时也是十分重要的乳品生产基地，被列为国家重点扶持的大城市郊区乳业优势发展地区，在全国城市乳业发展中一直起到重要的引领和带头作用，在都市型现代农业发展和首都经济与社会可持续发展中地位显著，具有不可替代的作用。

第一节 奶牛养殖与环境现状

1.国内外畜禽养殖和环境现状

近年来，欧盟疯牛病以及我国部分地区"瘦肉精"、禽流感事件的发生引起了人们对动物产品和饲料安全问题的高度关注，WTO各成员国按照WTO-TBT/SPS(贸易技术壁垒/动植物检疫)协议纷纷制定了针对动物产品贸易的法律、法规和标准，实施绿色贸易壁垒。如何保持动物产品的安全、优质和高效生产和保障动物福利，实现养殖业健康生产已不仅仅是养殖业自身的可持续发展问题，还关系到国际关系中的贸易、政治乃至国家安全等问题。在此背景下，世界各国纷纷在动物福利、动物食品安全、优质和高效生产方面争相开展研究工作，以争取在未来国际竞争中的主动地位。

(1)国内现状

我国现代养殖起步于20世纪70年代末期，20多年来养殖业产量和产值以两位数的速度快速增长，迅速解决了我国动物性食品短缺的矛盾。近20年来，我国养殖业科技活动主要以解决支撑养殖业数量增长技术需求而展开，在动物高产品种培育、动物营养需要量和饲料配方技术等方面取得了一批成果。20世纪90年代中后期以来，一个重要发展是现代分子生物学技术、信息技术与奶牛遗传育种、动物营养、动物卫生、动物食品安全等领域的研究与开发的有机结合，大大拓展了养殖业的研究领域，开辟了数字养殖业、分子数量遗传学、动物食品安全生产、动物福利及应激监测等新的方向。如在肉质优良基因的克隆与筛选、营养与基因表达、动物生长轴的个体发育和营养调控、动物应激监测、动物产品中有毒有害成分的快速监测方法、动物营养诊断与配方远程技术等方面都取得了重要进展，为我国动物健康养殖科学尽早跻身国际先进行列，在国际"绿色技术壁垒"竞争中占领战略制高点提供了可能。

(2)国际现状

为了满足安全、优质和高效动物产品生产的技术需求,20世纪90年代以来奶牛优良种质资源的挖掘和利用、动物营养代谢及其调控、动物产品安全生产及其检测技术、动物应激及其福利、动物环境控制及其饲养技术、动物排泄物无害化增值处理方法研究、技术开发和标准制定一直是国际动物科学研究的最核心的内容之一,并在国际绿色和平组织、动物福利组织等社团组织和各国行业协会、政府部门的推动下通过立法、制定标准等手段直接约束养殖业生产和养殖业产品的国际贸易。健康养殖关键技术的研究和标准制定已成为当前世界各国实施养殖业绿色技术壁垒的最直接和有效的手段。例如,欧盟饲用抗生素使用禁令的颁布,京都议定书中对各发达国家反刍动物饲养量的限制;荷兰等一些发达国家对养殖场排污颁布恶劣的法令限制等都体现了这一趋势。

健康养殖生产是一项系统工程。动物育种、营养和饲料、饲养环境和工艺、检测技术是集约化生产条件下实现健康生产一组密不可分的矛盾方面。国际上自20世纪90年代后期以来,将动物育种、营养和饲料、奶牛应激、环境调控技术有机结合起来进行综合研究已成为该学科领域发展的主要特点。如美国农业部农业研究司1999年起资助"动物福利和应激控制系统"项目对动物福利进行研究,设置了11个方面的研究课题,包括牛、猪和鸡福利的衡量指标、动物的适应性(研究遗传和环境对生产性能的影响)、群体行为、环境应激及环境管理决策支持系统等研究内容,正确和科学地认识环境应激及其程度,并研究出适当的处理措施,减少环境应激带来的巨大经济损失。该研究能为生产体系的合理设计提供数据库和科学的理论基础,同时对现有的管理措施进行评价、检验和完善,旨在减少环境应激,提高动物福利,增强奶牛产品的国际竞争力和促进畜牧业的可持续发展。

2.国外奶牛饲养方式和生产工艺现状

按照奶牛的饲养方式,可将奶业发达国家分为两类,一是以美国和加拿大为代表的舍饲奶牛国家,二是以放牧为主的新西兰和澳大利亚等国家。

(1)舍饲为主的奶业发达国家的奶牛饲养方式和生产工艺现状

①美国奶牛场　美国的奶牛场一般牛群比较大,饲养管理水平高,牛舍环境控制设备齐全,机械化程度高,是典型的高投入、高产出。很多奶牛场只饲养成母牛和犊牛,犊牛断奶后出售,然后将怀孕的青年牛购回。大多数牛场使用TMR车饲喂,每天只上一次料,但每天至少要将料槽内的饲料混匀6次。饮水因饲养方式而异,拴系式牛舍内采用杯式饮水器,散栏式牛舍内则采用饮水槽,全天供应饮用水。美国的奶牛场多采用刮板式清粪系统,一般每天清粪2次或3次,均在挤奶时间内进行。为了能保证全年使用刮板清粪,有的奶牛场,如位于美国纽约的Dairy Development International奶牛场还在地板上设计地暖,以防止冬季粪尿结冰。挤奶也与饲养方式有关,拴系式牛舍内普遍采用管道式挤奶,而散栏式牛舍则是集中到挤奶厅挤奶,挤奶次数均为2～3次。

美国的奶牛场非常关注奶牛的舒适性。奶牛场工作人员坚信:为奶牛提供舒适的环境能极大地提高奶牛的产奶量,因此,他们极度关注奶牛的采食状况、休息状况和泌乳情况,为奶牛设计自由卧栏,卧栏内铺设卧床垫或沙子垫料等。工作人员每5天就要给沙床上填充一次沙子;严格控制牛群密度,提供齐全的环境控制设备,牛舍内安装风扇和喷雾器用于降温,侧墙设计卷帘,保证舍内通风充足。

②加拿大奶牛场　加拿大的奶牛场与美国有所不同,奶牛场多为家庭式饲养,牛群小,一

般都在 300 头以内。此外,奶牛场饲养各阶段的奶牛,多数奶牛场后备牛完全由本场供应。此外,加拿大的奶牛场很多采用舍饲与放牧结合方式,奶牛在干奶期时,一般采用放牧饲养,产犊前转入舍内饲养。

加拿大还有很多奶牛场不饲喂 TMR 日粮,但也不同于我国传统的饲喂方式,他们一般先将精料和青贮同时饲喂,然后再饲喂干草。牛场的大部分饲料来源于本场的农田。饮水方式与美国的相似,但牛舍的清粪系统则完全不同。加拿大的奶牛场地面一般都是漏缝地板,粪尿在暗沟中自然发酵,待农田需要施肥时,用污泵直接抽取,通过地下管道运送到附近的田里。

加拿大奶牛场工作人员也很关注奶牛的舒适性。饲养员相信,舒适和放松的生活环境能提高牛奶质量和产奶量,每个工作日,他们都会整理牛床,并在牛床上铺设稻草和锯末等垫料,以便为奶牛提供舒适的休息环境。有的奶牛场还为奶牛提供饰毛刷等设备。

(2)放牧为主的奶业发达国家奶牛饲养方式和生产工艺现状

新西兰和澳大利亚的奶牛场多以放牧为主,奶牛全年在牧场饲养,牛群规模一般控制在 500 头(泌乳牛)左右。牛场主要饲喂草,但在春季或秋季会补充一些青草做的饲料。青贮主要由夏季草场过剩的草制成,也有的会从附近购买。

放牧为主的饲养方式一般不同于舍饲为主的饲养方式。舍饲为主的饲养方式为了提高牛舍的利用率,一般采用全年均衡产犊方式,而放牧的则一般采用集中产犊。冬季奶牛进入干奶期,这阶段主要饲喂芸薹(一种饲草),而且,新西兰特别关注犊牛的饲养。他们认为只有养好犊牛才能保障整个牛群的健康。

这些国家一般还是采用厅式挤奶方式,大多数每天挤奶 2 次。

(3)其他国家奶牛饲养方式和生产工艺现状

①欧洲奶牛场　欧洲奶牛饲养有舍饲和放牧两种形式,舍饲奶牛多与美国模式相似,放牧的奶牛一般采用 VMS(Voluntary Milking System)挤奶系统。这种挤奶系统不需要工作人员参与挤奶,何时挤奶完全由奶牛决定,奶牛平均产奶量为 35 千克/头,奶牛平均每天挤奶次数为 2.6 次。欧洲的奶牛场多为家庭式饲养方式,加之国家对每个牛场存栏量有严格控制,牛群规模较小,机械化程度较低。

②中东奶牛场　奶牛业是中东地区农业的重要部分。该地区规模化奶牛场多为商品奶牛场,牛群较大,奶牛存栏达 1 000 头左右。奶牛的饲养管理水平与我国规模化奶牛场相当,产犊间隔一般在 400 天以上,但泌乳期长于我国,多在 340 天左右。由于气候潮湿炎热,牛舍多采用凉棚式,凉棚外建造运动场。规模较大的奶牛场采用 TMR 日粮和人工授精。由于严重缺水,只在挤奶后才给奶牛提供饮水,牛场污水经净化处理后循环利用。有的奶牛场采用刮板清粪,但有的奶牛场每年只清一次粪,牛粪可聚集约 20 厘米厚,清除的粪污直接运送到附近农田作为有机粪料。

③南美洲奶牛场　南美洲奶牛养殖比较落后。奶牛一般以完全放牧或放牧与舍饲结合的方式进行饲养。牛群规模较少,机械化程度很低,很少采用 TMR 日粮,挤奶也多采用提桶式挤奶设备。特别是阿根廷,至今国家没有有关奶牛场粪污排放和处理的限制性政策,很多奶牛场直接将粪污排放到附近的河流,对牛场周围环境污染严重。

第二节　奶牛养殖与环境发展趋势

1. 奶牛养殖过程中重视奶牛福利

荷兰的奶牛在饲养过程中，对每头牛都实行身份证和注册管理，所有的健康记录被存放在耳标的芯片中，供查询；荷兰的奶牛在饲养过程中，环境问题受到重视，荷兰制定了专门的法规。荷兰成立了“农场牛奶产业供应链质量保障基金会”，对动物健康、营养、福利、卫生和环境等方面进行检查，保障其牛奶质量，确保家庭农场操作的井井有条。生产的牛奶也采样送检分析，看这些样本是否符合质量标准。同时，相应的乳品加工企业也制定了质量管理标准。这都为乳品质量安全提供了保障。并且荷兰政府对奶业的发展也给予了大力的扶持和引导，为其健康发展创造了良好的外部条件。

法国在动物福利方面，法律健全，养殖户自愿遵守《动物福利保护法》并且监督管理完善。其奶牛养殖户要从场区的建设、动物的心理方面考虑动物的福利。给予奶牛生长健康的舒适的养殖环境，使其快乐地成长，还有相关的比赛促进养牛文化的发展。

2. 原料不含抗生素，奶牛饲料配方精确，减少温室气体排放

荷兰在饲喂管理方面，为了保证日粮的营养均衡，奶牛还需要饲喂具有补充性的优质混合饲料。这些混合饲料是由天然成分配制而成的，不含抗生素，不含产量增长剂，不含任何人工合成的添加剂。只有具有 GMP 合格证书的饲料企业才允许向家庭农场提供混合饲料。此外，传统开放式的施肥方式已经被灌注的施肥方式所取代。

以色列在饲养方面全部奶牛都饲喂全混合日粮(TMR)，奶牛业生产专业化程度高，有专门的饲料加工中心，就是把干草、青贮和精料混合加工后配送到每个奶牛场和农户，饲养场及农户不自己生产加工饲料。饲喂 TMR 饲料提高了适口性和营养全价水平，由于是统一加工配送，饲料成本也相对较低。并改善动物的日粮模型，使养分供需达到精确平衡，可以在保证最大生产效率的同时减少氮、磷的排泄。

日粮因素控制反刍动物甲烷生成，控制适当采食量，适当提高饲粮中的精料比例，并选用优质粗饲料，开发新型微生物制剂通过竞争改变瘤胃微生物区系，可以有效地减少反刍家畜的甲烷产量。

3. 奶牛养殖规范和服务体系健全

日本虽然不具备发展奶业的诸多优势条件，尤其是人均土地的紧张和人口密度高，造成的环境压力，给养牛业带来了很多不利因素，但是日本就如何使土地资源最大化利用，并根据乳品加工，物流配送，终端市场的需求，进行不断创新，经过几十年的发展，走出了一条独具特色奶业发展之路，成为亚洲奶业强国。日本的乳品加工以中小企业为主，乳制品生产品种齐全，一体化程度高，很多牧场自己生产乳制品，以自有品牌在市场销售。乳制品的质量安全控制体系，贯穿从原奶生产、储存、运输、加工到消费的每个环节。日本奶业在发展过程中，协会和农协起着举足轻重的作用，有 95% 的奶牛养殖户加入了协会或农协等一些奶业组织或团体。这些协会在保护奶农利益的同时，还给他们提供相关的服务，包括饲料供应、配种、育种、种牛繁殖、防疫、收购、价格信息等。

美国建立了先进的奶牛育种体系、“花园”式的饲养环境、高度机械化的经营管理、健康的饲料营养搭配和严密的疾病防治体系，是其确保其乳品高质的重要保障。

4. 奶牛场规划设计科学，生产工艺合理，重视环境控制

为奶牛舍创造最适宜的卫生环境和小气候，以机械、电器代替手工劳动，以先进的畜牧业技术，建造自动的环控畜舍，空气全部经过过滤。美国、澳大利亚等国家普遍采用太阳能、电围栏以及放牧场防冻供水系统。还有比较先进的装卸和运输奶牛的装置和设备，保护奶牛免受气候、疾病和应激因素影响的设施。

奶牛是怕热不怕冷的动物，以色列夏季气温最高可达 40℃，奶牛会有非常严重的热应激，对产奶和繁殖产生极大的负面影响。为了减轻奶牛的热应激，以色列的奶牛设计专家主要采取的措施有：设计四周通透，顶棚较高的牛舍，牛舍顶端有通风口；在奶牛的采食区域和挤奶台安装大功率风扇；在风扇下方安装喷淋设施，喷淋与风扇结合，使奶牛体温迅速降低；在奶牛经常活动的区域搭建凉棚，比如运动场、饮水区等。足够的卧地休息对奶牛保持良好健康状况和较高产量是非常关键的。如果全群所有牛的卧地时间都很短，说明这个牛群的运动场环境出现了问题。

5. 重视环境保护，科学处理奶牛场粪便等废弃物

美国加利福尼亚州将牛粪在焚化炉里燃烧，得到的热量驱动发电机发电，每天可以处理牛粪 900 吨，足以供应当地 2 万户居民的用电，但存在的问题是，对于集约化养殖场来说，所产生的粪便量大且含水量高，干燥起来很困难，这就需要耗费大量的能量将其进行转化才能用作燃料。

日本畜产业小规模经营时代，养殖与耕作一体进行，家畜的粪便以及农作物的残渣是农作物生产不可缺少的有机肥料。在日本奶牛粪便堆肥已实现工厂化，他们研制的卧式转筒式和立式多层式快速堆肥装置，发酵时间 1～2 周，具有占地少、发酵快、质地优等特点。

俄罗斯研制的有机发酵装置每天生产 100 吨有机肥，最后成品肥每吨中约含氮、磷、钾 45 千克；韩国采用槽式发酵和螺旋式搅拌在国际上属于较先进的粪便发酵技术。排泄物堆肥后回用于农田和绿地是一种基本方法，但是随着经济的发展及饲养规模扩大，以及农作物肥料施用由有机肥转变为化肥，导致奶牛养殖场的奶牛粪便由宝变为废物。特别是奶牛粪便含水量多，气味大，造成处理、运输、施用中的一系列问题，加剧了奶牛粪便直接还田的难度。

在奶牛粪便处理的政策上，由于超载放牧导致大量的奶牛粪便不能得到及时处理，因此欧洲国家已开始通过在立法上制定政策法规来限制最大载畜量，以减少奶牛粪便对环境的污染。国外的养殖场建设规模已经向中小型发展，并且必须和一定的消纳土地或处理设施相配套才能批准，并且全部实施全程治理，包括产前的饲料、产中的养殖工艺和方法、产后的粪污处置与处理。

第三节　奶牛养殖与环境存在问题

近年来，随着农业产业结构调整的不断深入，社会经济的不断发展和人们生活水平的不断提高，奶牛养殖业呈现了加速发展的势头，但由于起步较晚，经验不足，在发展过程中难免会出现一些问题，奶牛养殖业总体水平与国外水平还有较大的差距，客观地找出奶牛产业健康养殖和环境控制过程中存在的问题，同时借鉴国外的成功经验，找出符合奶牛产业健康发展的解决方案，提高农民收入，促进社会主义新农村建设的发展。

1.奶牛舍和生产工艺设计不合理，有待改造和完善

确定奶牛的饲养管理方式是舍饲奶牛生产工艺设计的核心内容，直接关系到牛舍内部设计、设备的选型及配套设计，同时也关系到投产后的机械化程度、劳动效率和生产水平，是规划、设计和建造牛舍的前提。

拴系式饲养管理方式和散栏式饲养管理方式是国外最常见的两种舍饲奶牛的方式。拴系式饲养方式是传统的舍饲奶牛的方式，目前在北京规模化养殖场仍很普遍，但生产工艺落后，牛舍环境简陋，生产水平低，急需改建；新建的规模化奶牛场，多数照搬美国散栏式牛舍模式，盲目地追求机械化程度和牛群规模大，造成牛舍投资昂贵，环境污染严重。

散栏式饲养管理方式是近10年来北美和欧洲发展起来的一种新型的奶牛饲养管理方式，这种饲养方式一定程度上改善了奶牛福利，便于实现奶牛的机械化管理，提高了劳动生产率，但牛舍投资较高，如何降低牛舍投资已经成为学术研究的热点之一。

在借鉴国外先进的奶牛饲养工艺的基础上，结合北京市目前规模化奶牛场的发展现状，我们提出一种符合北京实际的新型奶牛饲养管理方式及配套牛舍的改造方案，在不影响奶牛福利的前提下，降低规模化奶牛场牛舍投资和占地面积。

2.清粪方式不科学，不利于奶牛健康和公众健康

清粪方式多样，各具特点，不同清粪方式，所采用设备也不相同。人工清粪是小型牛场和养殖小区采用最多的清粪方式。铲车清粪和刮板清粪方式是目前北京市奶牛场使用最广泛的清粪方式。采用铲车清粪时，需要将牛群赶出舍内或在奶牛挤奶时间进行，加之噪声较大，对奶牛有应激。此外，一般每天清粪2～3次，粪便积攒较多，不利于舍内环境和牛体清洁的保持。刮板清粪方式，可在不影响牛的情况下，将粪便很好地清除。目前，北京市尚没有国产的刮粪板，进口设备价格昂贵，成为这种清粪方式在牛场使用的障碍，所以，研发国产的刮板清粪系统迫在眉睫。近几年，有的牛场开始使用水冲粪方式，寒冷地区与铲车清粪方式结合，冬季采用铲车清粪，其他季节采用水冲粪。采用水冲粪方式，需要整个牛场具有一定的坡度，且这种清粪方式需要消耗大量的水，且从源头增加了污染物量，增大后续粪污无害化处理压力，应该逐渐淘汰。此外，采用水冲粪时，由于水量大时，很容易打湿奶牛乳房和后驱，有的奶牛直接饮用冲洗水，由于很多冲洗水重复利用，里面含有大量病原菌，非常不利于奶牛健康。

3.奶牛舍环境控制不重视，热应激影响奶牛生产性能和健康

由于受暂时利益的驱动，盲目兴建奶牛场，建造不规范的奶牛舍，在日常饲养管理中，不注意奶牛舍的防暑、保温、除湿，应激反应频繁，容易出现以下几个方面的问题。其一，舍温难控。奶牛长期生活在应激反应的环境中，病毒、细菌极易活化，从而引发多种疾病。其二，湿度尤其夏季过大。奶牛长期生活在阴暗、潮湿的环境里，趾蹄病例大增。其三，通风不良。奶牛呼吸及粪尿产生的大量有害气体物质(如氨气)浓度增高，犊牛就易患上呼吸道疾病。

奶牛热应激导致夏季产奶量急剧下降。研究证实，温度是影响奶牛产奶量和乳品质的重要因素。高温会导致奶牛的产奶量不同程度地下降，乳脂率也降低。有资料显示，当日平均气温达到23℃时产奶量下降了5%，当日平均气温达到38℃时，产奶量下降50%。在热带和亚热带地区，奶牛业每年都因热应激遭受巨大的经济损失，而且随集约化饲养方式普及而日益加重。

4.奶牛场和养殖小区规划不合理，要大力发展健康养殖

一是科学规划养殖场。按照《奶牛养殖业污染防治规范》(HJ/T 81—2001)的要求，有计

划、科学合理地对奶牛场及环境进行规范化建设与改造，要有利于避免灰尘和废气，减少噪声；有利于防护有害生物因素（如鼠、狐狸等）的侵害；有利于废弃物的处理；有利于粪便、污水的排放和处理，从而切断传染源与易感奶牛之间的循环链条，达到控制疫病的目的。二是合理规划粗饲料用地，改善奶牛精、粗比例，达到营养均衡，增强奶牛体质、提高饲料转化效率的目的。三是植树种草，搞好绿化。据报道，合理对奶牛场绿化，可使恶臭强度降低30%，有害气体减少25%，尘埃减少35%～40%。四是合理控制牛群密度，保证每个奶牛有足够的生存空间。

5. 奶牛福利重视不够，疾病防控和原料奶安全不容乐观

奶牛场规模养殖发展于20世纪80年代中后期，在较长时期的生产实践中，总结出了很多经验和教训。然而现实中较多奶牛场，思路不明，特别是2000年以来受政策和乳制品的高需求极大地刺激了养殖奶牛热情，不顾条件，盲目上马，而这些奶牛场往往缺乏现代养殖意识和技术，忽视对动物福利的投入保障，使奶牛疾病防制和原料奶生产安全工作走入误区：一是忽视疾病防制，这是制约当前奶牛规模化健康养殖的关键。据调查，北京延庆县和昌平区的12个奶牛场养殖的2 143头，忽视奶牛病防制的场（无专业驻场兽医、无专门的防治计划和制度、不注重免疫和综合防制措施）的多达11个，占95%，使牛群备受疫病威胁和滥用兽药之虐。二是忽视对动物安全体系建设的投入。调查发现，80%以上的牛场往往把牛舍建好了，环境又被忽略了；牛舍养了牛，饲料又差了；传染病控制了，营养性疾病又增多了。三是重治轻防，防治错位，陷入滥用兽药误区，调查发现，不少牛场超量注射抗生素等药物，不但增加了开支，不能治愈疾病，而且奶牛体内药物残留大增，影响到原料乳安全。

6. 奶牛场对环境造成的污染较大

2002年我国调整农业结构以来，要求农民奶牛养殖从庭院中走出来，引导农民逐步建立奶牛养殖小区，在养殖小区的基础上实现农村奶牛养殖的规模化、规范化，扩大了养殖规模。如2008年北京市共有5639个奶牛养殖场户，平均每个养殖场户的饲养规模为30头，远高于全国6头的平均水平。其中100头以上的规模化奶牛养殖场户数已达到304个，占全部奶牛养殖场户数的5.4%；规模化养殖场户饲养的奶牛头数为11.87万头，占北京市奶牛存栏总数的70.2%；规模化养殖场户生产的牛奶达到49.85万吨，占北京市牛奶总产量的74.6%。

奶牛养殖业规模化的发展所带来的突出问题就是粪便、污水的高密度集中排放。据估计，我国奶牛养殖业每年废弃物的排放量超过了100多亿吨，其中奶牛个体粪便排泄量在奶牛中又是最多的。这就意味着奶牛养殖场规模越大，饲养的奶牛头数越多，其排放的粪污也就越多。以北京市为例，2007年，北京市奶牛日平均排泄鲜粪13.5千克，尿5.67千克，另外冲洗牛栏等每日还产生废水60千克。奶牛养殖业的产粪量、产尿量、产污水量分别占当年畜牧业总产污量的41.6%、25.3%、45.6%。显然，这种高密度排放的废弃物已远远超过自然界的消纳和自净能力，从而成为巨大的污染源。特别是在大中城市的郊区，规模化的奶牛养殖场所带来的环境问题更为严重。

第四节　奶牛养殖和环境技术需求

针对奶牛良种繁殖利用率低、生产方式落后、生产水平低、乳制品安全问题突出、生产环境公害严重等问题，从种质资源保存与开发利用、健康养殖环境控制、应激监测与福利、健康养殖关键控制点和控制技术与方法、乳制品可追溯技术等关键技术研究和开发着手，集成奶牛健康

养殖成套技术，实施产业化示范应用，大幅度提高北京市奶牛健康养殖技术水平，培育安全、优质乳制品优势品牌和生产企业，建立乳制品供应链信誉和质量保证技术体系，推动奶牛产业安全、优质、高效、无公害生产的发展，促进奶牛产业循环经济的建立，提高消费者对乳制品的信任度和北京市乳制品在国际市场上的竞争能力。

奶牛生产过程中的卫生控制、有毒有害物质的检测和控制技术、不同生产组织模式的奶牛健康养殖良好生产行为规范和标准、奶牛废弃物的无害化资源化开发技术是北京市奶牛生产的薄弱环节，直接影响乳产品的品质和卫生安全，是制约市场竞争力和影响消费者消费信心的关键因素。同时，奶牛养殖业已成为污染产业之一，不仅成为一种面源污染源，对生态安全造成巨大威胁，其温室气体等环境问题也引起了国际社会的关注。据测算，2008 年我国奶牛粪便排放量 27 亿多吨，养殖污水近 100 亿吨。农村奶牛养殖人畜混居、养殖场粪便污水、恶臭是农村公共卫生最大隐患。因此奶牛生产无公害技术是北京市奶牛生产最迫切需要解决的技术问题。

"善待动物，就是善待人类自己"的概念已受到畜牧业界的共识。"防重于治"到"养防并举"是对防控奶牛重大疫病认识的深化，也是近年来防控口蹄疫、布氏杆菌病等重大疫病取得的基本经验。优化奶牛饲养环境，改善奶牛福利健康水平，减少奶牛应激是降低疾病滋生、减少兽医和饲料用药，提高奶牛产品品质和卫生安全的重要保障。同时近年在发达国家，尤其在欧洲，奶牛舍的除臭（特别氨气）和降尘技术成为关注的焦点。奶牛舍的空气质量不仅有损于动物和饲养人员的健康，而且影响大气环境，在一些欧洲国家，如比利时、荷兰、丹麦，奶牛养殖业排放的气体是导致温室效应的主要因素。近年来，美国农业部资助国家项目"未来农业和食品系统"，在宾夕法尼亚、依阿华、伊利诺斯州、明尼苏达、北卡罗来纳和德克萨斯 6 个州开展跨学科的合作研究，研究奶牛舍内甲烷气体和粉尘排放率的测定方法，旨在为奶牛业甲烷排放量的估算和减排技术提供基础。

奶牛产业生产规模差距较大，饲养方式多样，饲养密度相差很大，奶牛应激尤其热应激相当普遍。因此，在研究奶牛福利标准和应激监测技术的基础上，研究针对不同奶牛品种、不同养殖环境、不同生产规模的奶牛舍环境标准和控制技术、降低奶牛场废弃物排放量是发展健康养殖的重要物质基础和保障，也是"十二五"期间奶牛产业迫切需要攻关解决的技术关键。

乳制品的安全已成为消费者关注的焦点，"从农场到餐桌"的全程控制是保障乳制品安全的必要手段。针对乳制品生产全过程，分析确立危险控制关键点，制定控制措施是国际上发达国家普遍采用管理手段和方法，制定了 HACCP、GAP 等多套管理体系。但这些标准面对北京市奶牛产业生产实际显得无所适从，不能适用和大面积推广。如何根据北京市的奶牛生产实际，提出针对市情的全过程管理关键控制点、控制技术和控制方法，不仅可以大幅度提高上述国际权威标准体系在北京市的适应性，也可以大大提高我国在修订国际标准中的话语权和参与度。

在奶牛生产过程中加强以信息技术为手段的产品可追溯技术和方法的研究、推广应用，不仅可以大大提高乳制品安全管理的手段、效率，也可以提高消费者的知情权，提高消费者的信心，推动安全、优质乳制品生产和加工的发展，推动奶牛产业升级，是畜牧业"十二五"规划提出的重大战略部署，迫切需要提出切实可行的方法和技术手段。同时应用现代信息技术优化生产技术规程和科学经营管理决策，实现科技创新，大幅度提高奶牛产业的生产效益，增加农民收入，进一步促进京郊社会主义新农村建设意义重大。

针对奶牛生产工艺落后、生产水平潜力较大、乳制品安全和环境污染等问题比较突出，以高效、安全、生态奶牛生产为目标，重点提高奶牛良种率和繁殖效率、安全环保健康养殖技术、养殖环境控制和养殖安全关键控制点与乳制品质量可追溯技术研究，逐步建立现代奶牛规模化高效健康养殖技术体系。同时保证乳制品安全，促进奶牛产业循环发展，形成优质、安全、高效养殖业新的经济增长点。

1.研究和推广奶牛健康养殖环境控制关键技术

(1)污染物快速筛选检测与定量确认检测技术

针对奶牛场主要污染物(气源、水源与粪源)及其前体物质，利用近红外/中红外分析技术、原子吸收/原子发射分析技术、离子色谱分析技术、PCR 分析技术等，研究建立养殖场气源、水源、粪源等污染物及其前体物质中主要有机污染物、无机污染物、有害微生物的快速筛选检测技术和定量确认检测技术，奶牛养殖生产各关键环节的环境监测指标与标准检测技术，研究活牛及鲜奶运输的环境监控技术。

(2)研究和推广奶牛养殖环境评价技术

研究奶牛环境指标和奶牛粪便环境特性，构建奶牛健康养殖环境数据库，开展奶牛粪便污水安全利用评价方法和环境负荷研究，建立奶牛养殖环境评价标准体系，为奶牛健康养殖提供决策方法。

(3)研究和推广健康养殖标准化设施和环境控制设备

研究奶牛舍建筑类型和农村养牛小区污水少排放工艺和配套设施；研究适合不同类型奶牛养殖标准化设施、工程防疫技术及配套设备；进行低价节能发酵床、人工清粪设备等牛的舍饲清洁生产新工艺配套养殖设施与设备开发与推广。

(4)研究和推广奶牛生产环境控制和污染物减排技术

研究奶牛舍内空气污染物源形成机制，探讨有害污染物源头控制技术，研究奶牛舍排出空气污染物的减排技术，研究废弃物储存和处理过程中的臭气和温室气体减排技术。

(5)固体废弃物安全处理与资源利用创新技术工艺和关键设备研究

在废弃物处理过程无污染且保证终端产品安全的基础上，研究适合养殖小区使用的奶牛粪便处理与资源化利用技术和关键设备；研究大规模养殖场固体废弃物资源利用的创新技术工艺和关键设备；研究奶牛粪便干发酵技术工艺与关键设备。

研究粪便在贮存过程中微生物、无机组分及有机物分解和转化的规律，获得粪便收集、贮存及利用的技术参数，建立不同饲养类型(大型、养殖小区、农户)的奶牛场粪便收集、贮存的科学方法及增益化处理技术。

(6)奶牛健康养殖环境工程技术集成与示范

建立奶牛健康养殖环境技术示范点，为健康养殖环境技术的应用提供样板。主要内容包括以下四个方面：奶牛健康养殖规范化生产工艺和设施、工程防疫配套技术集成与示范、奶牛生产环境质量控制及有害污染物减排技术的示范、奶牛粪便污水无害化处理和安全资源化利用技术的集成与示范。

对奶牛生产环境指标进行检测，综合国内外文献与生产情况制定奶牛生产环境控制与管理参数。

2.研究和推广奶牛生产应激监测与调控技术

(1)奶牛应激和福利的评估与监测

研究奶牛生产全过程中主要应激因素对奶牛生理与生化、行为、营养代谢以及免疫反应的影响规律,提出相应的应激评价指标、方法以及评价标准,建立奶牛健康养殖的应激监测技术体系;研究确定评价奶牛福利的相关指标和参数,建立相应的福利评价方法和模型,提出奶牛健康养殖的福利评价体系及标准。

(2)环境应激和福利水平对奶牛健康和乳制品品质的影响机理

研究集约化奶牛生产中存在的主要应激因素(源于不良的饲养环境与设施、高温高湿等)对奶牛生产性能与牛奶形成规律的影响机制,提出相应的环境控制标准;研究奶牛福利水平(源于奶牛生产系统中环境控制、生产工艺、设施设备、挤奶方式等影响)对奶牛健康与原料奶质量的影响途径与规律,提出有利于奶牛健康与原料奶安全的福利型生产方式。

(3)减少奶牛应激尤其热应激的福利设施及调控技术研究

从奶牛生理和行为需要出发,研究减少应激影响因素的福利型饲养设备、运输和屠宰设备及其工艺控制参数,探讨符合动物福利要求的饲养环境调控技术、生产管理替代技术和挤奶技术,建立奶牛低应激生产的技术体系。

采取综合措施,减少热应激对奶牛生产和健康的影响。首先要研究可推广新型的防暑降温设备和抗热应激饲料添加剂,制定了具有北方特色的综合防控奶牛热应激的方案措施,并在京郊的奶牛场推广应用,使夏季产奶水平比实施前提高10%～15%。其次在国内使用体温日节律特征指导家畜的防暑管理技术,创新研究了奶牛在热应激条件下血常规指标的变化趋势以及不同温度(季节)条件下奶牛淋巴细胞的凋亡及相关基因的表达规律;筛选并研究了多个奶牛抗热应激遗传标记,为奶牛耐热品系选育、生产性能提高及疾病抵抗力等研究带来突破性的进展,并在京郊规模化奶牛场推广应用。

3.奶牛健康养殖技术集成与示范推广

①采用现代分子生物技术并结合常规技术对北京市奶牛品种的主要乳用特性及抗病性进行遗传评估和监测。

②研究建立奶牛营养需要和供给量模型,开发瘤胃调控制剂和过瘤胃营养制剂,利用养殖环境调控及废弃物无害化处理技术,在提高饲料效率的同时实现低氮、磷排放。

③消化吸收国际先进技术和经验,利用个体识别、网络信息数字传输、数据中心处理等技术,创立奶牛生产从农场到餐桌的全程溯源体系。

④研究制定与推广奶牛健康养殖技术标准。以北京市奶牛养殖为例,综合我国无公害农产品生产标准、欧盟农产品良好生产行为规范(GAP)和美国、加拿大等发达国家的HACCP标准体系,研究确立北京市乳制品良好生产行为规范标准,包括:建立针对奶牛场和养殖小区的养殖规模和饲养方式不同,研究制定奶牛健康养殖技术标准,建立符合中国国情的奶牛健康养殖技术标准和规范。

⑤改造牛舍和改进生产工艺,提高奶牛健康养殖水平。饲养管理方式关系到牛舍内部设计、设备的选型配套设计,同时也关系到投产后的机械化程度、劳动效率和生产水平,是规划、设计和建造牛舍的前提。传统的拴系式饲养方式在北京市舍饲奶牛中仍占主导地位,生产工艺落后,牛舍环境简陋,生产水平低,急需改建;而新建的规模化奶牛场,多数照搬美国散栏式牛舍模式,盲目地追求机械化程度和牛群规模大,造成牛舍投资昂贵,环境污染严重。

针对以上情况，将散栏式饲养方式和拴系式饲养方式的优点有机地结合起来，提出一种新型的奶牛饲养管理方式，并以北京市延庆县和昌平区为例，根据奶牛场生产工艺参数和规模大小，研究确定规模化奶牛场（小区）和奶牛专业户牛舍建筑改造和生产工艺改进方案。

改造后的牛舍采用了拴系式牛舍布局形式，并引进沙子垫料的卧床，不但能极大地改善奶牛的舒适性，减少奶牛肢体损伤，降低乳房炎、蹄病等疾病的患病率，还能节省新建牛舍的费用，更重要的是，不用破坏现存拴系式牛舍的外围护结构就实现奶牛饲养方式的改造，可将牛舍改造费用和材料消耗降到最低，这对现存的拴系式牛舍改造具有重要意义。

4.科学处置奶牛场粪便等废弃物，减少环境污染

从能源和肥料角度初步测算，我国每年产生的奶牛粪便，相当于700多万吨标煤或近1亿吨有机肥料，开发利用奶牛粪便不仅能变废为宝，解决农村用能问题，而且可减少环境污染，防止疫病蔓延，具有较高的社会效益和一定的经济效益，是保证我国农业可持续发展的重要资源。目前国内奶牛粪便利用方式主要是用作肥料、燃料和饲料。

（1）奶牛粪便肥料化技术

我国农民自古以来就有用奶牛粪便做农家肥的传统，奶牛粪便中含有大量有机物及丰富氮、磷、钾等营养物质，是农业可持续发展的宝贵资源。数千年来，农民一直将它作为提高土壤肥力的主要来源。过去采用填土、垫圈的方法或堆肥方式将奶牛粪便制成农家肥。但由于奶牛粪便中含有大量的病原菌、虫卵、杂草种子等有害物质，可能会引起作物的病、虫、草害，且随着农业技术的发展，各种化肥以其快速肥效，大批量出现在农民面前，对农家肥的施用造成了巨大的冲击。因此，出现了奶牛粪便大量产生却无人处理的现象，这对农村环境污染是十分巨大的，并且长期施用化肥造成的土壤板结现象日趋严重，同时化肥中含有的有害化学物质在农作物中残留造成了食品安全隐患。因此，针对目前的情况，向农田施用有机肥与复合肥的必要性与意义日显重大，开发出效果明显、可行性高的奶牛粪便肥料化处理技术迫在眉睫。目前主要的奶牛粪便肥料化技术主要有土地还原技术、堆肥化技术、制复合肥技术以及生物处理技术。如今，伴随着集约化养殖场的发展，人们开展了对奶牛粪便肥料化技术的研究。当前研究最多的是堆肥法。堆肥存在的主要问题是不能完全控制臭气，而且堆肥需要的场地大，处理所需要的时间长。我国利用发酵、添加生物增益环等方法，奶牛粪便工厂化处理技术和规模得到快速发展，经过堆放，使奶牛粪便无臭无害，快速制成高效有机肥，随着我国重视商品有机肥料的开发和使用，有机肥料的利用方式也发生显著变化，工厂化生产在我国迅速兴起。但是，商品有机肥出现叫好不叫座现象。结合我国国情来看，我国的奶牛粪便只有将具体技术与生态农业模式结合才能产生事半功倍的效果。在我国，奶牛粪便资源化发展趋势是在完善和研发新的资源化处理技术的同时，遵循生态学原理和循环经济的要求，结合具体地区的自然环境与经济发展状况来建立生态农业工程和区域发展模式，并可以根据不同的生态模式来建立相应的示范基地，力争实现资源的可持续利用和生态环境的改善，全面建设社会主义新农村。

（2）奶牛粪便能源化技术

奶牛粪便与有机垃圾等的能源化处理途径主要是用奶牛粪便生产沼气和焚烧产热。奶牛粪便制作沼气真正开始推广应用是在20世纪20年代后期。一位叫罗国瑞的人，在广东的潮梅地区建成了我国第一个有实际使用价值的混凝土沼气池，并成立了"中国国瑞瓦斯总行"（当时称"沼气"为"瓦斯"），专门建造沼气池和生产沼气灯具等，推广沼气实用技术。沼气工程是我们国家一直推广使用的，开始时以农户为单位，但是这种以户为单位的沼气池，经常因原料

短缺造成做饭中断而不受农民欢迎，同时，一家一户的沼气池废渣液的处理存在二次污染的问题，尤其是污染村庄空气和周围的水体。随着新农村建设的推进，相对一家一户的沼气池，集约养殖、规模养殖场的沼气工程更具有可操作性。沼气工程的环境效益体现在输入部分和输出部分两个方面，在输入部分，通过对奶牛粪便进行厌氧消化，减少了奶牛粪便对土壤、水体和空气的污染，对社会和环境保护作出了贡献，承担了社会成本，或者说减少了社会负担，应当得到一定的补偿。在输出部分，沼气热利用或用沼气发电可以替代常规电力，减少有害气体排放，减轻空气污染，也有利于减缓气候变化，同样应该得到支持和鼓励。我国目前开始制定了一些法规政策来支持生物质能的开发与推广，例如财政专项拨款用于农村小型沼气池建设，对燃料乙醇项目进行补贴 1 800 元/吨，国家制定的能源长期战略中，也把可再生能源摆到了优先发展的位置。2006 年 1 月 1 日正式实施的《可再生能源法》规定了“国家鼓励清洁、高效地开发利用生物质燃料，鼓励发展能源作物”，这是生物质能源发展的重要政策保障。

(3)奶牛粪便的饲料化技术

奶牛粪便含有大量未消化的蛋白质、B 族维生素、矿物质元素、粗脂肪和一定数量的碳水化合物，特别是粗蛋白质含量较高，1 吨干鸡粪可替代 0.35 吨饲料粮。因此，多年来，我们一直提倡把粪便用作饲料，其中使用最广泛的就是把鸡、鸭等粪便用来养鱼，还有些养殖场(户)采取奶牛混合养殖，用某种奶牛的粪便饲喂另一种奶牛。但需要强调的是奶牛粪便的成分比较复杂，奶牛废弃物中也含有一些潜在的有害物质，如重金属(铜、锌、砷等)、药物(抗虫药、磺胺等)、抗生素、激素以及大量病原微生物或寄生虫等，必须注意，这样的食物链存在很大的危险，极易造成奶牛交叉感染或传染病的暴发。因此，欧美、日本等经济发达国家基本上不主张用粪便作饲料，东欧和独联体国家主张粪水分离，固体粪渣无害化处理后用作饲料，液体部分用于生产沼气或灌溉农田。

综上所述，奶牛健康养殖必须彻底改造数量型养殖业的生产方式和技术模式，以科学发展观为指导，以建立符合“5R”原则(Reduce、Reuse、Recycle、Rescue、Re－evaluate)的新型生产方式和饲养模式。即从养殖业产前—产中—产后全过程提高奶牛生存质量和健康水平，充分发挥奶牛优良性状的遗传潜力，少用甚至禁用各种饲用抗生素和药物性添加剂，减少直至杜绝有毒有害物质从饲料、饲养环节进入乳制品或环境等，确保乳制品食品安全，提高乳制品质量，实现产业技术升级，增强乳制品的国际竞争力，从而促进了奶牛产业的可持续发展。

第二章　奶牛场环境保护与福利设施

为从根本上解决规模化奶牛养殖中的生态环保问题，应认真考虑以下三个方面：首先，需根据当地的环境容量来确定养殖规模、布局与生产方式，以及废弃物的消纳措施；其次，养牛生产过程中需加强减废与废弃物管理；再者，实行农牧结合生态化处理利用技术。因此，政策法规上，根据奶牛生产的养分排泄量（主要是氮和磷）、当地的环境容量以及利用养分的配套设施来核准养殖规模。有关奶牛养殖场与环境之间的养分平衡模型与养分流失已成为研究的热点。

1. 加强环境保护意识

2001 年 5 月和 12 月，国家环保总局分别发布了《畜禽养殖污染防治管理办法》、《畜禽养殖业污染物排放标准》和《畜禽养殖业污染防治技术规范》。其中要求各级环境保护部门要加强对畜禽养殖污染防治的监督，抓紧制定相关的法规和标准，严格控制养殖废物的排放。另外，许多地方政府已经采取或正在采取多种措施，对畜禽养殖污染进行控制。如上海市于 1992 年在我国率先发布了专门防治养殖业畜禽便污染的环境保护专项法规，2001 年底北京市下发了《关于发展绿色养殖业实现可持续发展的意见》等。

2. 建立减量排放理念，减少废弃物排放量

氨来自饲料中蛋白质的转化分解，蛋白质过多造成氨气产生增加，应用理想蛋白可以减少氮的排泄。采用工程技术手段，改善牛场环境，如采用湿垫通风降温系统的牛舍，舍内外臭味消失或基本没有，这是改善舍内外环境的有效措施之一。

3. 生态化农牧结合处理技术

养牛场向城郊集中、规模过大是形成养牛业污染的主要根源。而农牧结合、牛粪便用作肥料，既可避免污染环境，又可充分利用资源，提高环境、生态及经济效益。然而人们在利用牛粪污的同时，也要注意土地资源等环境因素对牛粪污的承受能力。

农牧结合是实现循环经济的基础。循环经济把生态工业、资源综合利用、生态设计和可持续消费等融为一体，运用生态学规律来指导人类社会的经济活动，实际上是一种生态经济。而农牧结合为实现循环经济提供了良好的基础。

农牧结合是解决养牛污染的有效途径。我国城郊新建规模化养牛场也要尽量选建在周围有足够的农田、菜地、鱼塘等地区，实现农牧结合，化污为肥、回归自然，这是一种充分利用资源，减少粪便污染的有效途径。

第一节　奶牛场规划与建筑

现代奶牛场已发展到区域化布局，规模化饲养，标准化生产，产业化经营的新阶段，特别是现代科学技术在育种、营养、饲养、环境控制及保护、经营管理以及牛舍建筑设计等各个领域的广泛应用，又促进奶牛场建设技术快速发展。现代化牛场已经成为生产安全、优质、高效产品

的基础条件。因此，无论从场址选择、场区布局，还是畜舍建筑、环境保护等各个方面，从理论到实践都与传统养殖业有很大区别。

1. 场址选择和牛场规划布局

(1)场址选择要符合用地要求

选址要符合当地城郊建设发展规划的用地要求，避免与周围单位相互制约，相互影响。以上海城郊为例，在制定的养牛业发展规划中，根据不同地域条件，已明确划分为禁止养牛区、控制养牛区、适度养牛区和异地养牛区。并要求在控制养牛区内逐步取消散养牛户。引导家庭养殖向养殖小区集中，实行舍饲，禁止放牧饲养，以减少对环境的污染。所以在选择场址时必须首先掌握本地区城乡发展规划和畜牧业布局有关要求。以保证养牛场能够相对长期稳定生产。

(2)场址选择须符合卫生防疫和环保要求，并通过环境影响评价

要把养牛场放到社会大环境里去考虑卫生防疫和环境保护问题，一方面养牛场必须能有效防止外界病源侵入，以免暴发疾病。一般在平原地区，新建场址距铁路、高速公路、交通干线不小于 1 000 米；距一般道路不小于 500 米；距其他畜牧场、兽医机构、肉类屠宰加工厂、居民区不小于 1 500 米，并且应位于居民区及公共建筑群常年主导风向的下风向处。另一方面加强牛场粉尘、病原微生物、粪、尿等废弃物的无害化处理，并且要通过养牛场建设环境影响评价。选择场址参照奶牛日排粪量 10 千克，尿及污水 15 升来估算。

(3)场址选择应满足生产工艺要求，并控制适度规模

选择场址时对于种牛场、集约化示范养牛场、养牛小区和农户饲养等不同类型的饲养模式对场址的不同要求应区别对待。如养殖小区、养殖专业户应由村镇统一规划，在不影响居民正常生活的前提下合理调配建造畜舍棚圈用地，尽量做到生产与生活互不干扰。而对于机械化挤奶站，既要便于各家各户的牛群出入，又要保证鲜奶运输顺畅，所以应建在养殖专业户集中、地势较高、四周开阔、交通便利、水电可靠、无污染的地方。

建筑面积是一个养殖单位建设的各个建(构)筑物的面积总和。占地面积是一个养殖单位占用的土地总面积。种牛场和商品示范场的占地面积和建筑面积不应超出表 2-1 之规定。各种养殖小区一存栏数计算，建筑面积按表 2-1 的 60%左右计算，占地面积按表 2-1 的 40%左右计算。饲养专业户或散养农户牛舍建筑面积以每头奶牛不少于 6 米^2；每头肉牛不少于 4 米^2。

表 2-1　种牛场场区总占地面积估算值

畜种	群别	占地面积(米^2/头)	建筑面积(米^2/头)
肉牛	基础母牛	60～80	16～20
奶牛	基础母牛	130～150	28～30

选择场址时应控制适度规模。城郊养牛场的饲养规模越大，防疫和控制疾病的难度也随之增大，但在实际生产中，各地区都有养牛适宜饲养规模可参考表 2-2。

表 2-2　商品养牛饲养单元生产规模参考值　　头

畜种	商品场	养殖小区	养殖专业户
肉牛	3 000～10 000	3 000～5 000	20～50
奶牛	500～1 000	200～500	10～30

(4)牛场规划布局

牛场布局除考虑各种功能区的分区规划外，还要考虑道路、活动场(运动场)等与功能各区间的相互位置关系。根据功能不同，牛场一般分为生产区、生活管理区、隔离区、饲草料贮藏加工及饲草料种植地等。对上述各功能区进行分区规划时，应根据各区之间的相互功能关系并结合场地地形和主风向，从人、畜保健的角度出发，建立最佳生产联系和卫生防疫条件。在具体规划时，一般要求生产区和管理区以及生产区和隔离区之间最好保持 300 米以上的距离，牛场一般可在各区之间种植饲草或青贮作物，以提高土地资源的利用率。

2. 牛场建筑与设备

(1)奶牛场的建筑与设备

①性质和规模　奶牛场一般都承担向外供应鲜奶和良种牛双重任务，但各场的侧重点不同，有的以供奶为主，有的则着重于选育良种。至于牛群规模，大奶牛场可饲养数千头，小的可饲养数十头。而农村的个体饲养户，一般仅养几头，超过 10 头者较少。

②饲养阶段的划分　奶牛根据年龄和生理特点，可以分为犊牛、青年牛、后备牛、成年牛。犊牛为 0～6 月龄的小牛，它们又可细分为 0～1 月龄群，2～4 月龄群，5～6 月龄群；青年牛为 7～15 月龄；后备牛为 16～24 月龄；2 岁以后为成年牛。成年牛又可根据繁殖阶段进一步划分为怀孕期、泌乳期、干奶期。

③牛群的组成和周转　奶牛场因为性质和规模不同，牛群的组成和周转也不相同。一般来说，牛场中成年基础母牛应占 60%，犊牛占 12%～15%，青年牛和后备牛各占 8%～12%。牛群的周转，按犊牛、青年牛、后备牛、成年牛依次进行。

④饲养管理方式

a. 全舍饲饲养　牛常年舍饲，场内生产性、辅助性建筑配套。根据饲养管理方式的不同，牛舍可以分为散放牛舍和拴系牛舍两种。

散放牛舍的特点是牛可以自由出入牛舍，不受任何约束。牛舍主要供牛休息、避雨和遮阴，地面铺有垫草，冬季逐日增添，待春季天暖时一次清理出去。舍外有运动场，且有青贮饲槽、干草架、饮水槽或饮水器。每天定时把牛赶到挤奶间去挤奶和饲喂精饲料。这种方式的优点是建筑投资少，劳动生产效率高；缺点是管理粗放，牛的产奶量低，垫草消耗量大。

有的散放牛舍内设有牛床隔栏，以保证牛在躺卧时都有一定的地方，而且比较整齐，排粪的位置也比较固定，管理上比没有隔栏的要方便许多。这种牛舍的建筑造价当然要比较高一些。

拴系牛舍内设有固定的牛床和颈枷，牛在一定时间内被放入牛舍后，立即被拴系起来。这种牛舍的建筑造价显然较高，但是便于对牛进行精细管理，可以获得较高的产奶量和繁殖率，所以比较普遍地被采用着。颈枷有硬的和软的(链条或皮带)两种，见图 2-1。

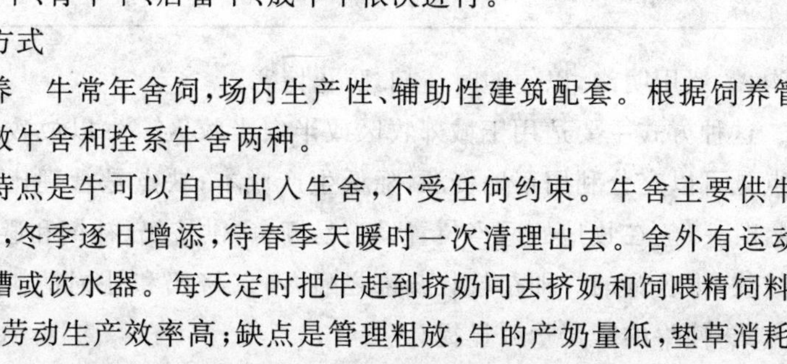

A　　　　B

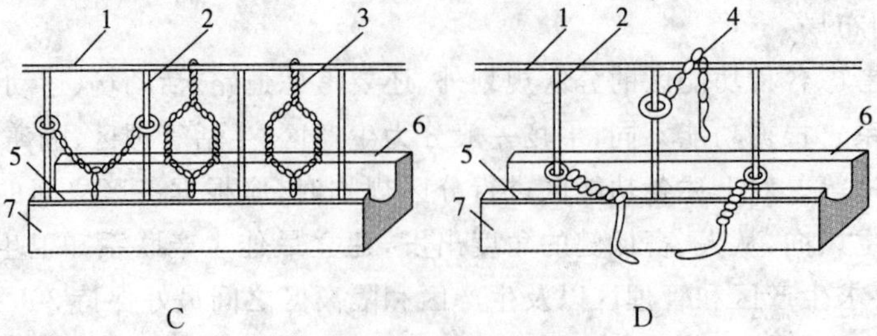

图 2-1　牛颈枷的构造

A. 颈枷正面图　B. 剖面图　1. 锁栓　2. 活动枷杆　3. 固定枷杆　4. 上横杆　5. 饲草后壁　6. 下横杆　7. 饲槽前臂
C. 铁链式正面图　D. 皮带式正面图　1. 上横杆　2. 竖杆　3. 铁链　4. 皮带　5. 下横杆　6. 饲槽后壁　7. 饲槽前壁

拴系牛舍的饲槽，常用的有高槽和低槽两种，高槽的槽底高出地面，低槽的槽底与地面相同。后者因操作方便，采用者较多。至于喂料的方式，因为对奶牛要加强个别饲养以提高产奶量，所以一般都用人工饲喂，不提倡使用送料机械。

各类牛的饲槽尺寸见表 2-3。

表 2-3　各类牛的饲槽尺寸　　厘米

牛别	顶部宽	底部宽	前高	后高
成年牛	60	40	25～30	60～70
青年牛及后备牛	50～60	30～40	25	60～70
犊牛	40～50	30～35	15	35

舍内的粪尿沟，一般用明沟，以便随时清扫，防止堵塞。

b. 放牧饲养　这种方式主要适用于城郊牧区或半农半牧区。牛以放牧为主，仅在挤奶时进行补饲。其优点是可以充分利用草地资源，降低生产成本；缺点是管理比较粗放，产奶量比较低。实行全放牧时，一般在牧地的适当位置设简易棚舍，供挤奶、补饲和避风、遮雨之用。

也有实行半放牧、半舍饲的。即在放牧归来之后，不仅挤奶和补饲精料，而且补喂青贮饲料和饲草。这种方式，使牛的产奶量明显提高。

⑤奶牛舍的类型　从房舍的样式上看，可以有半开放式、开放式、封闭式。按屋顶形式又可分为双坡式、钟楼式、半钟楼式等；单坡式及联合式因跨度较小，在牛舍中很少采用。在寒冷地区，也有采用塑料大棚的，冬季有较好的保暖效果。

舍内的牛床，可以排为一列、两列或多列。多列者因牛舍跨度太大，现已很少采用。舍内的通道可根据需要设置，最好是将饲喂通道和清粪通道分开，免得互相影响和传播疾病。较大规模的牛舍，一般都采用双列式，且两列牛床以尾部相对较好，即牛舍纵向的中央为工作和清粪通道（同时供牛出入牛舍之用）；中央通道两侧为牛床，牛在牛床上时，尾部向着中央通道，头部向外；紧靠两侧纵墙，是两条饲喂通道，专供饲喂之用。

⑥辅助建筑

a. 挤奶厅　挤奶厅是奶牛场集中进行挤奶和处理鲜奶的场所。在挤奶厅内应当设有占泌乳牛头数 8%～10% 的床位。厅内设有挤奶机、计量器、牛奶冷却及输送设备等。常见的挤奶台的形式有以下几种（图 2-2）。

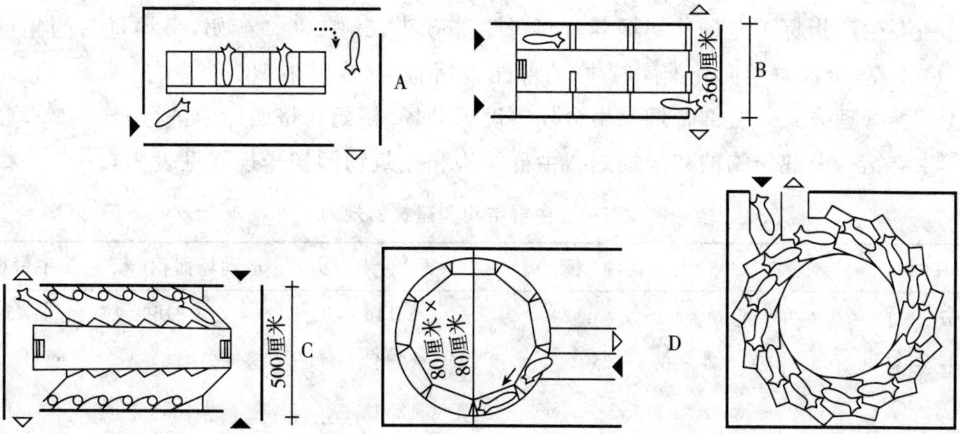

图 2-2　挤奶台的类型

A. 横列式　B. 串列式　C. 斜列式　D. 转盘式

横列式　牛床横向排列，尾部向后，挤奶人员在后边弯腰操作很不方便，仅适用于很小型的奶牛场。

串列式　牛床可以为单列或双列，工作人可在深约 0.6 米的地坑中操作，比较方便。

斜列式　又称鱼骨刺式，牛床的排列同操作坑呈一定的角度，既节省了地面，又使牛的后躯更加接近操作坑，给挤奶人员以更大的方便。

转盘式　挤奶台为环形，中央为挤奶坑。挤奶台可自动转动，每圈 5～10 分钟，牛在台上随台转动，人在坑中操作，很方便。这种挤奶台造价很高，但生产效率也比较高，故多为大型奶牛场所采用。

b. 人工授精室　目前各奶牛场一般都不饲养公牛，而是从公牛站取回冷冻精液给母牛输精。人工授精室的用途就是保存冷冻精液和给母牛输精，要求环境僻静，便于进行严格的消毒和防疫。

c. 青贮窖或青贮塔　奶牛场需要的青贮饲料数量很大，需要有专门的设备进行调制和贮存。青贮窖的造价比较低，也容易建造，而且使用的效果很好，故被广泛采用。相反，青贮塔的造价很高，修建的技术要求也比较高，所以只是在土地比较狭窄或地下水位高而不适于挖青贮窖的牛场里采用。

d. 饲料库或饲料车间　奶牛场的饲料如果是由外面的专业饲料厂供应，则本厂只需设置仓库即可，其面积按每牛 0.4～0.5 米^2 计算；如果全部由本场生产和调制，则需建立专门的饲料工厂。

3. 全舍饲 400 头奶牛场设计举例

(1)工艺设计

①性质和规模　本场以向外供应鲜奶和幼牛为主，奶牛的品种为荷斯坦牛，场内不饲养公牛，规模为各种不同年龄阶段的母牛共计 400 头，其中基础母牛占 65%～70%。牛全部舍饲，饲料为青贮料、干草和精料。牛粪经沼气发酵后供饲料地作肥料用。

②饲养阶段的划分　按照牛的年龄和饲养管理特点，将牛群划分为犊牛群、青年及后备牛

群、成年牛群。各群的划分界线见前述。

③主要生产指标　全场计划饲养成年母牛 268 头，其中 80％产奶，平均每头的年产奶量为 6 000 千克；全场每年向外推广犊牛、青年牛及后备牛、成年牛 180 头左右。

④饲养管理方式　全部舍饲。牛舍外边设运动场，挤奶在挤奶厅中进行。

⑤牛群结构及建筑物的初步规划　牛群结构和建筑物的初步规划见表 2-4。

表 2-4　牛群结构和建筑物规划

牛别	头数	牛舍面积定额（$米^2$/头）	牛舍面积（$米^2$/头）	运动场面积（$米^2$）	牛舍栋数
成年牛	268	8	2 144	3 216	3
青年牛，后备牛	80	6.6～7.0	544	948	1
犊牛	20	4.5	234	468	1
分娩牛	33	9.5	314	500	1
病牛	8	18	144	200	1

（2）牛舍建筑设计

①成年奶牛舍　成年奶牛 268 头，建 3 栋牛舍，每栋平均饲养 90 头。舍内设两列牛床，对尾式；挤奶在挤奶厅中进行。成年母牛舍的设计见图 2-3。

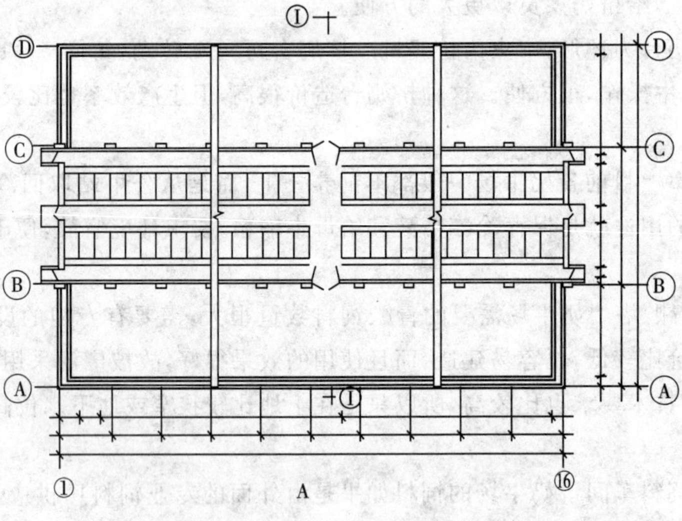

A

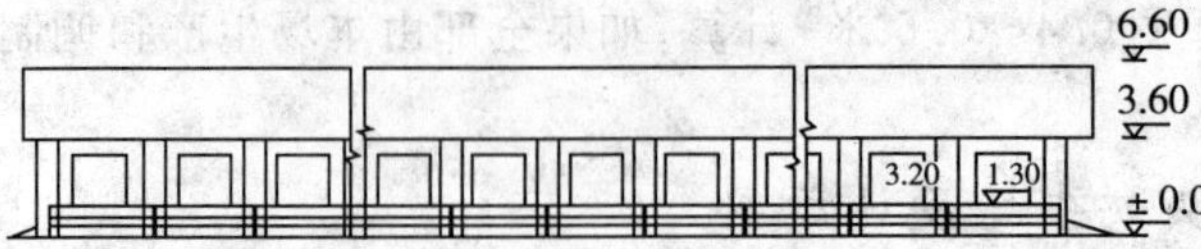

B

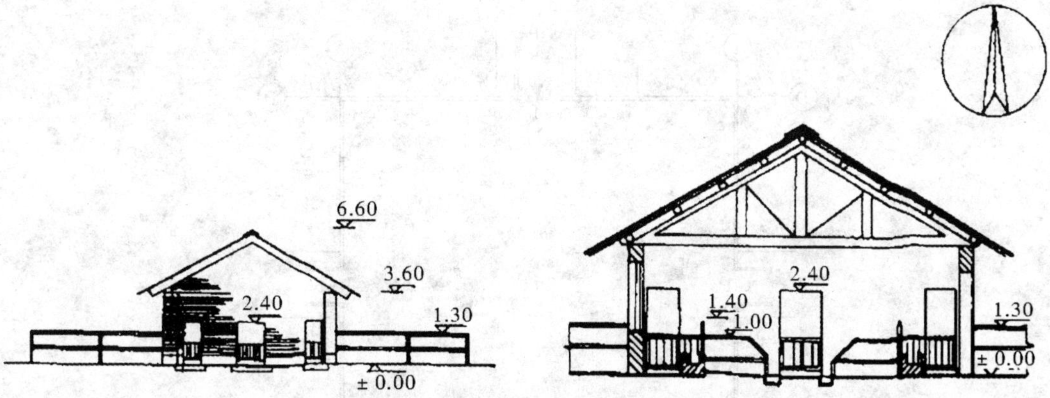

图 2-3　成年母牛舍设计(单位:米)

A. 平面图　B. 立面图　C. 侧立面图　D. 剖面图

②青年牛及后备牛舍　青年牛舍和后备牛舍比较简单,舍内只需设置牛床、饲槽就可以了,然后根据需要设置通道。牛舍一般可采用开放式或半开放式,粗放管理时也可考虑采用散放饲养。

③产房和犊牛舍　全场平均每个月的分娩牛头数为 20 头,每头牛在产房停留约 20 天(产前、产后各 10 天),故设 20 个床位可以够用,牛床比一般的要宽、长一些。犊牛舍内设 10 个犊牛栏,犊牛在栏内饲养 10 天左右即转入群饲犊牛栏中饲养。产房和犊牛舍的设计见图 2-4。

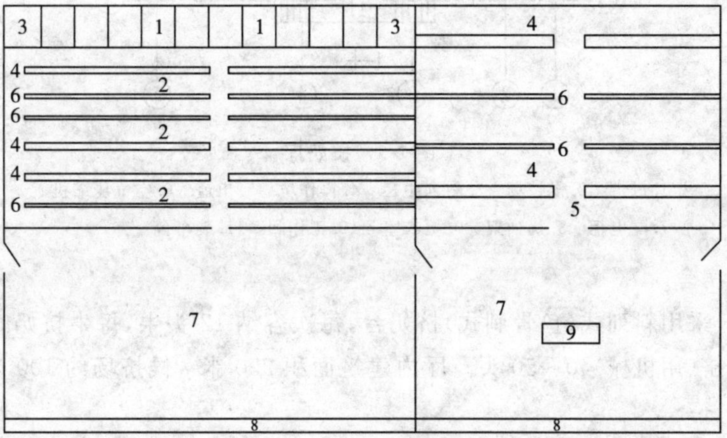

图 2-4　产房和犊牛舍

1. 个体犊牛栏　2. 群饲犊牛栏　3. 工具室　4. 饲槽　5. 产房　6. 粪尿沟　7. 运动场　8. 粗饲料槽　9. 饮水池

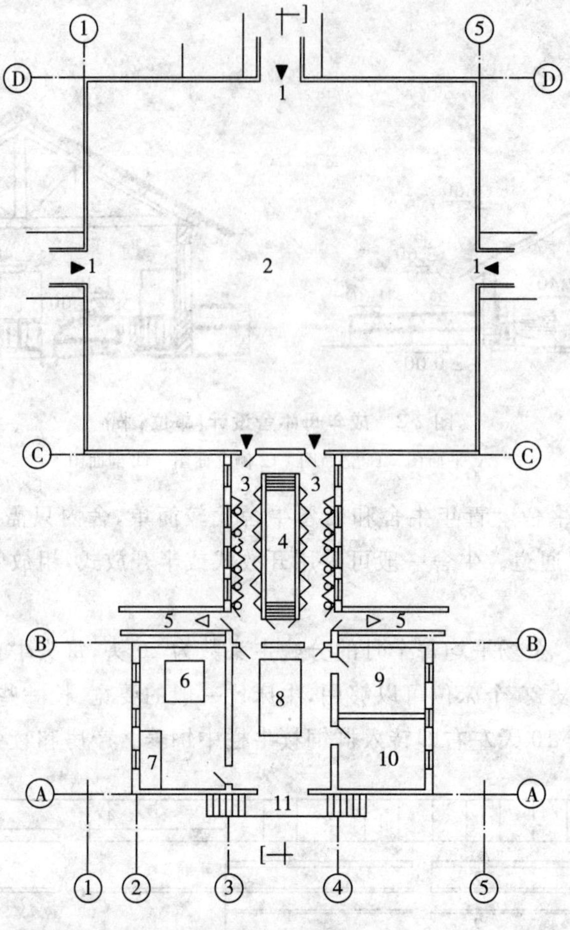

图 2-5　挤奶厅

1.进道　2.候挤场　3.斜列牛栏　4.操作坑　5.出道　6.空气压缩机
7.配电柜　8.奶桶架　9.更衣室　10.工作间　11.装车台

(3)辅助性房舍

①挤奶厅　采用斜列式(鱼骨刺式)挤奶台,每次容纳 12 头牛,每牛挤奶时间 5～6 分钟,1 个人1 小时可挤(用机械)40～50 头。厅内建筑面积 250 米^2,候挤场约 100 米^2,具体设计见图 2-5。

②饲料调制间　饲料调制间的设计需根据本场所需的饲料种类、数量以及机械的选型来决定,这里仅提供一个简单图案(图 2-6)供参考。

③青贮塔和青贮窖　场内地面较狭窄或地下水位较高时,可以建造青贮塔;一般情况下以窖式比较经济。青贮窖的形式有多种,详见图 2-7,可根据场内情况选择。

④人工授精室　人工授精室的任务是储存冷冻精液,进行精液解冻、品质检查和给母牛输精。具体设计参阅图 2-8。

(4)全场总平面布局

本场的场地由北向南略有坡度；当地的主风为西南风。总平面布局见图 2-9。

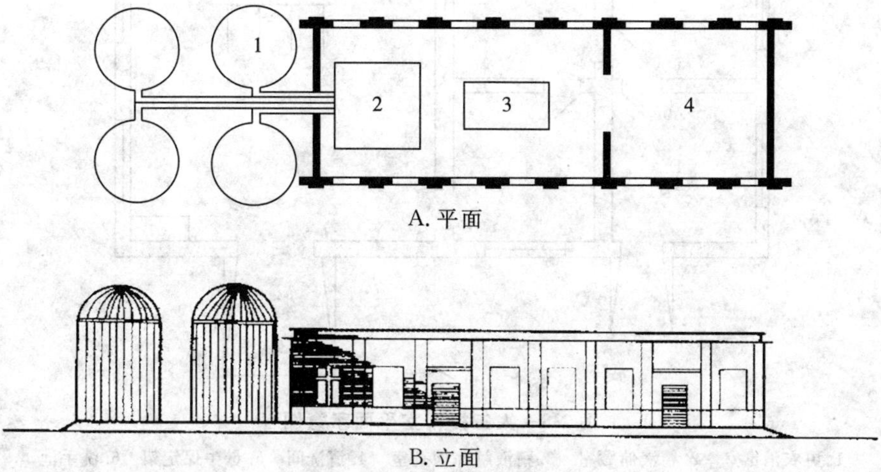

图 2-6　饲料调制间

A. 平面图　B. 立面图　1. 料塔　2. 粉碎机械　3. 调配机械　4. 成品库

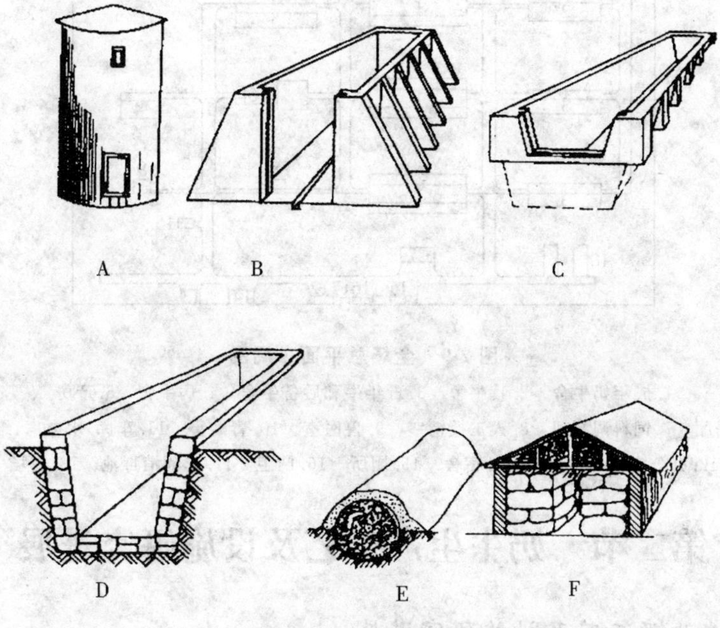

图 2-7　青贮塔和青贮窖

A. 青贮塔　B. 地上青贮塔　C. 半地下青贮塔　D. 地下青贮塔　E. 地沟式塑料薄膜青贮　F. 室内袋装堆贮

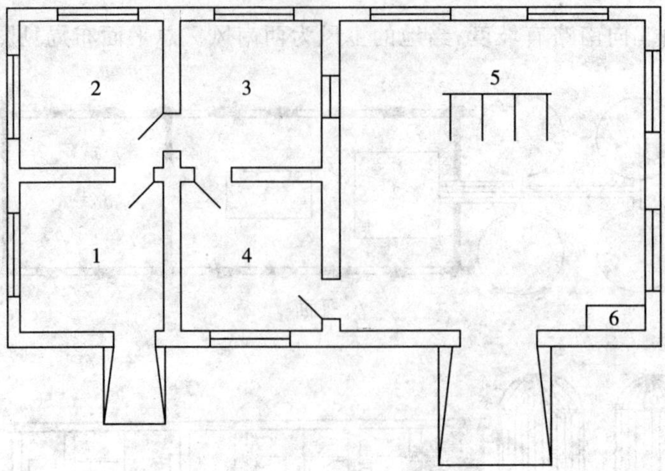

图 2-8 人工授精室平面示意图

1.更衣消毒室 2.精液储藏室 3.精液解冻检查室 4.清洗间 5.母牛保定架 6.洗手池

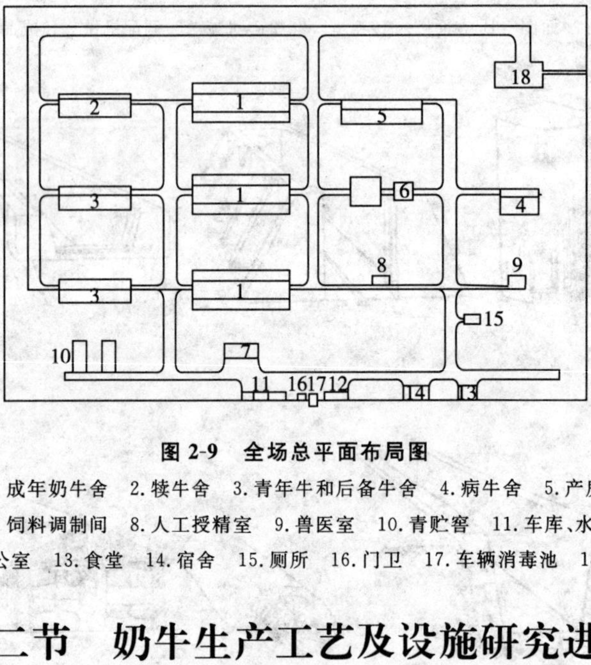

图 2-9 全场总平面布局图

1.成年奶牛舍 2.犊牛舍 3.青年牛和后备牛舍 4.病牛舍 5.产房
6.挤奶厅 7.饲料调制间 8.人工授精室 9.兽医室 10.青贮窖 11.车库、水电房、维修房
12.办公室 13.食堂 14.宿舍 15.厕所 16.门卫 17.车辆消毒池 18.粪场

第二节 奶牛生产工艺及设施研究进展

1.国外奶牛生产工艺及设施研究进展

无论散栏式牛舍还是拴系式牛舍，国外的研究热点主要集中在奶牛卧栏和奶牛肢体损伤方面。

(1)拴系式卧栏的研究进展

拴系式饲养管理方式下，奶牛躺卧、站立、挤奶、采食都在卧栏内进行，也就是说，奶牛几乎一生都在卧栏内度过，卧栏设计的合理与否尤为重要。典型的拴系式卧栏由卧床、颈枷、卧栏隔栏和电子训练器四部分组成，如图 2-10 所示。

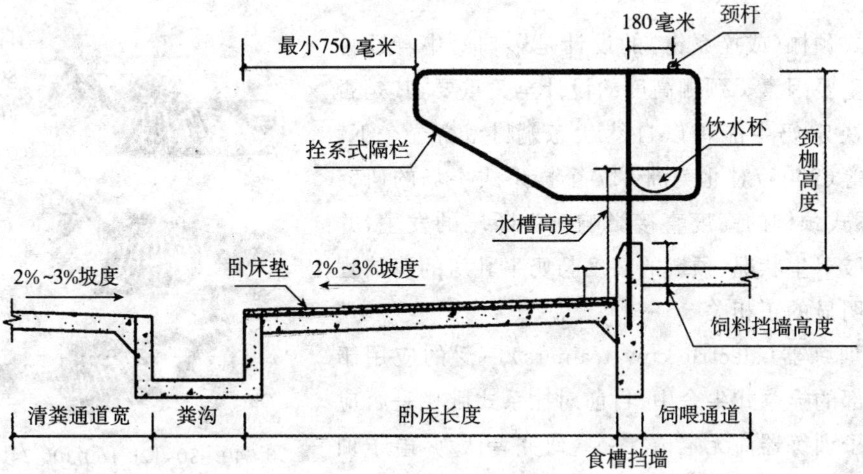

图 2-10　拴系式卧栏

研究表明，拴系式卧栏的设计直接关系着奶牛的肢体损伤、跛行和牛体清洁程度。奶牛乳房和后肢的清洁程度与牛床基础、垫草类型、管理技术以及拴系式卧栏的尺寸存在着密切的关系。很多人给出拴系式卧栏设计的推荐尺寸，但是几乎所有数据的合理性都未经过科学的验证。Anderson 利用奶牛在草场上躺卧时留下的印迹来确定不同体重的奶牛所需的卧栏的大小，并通过利用摄像机拍摄奶牛在自然状态下躺卧和站立时所需要的空间来推算卧栏的设计尺寸，如图 2-11 所示。表 2-5 中给出了加拿大农业部现行的拴系式卧栏大小的推荐尺寸。

表 2-5　拴系式卧栏设计尺寸

奶牛体重		卧栏宽度		卧栏长度（安装电子训练器*）	
（千克）	（磅）	（毫米）	（英寸）	（毫米）	（英寸）
400	（880）	1 000	（40）	1 450	（58）
500	（1 100）	1 100	（44）	1 500	（60）
600	（1 320）	1 200	（48）	1 600	（64）
700	（1 540）	1 300	（52）	1 700	（68）
800	（1 760）	1 400	（56）	1 800	（72）

注：* 如果不安装电子训练器的话，可将卧栏长度减少 100 毫米；根据所采用的设备适当调整卧栏的宽度；根据设计要求适当调整卧栏的长度。

拴系式卧栏的地面与奶牛行为及健康密切相关。与混凝土的卧床相比，在拴系式卧栏内铺设垫料或卧床垫时，虽然奶牛每次躺卧的时间缩短了，但躺卧的次数增多了，所以总体上躺卧的时间会延长 1.8 小时/天左右。混凝土地面上，由于奶牛站立和躺卧过程中不舒服导致奶牛每次站立或躺卧的时间增长，换姿势的次数明显降低。此外，铺设垫料或卧床垫能显著降低奶牛腕关节和前腿膝盖肿胀的患病率。为了减少乳房炎，越来越多的农场主主张尽量减少有机垫料（如垫草、锯末等）的使用，同时有人将传统的拴系式卧床改造成沙床，发现使用效果非常不错。

拴系式颈枷(或拴系链)的设计是影响奶牛舒适性的另一个重要因素。颈枷高度的设计至关重要,其是否合理直接决定奶牛能否以自然状态躺卧和站立。K. Zurbrigg 等(2005)对北美洲 317 个拴系式牛场的研究表明,拴系式颈枷的高度直接影响奶牛断尾的发生,并且奶牛后肢卫生状况、颈枷的高度与奶牛乳房的清洁程度存在着明显的正相关。

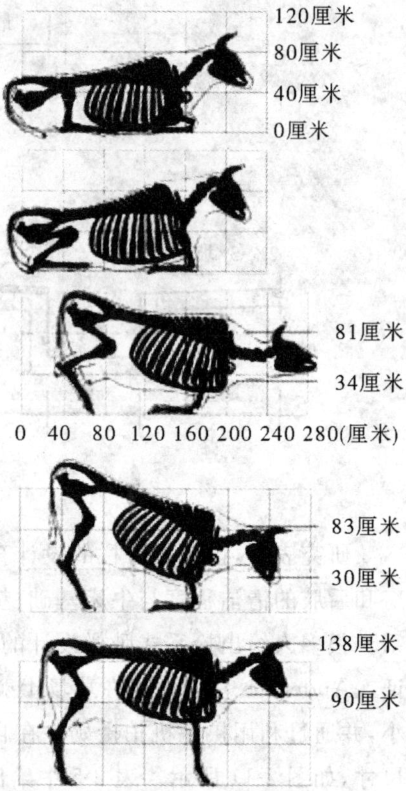

图 2-11　奶牛站立过程所需空间

电子训练器(electric cow trainers)广泛的应用于美国中西部的拴系式牛舍中,目前对拴系式卧栏是否应该安装电子训练器尚无定论。一些研究者认为,电子训练器可以改善奶牛的卫生状况和蹄子健康,同时也能减少奶牛的跗关节损伤。然而,Zurbrigg 等通过对加拿大安大略的 317 个拴系式牛场调查,却发现安装训练器会降低奶牛后肢和乳房的清洁程度。同样,Oltenacu 等研究也表明,使用电子训练器会增加临床性乳房炎的发病率,也会提高牛群的淘汰率。特别是随着舍饲奶牛福利的呼吁不断高涨,在拴系式牛舍中是否要安装电子训练器已经引起广泛的争议。有人认为安装电子训练器严重地影响了奶牛的正常行为和奶牛福利,因此,自 1995 年以来,瑞典已经明文规定严禁在拴系式牛舍内安装电子训练器。

(2)自由卧栏的研究现状

自由卧栏是散栏式牛舍内专为奶牛休息设计的独立场所,它使奶牛采食和休息的区域完全分开,能为奶牛提供清洁、干燥、舒适的休息环境。自由卧栏由卧床、卧栏隔栏、卧床基础和垫料组成,每一部分设计的合理与否都将影响奶牛的舒适性。自由卧栏的设计是散栏式牛舍设计的核心。图 2-12 为最常见的对头式散栏卧栏。

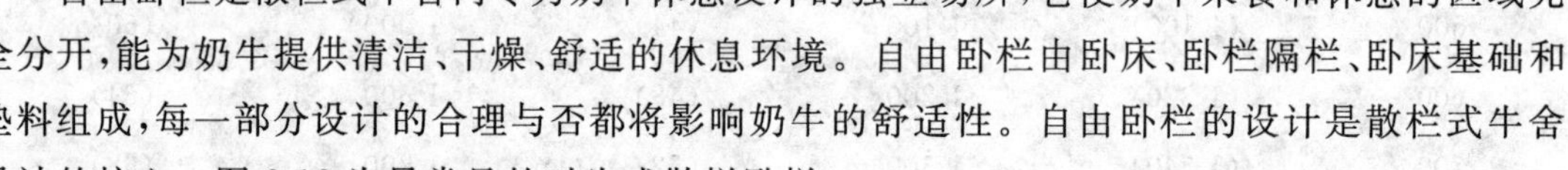

图 2-12　自由卧栏

Metz(1985)研究表明,对奶牛躺卧和采食实施限制 3 小时后,当同时恢复时,奶牛首先选择的是躺卧而不是采食。据研究表明,奶牛一天躺卧的时间长短是反映奶牛舒适性的重要信号。在散栏式饲养条件下，奶牛每天有一半以上的时间是躺卧着的，躺卧能促进血液流向乳房并增加奶牛的反刍时间。相反，奶牛躺卧时间不足，体内血浆浓度和生长激素水平会降低1/4，这很可能会影响奶牛的产奶量，躺卧时间不足还会增加蹄病的发病率。

自由卧栏是散栏式牛舍中最关键的内部设施之一，设计的合理与否直接影响奶牛舒适性和躺卧时间长短。自由卧栏的设计主要包括卧栏大小、卧栏隔栏、卧床基础及表面、颈轨的设计，其中，卧床表面是影响奶牛舒适性的重要因素，特别是其柔软性和吸潮性。Tucker 等研究表明，奶牛特别关注卧床表面，奶牛在躺卧之前，总会将头下垂，仔细地观察地面，以选择合适的地点。柔软的卧床表面在奶牛站立或躺卧过程中会对膝盖、臀部、胸部及肩胛骨等突出部位形成保护，有效地降低奶牛肢体损伤，因此要为其提供舒适的休息环境。吸潮性良好的垫料不但能驱除卧床潮气、保持牛体干净，还可以抑制细菌滋生，减少乳房炎的发病率。沙子是目前使用最广泛的垫料，研究表明：沙子的厚度影响奶牛的躺卧姿势、躺卧频率和每次躺卧的时间长短。在奶牛躺卧的区域，要求沙子的厚度不得小于 15 厘米，并形成 2%～4%的坡度。卧床上细菌数量随着沙子垫料的损失不断增加，因此，及时填补新的沙子能有效地降低卧床细菌数量，改善奶牛健康状况。然而，沙子作为垫料时，很容易被奶牛踢进粪沟且与奶牛的粪尿混合，这为随后的粪污处理带来很大的困难。

(3)牛舍地面的研究进展

混凝土地面由于耐用且易清粪，成为散栏式牛舍中最常见的地面形式。然而，奶牛长期行走和站立在坚硬、粗糙的混凝土地面上会使蹄底磨损过度，导致蹄角质层损伤，特别是在趾部，进而引发趾溃疡。研究表明：与拴系式饲养条件下相比，散栏式饲养条件下奶牛的蹄损伤患病率要高得多。于是，很多人主张在牛站立和行走的地方铺设橡胶垫以提高奶牛的舒适性。研究表明，在往返挤奶厅的通道中和待挤区内铺设橡胶垫能有效降低奶牛蹄磨损，但在食槽附近铺设是否会有良好的效果还有待进一步研究。

2. 国内奶牛生产工艺及设施研究进展

除了放牧和半放牧地区采用散放式饲养外，我国舍饲奶牛都采用拴系式或散栏式饲养方式，其中拴系式饲养方式占主导地位。

(1)拴系式饲养方式及牛舍类型现状

我国传统的拴系式舍饲奶牛的方式与国外有所不同，我国一般在舍外设计运动场，奶牛也不是一直拴系在舍内。平时，奶牛可以自由出入牛舍和运动场，只有采食或配种的时候才会将奶牛拴系在食槽前。采用这种饲养方式时，一般采用人工饲喂的方式，将干草、精料和青贮按照一定的顺序分开饲喂，每天上料 3 次。有的牛场采用杯式饮水器，安装在颈枷的立柱上，有的牛场则采用饮水槽，安装在牛舍的走道上或运动场上，更有的牛场则采食完成后直接将水放到饲料通槽后，每天饮水 3 次。清粪则一般采用人工清粪的方式，利用铁锹将粪污收集到小推车内，然后运送到粪污处理区。以前牛舍普遍采用管道式挤奶系统，近几年，有的奶牛场改建了挤奶厅，奶牛定时到挤奶厅挤奶，但也有的牛场主还是比较喜欢管道式挤奶方式。饲喂通道位于舍中央，沿纵墙方向布置，通道宽度一般为 3.5～4.0 米。饲喂通道两侧布置拴系式卧栏，卧栏与纵墙之间为清粪通道；对尾式牛舍则相反，只有一条清粪通道，位于牛舍中央，两条饲喂通道则分别沿纵墙布置。产牛舍内一般采用对尾式布置，这样饲养员能很方便地观察待产奶牛的状况，而其他奶牛则多采用对头式布置。

拴系式卧栏宽度一般为 1.2 米，长 1.8 米，由短的隔栏隔开。卧床通常由混凝土制成，管理好的牛场会在卧床上铺橡胶垫或一些垫料，以改善奶牛的舒适性。卧床与清粪通道之间设计粪尿沟，沟宽略大于铁锹宽度，深度一般为 15～20 厘米，并有一定的坡度。

牛舍的外围护结构因地区而异，南方因气候炎热而一般采用敞篷式牛舍，而北方则普遍采用砖墙。牛舍内几乎没有任何环境控制系统，完全依靠窗户来控制牛舍环境，近几年，有的牛舍中增加了电扇等设备，以缓减夏季奶牛热压力。

(2)散栏式饲养方式及牛舍类型现状

散栏式饲养方式进入我国的时间不长，但已经得到了广泛的推广和应用。我国的散栏式饲养方式与国外有所不同，通常会在牛舍外设计运动场，奶牛很长时间都在运动场内活动。中、小型的奶牛场，奶牛的饲喂方式与传统的拴系式饲养方式相似，有的奶牛场采食时还把奶牛绑定在食槽前，有的则基本上不限制奶牛的行为自由，但很少有奶牛场采用自由采食。多数还是每天定时上料，早、中、晚各一次，将精料、青贮和粗饲料分开饲喂。但有的大型奶牛场采用 TMR，有的直接将 TMR 车开到舍内饲喂，也有的奶牛场将 TMR 停在饲料区，将料搅拌好后，用小推车人工饲喂。饮水则普遍采用饮水槽，牛舍内和运动场内均布置，寒冷的地区采用自动保温饮水槽。有的奶牛场采用铲车清粪，也有的奶牛场采用刮板式清粪，但多数奶牛场还是采用人工清粪方式。所有奶牛场均采用挤奶厅挤奶。

我国的散栏式牛舍布局与国外相似，多采用两列采食位、四列卧栏，卧栏又分为对头式和对尾式两种。典型的四列卧栏宽度有 30 米跨和 27 米跨两种，两者的通道宽度不同，前者的饲喂通道、采食通道和清粪通道宽度分别为 4.30 米、3.75 米、3.75 米，而后者则是 3.75 米、3.5 米、3.5 米。卧栏一般采用沙床，卧栏长 2.25 米，宽 1.20 米。这两种牛舍没有本质区别，牛舍长度很大时宜采用前者，以增加奶牛的活动范围。

六列式牛舍在我国也有使用，但只有特大规模的奶牛场使用。典型的六列牛舍跨度为 36.50 米，舍中央布置饲喂通道，宽度为 6 米。其中，一列卧栏沿纵墙布置，卧栏长度为 2.68 米，宽度为 1.20 米。另外两列卧栏安对头式布置，位于采食通道与清粪通道之间，卧栏尺寸为 2.25 米×1.20 米。牛舍的采食通道和清粪通道宽度分别为 4.20 米和 3.50 米。

与传统的拴系式牛舍相比，新建的散栏式牛舍有了很大的改进，接近国外牛舍设计。很多奶牛场采用了卷帘，还设计了通风屋脊等。舍内环境控制设备也较好，很多奶牛场安装了电风扇和喷淋设备，以环境奶牛的热压力，奶牛的舒适性也有了很大的提高。

(3)国内牛舍设计的研究进展

虽然，国外有关奶牛场设计方面的研究已经相当细致和深入了，但国内几乎还是空白。2000 年前，王云龙先生、张岫云先生曾介绍过牛场设计的一些知识，但均是对传统的牛舍建造、工艺和设备进行的介绍。牛舍设计多参照实际经验进行，缺乏理论依据。

2000 年以来，新型的散栏式饲养方式进入我国，相关的宣传和学习资料也随之出现，但大多数都是对国外材料的翻译，至今还没有人对散栏式牛舍内部设计进行深入的研究。牛舍设计多照搬国外模式，这与我国传统的饲养习惯和较低的饲养水平不相符，导致生产中出现牛体损伤严重、乳房炎和蹄病患病率高、牛场环境污染严重等问题。

第三节　奶牛福利养殖

1. 动物福利概念

动物福利是指饲养中的动物与其环境协调一致的精神和生理完全健康的状态。一般认为,动物福利是指保护动物康乐的外部条件,即由人所给予动物的、满足其康乐的条件。动物(尤其是受人类控制的)不应受到不必要的痛苦,即使是供人用作食物、工作工具、友伴或研究需要。奶牛跟人一样,有享受生活舒适的权利,只有做到取舍得当,奶牛才能生产出优质健康的牛奶,保证人们的饮食健康。

2. 奶牛福利养殖技术

(1)满足奶牛的采食习惯　对于大多数实行散栏自由采食全混合(TMR)日粮的奶牛饲养管理系统来说,每天要保证 20 小时以上有饲料供应。奶牛任何时候想吃,都有新鲜的饲料。通过对高产牛群的研究证明,奶牛在挤奶以后的采食欲达到高峰。另外,奶牛每天 65%~70%的干物质采食量是在白天采食的,因此,挤奶后一定要让奶牛吃到充足新鲜的饲料,并且满足白天大量采食的习性。

(2)提供优质的牧草　奶牛是草食家畜,必须有足够的优质青绿多汁饲料及糟渣类饲料。要合理安排好一年四季青饲料供应,种植一些营养价值高、产量高的牧草,如墨西哥玉米、皇竹草、黑麦草等,且有 2~3 种粗饲料相互搭配,全面供给,做到青中有干、干中有青、青干结合。凡具有农田的奶牛场(户)种植优质牧草不仅可减少奶牛对粮食的消耗,而且可让奶牛尽情地享受反刍的营养和乐趣,以满足奶牛采食习性和消化生理特点的需要。美国规定生态奶牛自产饲用牧草不得少于全部饲草的 3/4,我国有些牛场规定每头奶牛占有草地 1~2 亩。

可晒制干草或青贮,也可对稻草进行氨化,提高饲料效果。还要为奶牛提供一定数量的块根和糟渣类饲料。这样既可提高日粮的适口性,又能满足奶牛的营养需要。晾晒干净的牧草要合理存放在存草间,让奶牛在食用青草和成品牧草的同时,也能吃到 TMR 全混合日粮。

(3)注意饲料的生物安全　杜绝使用发霉变质和腐败有毒的饲料。饲养过程中严禁使用生长激素、抗生素、激素、动物性饲料(如骨粉、肉骨粉、血粉等),以及其他违禁药物添加剂,以确保奶牛产品安全。食槽每天应保持清洁,清除变质的饲料。剩余饲料不能堆积在饲槽中,每天要及时清理和检查剩料的组成,看奶牛是否挑食。

(4)为奶牛创造舒适的生存环境

①活动场所　牛需要花大量的时间躺着、站着和运动。好的福利应给予牛充足的休息、反刍、锻炼时间。长时间站立可使脚部聚集血液,减少了营养物质与氧气的交换,容易损伤其脚部健康。当牛运动时,可通过循环泵、新鲜的血液将氧气和营养物质带到脚部,消除有害的组织成分。牛每天在牛栏上呆 9~14 小时,以提供充足的反刍时间保证大量唾液的产生。血液流经乳房为产奶提供营养物质。并且,与站立时相比,当牛躺着时大量富余的血液都将流经乳房。

从奶牛的体型和体重来看,柔软的地面可以保证其少受伤且有充足的休息。牛应躺在柔软、干燥并有舒适垫草的地面上。若牛躺在坚硬的地面上(如过道或粪道),则会导致乳房损伤,受损的伤口或乳头容易聚集细菌,加大发生传染病的可能性。另外,还要有充足的干草保持畜床干燥,但不应过多而使过道狭窄、潮湿。水槽应远离躺卧区。

②牛舍的环境管理　牛舍的环境管理有以下几点要求:

a. 牛舍内要经常清扫,保证舍内地面清洁干燥,使奶牛不被污水和粪便污染。经常更换垫料,以提高奶牛的舒适度。冬、春季节每周都要对牛舍的周围环境进行消毒,夏、秋季节每周至少要消毒 2 次。

b. 牛舍通风换气良好(但要防止贼风),以利排出潮湿和恶臭,北方冬季要防止寒风侵袭,南方牛舍两边可不建筑墙。

c. 保证牛舍光照充足,宽敞明亮,但要防止阳光直射牛床。

d. 牛舍应具备良好的清粪排尿系统,舍外设粪尿池,有条件的牛场可利用粪尿池制作沼气。

e. 牛舍外向阳面设运动场,每头牛用面积不少于 20 米^2,经常保持干燥卫生,以利于奶牛静卧与休息(躺卧处应提供天然垫草)。据观测,静卧时流经乳房的血液流量增加,产奶量恰好与血液流量相关。所以,延长静卧时间,对生产极为有利。

f. 牛场污道、净道要分开。

g. 牛舍、运动场道两旁应植树绿化,改善小气候。

动物福利的目的就是在极端的福利与生产利益之间寻找到平衡点。福利是一个相对的概念,确定福利与利益的关系是一件科学的事情。动物福利强调两个方面:一是动物福利的改善有利于畜牧生产水平的提高,当满足动物康乐时,可最大限度地提高生产水平;二是改进生产中那些不利于动物生存的生产方式,使动物尽可能免受不必要的痛苦。

3. 奶牛福利研究进展

动物福利一直是农场主和兽医关注的问题,但传统意义上的动物福利更多是关注动物的疾病、受伤等方面。随着现代农业的发展,集约化畜牧业生产方式普及,已经影响到了畜牧业的可持续发展。大量研究发现改善动物福利对降低应激水平,增强动物机体免疫机能,满足动物行为需求,提高生产性能和繁殖性能,提高动物产品品质等方面起着重要作用。因此,动物福利不仅是动物管理者关心的问题,也得到了动物产品消费者的高度重视,农场动物福利也已成为一道新的国际贸易壁垒。

奶牛产业是畜牧业的重要组成部分,因其产业链长,涉及更多的福利议题而受到更多的关注。国内外对奶牛的福利问题进行了大量的试验研究并制定了很多切实可行的动物福利标准。

(1)奶牛饲养过程中的福利

奶牛饲养是整个奶牛产业的决定性阶段,涉及的奶牛福利议题较多,其中饲料和饮水、环境及管理是最重要的三个方面。

①饲料和饮水　英国皇家反虐待动物协会(RSPCA)奶牛福利标准(2010)规定要避免家畜饥饿、干渴、营养不良的情况,并且能随时获得新鲜的水和饲料,以保持健康。饲料和饮水的位置分布不能给家畜带来不正当的竞争。在一个封闭的牛舍中,空间可以按照功能分为三类:休息区、采食区和活动区。当采食区的空间限制到引起进食竞争的时候就成为了一个影响动

物福利的重要因素。进食竞争不仅可能造成动物因采食量不足引起的生产性能降低，而且还会造成躯体损伤。Hanekamp 等，以下同研究发现饲槽宽度从每头牛 75 厘米降至 55 厘米的时候，日增重、饲料转化率都显著下降。然而 Gottardo 等的研究表明，忽略在采食区存在的任何类型的采食障碍物，饲槽宽度从每头牛 80 厘米下降到 60 厘米对牛的日采食量、饲料转化率、健康状况、血液指标均无显著性差异。从以上试验中可以发现饲槽宽度小于 60 厘米的时候，就有可能对奶牛的生产性能（饲料转化率等）产生不利的影响。RSPCA 奶牛福利标准中根据奶牛的体重及牛群的规模规定了自由采食和限饲用的饲槽长度（表 2-6）及水槽的周长（表2-7）。

表 2-6　饲槽长度标准

奶牛体重（千克）	最小长度（毫米/头）	
	限饲	自由采食
100	350	100
200	400	100
300	500	125
400	600	150
500	700	150
600	750	200

表 2-7　水槽的周长标准

牛群规模（头）	饮水槽最小周长（米）
50	2.25
100	4.50
125	5.65
150	6.75
200	9.00

②环境　环境是保证动物福利的重要方面，良好的生存环境不会引起动物的燥热不安、恐惧和痛苦，并能充分表达它们的天性。

a. 自然环境　气候变化问题有可能严重影响到农场动物的福利。长时间的干旱意味着有更少的牧草可用于放牧和保存；由气候变暖引起的越来越多的昆虫传染病可能会对动物福利构成威胁。极端的气候条件是奶牛产业确保高水平的动物福利所面临的重大挑战之一。

b. 牛舍环境　在炎热的夏季，高温、阳光的直射和辐射、气流以及湿度是造成动物应激的主要环境。在一定温度范围内，牛的代谢与体热产生处于最低限度时，这个温度被称为等热区。在等热区内，牛最为舒适健康，生产性能最高，饲养成本最低。温度过高，可能会造成体温调节失调、生产性能下降；温度过低维持需要增加，饲料转化率下降，饲养成本增加。不同品种及生理阶段牛对环境温度的要求是有差异的。

湿度升高将加剧高温或低温对牛生产性能的不良影响。空气湿度对牛机能的影响，主要通过水分蒸发影响牛体热的散发。一般是湿度越大，体温调节的范围越小。高温高湿的环境会影响牛体表水分的蒸发，从而使体热不易散发，导致体温迅速升高；低温高湿的环境又会使机体散发热量过多，引起体温下降。大量研究表明，空气湿度在55%～85%时，对牛体的直接影响不太显著，但高于90%则对牛危害甚大。因此，牛舍内空气湿度不宜超过85%。

气流对牛的主要作用是使皮肤热量散发。据人工气候室的实验，在高温或低温的情况下，风速对产奶量的影响十分显著。

此外，饲养员对牛舍环境也存在一些影响因素，Waynert 等研究证明，饲养过程中噪声可以引起奶牛恐惧，造成心率加快、行动不安等。

c. 行为限制　大部分的饲养模式都能允许动物表达自然行为，虽然对能够表达自然行为是保证动物良好福利必不可少的指标还有争论，但确实有资料证明限制动物某些行为会损害动物福利。牛的过度拥挤对其生产性能和福利都有不利的影响。Fisher 等对育肥的母牛在1.5、2.0、2.5 和 3.0 米^2 的地板空间内对不同处理的生长速度、行为表现、肾上腺素和免疫反应进行研究，结果表明，1.5 米^2 处理组的牛日增重和躺卧时间显著低于其他组。由此可以看出：1.5 米^2 空间使牛的舒适度下降，福利受到损害。Morrison 和 Prokop 得出相似的结论，在采食量没有差异的情况下，1.5 米^2 处理组饲料转化率比 3.0 米^2 低。RSPCA 奶牛福利标准规定了每头奶牛的占地面积见表 2-8。

表 2-8　每头奶牛的占地面积　　米^2

奶牛体重(千克)	最小躺卧面积	最小活动场地面积	动物最小总面积
＜100	1.5	1.8	3.3
101～199	2.5	2.5	5.0
200～299	3.5	2.5	6.0
300～399	4.5	2.5	7.0
400～499	5.5	2.5	8.0
500～599	6.0	2.5	8.5
600～699	6.5	2.5	9.0
700～799	7.0	3.0	10.0
＞800	8.0	3.0	11.0

③管理　一个有效的管理系统对于保障良好的动物福利是至关重要的。奶牛生产的管理主要体现在人与动物之间的互作。一些简单的管理措施的改变都可以显著改善动物福利。

a. 选择适合的牛种　不同品种奶牛对外界环境要求和适宜生存的条件是有区别的。将适应了澳大利亚极端气候的奶牛引到一个陌生的环境下去饲养，必然会损害到动物福利，造成生产性能下降。此外，可以利用表现型选择无角的牛减少一些潜在的福利问题，如采食竞争引起的躯体损伤。不同品种奶牛或者同一品种不同个体之间性情是有差异的。据 Carol 等报道，兴奋型的牛活体增重性能较差，对外界应激因子反应程度大，潜在福利问题较多。

b. 去角、去势、打耳标　去角、去势、打耳标是奶牛养殖过程中常规的处理方式，是确保奶牛福利的重要措施。犊牛去角可以减少给同群的牛或者管理人员造成伤害；去势是消除奶牛的性欲和繁殖能力，使其性情变得温顺耐劳，便于管理；也有研究表明，公牛去势可以改善肉质，研究表明公牛去势可以提高胴体背膘厚，肌内脂肪含量，嫩度，降低牛肉 pH。

管理过程中涉及的福利问题主要包括疼痛、感染、出血、伤口愈合。为了确保奶牛福利要选择合适的去势方法和去势年龄。Thuer 等研究发现用去势钳法的牛血浆皮质醇浓度显著高于用橡胶圈法，去势钳法开始几个小时的疼痛高于橡胶圈法，但是后者疼痛时间较长。Stafford 等发现橡胶圈法与手术法去势的血浆皮质醇的浓度变化相似。Martins 等在水牛研究中发现，手术法和化学法应激比去势钳法大，但对日增重没有影响。Molony 研究同样发现，不同的去势方法对动物行为恢复有影响，去势钳法、橡胶圈法、手术法所需时间分别为 9、15、45 小时。

c. 饲养管理　Mickael Mazurek 等在对 194 个农场进行动物福利指数评价（AWI）时发现，两种不同管理模式（全天管理和部分时间管理）的 AWI 没有明显差异。但是部分时间管理模式有高的动物间互作、产犊和断奶得分。Manninen 研究表明，不同的饲喂方式对动物的躺卧时间有影响，3 天饲喂一次动物组的躺卧时间显著高于每天饲喂组，活动时间也更少，更多的躺卧时间可以保证充分的反刍，有利于消化吸收。活动量减少，维持需要降低，可以提高饲料转化率。

规模化的牛场，肢蹄损伤和跛行严重影响动物生产性能以及牧场利益。蹄尖的损伤容易造成动物跛行，硬的混凝土地板是造成蹄尖损伤的主要因素之一。与较硬的混凝土地板相比，牛更喜欢躺卧在软的地板上。Graf 等研究发现在混凝土地板上饲养的牛比在麦秸上的牛躺卧时间减少，表现出更多的非正常行为。因此，在牛舍地板上加上适合的垫料会提高动物的福利。也有研究表明，在地板上添加垫料可以提高奶牛发情行为，提高受精率和第一次产奶期泌乳量。此外，垫料可以防滑，提高走动的舒适度，降低因滑倒造成的肢蹄损伤。合适的垫料还能把粪便渗透到内部、吸收尿液改善动物卫生状况。Wassink 和 Langley 研究发现，适当切碎的麦秸比长的麦秸效果好。虽然 Westendorp 和 Hakvoort 实验证明，木屑是保持牛体情节最好的材料，但是木屑中可能含有对牛造成损伤的尖末端。

(2)运输和屠宰过程中的福利

①运输过程中的福利

a. 运输前的管理、装载以及运输和品种对奶牛福利的影响　澳大利亚昆士兰州的铁路运输奶牛调查报告表明，运输中死亡率为 0.36%，特别是那些年龄大、体况差的牛有高的死亡率。澳大利亚的 MLA 中建议运输的动物必须具备以下条件：正常行走，四肢平稳支撑；无疾病和可见外伤；在装卸过程中能够跟上群体的行动；非妊娠，视力正常（至少有一个眼睛可视）。类似的规范在欧洲由联邦兽医制定并且被欧洲委员会的动物福利与健康的科学技术委员会修订。

RSPCA 规定通道不能有尖的东西以免造成外伤，斜坡要平缓，不能太陡，运输车辆要有足够的空间和通风设备。通道和门的设计必须使动物在必要的时候能无障碍地通过。开关门时，必须尽可能降低使动物不适的多余噪声，发现问题后，必要时要安装降噪设备；装载设备必须有不大于 20 度的斜坡;所有装载坡道和卡车后挡板必须经过合理的设计并且附有担架,以防止动物跌倒或滑倒。

Grandin 报道有运输经历的动物应激反应会降低。很多研究表明,奶牛在装载、卸载的过程中行为反应差异很大并且具有遗传性。关于运输牛性情差异的研究表明,温顺的牛比攻击性的牛运输中体重损失少,而且恢复快。

b. 运输过程中空间对奶牛福利的影响　空间是奶牛运输过程中重要的福利问题。动物福利理事会 2005 年一号标准规定:在奶牛的运输过程中要保证动物饮食和饮水,有充足的通风和空间以及良好的垫料。Eldridge 和 Winfield 测定 400 千克奶牛在低(0.89 米^2/头)、中(1.16 米^2/头)、高(1.39 米^2/头)的空间运输中的挫伤率。研究结果表明,0.89 米^2/头组的挫伤率显著高于其他组。1.16 米^2/头组挫伤率仅有低空间组的 1/3。有趣的是大空间组有轻度的增高,这可能是空间过大运输过程中牛保持平衡难度增大,相互接触中更易产生损伤。RSPCA 奶牛福利标准规定了运输中需供的空间大小见表 2-9。

表 2-9　运输中需提供的空间大小

类型	重量(千克)	每头面积(米^2)
小牛犊	50	0.3～0.4
中等小牛	110	4～0.7
大犊牛	200	0.7～0.95
中等牛	325	0.95～1.30
重型牛	550	1.30～1.60
非常重的牛	>770	>1.60

c. 运输中的应激对奶牛福利的影响　温湿指数(THI)是评价舒适度和热应激的一个指标,当 THI 高于 80 的时候就会产生严重的热应激。Buckham Sporer 等报道,血浆皮质醇在运输 4.5 小时显著增加,证明运输是奶牛的一个重要的应激因子。K. R. Buckham 等对 6 头将要进行 9 个小时长途运输的比利时蓝和黑白花杂交公牛进行采血,采血时间分别是－24、0、4.5、9.75、14.25、24 和 48 小时(以开始运输的时间为零点),测定血液中的皮质醇浓度、脱氢表雄酮(DHEA)、孕酮、睾丸激素、并且计算皮质醇和 DHEA 的比值。研究结果表明,运输中的肾上腺雄激素脱氢表雄酮比运输前 24 小时降低了 1.6 倍;血浆皮质醇与 DHEA 的比值增加了接近 8 倍。

动物福利理事会 2005 年一号标准规定:小于 10 天的犊牛运输不能超过 100 千米;小于 14 天的犊牛除非在母牛的看护下,否则不能超过 8 个小时。此外,要保证动物饮食和饮水,有充足的通风和空间以及良好的垫料。

②屠宰过程中的福利　规范化的屠宰流程和标准化的屠宰设备能够最大限度保障动物福利,减少应激,改善肉质。Grandin 提出的屠宰场积分系统已经被大多数的公司作为评价标准。该系统包括 5 个动物性指标:第一次致昏有效率、奶牛被悬挂在屠宰架上必须是无意识状态、驱赶过程中摔倒的比例、驱赶和治晕过程中发出叫声的百分比、使用电棍驱赶的百分比。

致昏过程是使动物在一个极短的时间内处于无意识状态，使动物免受恐惧和疼痛。奶牛屠宰场常用的两种击晕方式是弹击击晕和电击晕。牛弹击击晕的位置是两眼角与对角线上的牛角相连的直线交点。Dunn 发现直立固定比吊起和倒挂的应激小。Grandin 研究表明，好的技术和差的技术使动物在 30 秒内失去知觉的比例分别是 90%和 68%。

(3)奶牛福利发展趋势

①福利法规的发展趋势　目前在动物福利立法方面，欧盟是体系最健全、水平最高的。继“马丁”法案后，英国在 1911 年制定了动物保护法，之后又制定了一系列的法律法规。欧盟在动物保护和动物福利方面的立法始于 1974 年，至今已历经 30 多年。美国早在 1966 年就颁布了动物福利法(Animal Welfare Act，AWA)，至 1990 年已经有 5 次修订。1955 年生效的《阿姆斯特丹条约》附件中包括“动物保护和动物福利协定”。2004 年签署的《欧洲宪法条约》第三条第 121 款规定，欧盟及其成员国在制定和实施欧盟有关农业、渔业、运输、内部市场、研究和技术开发以及空间政策时，要充分重视动物福利的要求。在 2007 年开始实施的共同体农业政策(CAP)改革措施中明确提出要满足动物福利的要求。除欧美外，澳大利亚、新西兰等国家对动物福利问题也非常重视，都已经颁布了动物福利法。

另外，联合国粮农组织(FAO)、世界动物卫生组织(OIE)以及许多非政府组织(NEG)，如“皇家反虐待动物协会(RSPCA)”、“农场动物福利理事会(FAWC)”、欧盟的“动物福利欧洲集团”及美国的“美国反虐待动物协会(ASPCAA)”等都制定了奶牛福利标准。

1988 年，我国颁布《实验动物管理条例》，1989 年，我国颁布《野生动物保护法》，此外，我国还先后颁布了《动物检疫管理办法》、《陆生野生动物保护实施条例》、《水生野生动物保护实施条例》和《国内贸易部饲料管理办法》等一系列法律法规。对于畜禽福利没有专门的规定。应该看到，与发达国家相比，我国的动物福利保护，尤其是畜禽福利方面还存在很大的差距。

②评价方法发展趋势　传统的奶牛福利评价方式主要是依据大量的动物性指标。欧盟现在也强调使用动物性指标评价动物福利。动物性评价指标有：体况评分、动物行为、动物叫声、血液激素浓度等。Heike 等研究表明，与舒适组(有垫料)比较，贫瘠组公牛表现出对新奇事物更多的探索行为，可能是由于饲料中有效物理纤维不足，反刍减少，口腔刺激减少，表现出较多的咀嚼水龙管的行为。Weary 等利用猪的叫声作为评价动物疼痛和需要的指标。Grandin 建议在屠宰场可以通过牛的叫声来判断屠宰程序是否符合动物福利标准。奶牛在运输过程中血液中皮质醇含量会显著增加，所以可以把下丘脑-垂体-肾上腺轴作为评价奶牛福利的指标。

为了更加准确和全面地评价奶牛福利，评价方法也在逐渐完善。近年来，评价方法已经从以前的片面的、单一地依靠动物性指标过渡到了全方位、多元化、采用统计学变量分析的方法，有效克服了过多动物性指标带来的试验实践性不强的问题。Mickale Mazurek 等用 AWI 指数(从 TGI35L/2000 中分离出的指标)对来自 13 个国家 194 个农场的放牧牛和舍内养殖牛的福利状况进行评估。33 个来源于 TGI35L/2000 评价因子被分为 5 个大的部分：运动方面、动物行为、地板、环境以及人畜和谐。

FS(Flight Speed)是测试牛性情的一个指标，是一个相对稳定的性状，还有中等遗传力指标。FS 具有高度的可重复性，与育肥期奶牛的日增重、饲料转化率等生产性能相关。FS 测量方法就是将被测动物固定在一个限制区域内几秒钟，然后打开门(不可以让动物见到人)让其出来。在离开限制区 1.01～1.73 米处设置一道光束,当牛通过时开始计时,到 2.56～2.78 米处的第二条光束停止计时,记录通过两条光束之间所需的时间即为 FS。FS 值越高表明牛的性情越偏兴奋型,可能产生较多的福利问题。

奶牛产业作为畜牧业的支柱性产业,其福利在畜牧业发达国家得到了广泛的重视。我国是一个牛肉消费大国,关注奶牛福利是我国奶牛产业的可持续发展的重要保证,也是提高我国牛肉在国际市场竞争力的重要措施。因此,提高人们保护动物福利的意识,建立健全动物福利保护法规,是国家各级政府以及从业人员共同的责任。

4. 奶牛福利养殖标准

(1)奶牛场设施

①运动场　奶牛场分区布局要遵循 GB 16568 的规定,所设置的运动场的面积应不小于牛舍面积的 2 倍,且地面高燥质软,保证奶牛至少每天活动 2 小时。并且在运动场设置不小于牛舍面积 1/2 的遮阳网框架,用于防暑。面积较大的运动场可移栽遮阴树木,周围种植矮灌木。

②牛舍

a. 可选择开放舍和棚舍,棚舍附设卷帘装置防止雨雪的进入。若为封闭式牛舍、牛舍中央过道和两端通往运动场的门的宽度需大于 2.4 米,混凝土表面需做防滑处理,推荐铺设砖质地面。每日两次移除地面淤浆,减少跛行的风险。

b. 牛床尺寸与奶牛品种相适应,床面铺设木板、垫料或弹性床垫。牛床高度适中,避免后腿拉伤或污染。

c. 在秸秆丰足地区倡导自由散养,分成可供奶牛躺下休息的垫草覆盖区和混凝土制的运动区及采食区。用足够的垫料提供缓冲层保持奶牛舒适、防止褥疮,保持乳房和体侧清洁。垫料应 4～6 周清理一次。

d. 建筑物应该根据全年圈养的家畜的数目、规模和类型提供足够的通风,环境质量符合 NY/T 388。

③排水

a. 舍内粪尿沟边缘圆滑不伤蹄,每天清理两次。

b. 设牛粪尿处理设施,处理后应符合 GB 7959 的规定,排放出场的污水必须符合 GB 8978 的有关规定。

(2)饲养管理

①饮水

a. 每天提供充足新鲜的饮水,供水水质达到 GB 5749 的规定。

b. 舍内设置杯式饮水器,有条件的地方可配置 25℃给温水系统。运动场设置一个圆形混凝土或木制贮水槽,容量为牛群日饮水量的 10%。饮水杯和水槽表面光滑易于清洗,不伤人、畜。

②饲料

a. 饲料原料符合 NY 5048 准则,饲料收购和贮藏遵循 GB 13078 规定,饲料配方设计满足 NY/T 34 要求,饲养管理执行 NY/T 5049 准则。

b. 严禁使用动物性原料。

③饲养

a. 控制青年牛的体重和膘情，防止过肥难产或营养不良。奶牛体重符合下列指标。

生长阶段	月龄	体重(千克)	
		娟姗牛	荷斯坦牛
犊牛	2	55	70
后备母牛	15	210	280
产犊母牛	24	320	410

b. 泌乳奶牛自由采食，并且残剩的食物每天要打扫，防止陈腐饲料污染所致的采食量下降。

(3)卫生管理

①卫生检疫　奶牛场的工作人员的健康卫生、挤乳工艺、检疫和防疫执行 GB 16568 规范。种牛引种和牛群调配执行 GB 16567 检疫技术规范。

②兽药使用　兽医防疫工作执行 NY 5047 规程，兽药使用符合 NY 5046 规定。

③营养卫生

a. 减少奶牛的高代谢率所致乳腺炎、跛行、不孕症和其他生产性疾病的风险，提倡以健康为中心规定适宜的生产目标。引种选择适宜品种，不盲目追求高价购买的高产种牛及其胚胎。

b. 记录奶牛的日产奶量，至少每周记录一次，对照泌乳曲线评估喂养效果，解决潜在的福利问题。

c. 集中饲喂精料时，奶牛一餐最高量为 4 千克，减少瘤胃酸中毒和其他代谢疾病。

④足蹄卫生

a. 清洗池应纳入圈舍系统的设计范围，定期清洗蹄系，保持清洁状态。

b. 培训修蹄员，经常性检查奶牛和公牛足部，在变成跛脚之前，修剪足部。当足部损伤的原因不明时，由兽医治疗。

⑤环境卫生

a. 高温季节饲喂高脂肪饲料减少产热量，建议在超过 28℃ 的条件下，启用机械送风促进散热，在超过 32℃时启用间歇式喷淋送风系统。

b. 可用碳酸盐调节阴阳离子平衡，且提高钾盐利用比例。

c. 避免噪声、呵斥声及其鞭、棍等机械性驱赶所致伤害。

⑥挤乳卫生

a. 生鲜牛乳从挤出至加工前防止污染，质量符合 GB 6914 规定、达到 NY 5045 要求。

b. 挤乳工必须经培训合格后上岗，要理解机械原理，了解所用系统构成，把握技术规范。防止挤乳所致的痛苦。

c. 管道挤乳系统需由专门技术员定期测试和日常管理，设备符合 GB 12693 要求。机械挤乳设有备用发电机组。

d. 定期奶样检查，早期发现乳腺炎及时治疗。

(4)操作规程

①人工授精

a. 操作者应具有资格证书，原位进行人工授精。

b. 精液采集场所要安静，地面平整防滑，有防护设备避免伤及人、畜。

②难产和助产

a. 育种计划考虑奶牛品种、品系特点，避免大体重导致难产，特别要注意初产母牛的父系选配问题。

b. 干奶期的营养控制，避免肥胖和胎儿过度发育。

c. 难产的牵引绳和牵引操作由熟练的技师进行。

d. 产房设置要考虑尸体的搬运问题。

③育犊

a. 提供营养、饮水，保障避风、安静和空气新鲜的休息场所。

b. 腹泻时要减少牛奶或代乳品，供给替代的温水和电解质溶液。

c. 犊牛允许屠宰，制订计划避免长时间运输。

④去势

a. 在麻醉条件下，2 月龄以上淘汰公牛由兽医师进行阉割术。

b. 经过培训且技术熟练后饲养人员方可独立进行阉割术。

⑤去角

a. 经过培训的人员可进行去角操作。

b. 操作过程需要麻醉，去角操作一定不超过 2 月龄。

⑥耳号

a. 耳号牌的设计应轻巧、材料柔软、易于应用，造成损害最小。

b. 佩戴耳号可由熟练工人进行操作，标记方法得当终身可用。

⑦乳房积乳

a. 严禁乳房积乳使奶牛遭受不必要的痛苦和困扰。

b. 谴责为了评比展示人为因素所致乳房积乳，要求展示和交易市场提供挤乳设备。

第四节 奶牛场粪污处理与环境保护

随着奶牛养殖业结构调整步伐的加快，奶业经历了由粗放型向集约型、由数量型向质量效益型的转变，现在基本步入稳定健康的发展轨道。虽然奶业的发展达到了空前的繁荣，但是越来越多的人开始关注奶牛养殖对环境的影响。

奶牛养殖业生产体系呈现出日益集中化、集约化的趋势，同时也逐步脱离了种植业，以前的小规模的奶牛养殖业融合于大农业中，产生的奶牛粪便基本上被种植业或农业生产系统消化，奶牛粪便是作为生产要素投入到生产之中，以资源的形式得到充分的利用，但是随着我国农业产业结构的调整和市场经济的发展，奶牛养殖业逐步从农业生产体系中脱离出来，产生的大量废弃物在农业产业链中得不到有效的利用。集约化奶牛养殖业表现出来的上述的特征，最终导致奶牛粪便污染日益严重，并引起了国家相关各部门的重视。

据调查表明，1 头 500～600 千克的成年奶牛，每天排粪量 30～50 千克，排尿量 15～25 千克，排污量 15～20 千克。育成牛产污系数年均测定值为：全氮为 126.02 克/（头·天），全磷为 60.94 克/（头·天），铜为 0.143 克/（头·天），锌 0.953 克/（头·天），有机质 1 966.18 克/（头·天），COD 98.908 克/（头·天），氨氮 1.579 克/（头·天）。育成牛中 COD、有机质、氮、磷、锌等污染物排出量较大，且育成牛中 COD、氮、磷、铜、锌、氨氮和有机质等污染物排出量随季节变化有不同变化，一旦饲粮满足育成牛的需要，多余的部分将被排到粪尿中，造成营养物质的流失和污染物产生量的增加。

在所有的养殖业中，奶牛养殖业产生的废弃物量最多，处理起来的难度最大，具体来说，奶牛产生的各种废弃物与其他养殖业的对比见表 2-10。

表 2-10　各类畜禽排污系数

养殖种类	粪尿产生量	污水产生量	
		干湿分离	未干湿分离
猪（吨／（头·年））	2.1	10.5	2.1
肉鸡（吨／（只·年））	0.021	0.105	0.21
蛋鸡（吨／（只·年））	0.045	0.225	0.45
肉牛（吨／（头·年））	8.1	40.5	81
奶牛（吨／（头·年））	14.4	72	144
羊（吨／（只·年））	1.1	—	—
鸭（吨／（只·年））	0.039	0.195	0.39
鹅（吨／（只·年））	0.039	0.195	0.39

资料来源：中国历年奶业年鉴

通过表 2-10 可知，奶牛养殖业废物处理迫在眉睫，我们必须合理规划，选择合理的处理方式，最大限度地减少奶牛养殖业对环境的影响，这样既有利于人们健康生活，也有利于奶牛业的绿色生态发展。因此，就奶牛养殖场粪污处理进行系统分析，对于建设生态城市以及发展生态奶业都有一定的现实意义和理论意义。

1. 奶牛养殖业粪污处理现状及对环境的影响

奶牛粪污对环境的影响主要体现在空气污染、水污染和土壤污染三方面。

(1)空气污染

当牛粪堆积在堆粪场或粪池后，经过发酵会产生氨和硫化氢等有害气体，严重影响周边的空气质量。国际上很多发达国家都对恶臭气体的排放有严格的规定，比如日本的《恶臭法》规定了 8 种恶臭物质，其中有 6 种恶臭物质与奶牛养殖业密切相关。它们是氨气、甲基硫醇、硫化氢、二甲硫、二硫化甲基以及三甲胺，后来又追加了丙酸、正丁酸、正戊酸和异戊酸 4 种低级脂肪酸。这些物质在奶牛粪便中含量极大的比例，其中氨气的含量最高。氨气的挥发不但让操作人员难受，而且还能引起人和家畜的呼吸道疾病。如果进入大气后可造成酸雨，恶臭还能刺激人的嗅觉神经和三叉神经，对呼吸中枢产生毒害作用。同时恶臭也有害于奶牛的健康，会引起奶牛呼吸道疾病或者其他疾病并最终影响奶牛健康生长，导致生产性能的下降。而且牛粪中还含有大量的病原微生物和寄生虫卵，如果不能及时处理，会滋生出蚊蝇，增加环境中病原的种类和菌量，致使病原菌和寄生虫蔓延，容易引起人、畜共患病，危害人畜的健康。据有关报道，全世界有人、畜共患疾病多达 250 多种，中国就有 120 种，其中由牛传染的疾病就有 26 种，这些人、畜共患疾病的载体主要就是家畜废弃物。

(2)水污染

牛粪的淋溶性极强，能通过地表径流来污染地表水和地下水，使水体变黑且发臭，并导致水中的鱼类或其他生物死亡。据分析，一些畜牧场养殖场排放的每毫升污水中平均含有 33 万个大肠杆菌和 69 万个肠球菌，严重影响了养殖场周边的环境。与水质污染有关的细菌主要是：BOD、COD、大肠杆菌、蛔虫卵以及氮和磷等。奶牛场排放的污水中含有大量的污染物质，其污水的生化指标特别高，根据环保部门对大型奶牛场排出粪水的检测结果显示：COD 超标 50～70 倍，BOD 超标 70～80 倍。

按照目前我国规模化养殖场对环境污染的管理状况和正常水冲粪的流失率计算，百头奶牛场粪便年排放量 1 100 吨(表 2-11)。

表 2-11　奶牛粪便污染物进入水体流失率　　微升/升

污染物	COD	BOD	氨	TP	TN
牛粪	6.16	4.87	2.22	5.50	5.68
牛尿	50	50	50	50	50

资料来源：《奶业年鉴》。

(3)土壤污染

牛粪能够侵蚀土壤。当牛粪大量堆积后，造成了土质的过于营养化，破坏了土壤结构的均衡性，降低了土地的生产能力。在某些情况下(通常是新鲜的禽粪)含有的高浓度的氮能烧坏农作物，持续过量的粪便也能引起土壤中溶解盐的不断积累，最终导致土壤盐分过高，使植物生长受到影响。如果高浓度的污水用于灌溉，会使作物徒长、倒伏不熟或晚熟，从而造成粮食减产，甚至可能毒害作物，出现大面积腐烂。另外，高浓度污水可导致土壤孔隙阻塞，造成土壤透气透水性下降以及板结，严重影响了土壤的质量。

针对奶牛粪便对环境造成的严重影响，国家环保总局测定了奶牛粪便中的 COD、BOD、TP、TN 的平均含量(表 2-12)。

表 2-12　奶牛粪便中污染物平均含量　　微升/升

污染物	COD	BOD	氨	TP	TN
牛粪	31.0	24.53	1.71	1.18	4.37
牛尿	6.0	4.0	3.47	0.4	8.0

资料来源:《奶业年鉴》。

(4)微量元素及药残污染

通常情况下,各奶牛养殖场为了保证饲喂奶牛的生长速度,增强奶牛的抗病能力,会在饲料中添加一定量的 Cu、Zn 和 As 等微量元素。当这些物质渗入地下并且超过环境容量时,就会造成污染。同时为了保证畜禽的健康生长和生产性能,也会在饲料中添加一定量的药物,部分残留物会通过奶牛粪便排泄进入环境造成污染。如果这种粪便废弃物不经过任何有效处理就作为肥料施用,其中的药物添加剂被植物吸收后并残留在其组织中,最终会对人、畜产生有害作用。

2. 奶牛养殖业粪污处理存在的主要问题

奶牛养殖场在粪污处理上还是比较落后,问题还是比较多,具体有如下问题。

(1)人口众多,耕地资源少的制约性比较大

随着人口增长和城市发展重点由市区向郊区转移,大范围的以农用地为主的郊区转变成为以非农用地为主的城市地区,市郊乡村的农业用地逐渐转作工厂、商店及住宅等非农业用地。一方面奶牛养殖业加强规模化、集约化,增加饲养规模,产生的大量粪污需要更多的土地进行消纳;另一方面耕地面积又在急剧地减少,这两者之间的矛盾不断激化,从而使部分奶牛场的粪污直接排放到环境中,增加了环境的负担。

(2)奶农对循环经济认识不足,追求短期效益

由于宣传深度与广度不到位,广大的奶牛养殖户对奶业的循环经济认识不足,没有看到长远的经济及生态利益,只是追求眼前的短期效益。因此,他们很少能够认识到是否污染到环境的角度。往往以投入费用最少为标准。另外,无污染的农产品标志体系不健全,无法促使养殖户主达到生产要求。因此,奶农的环保意识薄弱导致粪污对环境的压力日益增强。

(3)奶牛养殖场粪污处理成本过高,养殖户无力承担

由于奶牛养殖业利润低,奶牛养殖场户无力投资兴建沼气池、雨污分流设施、购置机械清粪设备以及承担粪污处理的相关费用。调研结果表明,某些县奶牛养殖场户的牛舍和运动场的粪污清理工作多数都是靠人工完成,耗时、耗力且清粪效果差。利用三级沉淀池对污水进行处理后再排放的养殖户所占的比重仅占被调查对象的 23.1%。配有雨水、污水分流设施的养殖场户所占比重更低,只有 7.7%。

(4)不同规模的奶牛养殖场户在粪污处理上存在很大的差距

同散养户相比,那些规模大、成立时间较长的奶牛养殖场能够做到生态养殖,实现污染物的“低排放”甚至“零排放”。根据奶牛场区域的布局和周边的环境条件,建立了“三级沉淀、固液分离、有机肥还田”、“堆肥发酵、制造有机肥”和“固液分离、生产沼气”三种方式的粪污处理系统,解决了粪便对周边环境的污染,实现了粪污达标排放。某些县奶牛养殖场发展循环经

济，通过建立沼气池，利用牛粪生产的沼气，供应周边 1 200 多户村民一年四季烧水做饭，每户能省 600 多元燃气费，一年可以为全村农户节省 70 多万元的燃气费。在为村民免费提供沼气的基础上，养殖场还建设了沼气发电工程，将多余沼气转换成电能，供养殖中心日常照明使用。产生的沼渣、沼液无偿供给农户还田，成为 2 000 多亩有机饲料种植田的上等肥料。这种循环农业的发展，不仅有利于环境的保护，更突出了生态服务价值。还有些县利用牛粪，建起沼气池，用上了清洁能源。沼渣用来种植蘑菇，沼渣废料还田作有机肥料，种植和养殖形成了循环链。另外一些县建立牛粪养殖蚯蚓示范基地，带动周边 6 个小区的 20 亩土地养殖了蚯蚓。养殖蚯蚓使周边 500 头奶牛的粪便得到无害化处理。

由此可见，不同规模的奶牛养殖户，根据其资金与发展规划的不同情况，在奶牛场粪污处理上，所采取的方式与方法有很大的差异。

(5)相关法律体系和社会服务体系不健全，阻碍了奶业循环经济的发展

法律体系不健全主要表现为：一是财政补贴制度设计得不够合理。现行的政策中考虑资源综合利用与环境保护的财政补贴仅限于少数的几项补贴，而且缺乏针对性和灵活性，影响了补贴的效果。二是税收优惠的政策存在缺陷。现行的税收优惠主要是遵循了"末端治理"原则，不能体现循环经济的理念。另外，我国农业循环经济方面的税收优惠手段还比较单一。对涉及环保的技术进步与创新的优惠不足，而且这些优惠的政策过于零散，相互之间的协调配合作用难以得到充分的发挥。

(6)所需资金相对国外发达国家比较缺乏，技术研发推广滞后

政府投入比较有限。奶牛养殖户大多是资金缺乏、信息闭塞、技术落后的农户。不仅仅是投资基础薄弱，而且凭个人力量难以满足中长期循环经济发展对大量资金的需求。发展循环奶业经济必须依靠国家财政的大力支持。但是目前我国财政资金投向生态奶业发展的数额还很有限。科学技术是循环奶业发展的支撑，而且循环链越长，它所需的技术就越复杂、越精细。奶牛场粪污处理的实际情况来看，不仅仅是发展生态奶业急需的技术无法得到满足，而且是已有的技术推广应用做得也很不到位。

3. 欧美发达国家奶牛场粪污处理经验

(1)美国牛场粪污处理的模式

在粪便清理方面，美国的奶牛养殖场一般采用机械化的方式。常用的清粪工艺主要有机械化水冲粪工艺、水泡粪工艺和干清粪工艺三种。水冲粪工艺要求牛舍配备漏缝地板，地板下建有粪沟，牛舍一端建一冲水器，定期向沟内冲水，利用水的压力将舍内粪尿集中冲入贮粪池内。水泡粪工艺由水冲粪工艺改造而来，将管理用水与粪尿一同在粪沟中贮存一段时间(一般为 1～2 个月)，待粪沟装满再打开闸门集中排出。干清粪工艺即采用清粪机及时清理舍内粪便，目的是防止粪便与牛尿混合，简化粪污处理工艺及设备。这几种清粪工艺的共同优点是能够将奶牛粪污集中存贮，便于后续处理；减少粪污暴露时间，最大化防止气体散发。

在粪污处理方面，由于美国的大部分大型奶牛场都是农、牧结合型的，养殖业与种植业的联系十分紧密，养殖业规模决定着种植业结构的调整，养殖业与种植业之间在饲草、饲料、肥料三个物质体系中相互促进、相互协调，养殖场的粪便通过各种技术工艺制成有机肥归还农田，既防止了环境污染又提高了土壤肥力。

根据区位条件的差异、牛场规模的不同以及政府环境政策的制约，美国牛场的粪污处理大致可以分为以下三种处理模式：环保模式，以预处理、厌氧－好氧处理和后处理等手段进行简单堆肥，并使污水达到规定标准排放的简单处理模式；能源－环保模式，在环保模式的基础上，以厌氧发酵制取沼气为核心开发粪污资源，满足基本能源需求以及环保要求；生态工程模式，从农场生态循环系统的角度出发，利用生态工程技术对粪污资源进行综合开发利用，在解决环境问题的同时，又变废为宝，尽可能地利用资源。

(2)欧洲奶牛场粪污处理经验

①德国：全混合高温沼气发酵工艺　德国能源缺乏，政府一直致力于支持可再生能源的发展。考虑降水量丰富、电能供应紧张、沼气发酵原料丰富等原因，德国政府鼓励奶牛养殖场采用沼气发酵工艺解决牛场粪污处理问题。2004 年修订的可再生能源法规定：到 2010 年由可再生能源提供的电能须达到全德总电能的 12.5%，到 2020 年则至少达到 20%；可再生能源发电补贴措施规定：对新建热电联产工程装机容量在在 5 兆瓦以上，上网电价补偿金额为 2 欧分/度；对沼气发电采用增值税全额退税的政策，增值税率为 16%；同时对沼气池建设提供 20%～30%的无偿补助费，具体金额由各州根据自身财力自行决定。在这些补贴政策的支持下，农场主 3～5 年的时间内就可以收回牛场沼气工程建设的投资成本，因此，从效益的角度调动了奶牛养殖场主利用粪便实现沼气发酵的积极性。

除国家政策支持外，沼气混合发酵原料充足也是德国推行全混合高温沼气发酵工艺的主要原因。据统计，德国每年秸秆产量大约为 40 088 万吨，畜禽粪便所含干物质量大约为 57 500 吨，其中奶牛场所占比例约为 28.2%。因此，德国奶牛场处理粪污时大多采用秸秆与牛粪进行全混合高温发酵的沼气发酵工艺。牛场沼气工程采用计算机控制方式，利用机械设备将牛粪与秸秆混合加入沼气罐。混合装置可使沼气池内料液实现完全均匀或基本均匀状态，有助于微生物和原料充分接触，加快消化速度，提高容积负荷率和体积产气率。另外，高温发酵方式可以杀灭牛粪中的人、畜共患菌和寄生虫卵，提升装置的卫生效果。

②法国：水泡粪无害化处理工艺　法国奶牛饲养都采用夏季放牧、冬季舍养的形式，优质牧草是法国奶业发达的保障，因此法国政府非常注重农牧场环境保护，颁布了一系列环境保护方面的法律。如《哥德堡议定书》中承诺：1999—2010 年将氮氧化物和易挥发有机合成物的排放量减少 40%左右；《土壤保护法》规定：排放于土地中的农场污水，每公顷氮的含量 140～150 千克。农业污染控制计划(PMPOA)：通过对养殖企业生产废物的处理和储存来保护水质，由专业人员对奶业生产者环境保护措施进行帮助和指导。另外，为扶持本国奶业发展，法国政府也实行了一系列奶业补贴政策，对于玉米、小麦、大麦等补贴 348 欧元/公顷，对于载畜量 1.4 头/公顷以下草场，每公顷补贴 80 欧元，养殖规模 40 头以上，每头补贴 226 欧元。对于奶业贷款，国家返还 5.5%的增值税。

按一头奶牛一年的粪尿产生量 14.4 吨来算，法国每年奶牛场粪尿产生量为 5 390 万吨左右。为了防止牛场粪污污染环境，政府强制要求牛场采用粪污处理工艺，大部分牛场处理粪污都采用水泡粪形式。水泡粪工艺是在牛舍内的排风沟中注入一定量的水，粪尿、饲养用水一并排放缝隙地板中的粪沟中，储存一定时间(一般为 1～2 个月)，待粪沟满后打开出口的闸门，将沟中粪水排出。对于粪污无害化处理主要有三种方式：一种是粪污在粪便池自然沉淀一段时间后与农作物秸秆混合发酵形成有机肥料，用于作物施肥；第二种是直接对粪污进行工业化处理方式，制成有机肥；第三种为利用沼气发酵技术，产生沼气用于发电照明等。由于法国电能充足，而建设沼气池成本又高，因此，法国牛场粪污极少采用沼气发酵形式，多数牛场采用将粪污经过处理制成有机肥的方式。在将粪污进行干、湿分离时，主要采用螺旋式固体分离工艺，分离后无害无味的固体将被制成有机肥出售或者用于农场肥料，而经过无害化处理的废水也将就近排入农田灌溉网络或者河流。

③荷兰："液压刮粪板＋固液分离＋筛分固体压块"一体化工艺　荷兰属于国土面积较小、土地资源宝贵、畜牧业高度发达的国家。由于没有足够土地来消纳养殖业的粪污，荷兰政府非常注重环境保护和牛场粪污处理。1971 年荷兰立法直接规定：不经任何处理直接将粪便排入土壤、地表水属违法行为。1984 年起，规定每公顷土地超过 2.5 个畜单位，农场主必须缴纳一定数量的粪便费。荷兰《环境管理法》规定：任何可能对环境造成破坏和污染的活动都必须经过相关政府机关的批准，在此批准过程中，必须进行环境影响的评价和环境污染预防审计。除相关环境保护法律，荷兰政府也出台了一系列补贴政策，帮助解决由畜禽产生的粪污过剩问题，如制订了粪肥长距离运输补贴计划以及将粪便加工成粪丸出口计划，且政府补贴建立粪肥加工厂。

受耕地资源制约，荷兰绝大多数奶牛养殖场非常注重粪污的循环利用，其粪污处理采用"液压刮粪板＋固液分离＋筛分固体压块"一体化工艺。从粪污收集、干湿分离到干物质深加工都有完善的配套处理设施：粪污收集方式为液压刮粪板全自动定点铲粪，优点主要有：①缩短了牛粪暴露在空气中的时间，减少了挥发性气体的排放。②节省了劳动时间，降低劳动成本；③实现了雨污分离。在粪污集中采纳之后，统一进行固、液分离。优点主要有：①便于固体物运输；②减少了粪污总量；③固体物具有好氧稳定性，减少了甲烷排放量。固、液分离工序完成之后，澄清的污水直接施用于农田进行灌溉施肥，而残余的固体有机物则利用筛分固体压块一体化技术进行深加工，将剩余牛粪制成有机肥或者燃料棒，增加牛粪附加值。

4. 奶牛场粪污处理的对策

根据前面对奶牛养殖业的调研分析，笔者认为针对奶牛养殖业粪污处理的现状以及在现实中出现的问题，我们可以采取以下的处理措施来规范奶牛养殖业的粪污处理。

(1)合理布局，科学规划，从源头控制粪污污染

规模适度、规划合理是防止奶牛粪便污染的重要途径之一。集约化的养殖场在建成前就要系统规划、合理布局，保证奶牛养殖场与居民点、水源等有一定的距离。根据每个养殖场的粪污处理能力控制其养殖规模，做到就地及时地处理奶牛粪便。

一些学者进行了畜禽粪污对土地承载能力影响的研究，提出了土地承载能力问题，根据他们的研究，土地承载能力为 2～3 吨/亩粪肥。而一些欧美国家就土地对厌氧消化残余物(沼渣、沼液)的承载力也有明确的规定。

根据"环境容量"的最低承载力，"慢速"、适度发展奶牛业。提前对粪污综合利用合理布局，减量化、资源化、无害化和运行费用低廉化应是首要考虑的原则。制定奶牛业"慢速"发展战略，适度发展奶牛业，逐步控制奶牛数量的增长，使奶牛业走上稳定、可持续发展的农牧结合的道路，加快提高奶牛单产，由"数量增长型"向"质量效益型"转变，使奶牛业的发展应经过优

化牛群——提高单产——稳定数量——规模化饲养的科学安排，按循序渐进的方式发展奶牛养殖业。

(2)科学选择饲料，减少 N、P 污染

奶牛养殖业产生的污染物已成为主要污染源之一。而奶牛养殖业所面临的最大挑战就是饲料养分的再循环，特别是氮和磷氮的再循环。

由此可见，对于奶牛的饲喂首先应该满足其营养需要，但是不应该超过一定的量。如果饲喂任何营养不足的饲粮，那么均将降低牛奶中乳核乳成分的产量；然而，如果饲喂过量的营养，那也将会降低营养利用的效率，最终导致对环境的养分排出增加，大大增加了乳品生产的生产成本。由于养分在奶牛场的富集与累积，所以要求我们对营养进行管理，合理地选择饲喂的饲料。

(3)选择适合的粪污处理方式

奶牛养殖业开发了不同的处理工艺，并建立了多种养殖粪污处理工程，主要有还田模式、自然处理模式和工业化处理模式三种。但不同的处理模式对于养殖规模、养殖场自然环境、经济条件等因素有着不同的适用性，选择合适的粪污处理模式，成为解决奶牛养殖污染的关键之所在。

目前，奶牛场粪污的处理方式主要有：做肥料，生产有机化肥；做能源，制成沼气，发电；做饲料，用于养猪、蚯蚓和水产养殖；做培养基；做叶面肥。

①做肥料，生产有机肥　奶牛粪便直接还田，其肥效较低，还极有可能造成环境污染。但是如果先将牛粪经过堆肥处理，制成有机肥，然后再使用到农业中，使奶牛粪便肥料化，那么在提高土壤肥力、增加土壤有机质和改善土壤结构等方面有着它独特的作用。

就国内目前情况而言，牛粪堆肥处理能力大约为 24 吨/天，生产复合肥约 8 760 吨/天。经无害化处理后的废渣，符合《畜禽养殖业污染物排放标准》GB 18596－2001 中关于“畜禽养殖废渣无害化环境标准”的要求，蛔虫卵死亡率将≥95%、粪大肠菌群数＜10^5 个/千克，这也解决了养殖场恶臭污染的问题，废水污染物做到了达标排放。

利用堆肥化技术对规模化养殖场畜禽粪便进行处理从而使其资源化，不仅能够解决污染问题，还可以使企业获得高收益，使养殖与种植形成新的产业链，对高效农业的可持续发展产生巨大的推动作用，对改善农村生态环境，推进社会主义新农村建设具有积极的社会价值。

某县奶牛养殖场中所产生的牛粪，一半用于生产有机肥，年消耗牛粪大约 19 万吨，所生产的有机肥大约 38 万吨。按照每吨有机肥 400 元计算，额外年收益为 1 152 亿元。其中总成本约 9 500 万元，可实现年利润 5 700 万元。通过有机肥的开发，进一步提高了奶牛养殖的附加价值，这也对密云奶牛养殖增收起到积极的促进作用。

所以我们应该大力发展生态循环农业，在农作物生产中大力倡导使用有机肥，建立一些施用有机肥增产增效的示范基地，将有机肥的使用与项目建设、优质农产品基地的建设结合起来，提高农产品的产量和品质的同时减少了奶牛养殖对环境的负面作用。

②做能源，生产沼气或发电　沼气生产是通过利用生物技术方法和厌氧发酵的原理，将奶牛粪便中的有机物转化为 CO_2、CH_4 等气体，其中 CH_4 是一种优质的气体燃料。该种方法在正常气温条件下，可使污染物 BOD 减少 70%～90%的量，即使是在冬季，也可使污染物 BOD 减少 60%～70%的量，同时获得一定量的沼气。沼气可以用于照明或用作燃料，清洁无污染，

沼渣和沼液经发酵用来生产有机肥，用于林果种植。由于大型沼气工程所需投入成本高、运营管理成本也不低，而且需要很高的专业知识，在村落居住比较集中，规模较大的村庄可以发展大型沼气工程，通过铺设管道，集中供气。而村落居住分散的村庄，不适合搞大型沼气工程，但是我们可以在奶牛养殖场内建设小型的沼气示范工程，为本奶牛场供应清洁能源。利用奶牛粪尿生产沼气，粪尿资源既得到了合理的开发和利用，也减少了粪尿排放造成的环境污染，同时，沼气取代了原煤，减少了二氧化碳等有害物质的排放数量。目前，我国现有沼气动力站多达 186 座，总功率达到 3 458.8 千瓦。沼气发电站达 115 座，装机容量为 2 342 千瓦，年发电量为 301 万度。

假如一家拥有 29 头奶牛的奶牛场，全年年产粪尿量通过沼气工程可开发的生物质能源所蕴含的经济效益可达 1.3 万余元，其中可产沼气为 916 818 米^3，相当于 23.98 吨原煤的能值，价值 13 193 元(表 2-13)。所产沼肥年效益为 35 252.6 元，其 N、P、K 的养分含量分别相当于 11.967 吨尿素，0.213 吨过磷酸钙，3.108 吨氯化钾(表 2-14)。

表 2-13　沼气的生产效益

	收集干物质(吨)	产沼气量(米^3)	沼气能(吉焦)	可替代原煤(吨)	效益价值(元)
牛粪	43.442	8 687	181.73	22.72	12 500
牛尿	2.409	481.8	10.08	1.26	693

表 2-14　沼肥效益分析

	粪便干物质量(吨)	N		P		K		肥料价值(元/吨)
		数量(吨)	尿素数量(吨)	数量(吨)	过磷酸钙(吨)	数量(吨)	氯化钾(吨)	
牛粪	255.5	5.697	11.771	0.025	0.198	1.824	2.736	3 336.0
牛尿	80.3	0.095	0.196	0.003	0.023	0.248	0.372	1 892.6

沼气池是畜禽污水处理的主要设施之一，对沼气池严重不足的区域应该按照就近原则，建造联户的沼气池，将相邻的养殖场的残留粪便及污水都接入同一个沼气池，这样既治理了奶牛场的污染，又节约了治理成本。

③作饲料，用于养蚯蚓和水产养殖　由于奶牛粪尿中含有许多营养元素和大量的有机质等，因此如果将奶牛粪便经过一定的处理加工，可以将其作为畜禽日粮的组成加以利用。将牛粪饲料化中，另一种就是利用牛粪养殖蚯蚓。山东、湖北、北京大学、清华大学等很多地方或者单位利用牛粪养殖蚯蚓而获得了成功。利用牛粪来养殖蚯蚓，不仅成本低效益好，也可建立养殖蚯蚓基地来提高奶牛养殖业的收益，同时也可处理消耗掉大量的牛粪。另外由于蚯蚓粪含有蛋白质和氨基酸等营养成分，可以用来养殖乌龟、鳖和鱼等水产动物，如果能在鱼饲料中加入一定量的蚯蚓粪，不但能有效地降低水产养殖饲料成本，而且能够增加饲料的适口性和鱼的抗病能力，可将水产养殖效益提高到 150%以上。利用蚯蚓来处理奶牛场的粪便，既能获得优质的有机肥和高蛋白饲料，而且蚯蚓的养殖周期短、繁殖率高、饲养简单、投资小、效益高。如果 40～60 天为一个周期的话，蚯蚓每年可繁殖 4～6 个周期，年增殖可达 120～200 倍。按国内蚯蚓 2 元/千克、蚯蚓粪 600～800 元/米^3 来计算，可获取额外经济效益 13 万元。

④综合粪污处理模式

a.“牧草-牛-菇”模式　可以在周边山地种植牧草，然后用牧草来喂牛，养牛所产生的大量牛粪，用来种植蘑菇。这样既充分利用了当地丰富的自然资源，又解决了牛粪的污染问题，奶农可以通过出售牛粪给种植户种蘑菇，从而还可以增加自己养牛的收入；而菇农利用牛粪来种植蘑菇，不仅可以增加食用菌的产量，提高收入，而且种植蘑菇后的牛粪还可以作为生物有机肥还田还地种植牧草，提高土壤的肥力，实现循环利用。

b.“牛-沼-草/果”模式　发展沼气工程，沼气池产生的沼气用来煮饭、照明，而沼肥可回归果园、草地，从而给果树和牧草提供了源源不断的肥力，真正地实现了“草-牛-沼-果/草”的生态循环之路，彻底解决了奶牛养殖过程中牛粪的环境污染问题，实现了牛粪还田，地肥，果、草丰收的良性循环模式。

c. 生态循环经济模式　可以开办奶牛养殖场，存栏奶水牛 1 800 多头。酒厂的下脚料可用来喂牛，牛粪尿及冲栏的污水等全部回收到沼气池中，所产沼气用来发电、照明等，供酒厂和牛场的使用，而沼液通过添加 EM 菌剂制成桶装 EM 液体肥卖出，部分沼肥、沼液可灌溉牧草、农田，所产的牧草喂牛，大米蒸酒，真正实现了“米-酒-酒糟-牛-沼-草/田”的全生态循环利用模式，对环境没有污染，酒厂为牛场提供了丰富的饲料来源，而养牛所产生的粪尿等经过科学的处理利用，又为酒厂提供了大量的能源资源，酒厂、奶牛场都实现了双赢的局面。

(4)加强宣传，增加奶牛养殖户的环保意识

奶牛养殖中循环农业发展处于萌芽低级的状态，90%以上奶牛养殖管理者没有循环农业的意识，甚至是大部分村负责人还不知道循环农业是怎么一回事；只有少数村负责人知道循环农业，并且打算今后奶牛养殖中开展循环农业的工作。这就要求相关单位能够通过开办培训班、编印循环农业科普宣传册、组织交流考察等方式，向社会宣传生态奶牛养殖的知识，强化每个奶牛养殖工作者的环保意识，让其充分认识到目前奶牛养殖业污染治理的重要性和迫切性。只有大家共同参与行动起来，才能达到保护环境，发展生态奶业的目标。

(5)加强政府对奶牛养殖业粪污处理的政策管理和资金扶持

根据政府关于开展城乡环境综合整治工作意见的要求和部署，进一步加快畜禽养殖污染防治，保护和改善生态环境，促进畜牧业健康发展，依据《中华人民共和国畜牧法》、《畜禽养殖业污染防治管理办法》和省市畜禽养殖管理办法等法律法规，结合畜禽养殖业的现状，制定畜禽粪污处理专项工作方案。

政府应综合运用财政、投资和信贷等手段，加大奶牛养殖场的资金补贴，积极开发利用奶牛粪尿资源的技术，变废为宝，应大力发展有机肥、沼气示范工程、双孢菇种植、林下经济、蚯蚓养殖等循环农业的项目，提高奶牛粪尿的资源化率和综合利用效率，实现废弃物的零排放，促进奶牛养殖业的发展。

(6)加强相关技术研究

一方面，应该加大研制和推广环保饲料，解决奶牛日粮中蛋白质的缺乏，平衡奶牛日粮的成分，提高奶牛对氮、磷微量元素的有效利用，以及从减少奶牛排泄物中有害成分等方面综合考虑，进行研究与设计。另一方面，政府应该加强奶牛粪便处理和资源化利用的科学研究，努力开发出成本低、效果好、有特点的牛粪处理工艺，以解决奶牛养殖场户牛粪销售难、处理难的问题。

第三章　奶牛热应激环境与防控技术

第一节　气候变暖与奶牛生产

农业生产受全球气候变暖的影响将会加大。我国农业生产尤其是粮食生产，靠天吃饭的局面还没有根本改变，随着全球气候变暖，气候对农业生产的影响将越来越大。气候变暖造成的温度、水平衡、大气成分和极端气候事件的变化对农作物产量及质量产生直接影响，气候变暖造成的土壤、病虫害、杂草及其他指标性因子等的分布和发生频率的变化对农作物产量和质量产生间接影响，未来我国与饲料行业有关的玉米、小麦、大豆等种植业将面临更大压力。

1. 气候变暖对奶牛生产的影响

(1)气候变暖对奶牛生产性能的影响

奶牛是一种耐寒怕热的动物，对体温调节能力有限。在诸多应激因素中，高温环境对奶牛的应激影响尤为突出，超过适宜温度范围，奶牛产热大于散热，体温开始升高，容易引起热应激反应。此时奶牛除了加强呼吸等途径增加散热外，还通过降低采食量以减少体内产热，从而维持体温恒定。由于采食量降低导致营养物质摄入不足，无疑会造成奶牛生产性能下降。

高温对奶牛的繁殖也有重要影响。在炎热气候中奶牛繁殖力降低，卵巢机能减退，受胎率下降，胚胎存活率下降等。随着气温的进一步升高，夏季可能没有奶牛的正常繁殖，而春、秋季节可能会正常繁殖，冬季可能成为繁殖旺季。

(2)气候变暖对奶牛疾病的影响

全球环境的变化是新老传染病频发的重要诱因。暖冬气候能激活病毒和病菌，病毒、细菌、寄生虫、敏感原的更加活跃，损害畜禽免疫力和对疾病的抵抗力，增加奶牛疾病的发生和传播机会，加重疾病发生的程度和范围，危害奶牛健康，给人类以及畜禽的生活都带来了严重影响。

全球气候变暖导致传染病病原体的生物链和生物特性改变、动物活动区域变迁，给传染病的传播和流行创造了条件。随着全球气候的变暖，病原体(尤其是病毒)将突破其寄生、感染的分布区域，或发生变异，如基因突变和重组、转移等遗传性变化，从不致病变成致病，或毒力增强引起新的危害，一些细菌耐药菌株的形成，带来防治上的困难(如沙门氏杆菌、结核杆菌、大肠杆菌等)。

(3)畜牧业生产成本上升

温室效应带来的种植业减产和粮食成本上升，会直接导致用于奶牛养殖的饲料成本增加，例如，肥效对环境温度的变化十分敏感，尤其是氮肥，温度增高 1℃，能被植物直接吸收利用的速效氮释放量将增加约4%，释放期将缩短3.6天。因此，要想保持原有肥效，每次的施肥量将增加4%左右，导致生产成本增加。

2. 奶牛生产对气候变暖的影响

(1)嗳气

对于气候变暖，各国政府所采取的对策偏重在减少二氧化碳的排放，忽视了另一种温室气体—甲烷(Methane，CH_4)。牛羊吃草消化过程中打嗝放屁产生的废气中含有甲烷。资料显示，一头牛一天平均排放500升的甲烷气体。农业生产中反刍动物的甲烷年平均排放量为7.7×10^7吨，占大气中甲烷排放量的15%，其中90%的甲烷是在反刍动物瘤胃中产生的(IPCC，1995年)。甲烷作为与全球气候变化密切相关的温室气体主要破坏了大气的臭氧层。大气中甲烷浓度很低，但是由于甲烷对吸收红外线能的效率比CO_2高；同时甲烷不像CO_2可以被植物利用，它释放入大气后难以参与物质循环，结果造成在大气中的不断积累，目前甲烷气体正以每年持续增加0.9%的速度递增。综合评价，它的破坏力是CO_2的21倍。以上关于甲烷的信息指出这样一个事实，即我们应该更加着重于减少甲烷的污染，尤其是反刍动物排出的嗳气。

甲烷的生成既加剧温室效应，又造成了能量损失。一般来说，甲烷气体的能量占饲料总能量的2%～15%。也就是说在反刍动物的消化过程中约有2%的可消化能因转变成甲烷和热能而被浪费掉。因此，降低甲烷的排放不仅关乎环境问题，也影响到能量的利用。

(2)奶牛粪便

我国著名生物化工专家、南京工业大学校长欧阳平凯说，现在养殖业排放的粪便是世界第一。中国土地只有世界陆地面积的7%，实际居住面积只有世界陆地的3%不到，但是养了占世界总数51%的猪，还养了占世界总数40%多的鸡、鸭，产生了大量粪便。主要由有机物构成的动物粪便若在厌氧条件下分解，便产生CH_4。相反，若在有氧条件下，则生成CO_2。由于家畜密度高，广泛应用粪池处理、厌氧发酵，所以甲烷排放量较大。据测算，我国每年产生的畜禽粪便总量为30亿吨，仅鲜粪就有16亿吨，如此大量的粪便和污水如果得不到无害化处理和资源化利用将产生巨大环境压力。

(3)畜禽饲料

一方面，传统的奶牛精饲料原料一般是玉米、豆粕等，众所周知，我国发展养殖业所需要的饲料和人类生活所需要的粮食处于竞争状态，即所谓人畜争地、争食，尤其是我国“三北”地区的大西北牧区，这种现象更为突出；另一方面，我国年产各类秸秆约6.4亿吨(其中水稻、玉米和小麦秸占76.1%)，荚壳、秕糠类产量约为1.15亿吨，两者合计7.6亿吨，其数量相当于北方草原产草量的50多倍(冯仰廉等，2000；戴宝成等，2003)。在我国大量秸秆得不到利用，不仅资源浪费，而且长期以来焚烧秸秆的习惯对大气、河流也造成了污染。针对这种矛盾，研究探索利用科学技术对秸秆进行处理使之成为饲料是一个一举两得的办法。

3. 奶牛低碳养殖技术

在全球气候变暖这一背景下，“低碳经济”、“低碳技术”等词应运而生。低碳经济是以低能耗、低污染、低排放为基础的经济形态，其实质是通过能源技术和制度创新，提高能源利用效率,构建清洁能源结构,改变以化石燃料为主的现有能源消费格局。它的支撑正是“低碳技术”,低碳技术包括可再生能源及新能源、煤的清洁高效利用、油气资源和煤层气的勘探开发、二氧化碳捕获与埋存等领域开发的有效控制温室气体排放的新技术。

目前,低碳养殖技术在奶牛业也有了一定的应用,在促进奶业的可持续发展起到了重要作用,下面就奶牛低碳养殖技术集成研究综合如下。

(1)奶牛瘤胃营养的优化技术

奶牛的采食量、日粮中的精粗比例等因素影响反刍嗳气的产生。有研究表明,随着反刍动物采食量增加,饲粮总能中用于甲烷生成损失的能量相应减少(Johnson 等,1993b)。Okine 等(1989)也证实动物采食量提高时,甲烷产量下降。在限饲时,可获得的碳水化合物水平越高,甲烷产生的能量损失也越大。采食量高时,饲喂高浓度的可利用碳水化合物,甲烷产生时的能量损失率相对减少。采食水平仅能够减少甲烷生成过程中能量损失的相对含量。高精日粮或日粮中添加的可溶性碳水化合物使瘤胃的发酵模式发生变化,瘤胃流通速度加快,pH 降低,不利于甲烷菌的生长。细胞壁纤维的发酵导致了高乙酸/丙酸比和高的甲烷产量。研究发现,与细胞壁碳水化合物相比,可溶性碳水化合物发酵后产生的甲烷量较少。随着每日被发酵碳水化合物量的增加,甲烷的产量都将较少。这一结果可以通过给牛饲喂甜菜渣直接观察到。反刍动物大量采食甜菜渣后,由甲烷损失的能量减少到了采食总能的 4%～5%;当饲喂含有可利用纤维含量相对较高的啤酒糟和酒糟后,甲烷的产量为饲喂与其消化率相近饲料的 1/2～1/3。许立华(2005)在研究不同饲粮代谢葡萄糖水平对内蒙古白绒山羊总能消化代谢的影响时发现,在精、粗比接近的条件下,饲粮的淀粉含量对甲烷的产量没有抑制效果。饲喂高精料(达 90%)饲粮后,甲烷损失的能量降至总能的 2%～3%,是正常情况下的一半。因此,仅试图通过采食量的调节来降低甲烷的生成量是不科学的,适当提高饲粮中的精料比例,并选用优质粗饲料,可以有效地减少反刍家畜的甲烷产量。

饲料经过粉碎或制粒后可以显著地减少甲烷产量。但当采食量受到限制时,这种作用不明显,仅仅是提高了采食量。在采食量较高时,加工后单位饲粮的甲烷生成量减少 20%～40%。这可能是由于饲料被磨碎或制粒后,瘤胃食糜的流出速率加快所致。甲烷产量还与牧草的成熟度有关,牧草越成熟甲烷产量越高,制成干草的甲烷产量比青贮要高。对牧草进行粗切,要比粉碎或者制粒甲烷产量高。我们可以得出一个结论,提高饲料的可消化性或者减短饲料在瘤胃里的停留时间均降低甲烷产量。

(2)瘤胃微生物区系的优化技术

瘤胃内产生甲烷的微生物包括甲烷生成菌及与之有关的多种微生物,如原虫、纤维分解菌等。饲料中淀粉、细胞壁和蛋白质在其他微生物的作用下,分解成乙酸、丙酸、丁酸、氢气和二氧化碳,此后,二氧化碳、甲酸、乙酸、甲胺、甲醇等在甲烷生成菌的作用下,主要被氢气(80%)和甲酸(18%)还原生成甲烷。甲酸易分解产生甲烷和 CO_2,乙酸和甲醇的分解产物也可生成甲烷,但产量少。

去原虫　甲烷菌与瘤胃原虫存在依赖关系，原虫的体积比甲烷菌大得多，甲烷菌可以吸附在原虫表面利用原虫产生的 H_2，因此灭原虫可以降低甲烷产量。叶均安(2000)经湖羊瘤胃液体外培养试验发现，茶皂不但能抑制瘤胃原虫，而且能显著促进瘤胃发酵，增加丙酸产量，抑制甲烷的产生。也有研究发现，去原虫抑制甲烷生成的效果在饲喂高精日粮的动物体内比饲喂粗饲料日粮的动物体内更明显。但是各种去原虫技术的效果可能随原有的主要原虫种类而变化，因为全毛虫生成的乳酸多，内毛虫属主要产生乙酸和丁酸。而且，去原虫不仅导致细菌和真菌总生物量增加，不同种类的相对重要性也发生变化。因此运用去原虫的方法减少甲烷的生成还需进一步的研究。

添加微生物制剂　微生物制剂可能是通过竞争改变瘤胃微生物区系来改变甲烷产量。研究较多的是啤酒酵母和曲霉属 oryzae，啤酒酵母的作用不太稳定，有正效应的报道，也有无效果的报道，但负效应的报道少见。给肉牛饲喂啤酒酵母之后，抽瘤胃液，通过体外培养测甲烷产量，后处理组比对照组甲烷产量降低 10%，24 小时后无明显差异。Mwenya 等(2004)报道，当 0.4%酵母被添加到基础干草和 30%浓缩料中，羊产生的甲烷会显著减少。另一方面，McGinn 等(2004)报道，甲烷的减少很小，无统计学意义。Frumholtz 等(1989)在没有底物的人工瘤胃中每天加入曲霉属 oryzae 250 毫克，甲烷产量下降一半，乙酸∶丙酸不变，但丁酸、戊酸升高，原虫数下降 45%。此外，一些植物提取物富含调控菌群的活性成分，可直接抑制产甲烷菌和(或)产 H_2 的微生物数量。适当添加植物油、缩合单宁等能减少甲烷的产生。大蒜油中的有机硫化物能抑制产甲烷菌的 HMG-CoA 还原酶活性，阻断产甲烷菌脂质的合成。芥子油中的芥子甙转化成异硫氰酸丙烯酯(AIT)后也将抑制产甲烷菌活性。但这些成分若在饲料中添加过多不仅增大成本，还可能降低采食量和饲料消化率，影响钙、磷代谢。

益生菌-乙酸生成菌反刍动物刚出生的几天内，其瘤胃中乙酸产生菌是优势菌，但随后产甲烷菌有可能取代它成为主要的氢利用菌。有一些学者发现瘤胃中乙酸生成菌可利用 H_2 将二氧化碳还原生成乙酸，并企图通过分离、提高乙酸生成菌利用非氢底物的可能性，改变二氧化碳生成甲烷的发酵方式，向二氧化碳生成乙酸的发酵方式上转化，从而降低甲烷的产生，并增加可作为能量利用的挥发性脂肪酸的含量。Lopez 等体外试验发现瘤胃液中添加乙酸生成菌时，甲烷产量降低。研究人员已从瘤胃中分离到乙酸生成菌，但是数量有限。目前解决此问题的另一关键是发现或设计一种高 H_2 亲和性的特异乙酸生成菌，可以在瘤胃的自然条件下($<0.1\%, V/V$)与甲烷菌有效竞争，或与甲烷菌抑制剂一起使用。

洛伐他汀(Lovastatin)　甲烷菌是古细菌，其细胞膜和真细菌细胞膜组成有差异，可以利用这一特点，设计对甲烷菌有特异性的抑制剂。古细菌细胞膜的脂类甘油通过醚键与长链类异戊二烯醇相连而成。合成类异戊二烯醇需要与人类合成胆固醇一样的前体-甲羟戊酸。甲羟戊酸是由甲羟戊酸 SCoA 还原而成。洛伐他汀是用于降低人的胆固醇的药物，它的作用目标就是甲羟戊酸 SCoA 还原酶。于是有人希望用此药物抑制甲烷菌细胞膜的生成，从而达到降低甲烷产量的目的。Terry 等试验表明，洛伐他汀能够抑制甲烷菌的生长，而对于其他细菌没有观察到任何不良影响，如果能够用于实践，该药物将会是对甲烷菌最具抑制作用的。

(3)添加瘤胃调控剂

甲烷卤化物及类似化合物如氯化甲烷、三氯乙炔、水合氯醛、溴氯甲烷、氯化的脂肪酸等对甲烷生成菌均有毒害作用,可抑制 20%～80%的甲烷产生。但水合氯醛在瘤胃中转化为氯仿,在体内可降低甲烷的生成的同时水合氯醛损坏肝脏,长期饲喂会引起动物中毒,甚至死亡。一些瘤胃微生物可以适应或降解某些化合物如三氯乙酰、三氯乙基己二醛和溴氯甲烷等使其抑制甲烷的效果短暂,在生产上应用这些化合物很少能取得令人满意的结果。但最近,日本学者研究发现,溴氯甲烷—环糊精(BCMCD)复合物不仅具有良好的化学稳定性,而且在不影响瘤胃内纤维消化率的情况下,显著降低了甲烷的生成量。因此,科学工作者研究并应用含有多氯素化合物的复合物来减少反刍动物甲烷的产生量具有现实意义。

阴离子载体　如莫能菌素、拉沙里菌素和盐霉素等均可显著抑制细菌产生氢、甲酸,通过改变瘤胃发酵类型,能减少 25%的甲烷生成,同时提高饲料转化效率。但一些细菌在短期内对离子载体敏感,长期使用会产生适应性。研究证明,使用瘤胃素两天后,可以观察到甲烷水平下降,这种效果在 44 天后几乎完全消失。因此,阴离子载体化合物在生产中应用时只能产生短期效果。

有机酸　二羧基有机酸——延胡索酸和苹果酸,提供另外的 H_2 释放途径,提高除甲烷菌外的其他细菌对 H_2 和甲酸的利用,不会对纤维素分解产生不利影响。很多研究表明,抑制甲烷产生通常伴随有丙酸含量的增加,丙酸的前体、延胡索酸和苹果酸在促进丙酸产生的同时,降低了甲烷的产生(Nagaraja 等,1997)。在体外试验中,Mohammed 等(2004)也证明了这一点。苹果酸有一个类似的效果(Jalc and Ceresnakova,2002)。在体内的研究也显示二羧基酸对甲烷输出有潜在影响(Bayaru 等,2001)。与之相对的是,一些科学家报道说,延胡索酸并不能有效地减少体内 CH_4 损失(McGinn,2004)。二羧基酸的使用是有约束条件的,第一,他们是昂贵的化学物质。第二,他们并不适合食草动物,因为他们每天必须喂养。第三,他们的效率会降低,当饲喂浓缩料时,在体外试验中效率只有 4.8%(Carro and Ranilla,2003)。

电子受体　产生甲烷是消耗电子、维持较低氢分压的主要途径,但是,瘤胃中还存在其他的电子受体,如硫酸盐、硝酸盐、不饱和脂肪酸和延胡索酸等。通过改变电子受体,使电子流向甲烷生成菌之外的微生物,如通过添加硫酸盐、硝酸盐,促进硫酸盐、硝酸盐、亚硝酸盐还原菌在瘤胃内的生长发育,使这些还原菌与甲烷生成菌竞争氢原子而达到抑制甲烷产生的目的。但是当瘤胃中硝酸盐添加过量时,硝酸盐可被还原生成亚硝酸盐,有可能引起亚硝酸盐中毒,而且硝酸盐本身还是很强的血管收缩剂。此外添加大量的硝酸盐、硫酸盐可降低反刍动物的采食量。所以虽然这些化合物可以作为氢的受体,但不可以作为甲烷抑制剂在生产上应用。

油脂　甲烷抑制剂的研究现在多集中在天然的油脂上,目前,脂肪酸可能是除降低日粮粗纤维含量之外唯一的抑制甲烷产生的可取之物。油脂通过多种途径来影响甲烷生成。在日粮中添加油脂除改变了碳水化合物的发酵类型(即降低瘤胃中的乙酸、丁酸含量,提高丙酸含量)外,不饱和脂肪酸降低甲烷排放的原因主要是改变了氢传递的受体,饱和脂肪酸的降低甲烷排放的原因则与其对甲烷生成菌、原虫、革兰氏阳性纤维分解菌的直接毒害作用有关(对革兰氏阴性菌、丙酸生成菌无明显的抑制作用)。因此,在日粮中添加油脂在降低甲烷产量的同时也降低了粗纤维的消化率。脂肪酸对粗纤维消化的抑制作用,也许可通过添加脂肪酸的钙盐而得以解决,饱和油脂的钙盐不影响瘤胃发酵,而不饱和脂肪酸的钙盐对纤维消化率无影响。油脂在降低甲烷生成的过程中有明显的作用,在以后的研究中,需注意解决油脂的降低甲烷产量与降低纤维素消化率之间的矛盾,还需了解油脂与其他营养成分之间的互作机理。

2-溴乙烷磺酸钠(BES)　它是一种有效的甲烷抑制剂,它是辅酶 F(甲烷生成时与甲基转移有关)的溴化物。BES 是甲烷菌特异抑制剂,它不会抑制其他菌的生长。体内试验发现其抑制效果短暂,可能甲烷菌对 BES 产生耐药性。

9,10-蒽醌　它能抑制甲烷的生成,而且在羔羊体内其抑制作用超过 19 天。9,10-蒽醌使甲烷菌的电子转移解耦联,抑制甲酰辅酶 M 还原生成甲烷。

(4)其他技术

海藻　人们通常认为黏稠的绿海藻是河流或后院池塘水质污染的标志。而澳大利亚詹姆斯库克大学(James Cook University)研究员们则认为,海藻、海草等海洋植物靠水生长,不像陆生植物那样得依靠结构性纤维素,而且生长速度快,还可能会为牲畜提供另一蛋白质,尤其是在冬季饲料稀缺的时候。研究员说:"这些海藻成分的 20%是蛋白质,富含其他维生素和矿物质,包括盐分。"因此,可以把这些海洋植物视为低甲烷排放的饲料源。

4. 奶牛低碳养殖技术发展趋势

低碳经济是以低能耗、低污染、低排放为基础的经济模式,是人类社会继农业文明、工业文明之后的又一次重大进步。低碳经济在畜牧养殖业的体现主要表现在低投入、低排放、低能耗、高效益养殖。奶牛低碳养殖是指根据奶牛的生物学特性,合理运用现代育种繁殖技术、养殖设施环境控制技术、动物疾病防治技术、饲料配制技术、物联网管理技术,确保奶牛生产前、中、后资源高效利用,最大限度地减少温室气体、氮、磷等废弃物对生态环境的排放,从而实现奶牛产业链健康、牛奶安全和人类健康的可持续协调发展的一种清洁养殖方式。

(1)选育优良品种

动物生产效率可以通过选育动物的优良遗传性状来提高。生产力的增加,意味着单位牛奶甲烷量会减少。Kirchgessner 等(1995)指出奶牛单产从 4 000 千克增加到 5 000 千克,虽然增加了年度的甲烷总量,但对 600 千克重的奶牛生产的每千克牛奶而言甲烷排放降低了 16%。进一步计算单产奶量提高到 6 000 千克,每千克牛奶可减少甲烷排放 12.8%。

新南威尔士的科学家正在专门设计的围栏内进行实验,测量绵羊通过打嗝排放的气体数量。根据他们对 200 只绵羊所做测试得出的发现,绵羊吃得越多,打嗝次数越多。戈普伊表示,即使将这一因素考虑在内,绵羊个体之间仍存在"明显差异"。澳大利亚科学家表示,他们希望能够培育出打嗝次数更少的"绿色"绵羊,为了做到这一点,他们正试图确定导致一些绵羊打嗝次数低于其他同类的基因链。

(2)使用安全疫苗

一个未来减少甲烷排放的可能途径是对动物自身的产甲烷菌和原虫的免疫。Shu 等(1999)揭示了在抗原虫免疫蛋白参与下的链球菌数量的减少。澳洲科学家声称,对瘤胃原虫激发免疫反应需要一个产生免疫性的制剂(Baker 等,1997)。这将直接影响到瘤胃内产甲烷菌的活动,因为它与瘤胃原虫是一个共生关系。一个抗甲烷菌的疫苗的研发也在进行中。预计接种疫苗可以减少 CH_4 输出到 70%。然而 Wright 等(2004)发现在注射了三种产甲烷菌混合物的疫苗 4 周后,结果不显著,甲烷产量减少了 6%,再次免疫后甲烷产量有一个显著的降低,每千克干物质采食量能减少 7.7%。为了保证这个技术的有效性,还有许多工作需要做,因为瘤胃内存在多种菌株的产甲烷菌,如果这项技术成功的话,疫苗接种将成为降低甲烷产量的有效工具应用于奶牛。

(3)营养调控技术

饲料配制技术,平衡营养,减少重金属等物质的添加,减少抗生素用量,通过益生素等微生物添加剂的应用,合理提高饲料的消化、吸收和沉积,减少 C、N、O、P 等元素的排放,减少对奶牛粪便中对发酵不利的物质含量,提高粪便的发酵周期及肥效。

第二节 奶牛热应激的产生与危害

1. 奶牛热应激的产生

(1)奶牛的生理特点

众所周知,奶牛是恒温动物。恒温动物都存在一个热中性区(图 3-1),当外界温度处于这个热中性区内时,动物体可以借助物理调节方式来维持正常体温。奶牛热中性区的上限值为 25~26℃,而其热舒适区的温度为 10~20℃,在这温度范围内牛最舒服,其产乳量最高,饲料利用率也最高。奶牛的舒适温度范围较人的体感舒适温度要低,也就是当饲养员认为温度较为舒适时,奶牛可能已经处于热应激了。

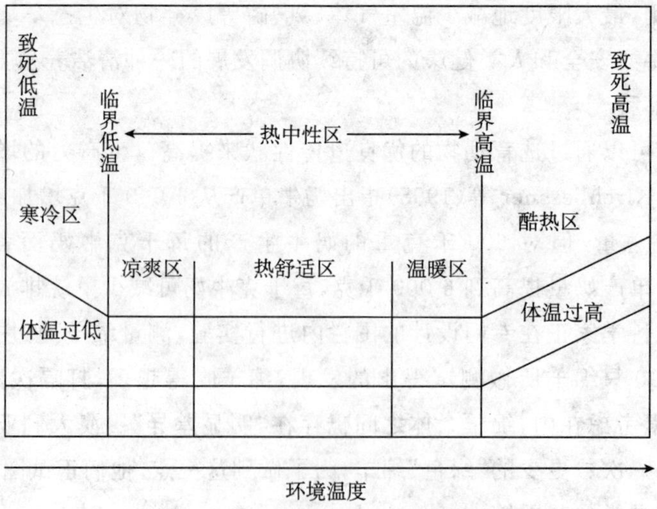

图 3-1 恒温动物热中性区示意图

我国饲养的奶牛以来源于北欧的荷斯坦奶牛为主,该品种体型大,而单位体重的散热面积小,每千克体重体表面积为 0.1 米^2,而 100 千克体重体表面积仅为 2.2 米^2,体重增加 100 倍而体表面积仅增加 22 倍。

奶牛被毛和体组织的保温性能好。牛每平方厘米皮肤有毛 700～900 根，毛长 1～2 厘米，隔热值为 0.09 瓦/(米^2 · 开)，寒冷季节具有良好的保温隔热性能，春、夏季不利于皮肤的对流和散热。

奶牛的皮肤血管结构特殊，较多的动脉血外流，被回流的静脉血吸收，“逆流热交换”减少体热损失，这种血管在皮肤分布很广的特性使奶牛耐寒。

奶牛采食量大，粗饲料经过瘤胃发酵，产生大量的代谢热，增加了散热负担。同时在饲料利用过程中可以产生大量的热量。奶牛在产乳过程中产生大量的热。生产 1 千克含乳脂 4% 标准乳，奶牛需增加 2.21～2.91 兆焦的能耗，而 1 千克奶本身所含的能量为 3.13 兆焦，可见用于生产乳所消耗的能量已经超过产品乳所含能量的 2/3 以上。奶牛日产 20 千克乳需增加 44.18～58.24 兆焦能耗，这些能量均以热的形式损失。研究证明，泌乳牛比非泌乳牛产热多，泌乳前期比中后期产热多，高产奶牛比地产奶牛产热多。随外温升高，奶牛采食量下降，能量的维持需要量却增加。当外温达到 35℃时，奶牛维持需要量会比正常状态时增加 20%。NRC(2001)饲养标准提出了一个喘气指数，用于调整用于散失体热的能量消耗。如果奶牛表现出快速短促的呼吸，建议将维持净能调整为原来的 1.07 倍；如果是明显的张嘴喘气，则应将维持净能调整为原来的 1.18 倍。

奶牛的汗腺不发达，不利皮肤蒸发散热，加快呼吸蒸发是散热的有效方法，奶牛正常呼吸频率为 18 次/分钟，27℃时呼吸开始加快，32℃时 75 次/分钟，40℃时 140 次/分钟，喘息时二氧化碳排出过多，血液 pH 升高，可能发生呼吸碱中毒。

(2)奶牛散热的主要途径

奶牛散热主要通过非蒸发散热和蒸发散热两种方式。非蒸发散热包括辐射、传导和对流，主要依据奶牛身体的体温和外界环境温度的一个较大差别来实现。辐射就是将热量传递到较冷的环境中，传导就是将热量传到一个较冷的表面，对流即热气流离开奶牛的身体。

在低于 21℃的外温下，奶牛以非蒸发散热为主。而在高温高湿环境下，特别是环境气温升高到接近或高于奶牛体表温度时，热梯度下降，非蒸发散热失效，奶牛以蒸发散热为主。蒸发散热，即通过皮肤出汗和呼吸发散的方式散失热量。牛的汗腺不发达，仅通过皮肤出汗很难满足散热需求。

(3)热应激产生原理

奶牛血液中 HCO_3^- 和 CO_2 正常比例为 20∶1，维持系统的酸碱平衡，当奶牛通过蒸发散热降温而张嘴呼吸，达到喘气阶段(图 3-2)时，呼出大量的二氧化碳，从而导致呼吸性碱中毒。而机体为了代偿，通过肾脏清除 HCO_3^-，提高 H^+ 的再吸收，来维持原有的酸碱平衡。而由此引起唾液中分泌 HCO_3^- 减少，影响了瘤胃的缓冲能力，长期积累可能导致瘤胃酸中毒。

奶牛通过流汗喘气蒸发水分来达到散热的效果。水分丢失的过程中也失去了大量的钾离子和氯离子，钠离子丢失不显著。与非反刍动物相比，反刍动物汗液中钾水平较高，而钠水平较低。

图 3-2　奶牛通过喘气散热

如气温继续升高，散热阻力加剧，奶牛本能地降低产热，具体表现为减少采食，少食或拒食粗料，降低产奶量，终止妊娠，喜卧懒动等；当奶牛用尽了自我调节能力，仍不能达到热平衡时，体温即升高。此时奶牛常表现出伸头张口、吐舌流沫等一系列热性喘息痛苦和不舒适症候。奶牛的健康与生命受到威胁。奶农必须采取各种措施，及早预防和缓解奶牛热应激的影响(图3-3)。

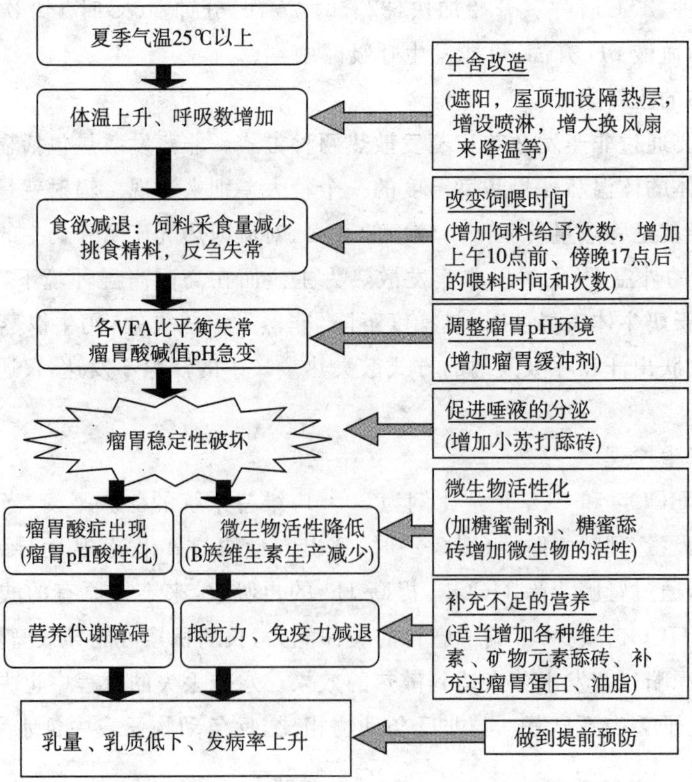

图 3-3　奶牛热应激产生原理及其应对措施

2. 奶牛热应激的危害

(1)降低产奶量

本课题组研究结果显示，中度热应激奶牛日均产奶量比无热应激组平均降低了 16.33%。在美国，每年在应对奶牛热应激问题上的花费就高达 9 亿美元。当环境温度从 25℃增到 28.6℃时，奶牛标准奶量下降 25.3%，按高温 90 天计算一个产奶中等的万头奶牛场，一个夏季带来的经济损失就达 36.5 万元。

由此可见，热应激造成产奶量损失是巨大的。炎热环境下泌乳期奶牛采食量的下降导致与消化和代谢相关的代谢性产热量的减少。如果环境温度高于临界值时，奶牛要首先维持身体的热平衡，而生产过程处于其次。这种状况下消耗的能量更多是用于维持而非产奶。泌乳中期奶牛更容易被炎热环境所影响。主要原因可能与各泌乳阶段营养代谢状况的不同。泌乳早期的产奶通过动员组织储存物(主要是脂类)来支持，而泌乳中期的奶牛的产奶主要通过采食量来支持。除了热应激导致的采食量降低之外，更重要的可能是热应激对能量代谢的直接影响。

(2)降低乳成分

许多报道称，高温热应激会导致牛奶品质下降，其中包括乳脂和乳蛋白的降低，但对乳糖率影响不大。适当添加过瘤胃脂肪或乙酸钠可能会起到升高乳脂率、缓解热应激的效果。但需要注意的是，在奶牛日粮中补充脂肪提高乳产量与乳脂含量时通常会降低乳蛋白的含量。

(3)降低繁殖性能

热应激可使促卵泡激素(FSH)、促黄体激素(LH)、催乳激素(LTH)等分泌减少，犊牛性腺发育不全。有研究报道，母牛人工授精后用循环热应激处理，7 天后试验组的正常胚胎率为 20.7%，显著低于一直饲养在较低温度下的对照组(正常胚胎率 51.5%)。另外，热应激还会引起成年母牛不发情或安静发情及排卵，成年公牛性腺萎缩、性欲减退、精子发育不良、精子畸形或死精。

(4)抵抗力降低，易发病

热应激使奶牛生理机能发生变化，热应激可导致奶牛白细胞数显著下降，说明了高温导致免疫功能的降低。同时免疫球蛋白产生减少，病原菌容易生产繁殖并侵害机体，因而夏季奶牛乳房炎、胎衣不下、子宫内膜炎、腐蹄病等发病率普遍高于其他季节，其中胎衣不下在 7、8 月份比其他月份高 24 个百分点。而且容易发生日射病和热射病，及怀孕母牛流产、胎儿畸形、死胎等。

统计数据显示，我国夏季大部分地区饲养的奶牛处于较为严重的热应激状态。以北京为例。北京地区夏季平均温度、湿度分别为 26℃和 58%，热应激现象严重。5 月中旬开始出现热应激，最高气温时可达到中等程度热应激。6～9 月份，热应激程度明显加大，3%的时间为严重热应激，21%为中度热应激，47%为轻度热应激，29%的时间不发生热应激。9 月中、下旬热应激结束。热应激对北京奶牛产奶量造成了一定程度的影响，11 月份分娩的奶牛在泌乳 210 天左右遇到热应激，在 25 天内产奶量下降了 13%；3 月份分娩的奶牛在泌乳 100 天左右遇到热应激，在 20 天内产奶量下降了 10%，由于热应激、乳腺萎缩、乳腺恢复三种作用力相互平衡，120～170 天产奶量稳定在 29.5 千克左右；7 月份分娩的奶牛受损最为严重，产后即刻遇到热应激，产奶高峰损失约 1 千克，出现时间延后 11 天左右。

第三节 奶牛热应激的监测

1. 监控温湿度指数

诱导奶牛热应激的外界环境因素主要包括高温、高湿和热辐射（光照），国内外常选用温度和湿度来评价外界环境，即温湿度指数（temperature humidity index，THI）。具体方法为在牛舍中央及四角距地面 1.5 米高处各悬挂干湿球温度计。将测得的干球温度和湿球温度，或者空气温度和相对湿度，代入公式计算得出 THI 值。

公式 1：$THI = 0.72(T_{db} + T_{wb}) + 40.6$；

公式 2：$THI = (1.8 \times T_{db} + 32) - 0.55 \times (1 - RH) \times (1.8 \times T_{db} - 26)$

其中 T_{db} 是干球温度（℃），T_{wb} 是湿球温度（℃），RH 是相对湿度（%）

$THI < 72$　　无热应激

$73 < THI < 77$　　轻度热应激

$78 < THI < 89$　　中度热应激

$THI > 90$　　严重热应激

或者通过查询热应激程度速查图（图 3-4 或图 3-5）来确定奶牛热应激程度。

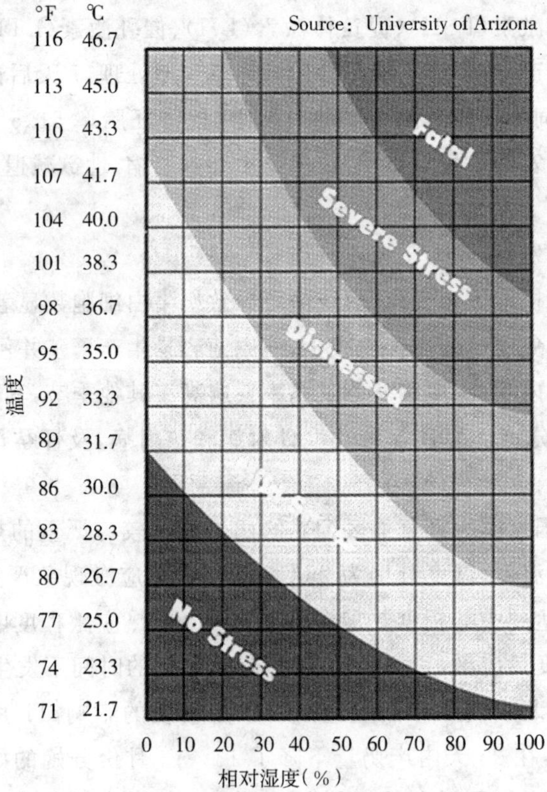

图 3-4　通过环境温、湿度确定奶牛热应激程度（源自亚利桑那大学）

THI / 相对湿度 / 干球温度	30	35	40	45	50	55	60	65	70	75	80	85	90	95	100	备注
24	60	69	70	70	70	71	71	72	72	73	73	74	74	75	75	
25	70	70	71	71	72	72	73	73	74	74	75	75	76	76	77	
26	71	71	72	73	73	74	74	75	75	76	77	77	78	78	79	
27	72	73	73	74	74	75	76	76	77	77	78	79	79	80	81	
28	73	74	74	75	76	76	77	78	78	79	80	80	81	82	82	
29	74	75	76	76	77	78	78	79	80	81	81	82	83	83	84	判断标准： 77＞THI＞73 奶牛处于轻度热应激状态； 89＞THI＞78 奶牛处于中度热应激状态； THI＞90 奶牛处于严重热应激状态
30	75	76	77	78	78	79	80	81	81	82	83	84	84	85	86	
31	76	77	78	79	80	80	81	82	83	84	85	85	86	87	88	
32	77	78	79	80	81	82	83	84	84	85	86	85	88	89	90	
33	79	79	80	81	82	83	84	85	86	87	88	89	90	90	91	
34	80	81	82	83	84	84	85	86	87	88	89	90	91	92	93	
35	81	82	83	84	85	86	87	88	89	90	91	92	93	94	95	
36	82	83	84	85	86	87	88	89	90	91	93	94	95	96	97	
37	83	84	85	86	87	89	90	91	92	93	94	95	96	97	99	
38	84	85	86	88	89	90	91	92	93	95	96	97	98	99	100	
39	85	86	88	89	90	91	92	94	95	96	97	99	100	101	102	
40	86	88	89	90	91	93	94	95	96	98	99	100	101	103	104	
41	87	89	90	91	93	94	95	97	98	99	101	102	103	104	106	
42	89	90	91	93	94	95	97	98	99	101	102	104	105	106	108	

图 3-5 奶牛热应激量化监测速查表

2. 监控临床症状

在外界不同 THI 范围内，奶牛可表现出从新陈代谢的轻微变化到死亡的临床症状（表 3-1）。

表 3-1 不同热应激环境下奶牛的临床症状

THI	应激水平	症状
＜72	无	
73～77	轻微	奶牛通过寻找荫凉、增加呼吸频率和扩充血容量来调节；对奶产量的影响很小
78～89	中度	唾液量和呼吸频率都增加；采食量下降，饮水量增加；动物体温增加；奶产量和繁殖力降低
＞90	严重	奶牛体温升高，呼吸急促（气喘），分泌过多的唾液，奶牛显得不舒适；奶产量和繁殖力急剧降低；严重者牛可能死亡

3. 监控直肠温度和呼吸频率

直肠温度和呼吸频率是衡量热应激的直观指标。正常情况下，奶牛直肠温度相对稳定。该值超过正常1℃甚至更低都会影响奶牛生产性能。奶牛处于热应激下，THI每升高1单位，直肠温度会升高0.12℃。呼吸频率升高要早于直肠温度升高，奶牛起初通过增加呼吸次数散发热量，当呼吸代偿仍不能够有效维持正常体温时，直肠温度才会升高。这更说明直肠温度作为奶牛热应激评定指标的有效性。本课题组的研究结果表明，在热应激条件下，泌乳直肠温度变化的差异性相对于呼吸频率、心率更为显著。

具体监控标准为

(1)直肠温度

正常情况下，奶牛的直肠温度平均为(38.3±0.5)℃。

当群体中有30%以上的个体直肠温度超过39.5℃及以上时，表明奶牛已出现热应激。

当群体中有30%以上的个体直肠温度超过40.0℃及以上时，表明奶牛处于严重的热应激状态。

(2)呼吸频率

正常情况下，奶牛呼吸频率平均为20～50次/分钟。

如果有30%以上的个体牛呼吸频率高于80次/分钟，表明奶牛处于轻度的热应激状态。

如果有30%以上的个体牛呼吸频率高于85次/分钟，表明奶牛处于严重热应激状态。

4. 监控生产指标

温度升高的时候，当奶牛采食量或产奶量下降10%以上，显示牛群已处于热应激状态；如果奶牛采食量或产奶量下降25%以上，则奶牛处于严重热应激的状态。

5. 血液学指标监控

奶牛热应激通常伴随血液学指标的变化，国内外常用血液学指标评定热应激状态，选择衡量奶牛耐热性的可靠指标，并试图根据这些指标选育抗热应激奶牛品种。

(1)全血细胞计数

研究结果表明，热应激导致奶牛血液中白细胞数、平均红细胞体积和平均血红蛋白含量显著降低。这与国内外其他研究结论一致。白细胞数的降低提示热应激导致奶牛的免疫功能的降低。

(2)能量代谢指标

热应激奶牛的血糖水平显著降低，而血浆游离脂肪酸水平没有发生明显变化。由于营养缺乏导致能量负平衡的奶牛通常会通过脂肪的动员来缓解。而热应激奶牛虽处于能量负平衡状态，仍然优先氧化葡萄糖，并防止脂肪组织中脂质的动员。营养物质摄入量降低的作用仅占热应激导致奶产量损失的35%。热应激直接(而非通过降低采食量)影响了能量代谢。由于游离脂肪酸的β氧化会产生比糖类更多的代谢热，因此推测这可能是奶牛应对热应激而自然进化的机制。

本课题组的研究结果表明，热应激导致奶牛血清尿素氮和肌酐水平显著升高，这说明热应激导致了肌肉组织中蛋白质的动员。

(3)酸碱与矿物元素指标

热应激下的酸碱敏感指标可能是碳酸氢根离子和氯离子。奶牛暴露于热应激环境下时，为维持体内酸碱平衡和阴阳离子平衡，血浆碳酸氢根离子浓度降低，同时伴随血浆氯离子浓度升高。但在热应激初始阶段，奶牛汗液中大量钾和氯离子丢失，氯离子浓度会有所降低。与非反刍动物相比，反刍动物汗液中钾水平较高，而钠水平较低。

热应激奶牛的血镁浓度降低。血镁下降的原因可能与干物质采食量下降、镁跨瘤胃壁主动运输机制损坏、跨壁运输能量供应减少等因素有关。碱性磷酸酶活性降低可能与血镁下降有关。

(4)红细胞钾

大量研究表明，红细胞钾可以作为评定奶牛耐热性最可靠的生化指标。夏东等报道了奶牛红细胞钾含量存在明显的季节性变化，低红细胞钾牛耐热性强。穆玉云、史彬林、赖登明等都有类似的报道，并建议根据红细胞钾的遗传力选育耐热牛群。目前红细胞钾影响奶牛热应激的机制还不清楚，红细胞膜钠钾 ATPase 活性与奶牛耐热性存在相关性。

(5)激素水平

①皮质醇　皮质醇是动物在应激状态下由肾上腺皮质分泌的糖皮质激素。其作用是动员能量从而增强机体对外部不良环境的适应能力。但过高的皮质醇浓度会引起免疫抑制。研究发现，奶牛在急性热应激血清皮质醇升高，而慢性热应激时降低，且水平显著低于冬季，有利于降低代谢率，减少产热。

②甲状腺素　甲状腺素对恒温动物的体温调节起着重要的作用。热应激时，血清三碘甲状腺原氨酸(T3)和甲状腺素(T4)均有明显降低。T3 和 T4 能促进机体对糖的吸收与肝糖元的分解，促使各组织对糖的利用，使机体产热量增加。在高温高湿条件下，血浆 T3 和 T4 水平下降可能是机体为了调节体温而采取的自我稳衡机制。

热应激还可引起其他激素如催乳素、生长素等在体内的变化，但激素变化的影响因素过多，且有些变化是瞬时的。用激素水平评价奶牛热应激的难度较大，只能用作参考指标。

(6)血清酶活性

高温会引起奶牛血清肌酸激酶(creatinekinase，CK)含量显著升高，这可能由于热应激使肌肉能量供应不足，肌肉营养不良，肌肉 CK 逸出而使血清 CK 活性升高。有报道称，血浆碱性磷酸酶(alkaline phosphatase，ALP)活性降低是奶牛热应激的可靠血浆标记物。但对酶活性的不同研究结果存在差异，可能是某些血清酶活力随奶牛热应激的不同阶段而发生相应变化。

研究结果表明，奶牛虽然处于热应激状态，但其血清总抗氧化能力(T—AOC)并没有发生显著变化。而血清中超氧化物歧化酶活性的增强和丙二醛浓度的降低，提示热应激奶牛可能首先通过增强抗氧化酶活性减弱氧化应激程度，维持机体总抗氧化能力。

(7)热休克蛋白

热休克蛋白(heat shock protein，HSP)是动物接触高温或其他刺激因素表达最强的一种热应激蛋白。按相对分子质量及同源程度可分为 HSP110、HSP90、HSP70、HSP60、HSP40

和小分子 HSP 家族。其中 HSP70 是 HSP 中最保守最重要的家族,是应激综合反应的代表,包括 68、72、73、75、78kD 等多种蛋白。HSP70 增强热耐受性的机制主要包括分子伴侣、抗氧化和协同免疫等作用。Kristensen、杨圣等建议将 HSP72 作为动物应激损伤的评价指标。梁学武报道了热应激条件下荷斯坦奶牛血液淋巴细胞 HSP70 的表达与 THI 的强度呈正相关。

及时准确地评价奶牛热应激,对于保障奶牛健康,提高夏季奶产量和质量非常有帮助。外界环境因素主观性强,生产性能指标评价明显滞后,激素水平受代谢影响较多。当前对奶牛热应激的评价还主要从外界环境、生产性能、生理生化指标等多方面综合考虑。HSP70 可能提供一种综合衡量标准,评价奶牛热应激程度,并以此指标指导耐热奶牛品种的选育和抗热应激饲料的开发。

第四节　物理性降温措施缓解奶牛热应激

高温时节,有四个因素影响有效温度,分别是气温、气湿、气流(风)和热辐射。其中温度和湿度是其中影响最大的两个因素,国际上普遍采用温湿度指数(THI)来衡量奶牛热应激程度。在考虑采取的降温措施时,要充分考虑以上四个因素。

1. 遮阳设施

选用遮阳设施的主要目的是保护奶牛免受热辐射。有研究表明,良好设计的遮阳棚会减少 30%～50% 的热负荷。与无遮阳棚的奶牛相比,遮阳棚下的奶牛有较低的直肠温度(38.9℃ 和 39.4℃)、较低的呼吸频率(54 次/分钟和 82 次/分钟),而且还可以增加 10% 的产奶量。

遮阳设施的选择要合理。在运动场周围绿化种树是个非常好的选择(图 3-6),凉爽的树叶既可以蒸发潮气,还可以防止太阳辐射。

图 3-6　运动场周围绿化种树起到遮阳效果

在饮水区、运动场、挤奶厅待挤区等区域选择合适的遮阳网能有效降低太阳辐射(图 3-7)。遮阳网建议采用银白色或者灰色,其反射阳光的能力比较强,可使遮阳网下面的太阳辐射强度降低。最好采用活动式的遮阳网，如果下雨潮湿，就把遮阳网及时拉开，这样有利于运动场尽快干燥。饮水槽的上方有必要架设遮阳网，防止饮水被太阳照射导致温度过高。

图 3-7　架设遮阳网降低太阳热辐射

在运动场架设遮阳网的同时搭建遮阳棚。其具体要求包括：

顶棚材料的选择。尽量选择具有隔热性能好且反射性能强的材料(表 3-2)。15 厘米的厚的干草、木材、镀锌铁、顶部白色的铝、两侧均为白色的尼龙涂层橡胶、石棉瓦、90％的遮阳布等遮阳材料均能达到理想的效果。波纹状金属板(钢铁或铝)由于成本低、耐久力强和维护简单，是最常见的遮阳材料。最有效的遮阳屋顶是铝制的或涂成白色的镀锌金属屋顶，反射太阳辐射效果好。

表 3-2　不同遮阳材料的遮阳效力

材料	描述	效力
干草	15 厘米厚	1.203
木材	未上漆	1.060
镀锌钢板	上部白色，下部自然	1.053
铝	上部白色，下部自然	1.049
涂橡胶的尼龙	双面白色	1.037
铝	标准	1.000
镀锌铁	标准	0.992
石棉板	自然色	0.956
遮阳网	90％实心	0.839
遮阳网	80％实心	0.819
板条木材	5 厘米板，5 厘米空隙	0.589

遮阳棚的设计要合适(图 3-8)。遮阳棚的走向要考虑两个因素,既要保证有效遮阳,也要保证遮阳棚下面场地的干燥。这个可根据当地气候环境而定。对于经常下雨潮湿的高温地区,遮阳棚的长轴最好选南北向,因为这样可以使遮阳棚下的区域暴露于早晚的太阳光照下,利于干燥场地。而对于干热地区,遮阳棚长轴最好选择东西向,因为这样遮阳面积较大,地面会比较凉爽,且没有必要对地面干燥。

遮阳棚的位置要合理。要位于运动场的中央,如果地面是泥土的,遮阳棚要位于排水效果较好的位置。棚顶高度原则是保证通风且最大限度防止热辐射,一般 3.5～4.5 米为宜。干热环境下,为每头泌乳牛提供 3.5～4.5 米^2 的面积,湿热环境下,为每头泌乳牛提供 4.2～5.6 米^{2}的面积。开放性牧场的遮阳棚可以设置为移动式的。

图 3-8　运动场搭建遮阳棚

2. 加强通风

(1)自然通风

牛舍的建筑设计要根据当地的气候条件特别是降雨量而定,不能一概而论。自然通风牛舍的屋顶形式对于热压引起的自然通风效果影响较大。通常认为,开放式屋顶通风效果最佳(图 3-9),屋顶坡度至少是 1∶4,在 1∶(3～2)之间最为有效。高坡度的屋顶可更快地排出湿气和臭气,且降温效果好。但坡度太高的屋顶建造成本高,很少实际应用。较高的牛舍屋檐高度有利于通风,一般屋檐高度为 4～5 米时效果较好。除此之外,适当增加窗户的面积,打开牛舍南北门窗,加强自然通风。

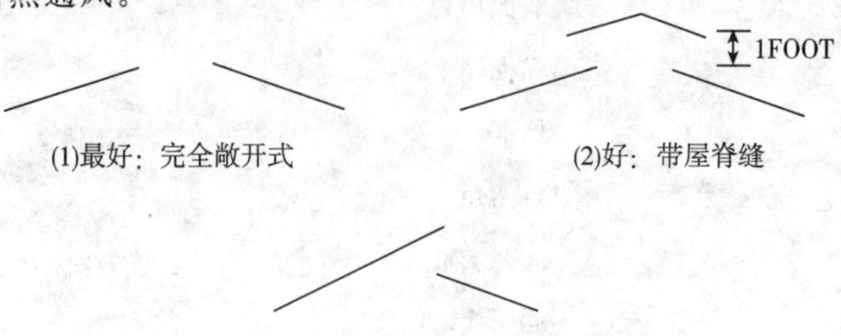

图 3-9　屋脊设计形式

(2)机械通风

可以在牛舍、凉棚、采食槽、卧床、挤奶厅等区域安装风扇(图 3-10),加强机械通风,加速空气对流。在环境温度低于奶牛体温的情况下,风扇对奶牛的降温效果更好一些。

风扇的安装高度尽量满足距牛背 70 厘米,距地面 2.5 米。风扇之间的距离则以风扇的风速确定,可在风速低于 3 米/秒的位置安置下一个风扇,功率较大的风扇间隔可设计为 6 米,功率较小的设计为 4 米。风扇的安装角度设计为 45 度,保证风能吹到牛的背部和腹部。因为这 2 个部位是牛的主要产热部位。若进一步增加喷淋设施,喷头距体表 15 厘米左右,这样能进一步促进牛体表散热。

图 3-10　牛舍内安装风扇机械通风

较好的风机规格为 900 毫米(叶轮直径),参考安装间距为 6 米,隔 7 头牛安装一个风机,视气候区域不同灵活掌握;风机的间隔需根据风机的风速,如果低于 2～2.5 米/秒,就应该安装另一个风机;要接力吹风,不可两个风机相互对着吹。

评定风机的风量:

在离风机 6 米远的位置可感受到的风速为 150 米/分钟。

牛舍的风速是不是达到 2.5 米/秒,风量能否达到 10 000 米^3/小时。

配备工具:测量风机风速、风量和牛体温的测量仪器。

简单方法:在前一台风扇与下一台风扇之间,站在牛的位置,如果能够感觉到有拂面风的话,效果基本达到了。

3.喷雾降温

喷雾降温是蒸发降温的一种方式,是通过将水雾化、浮于空气,利用水的蒸发汽化给奶牛周围的空气降温。据研究表明,1 克水蒸发汽化可以带走 0.56 千卡的热量。喷到空气中的水滴颗粒大小及分布依赖于压力和喷嘴型号。

采取喷雾降温方式要注意以下几个方面:

①该方式最好与吹风联合使用。喷出的水雾难免会沉积到地面上,使牛床潮湿,相对湿度

加大；而且喷出的水雾难免会沉积到牛体周围，影响水汽蒸发和热量传导，影响散热，所以最好配合吹风进行。

②相对湿度对降低空气温度至关重要，利用喷雾给空气降温的方式只适用于干燥气候。

③使用喷雾降温时，要尽量使用尼龙帘子等封闭牛舍，防止降温后的空气流失，因此这种方式不适用于开放式牛舍。

4. 喷淋降温

喷淋降温是通过浸湿动物被毛以及随后的水分蒸发直接冷却动物，是对动物的直接降温。由于浸湿的被毛仅能保持部分水分，所以喷淋浸湿必须反复进行。但降低水滴大小和增加喷淋时间又增加了动物周围的空气湿度，限制了水分从被毛的蒸发。因此，一般将吹风和喷淋联合操作来增加动物周围的空气流通。连续的空气流通（如较高的空气流速）会防止湿气聚集在动物周围，从而保持被毛和动物周围空气之间的湿度差。水分从被毛的蒸发实际上不依赖于舍内整体环境的湿度。这个特点使吹风＋喷淋的降温方式适用于干燥和潮湿的天气。

喷淋＋吹风在缓解奶牛热应激的应用已经有 20 多年的历史，并且在许多国家推广应用。我国在喷淋吹风降温措施的应用研究上做了不少探索。但完善和提高该措施的热应激缓解效果的原理（如浸湿的频率、空气流速、强制通风时间等）方面还需深入探讨。该降温措施的其中一原则是尽量使本次喷淋的水分在下一次喷淋前全部蒸发。有研究表明，在环境温度 29～30℃、相对湿度 57％的条件下，水从被毛蒸发需要 8～10 分钟。探讨不同环境条件下水分从被毛蒸发所需时间，可以减少水的利用量。

基于国内外多年对“喷淋＋吹风”降温措施的应用经验，总结出有价值的参考建议：

①喷淋的最佳效果是把牛体全部浸湿而没有水从牛体滴下，不喷淋乳房。研究证明，并不是水用得越多越好。

②根据奶牛热应激程度确定喷淋间隔周期，喷淋以大水滴、短时间、间歇式淋浴效果最佳，其原则是水在下一次喷水前全部蒸发掉，而且风扇要把富含水汽的空气吹走。国内很多牛场选用 5 分钟的降温循环，包括 30 秒的喷水和 4.5 分钟的通风，以便把奶牛皮肤上的水直接蒸发汽化。

③风扇的设置可以参考“加强通风”节，需要强调的是保证所有的风扇向同一方向吹。

④喷淋地点可以设置在食槽上方（注意不能喷湿饲料）、挤奶厅待挤区等，喷淋地面以水泥地面为宜。喷淋＋吹风的降温方式具有设备简单、运行费用低和易于控制等优点，因而被普遍应用。

夏季缓解奶牛热应激是一个系统工程。各奶牛场要根据自身特点，选取最为适宜的物理性降温方式。喷淋＋吹风的降温方式是给奶牛降温的最有效方式，适合大力推广，在推广的同时，还需要进一步研究空气温度、湿度和风速在该体系中所起到的作用，探索出不同热应激情形下最佳的喷淋＋吹风调控组合，并同时考虑尽量减少降温过程中对水的消耗。热应激缓解措施有效性的评价传统上通过奶牛生产效能或动物反应（如体温或呼吸频率）来检测，但这需要很长一段时间。探讨实时检测热应激缓解效果并即时更改调控频率也将是一个研究方向。

第五节　营养调控措施缓解奶牛热应激

导致夏季奶牛生产能力下降的主要原因是采食量的降低和维持需要量的增加，因此需要采取多种途径增加奶牛采食量，并在此基础上适当提高日粮能量、蛋白浓度，提高矿物质和微量元素的含量，实现夏季奶牛的营养代谢平衡。

1. 提供充足清洁饮水

热应激条件下，奶牛的饮水量会显著增加，尽量为奶牛提供充足、新鲜、清洁的凉水(最好是井水)。

奶牛的饮水量因气温、湿度和产奶量的不同而有所差异，宜采取自由饮水的方式。如果不能满足自由饮水，轻度热应激奶牛的饮水量保证 100 千克/天；中度热应激奶牛饮水量保证 120 千克/天；重度热应激奶牛饮水量保证 150 千克/天。

建议牛舍内平均每头奶牛饮水槽至少保证长度为 3.1～9.2 厘米。每 20～25 头奶牛至少提供一个饮水区，水槽宽至少 30 厘米，深至少 10 厘米。在挤奶厅的返回过道应有饮水供应，但是在出口处不要设置水槽。因奶牛每小时可饮水 23 升左右，供水速度宜为 15 升/分钟；奶牛行走至水槽处的最远距离不可超过 20 米；水槽亦不可设置在露天无遮阳处。

每日应至少清洗水槽一次，饮用水应符合 GB 5749 要求。

2. 调整日粮能量和营养浓度

高纤维饲料适口性差，同时在消化和代谢过程中产生较多的热(热增耗高)，而精料相对消化容易，体增热低。因此高温季节可适当提高日粮中精料比例，减少粗料喂量。但日粮精料最大比例一般不宜超过 60%，酸性洗涤纤维应保持在 19%～24%，中性洗涤纤维应在 28%～32%。当精料增加超过日粮干物质的 55%～60%以上时，则会引起乳脂率的下降、瘤胃酸中毒(慢性和急性)、奶牛食欲不振、蹄叶炎、蹄病发生率升高等问题。

日粮中补饲的脂肪能量高且热增耗少，并能增加适口性和能量摄入量，是有效提高能量浓度的方法。日粮中添加脂肪的实用原则为：

①日粮中的总脂肪不要超过日粮干物质的 5%～6%。

②20%～30%的脂肪应来源于日粮本身的饲料中(如玉米、饲用谷物等)。

③来源于全棉籽或大豆等油料籽实的脂肪应少于 30%～40%，因为这些籽实同时提供脂肪和蛋白质，但所含的是不饱和油脂。

④15%～20%来源于瘤胃钝化或保护性脂肪。

⑤逐渐地向奶牛日粮中添加脂肪，以便让奶牛适应。

油籽如整粒棉籽或大豆以及脂肪酸钙都是很好的脂肪来源。每头奶牛每天整粒棉籽的饲喂量应控制在 1.0～2.0 千克，同时添喂棉籽的日粮必须提高日粮干物质的钙含量(提高 10%)。

3.提高日粮蛋白浓度

热应激牛由于采食量下降和汗液中氮的丢失，体蛋白分解代谢加强，使蛋白维持需要量增加，因此需要提高日粮蛋白浓度。但蛋白浓度并非越高越好，要尽量减少使用过量的瘤胃可降解蛋白质，否则每分解 100 克过量的蛋白质相当于耗费了 0.8 升的牛奶。同时过高的蛋白水平还对奶牛繁殖性能产生不利影响。Huber 建议热应激下，奶牛日粮蛋白水平不应超过 18%，瘤胃可降解蛋白水平不应超过总蛋白的 61%，合理调整瘤胃可降解蛋白和过瘤胃蛋白（如啤酒糟）的比例非常必要。对于日产奶量超过 27 千克的奶牛使用过瘤胃蛋白通常是有益的。泌乳初期，适当提高蛋白水平，且过瘤胃蛋白在 35%以上是关键。

奶牛处于热应激状态时，宜增喂蛋白质和过瘤胃脂肪，轻度热应激奶牛可增喂蛋白质 200 克/天，过瘤胃脂肪 250 克/天；中度热应激奶牛可增喂蛋白质 300 克/天，过瘤胃脂肪 350 克/天；重度热应激奶牛可增喂蛋白质 400 克/天，过瘤胃脂肪 450 克/天。

4.日粮阴阳离子差

宜给热应激奶牛饲喂每千克干物质阴阳离子差为＋350～＋500 毫克当量的日粮，轻度热应激奶牛可饲喂每千克干物质阴阳离子差为＋350～＋400 毫克当量的日粮；中度热应激奶牛可饲喂每千克干物质阴阳离子差为＋400～＋450 毫克当量的日粮；重度热应激奶牛可饲喂每千克干物质阴阳离子差为＋450～＋500 毫克当量的日粮。

日粮阴阳离子差计算公式为 $DCAD=(Na^{+}+K^{+})-(Cl^{-}+S^{2-})$ 其中：Na^{+}、K^{+}、Cl^{-}、S^{2-}，分别表示每千克饲料干物质中钠离子、钾离子、氯离子和硫离子的毫克当量。

5.补充矿物质、维生素和食盐

高温环境会影响奶牛消化道内各种酶的活性，同时由于奶牛呼吸排汗功能增强还会损失大量矿物质、维生素和盐分。所以，适时补充矿物质、维生素和食盐可增强体内酶活性，提高能量和营养物质消化利用率，减少排泄物中有机物、氮和磷的排放量，从而提高奶牛生产性能。如每日能保证供给新鲜青绿粗饲料，则不必考虑补充维生素。否则每头牛每天应分别补充维生素 A10 万～18 万国际单位、维生素 E 1 000～2 000 国际单位以及烟酸 6 克。为补充丢失的钙、钾和钠，每头每日可给予石灰石 200 克和氯化钾 180 克，食盐则自由采食。此外，可按每千克体重20 毫克在日粮中添加瘤胃素。瘤胃素又称莫能菌素，可提高饲料转化率 10%左右，还能防止瘤胃酸中毒。

奶牛处于热应激状态时，宜增加日粮中的维生素、矿物质和食盐等成分。轻度热应激奶牛可增喂维生素 1 倍、矿物质 1 倍；中度热应激奶牛可增喂维生素 2 倍、矿物质 1.5 倍；重度热应激奶牛可增喂维生素 3 倍、矿物质 2 倍。

6.补喂添加剂

为重度热应激奶牛补喂碳酸氢钠 200 克（瘤胃缓冲剂），氧化镁 100 克（瘤胃缓冲剂），氯化钾 300 克，维生素 E 1 200 毫克，维生素 C 10 克，吡啶羧酸铬 6 毫克。以上添加量均以每天每头泌乳牛计，其中氯化钾溶于饮水使用，其余混匀于日粮中使用。设计添加量应考虑日粮的基础水平、阴阳离子差等，同时兼顾不同来源的饲料原料在含量上的差异。

类型	碳酸氢钠	氧化镁	氯化钾	维生素 E	维生素 C
轻度热应激	100 克	50 克	150 克	700 毫克	4 克
中度热应激	150 克	75 克	150 克	1 000 毫克	7 克
重度热应激	200 克	100 克	300 克	1 200 毫克	10 克

7. 调整饲喂时间

奶牛采食后的 3～4 小时为热能生产的高峰阶段。如果在凌晨 5～6 时饲喂奶牛，消化产热在 8～9 时达到高峰，奶牛在一天温度高峰来临之前散发掉部分热量。同样，晚上饲喂的奶牛将更舒适，很可能采食更多的饲料，并且其产热高峰发生在晚上环境温度已经降低的时候。同时，还可通过增加饲喂次数，延长饲喂时间，调制粥料等饲养措施来增进食欲，提高采食量。

第六节　及时救治中暑奶牛

1. 解除病因

奶牛一旦出现中暑应及时进行现场抢救，尽快将病牛移至宽敞、阴凉、通风处。

2. 物理降温

降低体温是抢救的首要环节。在头部及颈静脉沟处用冰袋冷敷，或用冷水浇注，全身冷水喷洒，或用酒精擦洗降温，但不要用大量冷水对全身浇注或喷洒，以免引起体表血管急剧收缩和肌肉震颤，阻碍体热的散发。同时还可用电扇吹风以帮助散热，提供充足的冷水让病牛自饮。

3. 药物疗法

肌肉注射 2.5％氯丙嗪液 10～20 毫升，也可静脉滴注，保护下丘脑体温调节中枢，防止产热过多，扩张血管，促进散热等。可用 10％安钠咖注射液 10～30 毫升或 5％樟脑磺酸钠注射液 20～30 毫升，肌肉注射，兴奋呼吸中枢，增加通气量，并回升血压。

4. 辅助疗法

牛兴奋不安时用安溴液 100 毫升，静脉注射。补充水和电解质溶液，可降低体温，改善血液黏稠度，促进血液循环，利于有害物质排除，并缓解呼吸困难。可用 0.9％氯化钠溶液或 5％葡萄糖氯化钠溶液，或复方氯化钠溶液等，静脉注射，每次 1 000～3 000 毫升。

5. 利尿、减轻脑水肿、减低颅内压

可用 20％甘露醇溶液或 25％山梨醇溶液 500～1 000 毫升，静脉注射，同时有助于休克状态的抢救。也可注射 50％葡萄糖溶液 300～600 毫升。

6. 消除自体中毒

可用 5％碳酸氢钠注射液 500～1 000 毫升，静脉注射。

7. 恢复期治疗

10％氯化钠溶液 300～500 毫升，5％氯化钙溶液 200～300 毫升，10％安钠咖溶液 20～30 毫升，混合静脉注射，每天 1 次，并可内服人工盐类泻剂，以改善水盐代谢和清理胃肠。

有报道称，奶牛中暑时，用尿素液治疗效果较好。方法是立即把牛牵到阴凉通风处，每千克自来水、泉水或井水加 0.5～0.7 千克尿素，待充分溶解后分装到小塑料袋里，再把装好尿素液的塑料袋贴于奶牛的鼻梁上及脖颈两则，时间不久，牛体温就会下降，约过 30 分钟，奶牛会苏醒。尿素液要现用现配。建议在试用的同时，可输入 5% 葡萄糖生理盐水 1 000～2 000 毫升等方法进行，效果更好。

第七节　选育抗热应激奶牛品种

耐热性状是影响我国荷斯坦奶牛产奶性能的主要因素，遗传因素则是影响耐热性状的重要因素之一。目前评定耐热性能的指标主要有直肠温度、生产力指标、血红蛋白指标、红细胞钾指标等。

生理指标中，常以高温环境下奶牛直肠温度的高低评定耐热性能，认为高温环境下直肠温度越高，表明奶牛的耐热性能越差。奶牛产奶量下降水平是衡量耐热性能最实用的指标，常采用下降率，即热应激期间产乳量和等热区平均产乳量之差与等热区产乳量的百分比来表示。血红蛋白具有较高遗传性，与耐热性有关。红细胞钾含量是稳定而可靠的耐热性指标，不受营养、环境和生理等因素的影响。低钾牛比高钾牛耐热，并且有较好的遗传力，目前已有依据红细胞钾含量培育耐热品种的报道。热休克蛋白(HSP)是动物接触高温或其他刺激因素表达最强的一种热应激蛋白，跟细胞凋亡的调控、动物耐热力的增强等方面有着密切的联系，血液淋巴细胞 HSP70 表达可能会是评估奶牛耐热性能的重要指标。

在抗热应激奶牛品种培育过程中，选择产奶量高、乳质好、对热应激具有强抵抗力的奶牛品种(如娟姗牛、瑞士褐牛)来改良本地荷斯坦牛的方法，是提高耐热品种奶牛培育、缓解热应激的重要方法。

分子标记技术是家畜育种研究的热点，开辟了家畜育种的新领域、新途径，给育种领域带来了深刻影响。从基因水平对奶牛的耐热性状进行研究，寻找与耐热性状紧密连锁的分子标记或克隆出控制耐热性状的基因，对于采用分子标记辅助育种、选育高产耐热奶牛具有十分重要的意义和广阔的发展前景。

第四章　奶牛环境与疫病防控

保证牛体健康、有效防治牛病、杜绝重大疫情发生是实现奶牛业效益的前提和保障。动物传染病具有传染扩散的特点，一旦蔓延开来很难扑灭，有的会给人类健康及国民经济带来灾难性的后果，需要相当长的时间和耗费巨大的人力、物力才能加以消除。因此，对于动物疫病，重要的是防止其发生与流行。消毒和预防工作做好了，可收到事半功倍之效果；反之，等动物疫病暴发流行后再去扑灭、控制，将代价惨重、事倍功半。在牛防疫方面也有规律可循，只要从控制传染源、切断传播途径、增强牛的免疫力三个方面进行综合防制，就能取得很好的防疫效果。牛场防疫员应该坚决贯彻预防为主的方针，采取各种科学的防疫措施，积极预防、控制疫病。

控制、扑灭动物疫病，要因时、因地制宜，根据每种传染病在不同时间、地区的具体流行特点采取相应措施。对已经消灭的疫病，绝不可麻痹大意，要积极采取各种措施，防止“死灰复燃”；同时要防止新疫病从外面传入。

第一节　奶牛场环境消毒

做好环境、运输车辆、器具消毒等工作，是牛场日常工作的内容之一，消毒的目的是为了杀灭病原微生物、防止疫病发生或传播。防疫员应该掌握基本的消毒技能，对相关的消毒药品、消毒方法有一定程度的理解和掌握。

1.消毒方法

常用消毒方法大致有物理消毒法、生物消毒法及化学消毒法三种。物理消毒法如自然净化、机械清除病菌和紫外线辐射等，是用物理因素杀灭或消除病原微生物。生物学消毒法如生物热消毒技术和生物氧化消毒技术等，是利用某些生物消灭致病微生物，多用于大规模废物及粪便的卫生处理。化学消毒法是用化学药品进行消毒的方法，在牛场中最为常用。化学消毒法主要分为以下三类。

①预防性消毒　是在无传染病时，结合平时的饲养管理，对可能受到病原体污染的场所和物品进行定期消毒，以达到预防传染病的目的，如对圈舍的定期消毒。

②临时消毒　指发生传染病时，为及时杀灭疫病或清除传染源排出的病原微生物，对疫源地进行的消毒。消毒的对象包括病牛停留场所、牛舍、病牛的排泄物、剩余饲料、管理用具等。

③终末消毒　是指在病牛解除隔离、痊愈或死亡后，或者在疫区解除封锁前，为彻底消灭病原体，对牛体、牛舍及病牛周围的一切物品进行的最后消毒，一般只进行一次。

2.消毒防腐药

一般来说，消毒药是指能迅速杀灭病原微生物的药物，防腐药是指能抑制微生物繁殖的药物，但这两类药物之间并没有严格的界限。消毒药在低浓度时也有抑菌作用，而防腐药在高浓度时也能杀菌。因此，一般总称为消毒防腐药或防腐消毒剂。

(1)作用机理

消毒药的种类很多，它们的杀菌或抑菌机理各有不同，有的能使病原体蛋白变性，发生沉淀；有的能和病原体的酶系统结合，影响菌体代谢；有的具有氧化作用，可氧化细菌体内的活性部分而产生杀菌作用；有的则能降低细菌表面张力，增加菌体细胞膜的通透性，使细胞分裂或溶解；总之都可以抑制微生物的生长繁殖，甚至导致病原体死亡。

(2)影响消毒效果的因素

防腐消毒药对病原微生物的抗菌作用不仅决定于其理化性质，而且还受许多因素的影响。为了正确和充分发挥消毒作用，必须全面了解各种能增强或减弱其作用的因素。

①病原微生物类型　不同的微生物和处于不同状态的微生物，在形态结构和生理生化

方面各有特点，故对同一种消毒药的敏感性不同，如革兰氏阳性菌对消毒药的敏感性一般要高于革兰氏阴性菌；病毒对碱类药物很敏感，对酚类的抵抗力较大；适当浓度的酚类化合物几乎对所有不产生芽孢的繁殖型细菌均有杀灭作用，但对处于休眠期的芽孢作用不强。

②消毒药溶液的浓度和作用时间　当其他条件一致时，消毒药的杀菌效力一般随其浓度的增加而增强，或者说，呈现相同杀菌效力所需的时间一般随消毒药液浓度的增加而缩短。为取得良好的消毒效果，应选择有效时间长的消毒药，并应选取其合适的浓度和按消毒药的理化特性，达到规定的消毒时间。

③环境温度　消毒药的抗菌效果与环境温度呈正相关，即温度越高，杀菌力越强。一般规律是温度每增加 10℃时，消毒效果增强 1～2 倍。消毒防腐药抗菌效力的检定，通常都在 15～20℃气温下进行，以与实际的环境温度相近。对热稳定的药物，常用其热溶液消毒。

④pH　环境或病变部位的 pH 对有些消毒防腐药作用的影响较大。如戊二醛在酸性环境中较稳定，但杀菌能力较弱；当加入 0.3%碳酸氢钠，使其溶液 pH 为 7.5～8.5 时，杀菌力显著增强，不仅能杀死多种繁殖型细菌，还能杀死芽孢。含氯消毒剂作用的最佳 pH 为 5.0～6.0。以分子形式起作用的酚、苯甲酸等，当环境 pH 升高时，其分子的离解程度相应增加，杀菌效力随之减弱或消失。环境 pH 升高可使菌体表面负电基团相应增多，从而导致其与带正电荷的消毒药分子结合数量增多，这是季铵盐类、洗必泰、染料类等防腐药作用增强的原因。

⑤有机物的存在　消毒环境中粪、尿等或创面上的脓、血、体液等有机物的存在，必然会影响杀菌、杀毒效力，它们与消毒防腐药结合形成不溶性化合物，或将其吸附、发生化学反应或对微生物起机械性保护作用。有机物越多，对消毒防腐药抗菌效力影响越大。因此在消毒前务必清扫消毒场所或清理创面。

⑥水质硬度　硬水中的 Ca2＋和 Mg2＋能与季铵盐类、洗必泰或碘等结合形成不溶性盐类，从而降低其抗菌效力。

⑦配伍禁忌　实践中也可遇到两种消毒药合用，或者消毒药与清洁剂或除臭剂合用时，消毒效果降低，这是由于物理性或化学性配伍禁忌造成的。例如，阴离子表面活性剂肥皂与阳离子表面活性剂合用时，发生中和反应，使消毒效果减弱，甚至完全消失。又如高锰酸钾、过氧乙

酸等氧化剂与碘酊等还原剂之间可发生氧化还原反应，不但减弱了消毒作用，而且会加重对皮肤的刺激和毒性。

⑧其他因素　消毒物表面的形状、结构和化学活性，消毒液的表面张力，消毒药的剂型以及在溶液中的解离度等，都会影响到消毒药的作用。

3. 消毒防腐药分类

根据化学分类可分为酚类、醇类、醛类、酸类、氧化剂、卤素类和表面活性剂等。

酚类：苯酚、煤酚、复合酚等。

醇类：乙醇（酒精）等。

醛类：甲醛溶液（福尔马林）、戊二醛等。

碱类：氢氧化钠（苛性钠）、氧化钙（生石灰）等。

酸类：硼酸、水杨酸等。

氧化剂：过氧化氢溶液（双氧水）、高锰酸钾、过氧乙酸等。

卤素类：碘、碘仿、漂白粉、二氯异氰尿酸钠（优氯净）等。

表面活性剂：新洁尔灭、洗必泰、百毒杀等。

其他：环氧乙烷等。

4. 常用的环境消毒药

(1)苯酚

本品为酚类消毒药，又称石炭酸，为无色或微红色针状结晶或块状结晶，有特臭，有吸湿性，水溶液显弱酸性，遇光或在空气中色渐变深。本品在水中溶解，在乙醇、氯仿、乙醚、甘油、脂肪油或挥发油中易溶，在液体石蜡中略溶。

①作用与用途　苯酚为原浆毒，能使蛋白质变性，因而具有杀菌作用。0.1%～1%溶液有抑菌作用；1%～2%溶液有杀菌和杀真菌作用；5%溶液可在48小时内杀死炭疽芽孢。苯酚的杀菌效果与温度呈正相关。碱性环境、脂类、皂类等能减弱其杀菌作用。苯酚是外科最早使用的一种消毒防腐药，但由于对动物和人有较强的毒性，不能用于创面和皮肤的消毒。苯酚曾用作鉴定其他消毒防腐药杀菌效力的标准品。本品仅用于环境及用具消毒。

②注意事项　当苯酚浓度高于0.5%时，具有局部麻醉作用；5%溶液对组织产生强烈的刺激和腐蚀作用。动物意外吞服或皮肤、黏膜大面积接触苯酚会引起全身性中毒，表现为中枢神经兴奋后抑制以及心血管系统抑制，严重者可因呼吸麻痹致死。苯酚被认为是一种致癌物。

对吞服苯酚动物可用植物油（忌用液体石蜡）洗胃；内服硫酸镁导泻；对症治疗，给予中枢兴奋剂和强心剂等。皮肤、黏膜接触部位可用50%乙醇或者水、甘油或植物油清洗。可先用温水冲洗，再用3%硼酸溶液冲洗。

③用法与用量　器具、厩舍、排泄物和污物等消毒配成2%～5%溶液。

④制剂　复合酚俗称菌毒敌。为我国生产的一种兽医专用消毒剂，为取代酚的复合制剂，此制剂由苯酚（41%～49%）和醋酸（22%～26%）加十二烷基苯磺酸等配制而成的水溶性混合物为深红褐色黏稠液，有特臭。可杀灭多种细菌、真菌和病毒，也可杀灭动物寄生虫的虫卵。0.35%～1%复合酚溶液主要用于厩舍、器具、排泄物和车辆等消毒，药效可维持7天。

用于预防性喷雾消毒时，用水稀释300倍，疫病发生时的喷雾消毒稀释100～200倍，稀释用水的温度不宜低于8℃，禁与碱性药物或其他消毒药混用。

(2)甲酚

本品又称煤酚、甲苯酚，为邻位、间位和对位3种甲酚异构体混合物。在这3种异构体中，以间位的煤酚抗菌作用最强，邻位次之，对位最弱。几乎为无色、淡紫红色或淡棕黄色的澄清液体；有类似苯酚的臭气味；久贮或在日光下，色渐变深。在水中略溶，生成略带混浊的溶液，其饱和水溶液显中性或弱酸性反应。本品与乙醇、氯仿、乙醚、甘油、脂肪油或挥发油能任意混合，在氢氧化钠溶液中溶解。

①作用与用途　甲酚为原浆毒，抗菌作用比苯酚强3～10倍，毒性大致相等，但消毒用药液浓度较低，故较苯酚安全。可杀灭一般繁殖型病原菌，对芽孢无效，对病毒作用不可靠，是酚类中最常用的消毒药。由于甲酚的水溶度较低，通常都用肥皂乳化配制成50%甲酚皂溶液。

②注意事项　甲酚有特臭气味，不宜在奶牛厩舍、牛乳加工车间和食品加工厂等应用，以免影响乳品质量。本品对皮肤有刺激性，若用其1%～2%溶液消毒水和皮肤，要精确计量。

③用法与用量　常用3%～5%溶液用于厩舍、场地、排泄物、器具和器械等消毒。

④制剂

a.甲酚皂溶液俗称来苏儿。每1 000毫升中含甲酚500毫升，植物油173克，氢氧化钠约27克和水。本品为黄棕色至红棕色的黏稠液体；带甲酚的臭气。本品能与乙醇混合成澄清液体。排泄物和废弃的染菌材料消毒配成10%溶液，厩舍、场地、器械、器具及其他物品消毒配成3%～5%溶液。

b.甲酚磺酸为甲酚经磺酸化而得，既降低了甲酚的毒性，又提高了其水溶性和杀菌力。

环境消毒配成0.1%溶液作用相当于3%甲酚皂溶液。

(3)戊二醛

为无色油状液体，属于醛类消毒防腐剂，味苦。有微弱的甲醛臭，但挥发性较低。可与水或醇作任何比例的混溶。溶液呈弱酸性，pH高于9.0时，可迅速聚合。

①作用与用途　戊二醛原为病理标本固定剂，近年来发现其碱性水溶液具有较好的杀菌作用。当pH为7.5～8.5时，作用最强，可杀灭细菌的繁殖体和芽孢、真菌、病毒，其作用较甲醛强2～10倍。本品的消毒作用不受有机物的影响，刺激性较弱。缺点是稳定性差，在碱性溶液中易分解。

本品主要用于牛圈舍及器具消毒。由于价格昂贵，目前多用于不宜加热处理的医疗器械、塑料及橡胶制品等的浸泡消毒。

②注意事项　避免与皮肤、黏膜接触，如接触后应及时用水冲洗干净。

③用法与用量　喷洒、浸泡消毒配成2%碱性溶液(加0.3%碳酸氢钠)消毒15～20分钟。密闭空间内表面熏蒸消毒配成10%溶液每平方米1.06毫升密闭过夜。

(4)氢氧化钠

本品属于碱类消毒剂，又名苛性钠，含NaOH 96%和少量的氯化钠和碳酸钠。为白色不透明固体。吸湿性强，露置空气中会逐渐溶解而成溶液状态，易从空气中吸收二氧化碳，渐变成碳酸钠。密闭保存。本品在水中极易溶解。

①作用与用途　氢氧化钠属原浆毒，杀菌力强，能杀死细菌繁殖型、芽孢和病毒，还能皂化脂肪和清洁皮肤。2%～4%溶液可杀死病毒和繁殖型细菌；高浓度溶液亦可杀死芽孢，如4%溶液45分钟杀死芽孢，30%溶液10分钟可杀死芽孢，加入10%食盐能增强杀死芽孢能力，这可能是增加的Na^+抑制氢氧化钠的离解，从而增加氢氧化钠分子透过芽孢外膜的能力，发挥更强的杀芽孢作用。

2%氢氧化钠溶液用于口蹄疫、流行热、病毒性腹泻、蓝舌病等病毒病的环境消毒；也可用于细菌性传染病的消毒；5%溶液用于炭疽病消毒。一般都用含NaOH约94%的工业用碱。本品主要适合于场区通道、牛舍环境、牛场地面、饲槽及运输工具的消毒。

②注意事项

a.对组织有腐蚀性，能损坏织物和铝制品。

b.消毒人员应注意防护。

c.用本品对饲槽及饲喂用具消毒后要用自来水冲洗。

③用法与用量　厩舍地面、饲槽、车船、木器等消毒配成2%溶液应用；运动场及牛场消毒通道常用5%浓度。

(5)氧化钙

属于碱性消毒剂，又称生石灰，为白色的块或粉。加水生成氢氧化钙[$Ca(OH)_2$]，俗称熟石灰或消石灰，后者具强碱性，几乎不溶于水，吸湿性很强。石灰易从空气中吸收二氧化碳形成碳酸钙而失效。

①作用与用途　仅为消毒药。石灰的水溶性小，解离出来的氢氧根离子不多，对繁殖型细菌有良好的消毒作用，而对芽孢和结核杆菌无效。可将石灰乳涂刷厩舍墙壁、畜栏、地面等，也可直接将石灰撒于阴湿地面、粪池周围和污水沟等处。冬天时，牛场门口的消毒池中可放置本品用于车辆和鞋底消毒。

②用法与用量　将氧化钙加入10～20倍水制成石灰乳，对厩舍、墙壁、畜栏、地面进行消毒。石灰乳应现用现配。氧化钙1千克加水350毫升，生成消石灰的粉末，可撒布在阴湿地面、粪池周围及污水沟等处进行消毒。直接将生石灰粉撒布在干燥地面上不发生消毒作用，反而会使动物蹄部干燥开裂。

(6)漂白粉

本品为卤素消毒剂，又称含氯石灰，由氯通入消石灰制得。为次氯酸钙、氯化钙和氢氧化钙的混合物。呈灰白色颗粒性粉末，有氯臭。在空气中吸收水分与二氧化碳而缓缓分解，丧失有效氯。密封，贮存于凉暗干燥处。不可与易燃、易爆物放一起。

①作用与用途　漂白粉遇水产生次氯酸，次氯酸可放出活性氯和初生氧，而呈现杀菌作用（氯主要能与细菌蛋白质中的氨基结合，形成氯胺类化合物，使菌体蛋白质变性）。漂白粉对细菌、芽孢及病毒都有杀灭作用。在酸性环境中可加速氯的释放，抗菌作用增强。在碱性环境中杀菌力显著减小。漂白粉的抗菌作用强但不持久，1%澄清液作用0.5～1分钟即可抑制像炭疽杆菌、沙门氏菌、巴氏杆菌等多数繁殖型细菌的生长；1～5分钟抑制葡萄球菌和链球菌；对

结核杆菌效果较差。30%漂白粉混悬液作用7分钟后，炭疽芽孢即停止生长。实际消毒时，漂白粉与被消毒物的接触至少需15～20分钟。漂白粉的杀菌作用受有机物的影响。漂白粉中所含的氯可与氨和硫化氢发生反应，故有除臭作用。

漂白粉为价廉有效的消毒药，广泛用于厩舍、畜栏、场地、车辆、排泄物等的消毒。其1%～5%澄清液，尚可用于消毒玻璃器皿和非金属用具。由漂白粉加水生成的次氯酸，其杀菌作用产生得快，氯又能迅速散失而不留臭味。

②注意事项

a. 漂白粉对皮肤和黏膜有刺激作用，消毒人员应注意防护。

b. 对金属有腐蚀作用，不能用于金属制品。

c. 可使有色棉织物褪色，不可用于有色衣物的消毒。

d. 用时现配，久贮易失效。保存于阴凉干燥处。

③用法与用量　圈舍等消毒临用前配成5%～20%混悬液或1%～5%澄清液。玻璃器皿和非金属用具消毒临用前配成1%～5%澄清液。饮水消毒每50升水加1克。

(7)二氯异氰尿酸钠

本品为卤素毒剂，又称优氯净，为白色结晶粉末，有浓氯臭。性稳定，在高热、潮湿地区贮存时，有效氯含量下降约1%。易溶于水，溶液呈弱酸性。水溶液稳定性较差，在20℃左右下，一周内有效氯约丧失20%；在紫外线作用下更加速其有效氯的丧失。

①作用与用途　杀菌谱广，对繁殖型细菌和芽孢、病毒、真菌孢子均有较强的杀灭作用。由于本品的水解常数较高，故其杀菌力较大多数氯胺类消毒药为强。溶液的pH越低，杀菌作用越强。加热可加强杀菌效力，有机物对杀菌作用影响较小。有腐蚀和漂白作用，毒性与一般含氯消毒药相同。

主要用于牛舍、排泄物和水等消毒。0.5%～1%水溶液用于杀灭细菌和病毒；5%～10%水溶液用于杀灭芽孢，临用前现配。可采用喷洒、浸泡和擦拭方法消毒，也可用其干粉直接处理排泄物或其他污染物品。注意事项同含氯石灰。

②用法与用量　厩舍消毒每立方米常温10～20毫克，气温低于0℃时50毫克。饮水消毒每1升水4毫克，作用30分钟。

(8)过氧乙酸

本品属于氧化剂类消毒剂，又称过醋酸。由过氧化氢作用于乙酸而制得，故本品为过氧乙酸和乙酸的混合物。市售20%过氧乙酸溶液(含过氧乙酸20%)。

纯品为无色透明液体，呈弱酸性，有刺激性酸味，易挥发，易溶于水和有机溶剂，不稳定，遇热或有机物、重金属离子、强碱等易分解。高于45%的高浓度溶液经剧烈碰撞或加热可爆炸(强烈分解)，而低于20%的低浓度溶液无此危险。密闭、避光，在3～4℃下保存。

①作用与用途　过氧乙酸兼具酸和氧化剂特性，是一种高效灭菌剂，其气体和溶液均具较强的杀菌作用，并较一般的酸或氧化剂作用强。作用产生快，能杀死细菌、真菌、病毒和芽孢，在低温下仍有杀菌和抗芽孢能力。用过氧乙酸消毒的表面，药物残留极微，因它能在室温下挥发和分解。

临用前配制0.5%溶液喷雾消毒圈舍、墙壁、饲槽、用具和车船等，喷雾后关闭门窗1～2小时，对芽孢污染的表面可喷雾2%溶液8毫升/米^3。实验室、圈舍等空间消毒，可用3%～5%溶液加热熏蒸。可用0.004%～0.2%溶液浸泡消毒耐腐蚀的玻璃、搪瓷制品；0.2%溶液皮肤消毒（浸洗、擦抹），0.02%溶液黏膜消毒（冲洗、滴眼）。

②注意事项

a.金属离子和还原性物质可加速药物的分解，需用洁净水配制新鲜药液。

b.本品腐蚀性强，有漂白作用。稀溶液对呼吸道和眼结膜有刺激性；浓度较高的溶液对皮肤有强烈刺激性，若高浓度药液不慎溅入眼内或皮肤、衣服上，应立即用水冲洗；皮肤或黏膜消毒用药液的浓度不能超过0.2%或0.02%。

c.有机物可降低其杀菌效力。

③用法与用量　圈舍和车船等喷雾消毒配成0.5%溶液。空间加热熏蒸消毒配成3%～5%溶液。器具浸泡消毒配成0.04%～0.25%溶液。黏膜或皮肤消毒配成0.02%或0.2%溶液。

5.常用的皮肤、黏膜消毒防腐药

皮肤黏膜防腐消毒药的种类较多，主要是利用药物与创面或皮肤、黏膜直接接触而起抑菌作用，故必须应用其水溶液或水混悬液。应用皮肤黏膜防腐消毒药需注意药物的刺激性和有效浓度，应尽量在不影响其抗菌作用的药物浓度下使刺激性降低到最低限度，不损伤组织，不妨碍肉芽生长。这一点对敏感柔嫩的黏膜和肉芽组织特别重要。另需注意的是，多数皮肤黏膜对防腐药都属于全身性毒物，对吸收较快、毒性较大的药物，不宜大量和大面积使用，以免吸收。

醇类消毒防腐药的优点是：性质稳定，作用迅速，无腐蚀性，无残留作用，可将其配成酊剂而起增效作用，抗菌效果较高。缺点是：不能杀灭细菌芽孢，抗菌作用受蛋白影响大。

(1)乙醇

属于醇类消毒防腐药，又名酒精。无水乙醇含量为99%以上；医用乙醇浓度应不低于95.0%（处方上凡未指明浓度的乙醇，均指95%乙醇）。

本品为无色澄明液体，易挥发，易燃烧，燃烧时显淡蓝色火焰，加热至约78℃即沸腾。本品与水、甘油、氯仿或乙醚能任意混合。

①作用　乙醇为常用的消毒药，它的杀菌作用是能使菌体蛋白迅速地凝固与脱水，以70%或75%的乙醇杀菌力最强。当乙醇的浓度低于20%时，杀菌作用微弱，而高于95%时，作用则不可靠。70%乙醇相当3%苯酚的作用，可杀死一般繁殖型的病原菌，对芽孢无效。浓度若超过75%时，则消毒作用反而减弱，这是由于菌体表层蛋白质被凝固阻碍了乙醇向细菌深部蛋白质渗透的缘故。

乙醇对组织有刺激作用，浓度愈大刺激性愈强。这种刺激性是由于沉淀细胞蛋白和脱水作用所致。若将乙醇涂擦于皮肤时，首先有凉感，继而有灼热感，并呈现温和的刺激能引起局部充血，以70%～90%乙醇涂擦或热敷时，可促进炎性渗出物的吸收，减轻疼痛。将30%以下浓度的乙醇注入皮下时，变化不显著，若皮下注入40%浓度的乙醇时，则呈现强烈的刺激甚至发生炎症，能持续数天。皮下注入50%～60%浓度的乙醇时，能引起局部组织坏死，故乙醇一般不作皮下注射。

②应用　常用70%乙醇消毒皮肤（例如注射部位、术野和伤口周围的皮肤消毒）以及器械（刀、剪、体温计等）浸泡消毒，亦可用作溶媒。乙醇对黏膜的刺激性大，不能用于黏膜和创面抗感染。急性关节炎、腱鞘炎、肌炎等可用浓乙醇涂擦或热敷。

(2)苯扎溴铵

又名溴苄烷胺或新洁尔灭，属季铵盐类消毒防腐药。常温下为黄色胶状体，低温时可逐渐形成蜡状固体；臭芳香、味极苦。本品在水中易溶，水溶液呈碱性反应，振摇时产生多量泡沫。本品在乙醇中易溶，在丙酮中微溶，在乙醚或苯中不溶。

①作用与用途　新洁尔灭为常用的一种阳离子表面活性剂，有较强的消毒作用。对多数革兰氏阳性菌和阴性菌有杀菌作用，接触数分钟即能杀死。对病毒效果差，不能杀死结核杆菌、霉菌和炭疽芽孢。

0.1%溶液用于皮肤和术前手消毒（浸泡5分钟）、手术器械消毒（煮沸15分钟后浸泡30分钟）；0.01%溶液用于创面消毒；感染性创面宜用0.01%溶液局部冲洗后湿敷。

②注意事项

a.禁与肥皂及其他阴离子活性剂、盐类消毒药、碘化物和过氧化物等合用，术者用肥皂洗手后，务必用水冲净后再用本品。

b.不宜用于眼科器械和合成橡胶制品的消毒。

c.配制器械消毒液时，需加0.5%亚硝酸钠；其水溶液不得贮存于聚乙烯制作的容器内，以避免与增塑剂起反应而使药液失效。

d.消毒时，若水质硬度过高，应加大浓度0.5～1倍。

(3)氯已定

本品又称洗必泰，为双氯苯双胍已烷的二醋酸盐。

本品为白色结晶性粉末，无臭、味苦。在乙醇中溶解，在水中微溶，在酸性溶液中离解。

①作用与用途　为阳离子表面活性剂，对革兰氏阳性细菌、阴性细菌和真菌均有杀灭作用。抗菌作用强于苯扎溴铵，其作用迅速且持久，毒性低，无局部刺激作用。本品不易被有机物灭活，但易被硬水中的阴离子沉淀而失去活性。与苯扎溴铵联用对大肠杆菌有协同杀菌作用，两药的混合液呈相加消毒效力。醋酸洗必泰水溶液常用于黏膜、皮肤、创面、器械、用具等的消毒。

②注意事项

a.肥皂、碱性物质和其他阴离子表面活性剂均可降低氯已定的杀菌效力。

b.禁与甲醛、碘酊、高锰酸钾、硫酸锌、升汞配伍应用。

c.本品水溶液宜贮存于中性玻璃瓶中，每两周重配1次。

d.本品可引起人接触性皮炎。

e.用作器械消毒时，需加0.5%亚硝酸钠。

③用法与用量　皮肤消毒0.5%水溶液或醇（以70%乙醇配制）溶液0.05%溶液，术者手

部消毒 0.02%溶液，器械消毒 0.1%溶液。

(4)度米芬

本品又称消毒宁，为溴化季铵盐类。白色或微黄色片状结晶，无臭或微臭，味苦；在水中易溶，振摇水溶液会产生泡沫。本品在乙醇或氯仿中极易溶解，在丙酮中略溶，在乙醚中几乎不溶。

①作用与用途　为阳离子表面活性剂。对革兰氏阳性和革兰氏阴性细菌均有杀菌作用，对后者需较高浓度；对芽孢、抗酸杆菌、病毒效果不显著；有抗真菌作用。在中性或弱碱性溶液中效果最好，在酸性溶液中效果明显下降。用于创面、黏膜、皮肤和器械消毒。

②注意事项

a.禁与肥皂、盐类和其他合成洗涤剂、无机碱配伍，避免使用铝制容器。

b.消毒金属器械需加 0.5%亚硝酸钠防锈。

c.可引起人接触性皮炎。

③用法与用量　创面、黏膜消毒配成 0.02%～0.05%溶液。皮肤、器械消毒配成 0.05%～0.1%溶液。

(5)碘

为灰黑色或蓝黑色、有金属光泽的片状结晶或块状物，质重、脆、有特臭；在常温中能挥发。在水中几乎不溶，溶于碘化钾或碘化钠的水溶液中，在乙醇、乙醚或二硫化碳中易溶，在氯仿中溶解，在四氯化碳中略溶。

碘具有强大的杀菌作用，也可杀灭细菌芽孢、真菌、病毒、原虫。碘主要以分子形式发挥杀菌作用，其原理可能是碘化和氧化菌体蛋白的活性基因，并与蛋白的氨基结合而导致蛋白变性和抑制菌体的代谢酶系统。碘在水中的溶解度很小，且有挥发性，但在有碘化物存在时，因形成可溶性的三碘化合物，碘的溶解度增高数百倍，又能降低其挥发性。利用此原理，在配制碘溶液时，常加适量的碘化钾，以促进碘在水中的溶解。由于碘难溶于水，在水中不易水解形成次碘酸。在酸性条件下，游离碘增多，杀菌作用较强；在碱性条件下，则反之。

①用途　碘酊是常用且最有效的皮肤消毒药。一般皮肤消毒用 2%～5%碘酊。由于碘对组织有较强的刺激性，其强度与浓度成正比，故碘酊涂抹皮肤待稍干后，宜用 75%乙醇擦去，以免引起发泡、脱皮和皮炎。碘甘油刺激性较小，用于黏膜表面消毒。2%碘溶液不含酒精，适用于皮肤浅表破损和创面，以防止细菌感染。在紧急条件下用于饮水消毒，每升水中加入 2%碘酊 5～6 滴，15 分钟后可供饮用，水无不良气味，且水中各种致病菌、原虫和其他生物可被杀死。

②注意事项

a.对碘过敏(涂抹后曾引起全身性皮疹)的动物禁用。

b.碘酊须涂于干燥的皮肤上，如涂于湿皮肤上不仅杀菌效力降低而且易引起发泡和皮炎。

c.配制碘液时，若碘化物过量(超过等量)加入，可使游离碘变为过碘化物，反而导致碘失去杀菌作用。

d. 碘可着色，沾有碘液的天然纤维织物不易洗除。

e. 与含汞药物配伍禁忌，各种含汞药物（包括中成药）无论以何种途径用药，如与碘剂（碘化钾、碘酊、含碘食物海带和海藻等）相遇，均可产生碘化汞而呈现毒性作用。

f. 配制的碘液应存放在密闭容器内。若存放时间过久，颜色变淡（碘可在室温下升华），应测定碘含量，并将碘浓度补足后再使用。

③制剂及用法

a. 碘酊：由碘 50 克，碘化钾 35 克，蒸馏水适量，乙醇加至 1 000 毫升组成。为棕红色的澄明液体，有碘与乙醇的特臭，应置玻璃塞瓶中，遮光密封保存。主要用于手术部位、注射部位、手指的消毒，亦可用于新鲜创面的处理。

b. 浓碘酊：由碘 100 克，碘化钾 75 克，蒸馏水 80 毫升，加乙醇至 1 000 毫升组成。为暗红褐色液体，有碘与乙醇的特臭，易挥发。应置玻璃塞瓶中，遮光密封保存。主要用作皮肤刺激药，对慢性腱炎、腱鞘炎、关节炎、骨膜炎等有消炎作用。

c. 复方碘溶液（鲁格氏液）：由碘 50 克，碘化钾 100 克，加蒸馏水至 1 000 毫升组成。为暗褐色液体，有碘臭。应置玻璃塞瓶中，遮光密封保存。复方碘溶液的刺激性较小，常用于治疗黏膜的各种炎症或注入关节腔、瘘管等。

d. 碘甘油溶液：由碘 50 克，碘化钾 100 克，甘油 200 毫升，加蒸馏水至 1 000 毫升组成。为深棕色的澄明液体，有碘臭。应置玻璃塞瓶中，遮光密封保存。碘甘油溶液的刺激性较小，作用时间较长，常用于治疗黏膜的各种炎症如口炎、鼻炎、阴道黏膜等炎症和溃疡。

(6)聚维酮碘

1-乙烯基-2-吡咯烷酮均聚物与碘的复合物，含有效碘应为 9.0%～12.0%。为黄棕至红棕色无定型粉末。本品在水或乙醇中溶解，在氯仿或乙醚中不溶。

①作用与用途　聚维酮碘是一种高效低毒的杀菌药物，对细菌、病毒和真菌均有良好的杀灭作用。本品的作用机理主要是通过不断释放游离碘，破坏菌体新陈代谢，而使细菌等微生物失活。用于手术部位、皮肤、黏膜消毒。

②制剂及用法

a. 聚维酮碘溶液　为红棕色液体，当溶液变为白色或淡黄色时，即失去杀菌活性。皮肤消毒及治疗皮肤病：5%溶液；奶牛乳头浸泡消毒：0.5%～1%溶液；黏膜及创面冲洗消毒：0.1%溶液（均以聚维酮碘计）。

b. 聚维酮碘软膏　为 10%软膏，为乳剂型基质的棕红色软膏。用于治疗皮肤炎症或溃疡。

(7)硼酸

属于有机酸类消毒防腐药，为无色微带珍珠光泽的结晶或白色疏松的粉末，有滑腻感；在水中溶解，水溶液显弱酸性反应。本品在乙醇中溶解，在沸水、甘油中易溶。

①作用与用途　硼酸只有抑菌作用，没有杀菌作用。对细菌和真菌有微弱的抑制作用，本品通过释放氢离子而发挥抑菌作用。但硼酸的特点是既无刺激性，也不损伤组织，故临床经常用于比较敏感部位例如黏膜的防腐。

②不良反应　外用一般毒性不大，但不适用于大面积创伤和新生肉芽组织，以避免吸收后蓄积中毒。急性中毒早期症状为呕吐、腹泻、皮疹、中枢神经系统先兴奋后抑制，严重时可引起循环衰竭或休克。

③用法与用量　外用洗眼或冲洗黏膜2%～4%溶液。也可用硼酸磺胺粉(1∶1)治疗创伤，硼酸甘油(31∶100)治疗口、鼻黏膜炎症，硼酸软膏(5%)治疗溃疡、褥疮等。

(8)过氧化氢

属于氧化剂类防腐消毒药，又名双氧水，含过氧化氢应为2.5%～3.5%，市售品还有浓过氧化氢溶液应为26.0%～28.0%。

过氧化氢溶液为无色澄清液体，无臭或有类似臭氧的臭气。遇氧化物或还原物即迅速分解并产生泡沫，遇光、热易变质。置棕色玻璃瓶，遮光，在阴凉处保存。

①作用与用途　过氧化氢有较强的氧化性，在与组织或血液中的过氧化氢酶接触时，迅速分解，释放出新生态氧，对细菌产生氧化作用，干扰其酶系统的功能而发挥抗菌作用。由于作用时间短，且有机物能大大减弱其作用，因此杀菌力很弱。在接触创面时，由于分解迅速，会产生大量气泡，机械地松动脓块、血块、坏死组织及与组织粘连的敷料，有利于清洁创面。3%的过氧化氢溶液常用于清洗化脓性创伤，去除痂皮，尤其对厌氧性感染更有效。过氧化氢具有除臭和止血作用，可用其5%溶液(用浓过氧化氢溶液稀释而成)涂于出血的细小创面上止血。

②注意事项

a.避免用手直接接触高浓度过氧化氢溶液，可发生刺激性灼伤。

b.与有机物、碱、生物碱、碘化物、高锰酸钾或其他较强氧化剂配伍禁忌。

c.不能注入胸腔、腹腔等密闭体腔或腔道或气体不易逸散的深部脓疡，以免导致栓塞或扩大感染。

③用法与用量　清洗带恶臭的创伤用1%～3%溶液，冲洗口腔用0.3%～1%溶液。

(9)高锰酸钾

属于氧化剂类防腐消毒药。黑紫色、细长的菱形结晶或颗粒，带蓝色的金属光泽，与某些有机物或易氧化的化合物研磨或混合时，易引起爆炸或燃烧。在水中溶解，在沸水中易溶，水溶液呈深紫色。

①作用与用途　为强氧化剂，遇有机物或加热、加酸或碱等均即释放出新生氧(非游离态氧，不产生气泡)。呈现杀菌、除臭、解毒作用。在发生氧化反应时，其本身还原为棕色的二氧化锰。后者可与蛋白结合成蛋白盐类复合物，因此高锰酸钾在低浓度时有收敛、止泻、止血等作用。高浓度时有刺激和腐蚀作用。高锰酸钾的抗菌作用较过氧化氢强，但它极易被有机物分解而作用减弱。在酸性环境中杀菌作用增强，如2%～5%溶液能在24小时内杀死芽孢；在1%溶液中加1.1%盐酸，则能在30秒内杀死炭疽芽孢。

0.1%～0.2%溶液能杀死多数繁殖型细菌，常用于创面冲洗；为减少对肉芽组织的刺激性，可用其0.03%溶液。0.05%～0.1%溶液可用于冲洗膀胱、阴道和子宫等腔道黏膜。在生物碱、氰化物等毒物中毒时，可用0.1%～0.2%溶液洗胃以氧化毒物而解毒，并能直接氧化蛇毒，常用1%溶液冲洗毒蛇咬伤的伤口。

②注意事项

a. 严格掌握不同适应症采用不同浓度的溶液；水溶液易失效，药液需新鲜配制，避光保存，久置变棕色而失效。

b. 由于高浓度的高锰酸钾对组织有刺激和腐蚀作用，不要反复用高锰酸钾溶液洗胃。

c. 误服可引起一系列消化系统刺激症状，严重时出现呼吸和吞咽困难、蛋白尿等。

d. 动物应用本品中毒后，应用温水或添加3%过氧化氢溶液洗胃，并内服牛奶、豆浆或氢氧化铝凝胶，以延缓吸收。

③用法与用量　腔道冲洗及洗胃配成0.05%～0.1%溶液，创面消毒配成0.1%～0.2%溶液。

(10)龙胆紫

属于染料类消毒防腐剂。龙胆紫与甲紫、结晶紫是一类性质相同的碱性染料。龙胆紫和甲紫是氯化五甲烷对玫瑰苯胺与氯化六甲烷对玫瑰苯胺的混合物。龙胆紫以氯化六甲烷对玫瑰苯胺为主，甲紫以氯化五甲烷对玫瑰苯胺为主，而结晶紫纯系六甲烷衍生物。三者可以通用，其中以龙胆紫应用较为广泛。

本品为绿紫色有金属光泽的碎片或深绿紫色粉末，能溶于水或乙醇中。

作用与用途　对革兰氏阳性菌有选择性抑菌作用，亦有抗霉菌作用，毒性很小，对组织无刺激性，有收敛作用。其1%～3%的水溶液和乙醇溶液，还有2%～10%软膏，可用于皮肤，黏膜创伤感染及溃疡。1%水溶液亦可用于烧伤。

(11)利凡诺

又名雷佛奴尔，为黄色结晶粉末，无臭，在水中溶解，在热水中易溶，在酒精中微溶。应避光保存。

作用与用途　对革兰氏阳性菌及少数阴性菌有强大的抑菌作用，但作用呈现较慢，对组织无刺激性，毒性低，穿透力也较强，常用其0.1%～0.2%溶液冲洗或湿敷创伤感染，小面积化脓创可用其1%软膏。

6. 养牛生产中的消毒技术

(1)牛场环境消毒

牛舍消毒是保证牛体健康、牛奶卫生安全及牛场生产管理人员健康的重要措施，牛场一般每半年或每个月进行全场大清扫、消毒一次。牛场圈舍消毒一般分为两步进行。

第一步，清扫或洗刷。

机械清扫是搞好牛场圈舍环境卫生的基础方法，任何优良的消毒药也无法取代机械清扫这一工作。通过清扫，在清除污物的同时，大量的病原微生物也被清除。为了避免尘土及微生物飞扬，清扫时可先用水或消毒液进行喷洒，然后再进行清扫(或清除)粪便、垫料、剩余饲料、道路垃圾、尘土等。扫除的污物集中进行焚烧或进行生物发酵处理。

第二步，喷洒消毒药。

牛场道路、圈舍清扫或洗刷干净后，即可用消毒液进行喷洒消毒，消毒液的用量一般为每平方米1升，泥土地面、运动场等地可适当增加。消毒时应该按一定的顺序进行，一般从离门远处开始，以地面、墙壁、棚顶的顺序喷洒，最后再将地面喷洒一次。如果用氢氧化钠溶液、来苏儿等刺激性强的药物消毒饲槽，消毒后应该用自来水将消毒液冲洗掉。

牛场道路圈舍消毒可用1%～4%氢氧化钠溶液、0.2%过氧乙酸、5%～20%漂白粉溶液、84 消毒液、20%石灰乳溶液等消毒防腐药。

哺乳期犊牛圈舍应该每周消毒 2 次以上，成年牛、青年牛和育成牛牛舍应该每周消毒一次。

(2)用具消毒

对喂奶用具，如奶壶、奶桶、擦洗乳房的毛巾、擦洗犊牛嘴巴用的毛巾、盛牛奶用具等使用后要及时进行清洗，每天消毒一次。先用清水冲洗，然后用 0.1%新洁尔灭或 0.5%洗必泰或百毒杀等消毒液进行消毒，消毒后再用清水冲洗一遍。

(3)运载工具消毒

运载工具可能因经常运输家畜或其产品而被污染，装运前后和运输途中若不进行消毒，可能会造成所运输的牛感染发病或畜产品污染，严重时会引起病原沿途散播，造成疫病流行。因此，装运牛及其产品的运载工具，必须进行严格的消毒。牛及其产品运出县境时，运载工具消毒后还应由动物防疫检疫机构出具消毒证明。运载工具消毒时，应该根据不同的运载工具选用不同的消毒方法和消毒药。

①运输前的消毒　在装运牛前，首先对运载工具进行全面的清扫和洗刷，然后选用 2%～5%漂白粉澄清液、2%～4%氢氧化钠溶液、0.5%过氧乙酸、20%石灰乳等进行消毒，每平方米用量为 0.5～1 升。

②运输途中消毒　使用火车、汽车、轮船、飞机等长途运送畜禽及其产品(不包括牛奶)时，应经常保持运载工具内的清洁卫生，条件许可时，每天打扫 1～2 次，清扫的粪便、垃圾等集中在一角，到达规定地点后，将其卸下集中消毒处理。如运输途中发生疫病时，应立即停止运输，并与当地动物防疫检疫部门取得联系，妥善处理病畜，根据疫病的性质对运载工具进行彻底的消毒。发生一般传染病时，可选用 1%～4%氢氧化钠热溶液、3%～5%来苏儿溶液、0.5%过氧乙酸喷洒。清除的粪便、垫料等垃圾，集中堆积发酵处理。发生烈性传染病时，应先用消毒药液进行喷洒消毒，然后彻底清扫，清扫的粪便、垫料等垃圾堆积烧毁，清扫后的运载工具再选用 10%漂白粉澄清液、4%福尔马林液、0.5%过氧乙酸、4%氢氧化钠溶液等进行消毒，每平方米使用消毒液 1 升，消毒半小时后用 70℃热水喷洗运载工具内外，然后再使用消毒液进行一次消毒。

③运输后消毒　运输途中未发生疫病时，运输后先将运载工具进行清扫，然后可按运输前的消毒方法进行消毒。运输途中发生过疫病的，运输后运载工具的消毒可参照前述方法进行。

(4)消灭蚊蝇、防鼠、灭鼠

蚊蝇、老鼠、飞鸟等也是牛疫病传播的媒介之一，在疫病综合防治中也应该重视这一环节的防控工作。

①搞好场区环境卫生

搞好牛场场区的环境卫生是做好蚊蝇、鼠害防控的一项基础措施，及时清理圈舍及生产区的垃圾、粪沟、杂草等,可以减少蚊蝇的繁殖场所,也可以减少老鼠的藏身之处。因此,要经常清理场区的杂物、垃圾、污水、杂草堆等,认真做好牛场的环境卫生工作。

②消灭蚊蝇的方法

第一,保持牛舍通风良好,及时清除粪尿、积水,定期做好圈舍消毒工作是减少蚊蝇繁殖的前提条件。

第二,定期喷洒灭蚊蝇药物是控制蚊蝇繁殖的有效措施。在选用灭蚊蝇药物时,应该选择对牛无毒性作用的安全的灭蝇药物,或毒性低的药物进行喷洒。如“灭蝇灵”在灭蝇时即使喷洒到牛的饲草、饲料上也不会对牛的安全造成影响。每个月可在蚊蝇易滋生的地方喷洒 1～2 次。

③防鼠、灭鼠方法

第一,及时维修饲料库墙壁、门窗上的破损,防止老鼠进入。

第二,投放毒鼠药进行灭鼠。投放毒鼠药时要选择对人畜安全性高的灭鼠药,严禁使用一些违禁的灭鼠药,以防止对生态环境造成危害,可选用敌鼠钠盐等灭鼠药进行灭鼠。投放灭鼠药时应将毒饵放在专用的毒饵盒内,不可随意散放,投放毒饵的地点应该远离饲料,并要有专人管理,及时投放、及时清理,以免导致人或牛误食。

7. 常用治疗器械的消毒

牛场日常工作中总要使用一些治疗器械,对病原微生物污染的器械必须进行相应的消毒处理,也可能要协助兽医做一些手术器械的消毒工作。所以,掌握一些治疗器械的消毒方法也是十分必要的。

对于注射器、注射针头、奶针、穿刺针头、柳叶刀等一般的治疗器械,可选用蒸、煮的方法进行高温蒸煮灭菌,即将上术器械在沸水中煮沸 15～20 分钟,或蒸 15～20 分钟,然后备用。也可在将这些用品在 0.1%的新洁尔灭中浸泡 30 分钟,然后用蒸馏水或生理盐水冲洗后再用。

对于手术器械,如手术刀、手术剪、止血钳、持针钳、镊子、缝合线等,最好用高压灭菌锅进行灭菌,要求在 6.8 千克压力(或 121℃)下维持 30 分钟。在没有高压灭菌器的情况下也可选用蒸、煮的方法进行高温灭菌,但其煮的时间要在 30 分钟以上。

处理外伤的器械或手术刀、手术剪应在 0.1%的新洁尔灭中浸泡 30 分钟后,用蒸馏水或生理盐水冲洗后使用。

对于那些剖检病牛时所使用的器械,如果怀疑有病原微生物污染的可能,应将这些器械放入 0.1%过氧乙酸或 0.1%的新洁尔灭中浸泡 30 分钟后再清洗,并经煮沸或高压灭菌后备用。

导尿管、胃导管、开口器、开膣器等器械,使用完毕后可放入 0.1%过氧乙酸或 0.1%的新洁尔灭或 0.01%碘伏中浸泡 30 分钟,然后清洗备用。

8. 疫源地消毒

传染病疫源地内各种污染物的消毒方法及消毒剂参考剂量见表 4-1。

表 4-1　疫源地消毒方法及消毒剂量

污染物	消毒方法及消毒参考剂量	
	细菌性传染病	病毒和真菌性传染病
排泄物(粪、尿、呕吐物)	(1)成形粪便加 2 倍量的 5%～10%的漂白粉乳液,作用 2～4 小时。 (2)对稀粪便,可直接加漂白粉,用量为粪便的 1/5,作用 2～4 小时	(1)成形粪便加 2 倍量的 5%～10%的漂白粉乳液,作用 6 小时。 (2)对稀粪便,可直接加漂白粉,用量为粪便的 1/5,作用 2～4 小时
分泌物(粪、尿、乳汁、脓汁)	(1)加等量的 10%漂白粉或 1/5 量干粉作用 1 小时。 (2)加等量的 0.5%过氧乙酸作用 30～60 分钟。 (3)加等量的 3%～6%的来苏儿,作用 1 小时	(1)加等量的 10%～20%漂白粉或 1/5 量干粉作用 2～4 小时。 (2)加等量的 0.5%过氧乙酸作用 30～60 分钟
饲槽、水槽和饮水器	(1)0.5%过氧乙酸浸泡 30～60 分钟。 (2)1%～2%漂白粉澄清液浸泡 30～60 分钟。 (3)0.5%季铵盐类消毒浸泡 30～60 分钟。 (4)1%～2%的氢氧化钠热溶液浸泡 6～12 小时	(1)0.5%过氧乙酸浸泡 30～60 分钟。 (2)3%～6%漂白粉澄清液浸泡 30～60 分钟。 (3)2%～4%的氢氧化钠热溶液浸泡 6～12小时
圈舍和运动场	(1)畜圈四壁用 2%漂白粉澄清液喷雾(200 毫升/米^2),作用 1～2 小时。 (2)畜圈与场内地面,1%～2%的氢氧化钠溶液或 5%来苏儿溶液喷洒,1 000 毫升/米^2,作用 6～12 小时。 (3)0.2%～0.5%过氧乙酸,3%来苏儿喷雾或擦拭,作用 1～2 小时	(1)畜圈四壁用 5%～10%漂白粉澄清液喷雾(200 毫升/米^2),作用 1～2 小时。 (2)畜圈与场内地面,1%～2%的氢氧化钠溶液或 5%来苏儿溶液喷洒,1 000 毫升/米^2,作用 12 小时。 (3)0.2%～0.5%过氧乙酸,3%来苏儿喷雾或擦拭,作用 2～4 小时
运输工具	(1)1%～2%漂白粉澄清液,0.2%～0.3%过氧乙酸喷雾或擦拭,作用 30～60 分钟。 (2)3%来苏儿、0.5%季铵盐类消毒剂喷雾或擦拭,作用 30～60 分钟。 (3)1%～2%的氢氧化钠溶液喷洒或擦拭 1～2 小时	(1)5%～10%漂白粉澄清液,0.5%～1%过氧乙酸喷雾或擦拭,作用 30～60 分钟。 (2)5%来苏儿喷雾或擦拭,作用 30～60 分钟。 (3)2%～4%的氢氧化钠溶液喷洒或擦拭 2～4 小时

续表 4-1

污染物	消毒方法及消毒参考剂量	
	细菌性传染病	病毒和真菌性传染病
工作服和被单等织物	(1)高压蒸汽灭菌,121℃下 15~20 分钟。 (2)煮沸 15 分钟(加 0.5%肥皂)。 (3)2%漂白粉澄清液,0.3%过氧乙酸,或 3%来苏儿浸泡 30~60 分钟。 (4)0.02%碘伏浸泡 10 分钟	(1)高压蒸汽灭菌,121℃下 30~60 分钟。 (2)煮沸 15~20 分钟(加 0.5%肥皂)。 (3)2%漂白粉澄清液浸泡 1~2 小时。 (4)0.02%碘伏浸泡 15 分钟

进行疫源地消毒时,工作人员应注意防止疫情扩散及自身感染,消毒操作时应穿工作服,不得吸烟、饮食。消毒结束后,应及时脱下工作服,将脏的一面卷在里面,连同胶靴一并放入消毒桶内进行彻底消毒(也可穿戴一次性防护衣),所有的消毒工具均需用消毒液浸泡或擦拭,然后清洗擦干,最后工作员应洗手消毒。

9. 消毒时的注意事项

牛场及规模化养牛小区的消毒不可随心所欲,应当按一定程序进行。选择对人、牛和环境安全、无毒性残留,对设备没有破坏性,在牛体内不产生有害蓄积的消毒剂。要针对不同的消毒对象选用不同的消毒剂,并采取不同的消毒方法,如奶牛舍、牛场道路、车辆可用次氯酸盐、新洁尔灭等消毒液进行喷雾消毒;用热碱水清洗挤奶机器管道。尤其注意对牛体消毒,在挤奶、助产、配种、注射治疗等操作前,操作人员应先进行消毒,同时对牛乳房、乳头、阴道口等进行消毒,防止感染乳房炎、子宫内膜炎等疾病,保证牛体健康。

①充分了解各种消毒药的特性。消毒药的种类很多,尽管没有严格的抗菌谱,但每种消毒药都有其特点,不同的消毒药有不同的消毒效果和使用方法。

②必须先清理后消毒。动物的排泄物和分泌物影响消毒效果,在消毒前要先清理粪便、尿液及其他杂物,必要时要进行彻底清洗。

③选择正确的消毒浓度。各种消毒药在使用时必须根据其标示的浓度使用,过浓则毒性大、刺激性大,且经济上造成浪费;过稀则无效或效果不理想,稀释过的消毒药应一次用完,原液应储存在冷暗处。

④保证消毒药对病原体的作用时间。如果时间太短则达不到消灭病原微生物的目的。

⑤不可随意混用消毒药。混用有可能会降低消毒效果,若需要几种消毒药,也可先单独使用一种、数天后调换使另一种。

⑥不要长期使用同一种消毒药。每种消毒药各具特性,其难杀灭的病原种类也不一定,长久单独使用同一种消毒药,可能使一些该种消毒剂无法杀灭的病原体大量繁殖,也可产生耐药性。因此,应定期更换使用消毒药。

⑦树立正确的消毒观念。消毒不是万能的,它只是综合防疫中的措施之一,必须结合检疫、免疫,环境控制、生物安全措施及卫生保健等一起实施,切不可因为做了消毒而忽视其他措施。

⑧消毒药的选择。应根据不同的消毒对象或消毒目的选择不同的消毒药。

第二节 防疫免疫和健康保健

在疾病防治工作中，“防重于治”的指导思想具有重要的现实意义。虽然治疗对于挽救个体病牛是至关重要的，但对于挽救整个牛场生产来说，预防则更为重要。因为治疗仅系补救性的措施，它是在各种各样的生产损失已经发生后才进行的工作。事实证明，用于预防措施的开支总是低于疾病所造成的损失，牛场经营者在控制疾病时必须牢记：“防重于治”。牛群的防疫、免疫和健康保健是保障牛群健康的基础屏障。

传染病是对畜牧养殖业危害最为严重的一类疾病，大范围流行、大规模伤亡是传染病的特点，可以对养殖场造成毁灭性打击，所以说杜绝重大疫情发生、保证牛群健康是实现养牛效益的前提和保障，在养牛生产的任何计划中，防疫是第一位的重点工作。防疫工作是牛场的天，防疫工作做不好牛场的天就会塌下来，所以我们必须时刻绷紧防疫这根弦。

在奶牛养殖生产中树立“养、防、治一体化”思想，是全方位减少或阻止疾病发生的根本出路。

1. 牛传染病分类简介

按传染病的危害程度，我国将动物疾病分为一类疫病、二类疫病、三类疫病。国际兽医局(OIE)将动物传染病分为A类、B类两大类。A类和B类疫病基本与我国的一类、二类疫病相对应。

一类疫病是指超越国界，具有快速传播能力，能引起严重的社会和公共卫生安全后果，并对动物或动物产品的国际贸易有重大影响的传染病。特点是危害大、暴发性强、传播快、扑灭难度大。

牛的一类传染病有：口蹄疫、牛瘟、牛传染性胸膜肺炎、疯牛病、蓝舌病、小反刍兽疫。

二类疫病是指对本国社会经济或公共卫生具有明显影响，并对动物或动物产品国际贸易有很大影响的传染病或寄生虫病。

牛二类传染病有：牛传染性鼻气管炎、牛恶性卡他热、牛白血病、牛结核病、炭疽、布氏杆菌病、牛出血性败血病、牛焦虫病、日本吸血虫病、牛椎虫病、副结核病、弓形体病、棘球蚴病、钩端螺旋体病。

三类疫病是指对生产危害较大的疫病。

牛三类传染病有：牛流行热、牛病毒性腹泻—黏膜病、牛生殖器官曲杆菌病、毛滴虫病、牛皮蝇蚴病等。

2. 日常防疫措施

牛场生产区和生活区要严格分开。

生产区门口要设消毒室和消毒池。

消毒室内应设紫外线灯和洗手池。消毒池内使用2%～4%氢氧化钠或0.2%～0.5%过氧乙酸溶液等消毒药，消毒池内药液必须保持有效浓度；洗手池也应该配备相应的消毒药。消毒室要设醒目的防疫须知标志。

进入生产区的人员需要换工作服、鞋、帽，不准携带动物、生肉、自行车等。

在远离生产区的下风区建立隔离室,四周设隔离带。隔离病牛能有效控制疾病蔓延,减少健康牛感染病原微生物的机会。

对久治不愈或失去治疗意义的病牛要及时淘汰,淘汰牛群中的病牛,可以当作一种对健康牛的保护手段。虽然我们把淘汰单独列作一种预防措施,但实质上,它还属于隔离措施。例如,将一受葡萄球菌感染而招致乳房炎的奶牛淘汰掉,就是减少其他牛与病原接触机会的最好办法。

调入调出的牛,必须有法定单位的检疫证书,传染病患牛严禁调出或出售,调入的牛要认真隔离观察,以防带进疫病。

发生疫情,应立即上报有关部门,并要采取相应隔离、封锁及综合防治措施。在最后一头病牛痊愈后 2 周内无新病例出现,并经全面大消毒和呈请上级主管部门检查认可后方能解除相应措施。

日常卫生工作能减少周围环境中的病原微生物数量,从而减少了接触感染的危险性。病原微生物在环境中的分布是如此广泛,以至于我们无法根除这些疾病,但是通过卫生工作我们可以减少感染机会。卫生工作包括物理性的清除病原微生物和对病原微生物进行灭活。消毒剂只有在直接接触病原微生物时才起作用,所以它不能代替清扫去垢工作。

3. 每年的防疫、检疫措施

(1)炭疽

炭疽是由炭疽杆菌引起的一种人、畜共患的急性、烈性传染病,以发病快、死亡率高为特点,对牛和人类危害巨大,必须进行定期预防注射。

每年做炭疽芽孢 2 号苗预防注射 1 次,不论大小,一律皮下注射 1 毫升,可在每年的春、秋季节择时进行。疫苗注射后 14 天产生免疫力,免疫期为 1 年。

对患炭疽病死亡的牛或疑似炭疽病的牛严禁随意解剖,尸体要深埋或焚烧,并要上报疫情,封锁发病牛场。

(2)口蹄疫

口蹄疫就是我们常说的 5 号病,是由口蹄疫病毒引起的具有高度传染性的一种急性传染病,此病不属于人、畜共患病,但人有极低的感染率。病牛以口腔、趾间、乳房上发生水泡和烂斑为特点,具有高度传染性。对发病牛按国家规定要一律扑杀,尸体要深埋或焚烧,疑似牛群要隔离、观察。

每年春季、秋季各注射口蹄疫疫苗(二联苗)1 次,7～21 天后产生免疫力,免疫保护期为 2～6 个月。3 月龄以上就可免疫,受此病危协地区可每年注射 3～4 次。

(3)布鲁氏杆菌病

布鲁氏杆菌病是由布氏杆菌引起的一种人、畜共患病,简称布病。以流产、慢性子宫内膜炎、不孕、胎衣不下、关节炎,公牛睾丸肿大为临床特征。每年春季和秋季各检疫 1 次,阳性奶牛一律屠宰淘汰。

(4)结核病

结核病是由结核杆菌引起的一种人、畜共患传染病。以肺、乳房等处形成结核结节为特征。

每年春、秋两季进行两次结核检疫，检出的阳性牛在两天内送隔离场或屠宰，疑似反应的牛隔离复检后，按规定处理。

(5)破伤风

破伤风是由破伤风杆菌经伤口侵入而引起的一种人、畜共患传染病。有人也把此病叫做锁口风，以肌肉强直性收缩、瞬膜突出、四肢僵硬，死亡率高为特点。常发破伤风的地区应做破伤风类毒素注射，每年预防注射一次，幼畜皮下注射0.5毫升，成年牛皮下注射1毫升，3周后产生免疫力，保护期为1年，可选择在每年的春季或秋季进行预防注射。

近年来，破伤风在许多地方得到了有效控制，对于破伤风的免疫预防，各地可根据有无此病史决定是否进行免疫注射。

(6)牛梭菌病

牛梭菌病也叫牛肠毒血症。由产气荚膜梭菌等引起，是引起成年牛和育成牛突然死亡的一种散发性疾病，个别地方呈地方性流行。

该病的临床症状较少，多数当发现时已到濒死期或已经死亡。牛梭菌在临床上还有引起局部坏死的特殊情况。

一般来说，梭菌病疫苗是福尔马林灭活的细胞吸附于氢氧化铝上制备而成的类毒素疫苗。常用剂量为2毫升，皮下注射，保护期一般为6个月。

首免最好接种2次，间隔时间为4～6周，以后每年增强免疫一次(高危地区每6个月增强免疫1次)。

目前有三联苗、7联梭菌类毒素疫苗，使用7联苗的可以不单独用破伤风苗。

(7)防疫、检疫注意事项

①疫苗接种预防要坚持“一严、二准、三不漏”，即严格执行预防接种制度；接种疫苗剂量要准、部位要准；不漏检、不漏注、不漏查。

②有条件的地方，应将副结核、病毒性腹泻—黏膜病、传染性鼻气管炎病及白血病逐步列入每年的常规检疫中，检出牛按有关规定处理。

4.乳房卫生保健措施

①保持乳房清洁，注意清除损伤乳房的隐患。

②挤乳时清洗乳房的水和毛巾必须清洁，水要勤换，毛巾要定期消毒。

③挤奶前后进行乳头药浴。

④停奶前10天应监测乳房炎，判定为隐性乳房炎“＋＋”阳性者或临床乳房炎者必须治疗，在停乳前3天再监测一次。

⑤泌乳牛每年的7月、8月、9月要进行隐性乳房炎监测。

⑥临床型乳房炎挤乳时要用专用桶和专用毛巾，使用后要严格消毒。

⑦对久治不愈和慢性乳房炎牛应视为传染源予以淘汰处理。

5.蹄部卫生保健措施

①每年至少应对每头成乳牛进行一次修蹄或检蹄工作。

②牛舍和运动场的地面应保持平整，及时清除粪便、异物，做到夏不积水，冬不结冰，保持干燥。禁用炉灰渣铺垫运动场的通道。

③夏季更应注意清除趾(指)间异物，可用自来水清洗蹄，并要坚持蹄浴或用4%硫酸铜溶液进行喷蹄，每周1～2次。

④发生蹄病要及时治疗，防止病情恶化。蹄病发病率达15%以上时，应视为群发性疾病，要请有关人员会诊，找出原因并采取综合防治措施。

⑤保持日粮平衡。还可在饲料中加入硫酸锌进行蹄病预防。禁用有肢蹄遗传缺陷的公牛配种。

6.代谢病监控措施

①注意日粮Ca、P平衡，有条件者可每年随机抽查一部分高产个体。

②高产牛在泌乳高峰期，应在精料中加喂1.5%碳酸氢钠。

③有条件者可在产前检测尿的pH值和尿酮，检查结果为可疑或阳性者可用糖钙疗法或其他方法进行防治。

④对高产、体弱，食欲不振的牛，在产前一周可适当补20%葡萄糖酸钙1～3次，以增强其体质。

7.产后繁殖健康检查

对产后牛的繁殖性能及时进行检查，是防治牛不孕的一个重要措施。为此，应该对奶牛定期进行繁殖健康检查。

(1)产后7～14天

产后14天，大多数经产牛的两个子宫角已大为缩小，初产牛的子宫角已退回骨盆腔内，复旧正常的子宫质地较硬，直肠检查时可摸到角间沟。触诊子宫时可引起收缩反应。从子宫中排出的液体颜色及数量已接近正常。如果子宫壁厚，子宫腔内积有大量的液体或排出的恶露颜色及性状异常，特别是带有腥臭味者，则是子宫受感染的表现，要及时进行治疗。对发生过难产、胎衣不下及患过产后疾病的牛更要详细检查。产后14天以前检查时，往往可以发现退化的妊娠黄体，这种黄体小而坚实，且略突出于卵巢表面。正常分娩的牛，卵巢上常可发现有1～3个直径为1～2.5厘米的卵泡，因为正常母牛到产后15天时虽然大多数不表现发情症状，但已发生产后第一次排卵。如果这时发现卵巢体积较小，卵巢上无卵泡生长，则表明其卵巢静止，这种现象是由于疾病或营养不良引起。

(2)产后20～40天

在此期间应进行配种前检查，以确定生殖器官有无感染及卵巢、黄体的发育情况。产后30天，大多数经产母牛的生殖器官已全部回到骨盆腔内。在正常情况下，子宫颈已变为坚实，粗细均匀，直径在3.5～4厘米。如子宫颈外口开张，从中排出异常分泌物则为炎症的表现，要进一步确诊治疗。

产后30天，母牛子宫角的直径在各个体间差别很大，但各种年龄、个体的母牛在直检时，在正常情况下都感觉不出子宫角的腔体。如摸到子宫角的腔体则是子宫复旧不全的表现，还可能存在有子宫内膜炎。触诊按摩子宫后还可做阴道检查。

产后 40 天时，许多母牛的卵巢上都有数目不等的正在发育的卵泡和退化黄体。这些黄体是产后发情排卵形成的，在产后的早期，母牛安静发情极为常见。因此，在产后这一时间内未见到发情，只要卵巢上有卵泡和黄体，就证明此奶牛卵巢的机能活动正常。

(3)产后 45～60 天

对产后未见到发情或发情周期不规律的奶牛，应当再次进行检查。

①卵巢体积缩小，其上无卵泡也无黄体。这种情况多由全身虚弱、营养不良、产奶过多所致。对于这样的母牛消除病因，一般在调养几周后可出现发情，不需特殊治疗。

②卵巢质地、大小正常，其上存在有功能性黄体，子宫无任何异常，表明卵巢活动机能正常，很可能为安静发情或发情正常而被观察遗漏。对这种母牛要根据卵巢上黄体的发育程度估计当时所处的发情周期，预计下次发情可能出现的时间，做好下一次发情的观察。还可在发情周期的 6～16 天时，注射氯前列烯醇，并在其随后发情时进行配种。

③对产后 60 天以后出现的卵巢囊肿要进行及时治疗。

④对子宫积脓引起的黄体滞留，可先注射氯前列烯醇，等发情及排出积液后再用抗生素进行治疗。

(4)分娩 60 天以后

对配种 3 次以上仍不受孕，发情周期和生殖器官又无异常的母牛，要在输精或发情的第 2 天进行认真细致检查，注意区别是不能受精，还是受精后发生了早期胚胎死亡，力求能区别具体情况。

对于大批的屡配不孕，不可忽视精液的质量检查及对配种技术的检查反省。

(5)输精后 30～45 天

在这一阶段，要做好例行的妊娠检查，以便查出未孕母牛，减少空怀损失。对有流产史的母牛应多检查几次。在妊娠的中、后期也要注意观察或检查。

第三节　奶牛场疫病防控措施

传染病对动物及公共卫生安全危害巨大，防止传染病发生是牛场防疫员的中心工作。牛场防疫员必须掌握防治传染病的相关技能、知识。充分的理解是做好相应具体工作的前提保证，了解传染病的发生、流行过程特点，从中找出规律性的东西，采取相应的措施，来预防或中断流行过程对做好防疫工作具有重要意义。

“预防为主”是动物防疫工作的基本方针。动物传染病具有传染扩散的特点，一旦蔓延开来很难扑灭，有的会给人类健康及国民经济带来灾难性的后果，需要相当长的时间和耗费巨大的人力、物力才能加以消除。因此，对于动物疫病，重要的是防止其发生与流行。预防工作做好了，可收到事半功倍之效果；反之，等动物疫病暴发流行后再去扑灭、控制，将代价惨重、事倍功半。在牛防疫方面也有规律可循，只要从控制传染源、切断传播途径、增强牛的免疫力三个方面进行综合防制，就能取得很好的防疫效果。牛场防疫员应该坚决贯彻预防为主的方针，采取各种科学的防疫措施，积极预防、控制疫病。

控制、扑灭动物疫病，要因时、因地制宜，根据每种传染病在不同时间、地区的具体流行特点采取相应措施。对已经消灭的疫病,绝不可麻痹大意,要积极采取各种措施,防止“死灰复燃”;同时要防止新疫病从外面传入。

1. 牛传染病的病原

传染病的病原体在自然界分布极广,种类繁多、数量巨大,主要包括细菌、病毒、立克次氏体、螺旋体和真菌等。

(1)细菌

细菌是一种常见的病原微生物,必须在显微镜下放大500～1 000倍才能看见,细菌的形态分为三类,即球菌、杆菌、弧菌,有些细菌外面还有一些特殊的结构如芽孢、荚膜、鞭毛等。

由细菌感染而引起的传染病叫细菌性传染病。如牛结核病、布氏杆菌病、炭疽病等。

(2)病毒

病毒是病原体中最小的一种病原微生物,它缺乏完整的细胞结构,比细菌小,需要放大万倍、几十万倍,在电子显微镜下才能看见。病毒没有独立的酶系统,不能独立生活,必须在细胞内过寄生生活。病毒可在细胞内控制细胞的代谢系统,由机体细胞供给原料、能量、酶等,由机体细胞按照病毒的要求“复制”出大量的新病毒。

由病毒引起的传染病叫病毒性传染病。如口蹄疫、牛流行热等。

(3)立克次氏体

立克次氏体是介于细菌和病毒之间的一种病原微生物,其形态结构和繁殖方式像细菌,个体比细菌小、比病毒大,在显微镜下可以看见。它的生活特性像病毒,必须在细胞内寄生生活。

(4)支原体

支原体是介于细菌和病毒之间的一种病原微生物。支原体没有细胞壁,因此形状不一。一般支原体呈颗粒状、环状、卵圆形或丝状。如牛传染性胸膜肺炎的病原体就是支原体。

(5)螺旋体

螺旋体是介于细菌和原虫之间的一种病原微生物。它像细菌,以二分裂方式进行繁殖,但又像原虫,能自动弯曲、收缩,可自行运动。常引起家畜疾病的螺旋体为密螺旋体、钩端螺旋体和疏螺旋体等。

(6)真菌

真菌是比较高级的一种病原微生物。菌体比细菌大,结构比细菌复杂,有单细胞(如酵母菌)和多细胞(如霉菌)两大类。真菌的孢子像植物的种子一样,在适宜的环境下发芽,芽管逐渐延长呈丝状(菌丝)。

2. 牛传染病流行过程

动物传染病的流行过程是病原体从传染源排出,经一定的传播途径,侵入另一易感动物体内,形成新的传染并不断地传播过程。也就是从动物个体感染发病发展到动物群体发病过程。这个过程一般需经3个阶段:病原体从受传染的机体(传染源)排出,病原体在外界环境中停留,经过一定的传播途径,侵入新的易感动物体形成新的传染,如此连续不断地发生、发展就形成流行过程。一般认为,动物传染病的流行需要具备传染源、传播途径和易感动物3个环节,同时受到社会条件和自然条件的影响和制约。

（1）传染源

传染源（或称传染来源）是指某种传染病的病原体在其中寄居、生长、繁殖，并能排出体外的动物机体。动物传染病的病原和其他的生物种属一样，它们的生存需要一定的环境条件。病原体在其形成的过程中，对某种动物机体产生了适应性，即这些动物机体对其有了易感性。有易感性的动物机体相对而言是病原体生存最适宜的环境条件，因此病原体在受感染的动物体内不但能够栖居繁殖，而且还能持续排出。传染源包括患传染病动物、病原携带者及患人、畜共患病的病人。

①患病动物　处于不同患病时期的病牛作为传染源的情况也不相同，多数传染病在发病期排出病原体的数量大、次数多、毒力强。那些临床症状不典型的慢性病牛，虽然排出病原体的数量较少，但不易被人发现，也是危险的传染源。

②病原携带者　病原携带者是指外表无症状但携带并排出病原体的动物。病原携带者排出病原体的数量一般不及病畜，但因缺乏症状，往往不容易引起人们的注意，有时可成为十分重要的传染源。如果检疫不严，还可以随运输动物散播到其他地区，造成新的传播。例如，感染了附红细胞体而呈隐性感染经过的牛就是重要的传染源。

病原携带者一般分为潜伏期病原携带者、病后病原携带者及健康病原携带者3类。

潜伏期病原携带者：是指感染后至症状出现前能排出病原体的动物。多数患传染病的动物，在潜伏期不具备排出病原体的条件，但有少数传染病如口蹄疫等，在潜伏期后期能够排出病原体，可以成为传染源。

病后病原携带者：是指在临床症状消失后仍能排出病原体的动物。一般来说，当患病动物临床症状消失后，机体各种机能障碍基本得到恢复，这个时期的传染性很小或已无传染性。但还有不少传染病患畜在临床痊愈的恢复期，仍然能排出病原体，个别的患病动物甚至可延续终身。

健康病原携带者：是指过去没有表现出患过某种传染病，但能排出该种病原体的动物。一般认为这是隐性感染的结果，或为健康带菌现象。例如，感染了附红细胞体而呈隐性感染经过的牛就是重要的传染源。

病原携带者存在间歇排出病原现象，而且携带病原的时间长短不一，一般急性传染病的带毒（菌）期在3个月以内，慢性传染病的带毒（菌）期长达数月以致数年之久。消灭病原携带者和防止引入病原携带者是动物传染病防制工作艰巨的任务之一。

③人、畜共患病患者　如患炭疽、布氏杆菌病、结核及钩端螺旋体病等，可以由病人的排泄物、分泌物感染牛。病原体从动物体内排出后，可以在排泄物、分泌物内存留一定时间，有的病原体可在粪便、土壤里或用具上存活。

④传染源排出病原体的途径　传染源以各种不同途径向周围环境散播病原体。了解它的排出途径，有利于对传染源的分泌物、排泄物进行合理的消毒处理。传染源可由以下途径排出病原体。

随粪便排出：如牛炭疽、牛破伤风、牛恶性水肿病、牛结核、牛布氏杆菌病等。患呼吸道传染病，气管分泌物往往可经咽喉咽下，随粪便排出病原体。

随尿排出:如牛布氏杆菌病、牛钩端螺旋体病、牛肺疫等。

随鼻分泌物排出:如牛流行热、牛结核等。

随眼结膜分泌物排出:如牛传染性角膜结膜炎等。

随唾液排出:如牛口蹄疫、牛衣原体病等。

随乳汁排出:如牛结核、牛布氏杆菌、牛口蹄疫等。

随皮肤溃疡分泌物和脱落的皮肤上皮排出:如牛痘疮、钱癣等。

出血时随血液排出:如牛附红细胞体病、牛焦虫病等。

随生殖器官分泌物排出:如牛布氏杆菌病、牛衣原体病、牛结核等。

(2)传播途径

传播途径是指病原体从传染源排出后侵入另一易感动物所经过的途径。在某种传染病的流行过程中,若能切断传播途径,即可防止流行,这是防治牛传染病的重要环节之一。在传播方式上可以分为直接接触传播和间接接触传播两种。

①直接接触传播　直接接触传播是在没有任何外界因素的参与下,传染源与易感动物直接接触,如交配、舐咬等而发生传染的传播方式。以直接接触为主要传染途径的疫病为数不多,在家畜传染病中狂犬病具有代表性,通常只有被病畜直接咬伤、并随着唾液将狂犬病病毒带进伤口,才有可能引起发病。仅能以直接接触而传播的传染病其流行特点是一个接一个地发生,形成明显的链锁链。这种状况,一般不易造成广泛的流行。

②间接接触传播　必须在外界环境因素的参与下,病原体通过传播媒介使易感动物发生传染的方式,称为间接接触传播。从传染源将病原体传播给易感动物的各种外界环境因素称为传播媒介。传播媒介可能是生物,也可能是无生命的物体。

大多数传染病如口蹄疫、牛流行热、牛结核等以间接接触为主要传播方式,同时也可以通过直接接触传播。两种方式都能传播的传染病也可称为接触性传染病。间接接触一般通过以下几种途径来传播。

a.经空气(飞沫、尘埃)传播:在某些传染病患病动物的呼吸道内含有大量的病原体,当患病动物咳嗽、喷嚏、鸣叫时,随飞沫散布于空气之中,大滴的飞沫迅速落地,微小的飞沫在适宜的温度、湿度条件下,能在空气中漂浮数小时,当健康牛吸入后,可以发生传染,如牛肺疫、牛传染性鼻气管炎等。

在外界生存力更强的某些病原体如结核杆菌及炭疽杆菌等,从患病动物的分泌物、排泄物排出,或处理不当的尸体接触地面,干燥后与灰尘混合一道飞扬于空气中,当易感动物吸入后可受传染。

b.经饲料、饮水传播:对以消化道为主要侵入途径的传染病有重要意义,病原体从传染源排出后,污染了饲料、牧草、饮水,被易感动物采食后造成感染。此外,水中含有的病原体如钩端螺旋体等可经皮肤黏膜侵入易感动物体内引起传染。

c.经土壤传播:有些病原体能在土壤中生存较长时间,当易感动物接触被污染土壤时,可能发生传染,如炭疽、破伤风、恶性水肿、坏死杆菌病等。

在健康的草食动物粪便中可含有破伤风梭菌和恶性水肿杆菌,其芽孢抵抗力很强,能在土壤中长期生存，如果动物伤口污染了土壤中的芽孢，即可引起感染。炭疽杆菌的芽孢在土壤里生存的时间更长，常由于洪水冲淹，使土壤中芽孢被水冲起依附在牧草上，家畜啃食这样的牧草则可被感染。

d. 经活的媒介物传播：非本种动物和人类也可能作为传播媒介，这方面的媒介主要包括如下几种媒介。

媒介昆虫：虻类、蚊、蠓、蜱、蝇等能机械性或生物学性地传播病原体。虻类能传播炭疽；蚊、蜱能传播脑膜炎；库蠓可以传播蓝舌病；蝇活动于动物与排泄物、分泌物、尸体、饲料之间，它可以传播一些消化道传染病。

野生动物：野生动物的传播可以分为两种。一种为本身对病原有易感性，在受感染后再传给其他动物，起了传染源作用。如鼠类传播钩端螺旋体病、布氏杆菌病等。另一种为本身对病原体无易感性，但可以机械地传播疫病，如鼠类可能传播口蹄疫、出血热等。

e. 经人类传播：饲养人员、畜牧兽医人员、直接与动物接触的有关人员，在工作中不遵守防疫卫生制度，消毒不严格，可能机械地传播病原体。有些人、畜共患的传染病如口蹄疫、布氏杆菌病、结核病等，人也可能成为传染源，因此，结核病患者不要饲养或管理健康家畜。

f. 经用具传播：传染源排出的病原体，可通过污染饲养用具、厩舍、诊疗器械等而传播，如被附红细胞体病牛血液污染的针头；被衣原体患牛污染的针头、体温计、胃导管等未经消毒就给其他牛使用时，可成为传染病病原的传递物品。

传染病流行时其传播途径往往十分复杂，一种病可以有多种传播途径，如炭疽可经接触饲料、饮水、空气、土壤或媒介节肢动物等途径传播。传播途径虽然多种多样，但就目前所知，病原体在更迭其宿主时只有 3 种方式。

水平传播：是指病原体在更迭其宿主时，第一、第二代宿主间无特殊固定的关系，两者仅靠传播途径而联系。可经消化道、呼吸道及皮肤黏膜的损伤等传播。这是一种最常见、最普遍的传播方式。

垂直传播：是指母体所患的疫病或所带的病原体，经卵巢、胎盘或经哺乳直接传播给子代。如牛黏膜病病毒、蓝舌病病毒等。可经初乳感染的有哺乳动物白血病病毒等。

乙型传播：是指水平传播与垂直传播交替出现的一种传播方式。

(3)动物的易感性

动物的易感性是一群动物对某种传染病容易感受的程度。动物的易感性决定于动物中每个动物的免疫程度。该地区动物中对某种病原体易感个体所占的百分率和易感性的高低，直接影响这种传染病是否能造成流行及流行的严重程度。动物易感性的高低虽然与病原体的种类和毒力强弱有关，但主要还是由动物体的遗传特性、特异免疫状态等因素决定的。外界环境条件如气候、饲料、饲养管理、卫生条件等因素对动物的易感性也有一定影响。

①动物的内在因素　不同种类的动物对于同一种病原体的易感性有很大差异，这是由遗传特性决定的。如马属动物不感染牛瘟，而牛、羊等反刍动物不感染马传染性贫血。

某一种病原体可能使多种动物感染而引起不同的表现。如蓝舌病最初在南非作为一种新病被发现，是在当地引进美利奴绵羊以后，但后来发现当地的野生偶蹄兽早已发生感染，只是没有表现出临床症状。不同品系的动物对于同一种病原体的易感性有一定差别。

②动物的外在因素　多种外界因素如季节、气候、饲养管理情况以及兽医卫生防疫措施等对动物的易感性都会产生一定影响。例如，某些传染病多发生在寒冷的冬季，而另一些传染病多发生在炎热的夏季。气候骤变之后可使某些传染病如犊牛肺炎、牛冬痢等流行加重。饲养管理不当，饲料质量差、数量不足，动物拥挤，栏舍潮湿、通风不良等可促进某些传染病的发生和流行；而加强饲养管理，搞好动物卫生防疫工作，可以降低动物对传染病的易感性。

③动物的特异免疫状态　动物的特异免疫状态是影响动物易感性的重要因素。在某些疫病流行时，动物中易感性最高的个体易于死亡，其余的动物耐过，或经过无症状传染可获得特异性免疫力。因此，在发生流行之后该地区或该牛群的易感性会降低，疫病停止流行。病愈后或预防接种后产生免疫力的动物所生的后代，在生后一定时间内具有一定的免疫力。

一定年龄的动物对某些传染病的易感性较高，也往往和动物的特异性免疫状态有关。例如，犊牛对大肠杆菌、沙门氏杆菌的易感性较高，而成年牛对这二种病原的敏感性较低；育成牛、青年牛对一般传染病的易感性较老年牛要高。

(4)传染病流行过程的表现形式

在动物传染病的流行过程中，根据在一定时间内发病率的高低和传播范围的大小(即流行程度)，可区分为下列四种表现形式。

①散发　是指动物发病数量不多，在一个较长的时间里只有零星散在发生，称为散发。动物传染病表现散发形式的原因主要是：

a. 某些病的传播需要一定的条件，如破伤风要经深部伤口感染才易发病，牛恶性水肿和牛放线菌病都要经创伤感染，因而在一般情况下仅是零星散发。

b. 某些病的隐性感染比例较大，如牛钩端螺旋体病，仅有一部分牛偶尔出现临床症状，而表现为散发性。

c. 动物群体对某些传染性较强的疫病免疫水平较高，只有少量动物可感染发病，也会表现散发形式。

②地方性流行　是指动物发病数量较多，但传播的范围不广，常局限于一定的地区，称为地方流行性，或者说病的发生有一定的地区性。例如，炭疽、气肿疽经常出现于有尸体掩埋的地区及污染场所，成了常在疫源地，如果防疫措施落实不好，每年可出现一定数量的病例，其传播范围虽然不大，但比散发数量多。

③流行　是指在一定时间内，某种动物出现比平常为数较多的病例，它没有一个病例绝对数的界限，而仅仅是疫病发生频率较高的一个相对名词。因此任何一种病当其称为流行时，各地各动物所见的病例是很不一致的。

流行性疫病的传播范围广，发病率高，可在短时间内传播到几个乡(镇)、县甚至省。这些疫病往往是病原的毒力较强，能以多种方式传播，动物易感性较高，如牛口蹄疫、牛流行热等疫病可能表现为流行。

"暴发"，是指传染病在一个局部地区或一定动物范围内，在短时间突然发生很多病例。

④大流行　大流行是指动物发病数量很大，传播的地区很广，可传播到一个国家或几个国

家,如口蹄疫、牛瘟等。

必须指出,上述几种流行形式的区分是相对的、有条件的,不是固定不变的。例如,常呈地方流行性或流行性发生的疫病,如果某一环节受到限制时,可以呈现散发形式。

(5)传染病的时间分布

①季节性　某些动物传染病在每年一定季节内发病率升高,称为季节性。出现季节性的原因主要有下列3个方面:

a.季节对活的传播媒介具有最明显的影响。夏、秋季节天气炎热,蝇、蚊、虻等昆虫大量滋生,活动频繁,凡能由它们传播的疫病如牛焦虫病、附红细胞体病、流行性脑炎等发生较多。

b.季节对病原体在外界环境中存在和散播有一定影响。夏季气温高,光照时间长,某些病原体容易失去活力,如口蹄疫的流行一般在夏季减缓或平息;在多雨季节,洪水泛滥,土壤中的炭疽杆菌芽孢、气肿疽梭菌芽孢则可能随洪水散播而病例增加。

c.季节可以影响动物的活动和抵抗力。冬季舍饲期间,动物聚集拥挤,接触机会增多,如舍内温度降低、湿度增高、通风不良,常易促使经空气传播的呼吸道传染病暴发流行。季节变化,主要是气温和饲料的变化,对动物的抵抗力有一定的影响,这种影响对于由条件性病原体引起的传染病尤为明显。如在寒冬或初春,容易发生某些呼吸道传染病等。

②周期性　某些动物传染病的发病率呈周期性的上升或下降,即经过一定的间隔期间(常常以数年计),可以看到同一传染病再度发生,这种现象叫做动物传染病的周期性。处于两个发病高潮的中间一段时期,叫做流行间歇期。

在传染病流行期间,易感动物除发病死亡或淘汰以外,其余的由于患病康复或隐性感染而获得免疫力,使疫病停止流行。但经过一定时间后,由于免疫力逐渐消失,或新一代出生,或引进外来的易感动物等原因使动物易感性再度升高,可能会引起传染病重新暴发流行,如牛的流行热、口蹄疫等。

3.牛场防疫基本措施

动物传染病是在病原微生物侵入机体以后,机体抵抗力减弱而发生的。传染病的流行有3个环节:传染源、传播途径及易感动物。这3个环节联结在一起,才能引起传染病的流行。由于传染病的种类、发病时间、地点和条件的不同,这3个环节在流行过程中的作用,一般也是不均等的。这3个环节,常受自然条件及社会条件的影响,如在夏、秋季节,蚊、虻等吸血昆虫多,牛焦虫病、白血病等发生也较多;在寒冷季节,呼吸系统免疫力相对下降,呼吸道传染病就增加。因此,预防、控制和扑灭动物传染病,应针对3个环节(尤其要抓住主要环节)和2个条件,采取相应的措施。

(1)检疫

动物检疫是预防动物疫病发生,及时发现疫病,防止动物疫病扩散蔓延,以及防止疫病传入、传出的重要措施。对牛要勤观察,并按当地疫情定期检查,可采取临床检查和必要的血清学反应和变态反应等方法,如牛结核可用变态反应的方法进行检查,及时检出病牛。检出的患病动物要立即隔离,并报请动物防疫监督机构处理。

购进动物应坚持从非疫区,并经过免疫接种,免疫接种证明在有效期内,经过检疫,有检疫证明的动物方可引进。新引进的牛要放入隔离舍内进行观察，观察期依各种传染病的最长潜伏期为依据，一般为1个月。观察期满，确认健康时，才能放入大群合群饲养。

(2)预防接种和药物预防

免疫接种是给牛接种免疫原(菌苗、疫苗、类毒素)或免疫血清(抗细菌、抗病毒、抗毒素血清)，使机体自身产生或被动获得特异性免疫力，是预防和治疗传染病的一种手段。有组织、有计划地进行免疫接种，是预防和控制动物传染病的一种重要措施。根据免疫接种的时机不同，可以分为预防接种和紧急接种两类。

①预防接种　为了预防某些传染病的发生和流行，平时有计划地给健康动物进行的免疫接种，叫做预防接种。预防接种通常使用的免疫原有疫苗、菌苗、类毒素等。用于预防病毒性传染病的疫苗有活疫苗和灭活疫苗，用于预防细菌性传染病的免疫原有活菌苗、死菌苗、亚单位苗和类毒素等。对牛而言，通常采用皮下注射、肌肉注射、皮肤刺种、口服等方法。免疫原接种后出现免疫力较慢，一般在接种后1～3周才产生，但维持时间较长，可达半年至数年。

一般而言，活疫(菌)苗接种后免疫力产生快，持续时间长；灭活疫(菌)苗接种后，免疫力产生慢、持续时间短。

②紧急接种　紧急接种是在发生传染病时，为迅速控制和扑灭疫病流行，而对疫区和受威胁地区尚未发病的动物进行的免疫接种。

在疫区应用疫苗作紧急接种前，必须对动物逐头逐只地详细观察和检查，只能对没有临床症状的动物进行紧急接种，对患病动物及处于潜伏期的动物，应立即隔离治疗或扑杀。患病动物和潜伏期的动物，在接种疫苗后不仅不能得到保护，反而促进其发病，造成损失。

在受威胁区进行紧急接种时，其范围大小根据疫病的特点而定。某些传染病如口蹄疫，在周围5～10千米以上。这种紧急接种，其目的是建立“免疫带”以包围疫区，就地扑灭疫情。

③药物预防　集体药物预防和集体治疗是防疫的一个新途径，某些动物疫病在具有一定条件时，采用此种方法可收到显著的效果。

所谓集体是指包括没有症状的动物在内的动物群体。在动物防疫方面随着大群集体诊断技术的应用成功，集体治疗也作为一种防制高度流行性传染病的方法被应用到牛疫病防治之中，因为患病动物群的淘汰或屠宰患病动物和阳性动物的方法都是很不经济的。集体治疗应使用安全、价廉的化学药物、中药(即所谓保健添加剂)等，加入饲料和饮水中进行集体化学药物预防，既可以减少经济损失，又可以达到防治疫病的目的，如益生素类添加剂、微量元素添加剂等。

4.疫苗和免疫血清的使用

(1)疫苗的使用

使用前要逐瓶检查，装药玻瓶应无破损，瓶塞要密封，瓶签上药品名称、批号、有效日期、容量、检验号及使用方法的记载必须清楚，药品的色泽及物理性状必须与说明相符。

接种疫苗所用的注射器要大小适宜。注射小剂量时，不要用大注射器，以保证用量的准确。注射器、针头、滴管等在接种注射前后，均要煮沸消毒。不论给多少动物接种，都应每注射1头要更换1个针头。

疫苗使用前，要充分振荡。冻干苗，需按每瓶分装量及瓶签规定的稀释液、稀释比例进行稀释，充分溶解后使用。

吸取疫苗时，先除去封口上的火漆或石蜡，用酒精棉擦瓶塞，然后把消毒过的针头插入塞内，用注射器吸取。如一次不能吸完，则不要把插入塞内的针头拔出，以便继续吸取。

在接种注射前，要注意动物体是否健康及妊娠状况，以确定能否接种注射；接种注射后，在反应期内要注意观察，如出现剧烈反应，应给予治疗。

接种注射部位随动物种类不同而异，牛多在颈中部 1/3 处或臀部，接种注射 2 次以上时，应分别在左右两侧交互进行。

接种注射方法，一般常用皮下或肌肉注射，个别的选用皮内注射。

经口免疫（饮水或喂食），一般要停饮或停喂半天。按规定稀释疫（菌）苗，应迅速饮喂。为使每头都能获得免疫，可分 2 次饮服，第一天饮半头剂量，第二天再饮半头剂量。

同时接种两种以上不同疫苗时，注射器及针头不得交互使用，且应接种注射在不同部位。

使用活疫苗，应严防活疫苗外溢，凡污染之处，均要消毒。用过的空瓶要深埋或高压消毒。接种注射后要有详细登记，如疫苗的种类、接种日期、头数、接种方法、使用剂量，以及接种后的反应等。

（2）免疫血清

免疫血清可作为相应疫病的紧急预防接种和治疗。注射后可获得 7～20 天的免疫力，其用量依据瓶签说明。

免疫血清开封前应注意其性状。一般为带黄色透明液体，浓缩免疫血清略带灰暗色。如免疫血清变为浑浊、含有絮片或不良气味，应废弃。

静脉注射免疫血清时不要振荡，最好使用上层澄清液体，将其加温至 35℃左右，再行注射。大量免疫血清作皮下注射，应分数处注射，并进行按摩，以促进吸收。第一次注射后可根据病情需要，隔 12～24 小时重复注射 1 次。

用异种动物免疫血清治疗时，应注意防止过敏反应。可先皮下注射少量，经 20 分钟无异常时，再注入全部剂量。如注射免疫血清引起牛过敏反应，必须立即停止注射，并迅速皮下注射 0.1％肾上腺素 5～10 毫升。

使用免疫血清进行治疗，必须早期应用。

第五章　奶牛形态结构与疫病防治

要做好奶牛的防疫工作，应该对奶牛的体表部位、牛病防治特点、牛的生理特性等有一个基本的了解。

第一节　奶牛形态结构与消化

1. 牛体表部位名称、形态

牛体格巨大，成年牛体重一般在500千克以上，对牛病的诊断、治疗操作最后要落实到具体的牛体部位上。所以，熟悉牛体表部位名称是对防疫员的一个基础要求。牛体表各部位名称见图5-1。

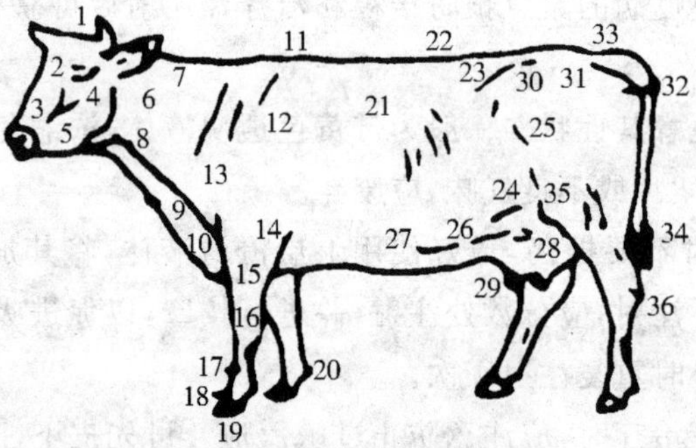

图5-1　牛体各部位名称示意图

1.枕骨脊　2.额　3.鼻梁　4.颊　5.下颌　6.颈　7.后颈　8.喉　9.垂皮　10.胸　11.鬐甲　12.肩部　13.肩端　14.肘　15.前臂　16.腕　17.管　18.系　19.蹄　20.悬蹄　21.肋　22.背　23.腰　24.后肋　25.股　26.乳静脉　27.乳井　28.乳房　29.乳头　30.腰角　31.荐骨　32.坐骨结节　33.尾根　34.尾帚　35.膝关节　36.飞节

2. 牛内脏器官与体表的关系

作为一个优秀的牛场防疫员也有必要对牛的基本解剖知识有所了解，尤其是牛内脏器官与体表的关系。牛内脏器官与体表的关系见图5-2和图5-3。牛体表各部位形态、质地、功能不尽相同，熟悉了解各部位的形态、质地特点对观察

和发现病理变化十分必要；在学习掌握牛体表各部位名称的同时，要结合实际观察、触摸、感知的方式充分掌握正常的形态、质地特点。

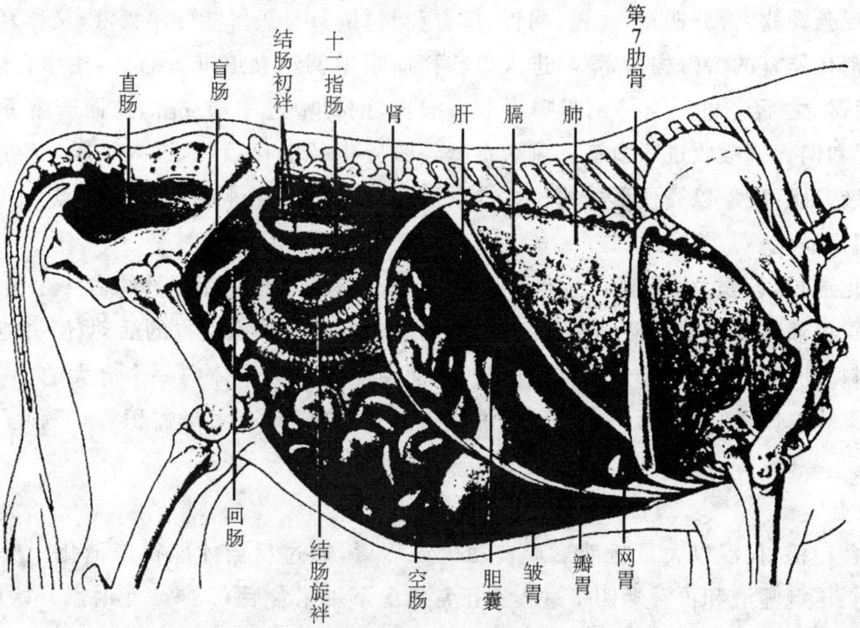

图 5-2　牛右侧内脏器官与体表的关系

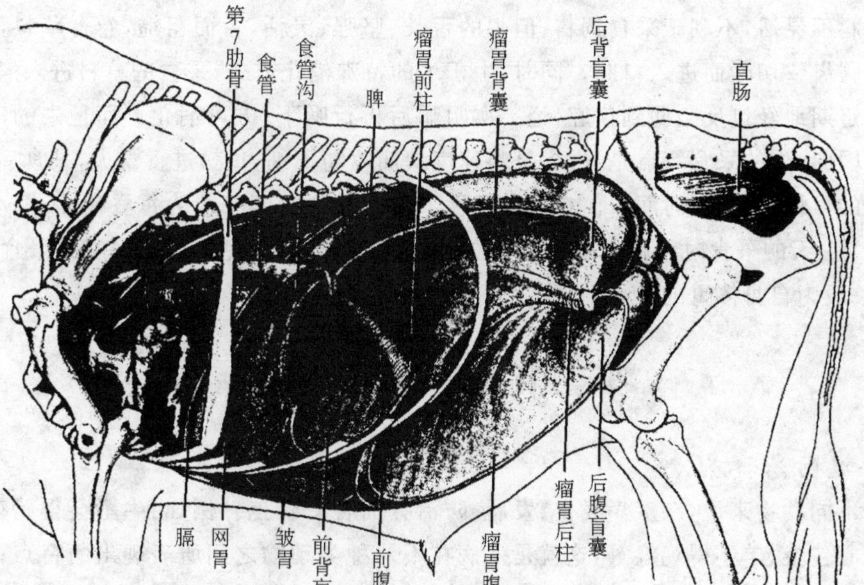

图 5-3　牛左侧内脏器官与体表的关系

3. 牛消化生理特点

牛是反刍动物，胃分四室：瘤胃、网胃、瓣胃和皱胃，只有皱胃能分泌胃液，又称真胃。由于反刍动物消化器官的特殊构造，草料进入口腔稍加咀嚼就经食道进入瘤胃，在瘤胃内浸泡、软化、混合发酵，之后经过反刍仔细咀嚼再咽入瘤胃、网胃中进一步发酵，从而产生挥发性脂肪酸，被瘤胃和网胃壁吸收进入血液。剩余食糜经皱胃进行消化吸收，进入小肠，经继续消化吸收进入血液，最后残渣以粪便形式排出体外。因此，牛具有两个特殊的消化特点。

(1)瘤胃消化

牛消化道长，容积大，成年牛胃容量平均为193升。其中瘤胃容量约占4个胃总容量的80%。瘤胃虽然不分泌消化液，但它却有强大的肌肉环和多种微生物的活动，使牛能大量利用粗纤维饲料，利用非蛋白氮合成牛体蛋白质，从而使瘤胃成为牛体内一个庞大的、高度自动化的饲料发酵罐。因此，牛的第一个特殊的消化特点是：瘤胃具有大量贮积、加工和发酵食物的特殊功能。

(2)反刍

牛采食粗糙，仅混以大量唾液形成食团进入瘤胃，通过反刍才能得以消化。反刍包括逆呕、再咀嚼、再混唾液和再吞咽四个过程。正常情况下牛采食后0.5～1小时后开始反刍，每昼夜反刍6～8次，每次40～50分钟，每昼夜分泌唾液100～200升。因此，牛的第二个特殊的消化特点是：通过反刍，调节瘤胃的消化代谢。

(3)采食特点

牛的唇不灵活，不利于采食饲料，但牛的舌长、坚强、灵活，舌面粗糙，卷食草料，并被下腭门齿和上腭齿垫切断而进入口腔。同时，由于牛的特殊消化方式，采食的草料进入瘤胃后形成的食团又定期地经过反刍回到口腔，经二次咀嚼后再行咽下，方可消化。而且牛的消化道长，容积大。因此，牛的采食特点是：进食草料速度快而咀嚼不细，每顿进食量大，采食后有卧槽反刍(倒嚼)的习惯，且反刍时间长。在适宜温度下自由采食时间一般为每昼夜6～7小时，气温高于30℃，白天的采食时间就会减少，因此炎夏要注意早晨和晚上饲喂。牛的采食量按干物质计算，一般为自身体重的2%～3%。

第二节　牛病防治特点

1. 牛病防治特点

对于不同动物来说，在疾病发生、发展、防治方面各有特点。例如：牛不会得猪瘟；猪不会得创伤性心包炎，羊不得鸡瘟等，这就是疾病在不同种类动物之间所表现出的特点；即是同一疾病在不同动物中发生，也会表现出不同的特点，例如：狗产后瘫痪(产后癫痫)兴奋期较长，而牛产后瘫痪兴奋期很短；牛子宫脱出对其繁殖性能影响不是很大，而猪的子宫脱出会严重影响其繁殖性能、甚至会导致母猪死亡。深刻地了解牛病发生、发展、防治特点，有助于牛场防疫工作者圆满履行防疫员职责。

(1)牛的疫病对公共卫生影响巨大

在牛的传染病中，炭疽病、结核病、牛布鲁氏杆菌病、牛衣原体病、牛钩端螺旋体病、疯牛病等都可以通过人牛接触、或食用乳品、牛肉传染给人，对公共卫生安全构成了影响。

对于奶牛而言，由于奶牛一天要挤 3 次奶，相对于其他动物而言，在奶牛饲养管理过程中，人和牛直接接触时间较长，如果奶牛的疫病防控工作做得不好，就会较大地影响到人体健康。

同时，牛奶是一个特殊产品，高温加热会破坏牛奶的营养价值。所以，为了减少加工过程对牛奶营养价值的不良影响，在牛奶制品的消毒过程中多选用如下几种杀菌或灭菌方法。

巴氏杀菌法：采用较低温度（一般是 60～85℃），在规定的时间内对牛奶进行加热处理，达到杀死微生物的一种杀菌或灭菌方法。

超高温瞬时灭菌法：采用高温（130～150℃）、短时间（一般为数秒钟），使液体食品中的有害微生物致死的一种灭菌方法。

牛奶的这些灭菌方法与肉食品的灭菌方法相比，其灭菌效果存在一种的差异。所以，奶牛疫病对公共卫生影响巨大，做好奶牛疫病防控工作对公共卫生安全意义重大。

(2)牛个体成本巨大、疫病损失惨重、个体治疗在牛病防治中具有重要意义

一头犊牛从出生到产犊泌乳（投入生产），一般需要 27 个月的时间，如果每天的饲养日成本按 10 元人民币（最保守的饲养日成本）计算，这 27 个月的培育累积成本就是：27×30×10＝8 100 元。

这样巨大的培育成本投入，是任何家畜都无法与之相比的，一旦发生严重疫病，经济损失惨重，这就要求奶牛场或奶牛小区的防疫员必须有高度的责任心，必须高度关心每一个牛的健康状况。在严格做好例行的群防、群治工作基础上，针对个体病例及时进行诊断治疗也是提高养牛经济效益的一个重要途径，因为治愈一头牛可挽回经济损失近万元人民币，与猪场、羊场、鸡场相比，牛场防疫员在个体病例治疗上花的时间要比其他家畜多更多；针对个体病例的治疗工作也很重要。

(3)牛饲养寿命较长，各种内、外、产科疾病较多

牛属于大家畜，饲养年限较长，其自然年龄为 15～20 岁，奶牛的生产寿命一般为 8～10 岁，牛饲养年限较长这一特点，导致了牛的内科病、外科病和产科病累积较多，学习掌握一定的治疗处理各种内科、外科、产科疾病的技能，也就成了对牛场防疫员的一项必然要求。

(4)牛有 4 个胃，相对于单胃动物来说，消化系统疾病增多

牛是反刍动物，有四个胃（图 5-4），分别为瘤胃、网胃、瓣胃和皱胃（真胃），由于消化器官数量增加，相对于单胃动物来说，牛的胃病种类增多。牛病的这一特点实际上是由牛消化系统的结构特点所决定的，牛以草为本，为了消化草而进化发展出了四个胃。过去有“牛胃马肠”之说，这句谚语通俗地说明了牛的胃病类型要多于马。随着饲养目标和饲养模式的发展变化，在牛的胃病中，前胃（瘤胃、网胃、瓣胃）疾病相对有所下降，而真胃疾病明显增多，呈现胃病后移的趋势。

(5)牛用药途径相对单一，导致牛病防治难度增加

牛是草食家畜，以草为本。牛对饲料、饲草的消化主要是通过瘤胃中的微生物、纤毛虫等以发酵的形式来完成的。如果我们在治疗牛疾病时，给牛较长时间口服大量抗生素，就会杀死或破坏牛瘤胃中的微生物区系及纤毛虫，导致牛无法消化饲草、饲料，导致牛抗生素中毒。这

一特点就严重限制了我们在牛病防治中的用药途径。在很多情况下,我们只能采用注射等方式进行给药治疗,这就增加牛病防治的难度。

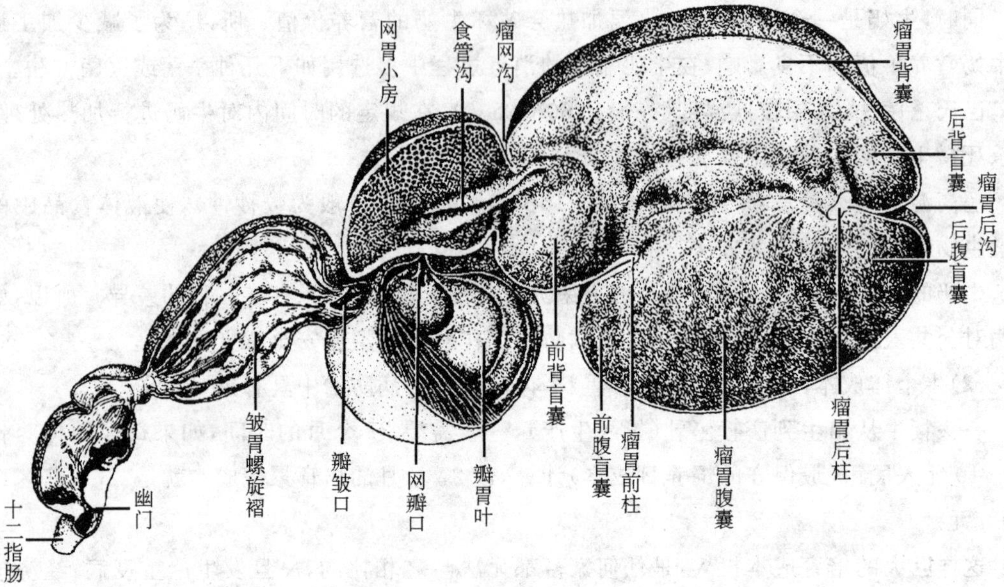

图 5-4　牛胃结构

(6)奶牛耐冷怕热,暑期是奶牛疾病多发期

暑期是奶牛保健的重要时期,高温季节不仅会影响奶牛的生产性能,也导致奶牛免疫力下降,传染病对奶牛的威胁性明显增大;胎衣不下、子宫内膜炎、酮病、产后瘫痪等疾病的发病率也显著增高。

奶牛耐冷怕热,这与奶牛的生理特点有直接关系,−5～20℃是奶牛生产的最适宜温度,当环境温度在 21～25℃时,其生理功能将会受到影响;环境温度高于 25℃时,将会导致其生产性能下降、牛奶的生理生化指标、奶的质量也会出现异常。当气温低于−13℃时,奶牛的产奶量才会由于寒冷而受到影响。

在奶牛的饲养管理中,减少或防止夏季高温、高热应激对奶牛生产性能的影响,一直是奶牛夏季饲养管理中的一个突出问题,奶牛热应激表现尤其突出。当然,在我国内蒙古、东北等地,寒冬时的乳头冻伤也是一个问题。

2.牛的“五大”疾病

(1)传染病

在牛的所有疾病中,传染病是对奶牛健康和生产性能危害最严重的一类疾病,是畜牧业的大敌。大范围流行、大规模伤亡是传染病的重要特点,甚至会对牛场造成毁灭性打击,所以说传染病是大规模杀伤性疾病。牛的传染病不仅可造成巨大的经济损失,还影响人民生活、影响对外贸易和国家信誉,而且许多人牛共患传染病还严重地威胁着人类的健康和生命安全。牛场防疫员的职责不仅仅是协助牛场兽医做好防疫保健工作,还肩负着维护公共卫生安全的重要职责。

(2)乳房炎

除传染病外，奶牛乳房炎、不孕症、蹄病和代谢病被人们公认为成年奶牛的“四大疾病”。在奶牛的正常生产过程中，由乳房炎所造成的经济损失最为常见、最为突出。奶牛也有头、蹄、尾，心、肝、肺等器官；在这些器官中，与产奶关系最直接、最密切的器官就是乳房，奶牛场的效益主要来源于牛的乳房，可以说乳房就相当于“中国农业银行”，奶牛场的效益主要是从奶牛乳房中挤出来的，泌乳能力是体现奶牛生产能力的核心，泌乳是实现奶牛经营效益的主要途径。奶牛得了乳房炎不仅可导致产乳量下降、奶质下降、医疗费用增加；严重的还可危及患病牛的生命安全，急性全身性乳腺炎的死亡率高达10%；还会影响犊牛哺乳。所以乳房炎是影响奶牛产奶量、影响奶牛场最大限度实现经营效益的主要疾病之一。

(3)不孕症

牛不孕症是指暂时性的不能生育，而不育则是指永久性的不能生育，二者在概念上是不一样的，牛达到配种年龄后或产后6个月不能配种受胎者均属不孕症。也可以认为，不孕症是多种因素作用于机体而引起的一种综合表现。如果牛不能怀孕产犊，也就不可能产奶，所以说怀孕产犊是泌乳（牛产奶）的前提，不孕症在牛群中所造成的淘汰率占到了牛群总淘汰率的1/3，是严重影响牛场经营效益的一大障碍，也是牛的常发病和多发病。统计表明，在10头奶牛中，如果每头奶牛配种延迟1个月，所造成的经济损失就相当于少养了一头奶牛。这就是不孕症被列为奶牛“四大疾病”之一的原因。

不孕症对牛来说，不但常发而且难治，所涉及的致病因素和疾病种类较为复杂，临床上还无特异的治疗方法和特效药，所以综合防制就显得十分重要。

(4)蹄病

蹄病是当今世界养牛业所面临的比较严重的问题之一。在牛的常见病中，其发病率仅次于乳腺疾病和不孕症，患病牛生产性能明显下降，严重者因此而被淘汰，给养牛业造成了严重的经济损失，蹄病在有些牛群中的发病率高达32%。蹄病的种类很多，病因也不尽相同，单一的防治措施往往难以获得满意的效果。

蹄是牛的重要运动器官，4个牛蹄子的蹄底总面积和人的足底面积相差无几，但牛的四蹄承负的体重在500千克以上。在巨大的体重作用下，一方面容易引发蹄病；另一方面牛发生蹄病时疼痛反应十分剧烈，会明显影响牛的运动和采食能力，因而导致泌乳性能明显下降。

(5)代谢病

随着养牛业的不断发展，酮病、妊娠毒血症、产后瘫痪、蹄叶炎等代谢病的发病率和危害性有逐年上升的趋势，代谢病在高产牛群中表现尤为突出，代谢病在奶牛生产中越来越多地引起人们的重视，代谢病现已成为奶牛的四大疾病之一。

第六章　奶牛传染病防治

传染病是危害养牛生产最严重的一类疾病，是养牛业的大敌。大范围流行、大规模伤亡是传染病的主要特点，甚至会给养牛业造成毁灭性打击，所以说传染病是奶牛的大规模杀伤性疾病。做好传染病防治诊断工作，一直是兽医岗位工作的重要内容。传染病防制措施的制定应符合一定的原则。首先，应坚持“预防为主”的原则，这在现代化密度高、数量大的饲养情况下显得尤为重要；其次，应加强和完善兽医防疫法规建设，通过制定和完善动物保健和疫病防制相关的法规条例来规范动物传染病的防制。此外，还要加强动物传染病的流行病学调查和检测，随时了解传染病在特定时间、地区、动物群中的分布特征以及危害程度等，从而制定适合本地区或养殖场的疫病防制措施。另外，针对不同的传染病，对其流行的3个基本环节及其影响因素应视具体情况有重点地进行控制。

任何一种动物传染病都是由传染源、传播途径、易感动物这三个环节的密切联系而引起的复杂过程，因此要做好传染病的控制就必须采取果断措施消除或切断三者之间的相互联系。做好这些工作的前提是加强动物饲养人员、防疫员和兽医工作者的传染病防疫意识，做好规模化牛场的规划和布局，建全规模化养殖场的隔离制度和设施，强化牛的饲养管理和杀虫、灭鼠，切断传播途径，以及处理好规模化养殖过程中的环境保护。只有做好这些工作才能进一步做好疫病预防、控制、消灭和净化。特别是当传染病发生时，应及时对患病动物采取隔离、检查和诊断；对污染场所进行紧急消毒处理，当确诊为法定一类疫病、危害性大的人、畜共患病或外来疫病时，应立即采取封锁疫区和扑杀传染源的综合性防疫措施，对疫点和疫区周围的动物群立即进行紧急免疫接种，并根据疾病的状况进行及时的对症治疗，处理患病死亡或淘汰动物的尸体应按法定程序处理；做好对周围动物群的检疫和检测，从而及时发现、淘汰和处理各种病原携带者。

第一节　奶牛重点传染病防治

1. 牛口蹄疫

口蹄疫是由口蹄疫病毒引起的偶蹄兽的一种急性、热性、高度接触性传染病，其特征为传播速度快，成年动物的口腔黏膜和鼻、蹄、乳房等部位皮肤形成水泡和烂斑，幼年动物多因心肌受损而死亡率升高。本病是世界性的传染病，人和非偶蹄动物也可感染、但症状较轻。本病传播性较强，发病率几乎能达100%，往往造成广泛流行，引起巨大的经济损失，被国际兽疫局(OIE)列为A类家畜传染病之首。又因病毒具有多型和易突变的特性，使诊断和防治更加困难。

【病原】

口蹄疫病毒属于小 RNA 病毒科，包括 7 个血清型和 65 个以上的亚型。口蹄疫病毒在实验室里、流行过程中及经过免疫的动物体均容易发生变异，故常有新的亚型出现。病毒颗粒近似圆形，口蹄疫病毒在病畜的水泡皮内及水泡液中含量最高。病毒对酸、碱、高温和紫外线很敏感，对干燥的抵抗力较强，在牛的皮革中最长的可存活 352 天。该病毒对酒精、乙醚、石炭酸、氯仿、吐温-80 等有抵抗力，而对福尔马林、次氯酸和乳酸则缺乏抵抗力，2%氢氧化钠、2%醋酸或 4%碳酸钠对该病毒的消毒作用也较好。

【流行情况】

口蹄疫病毒可感染多种动物，自然发病的动物常限于偶蹄兽，奶牛、黄牛最为易感，其次为水牛、牦牛、猪，再次为绵羊、山羊及 20 多个科 70 多种的野生动物，如骆驼、驯鹿、羚羊、野猪等。新流行区内奶牛的发病率经常高达 100%。

患病动物、持续感染和畜产品的移动是本病的最主要的传染源，占疫源的 70%～80%。一旦进入流通领域，可造成跳跃式、持续不断的发病，危害极大。牛感染后 9 小时至 11 天开始向外排毒，呼出气体、破裂水泡、唾液、乳汁、精液和粪尿等分泌物和排泄物中均带毒。病愈后动物在一定时间内可以携带病毒。通常病牛带毒时间可达 4～6 个月，但有时康复 1 年后仍然带毒而引起本病的传播。如机械附着在皮毛上的病毒仍可成为传染源，特别是在蹄部角质下面缝隙中包藏的病毒可长达数日，个别病例达 8 个月之久，屠宰后通过未经消毒处理的肉品、内脏、血、皮毛和废水可广泛地远距离传播本病。

本病可经同群动物间进行直接接触传播，但各种传播媒介的间接传播是最主要的传播方式。如经消化道感染，亦能经伤口甚至完整的黏膜和皮肤感染。空气也是一种重要的传播媒介，甚至能引起远距离的跳跃式传播。半数以上患病牛，康复后仍可通过刮取食道咽部分泌物分离到病毒。这些健康带毒者，带毒时间长短不一，水牛最长，5 年仍可查到病毒。所携带病毒可在个体间互相传播。

本病一年四季均可发生，没有明显的季节性。但气温和光照强度等自然条件对口蹄疫病毒的存活有直接影响，而且不同地区的自然条件、交通状况、生产活动和饲养管理等不尽相同，因此，在不同地区的流行还有一定的季节性差异。有的国家存在 3～5 年一小发，7～8 年一大发的流行规律。亚洲是口蹄疫的重灾区，我国的许多邻国几乎不分季节地发生。亚洲发生的口蹄疫以 O 型为主，近年出现了亚洲Ⅰ型。

【症状】

口蹄疫临床症状以发热和口、蹄部出现水泡为特征。表现程度因动物种类、品种、免疫状态和病毒毒力不同而有所区别。幼畜常突然死于急性心力衰竭。

自然感染牛的潜伏期为 2～5 天，而人工感染一般为 1～2 天，但也有的报道潜伏期长达 2～4周。病牛体温高达 40～41℃，幼畜尤为显著。病牛精神不振，食欲减退，产乳量突然下降。口腔黏膜潮红，几分钟后在唇内面、齿龈、舌面和颊部黏膜上出现水泡。首先出现直径 1～2厘米的白色水泡，水泡迅速增大，并常融合成片，大的有鸡蛋大小，病畜大量流涎。水泡易于破溃，液体溢出，露出红色糜烂区，而后被新鲜上皮覆盖，在一定时间内仍可见到微黄至棕色瘢痕。蹄部水泡与口腔水泡同时发生，蹄冠、蹄底、指(趾)间隙皮肤均可见到水泡。水泡破裂后，形成痂块，8～14 天愈合。病牛疼痛，跛行，呆立或卧地不起。水泡痊愈后，瘢痕可保留数周。严重的病例，由于水泡延至蹄匣内，使真皮与角质分离，导致角质蹄匣脱落。乳牛发病时，乳头上出现鸽蛋大小的水泡，若发生乳房炎，产奶量下降 1/8～3/4，整个泌乳期都受到影响。犊牛的口蹄疫主要表现为心肌炎和胃肠炎，心率快、心悸亢进、口腔水泡和糜烂明显，但蹄部和皮肤水泡症状不明显。全身症状以高热、衰弱为主，常见下痢，视诊病犊精神尚好，但听诊心音亢进者常在 1～2 天内死于心肌炎。犊牛恶性型口蹄疫的死亡率高达 50%～70%。成年牛的症状较轻，多取良性经过，但怀孕母牛经常流产。若无继发细菌感染，致死率一般在 3%以下。

【病理变化】

病理剖检变化主要是上消化道和无毛部皮肤同时发生水泡，如唇内面、齿龈、齿垫、舌背、舌侧面、舌系带附近、颊部、鼻黏膜、鼻镜、食管黏膜、眼结膜、咽壁及支气管黏膜等，小到豆粒大，大到鸡蛋大，且因疱膜较厚而起伏不平。在瘤胃肉柱沿线常见水泡。蹄部常沿蹄冠缘和趾间皮肤发生小水泡并迅速扩大，大如榛实。乳牛的乳头皮肤经常发生水泡，有时可见于乳房的无毛皮肤。1～2 天水泡破裂，露出鲜红色糜烂斑。口蹄疫常因继发细菌感染而使病情恶化，患部化脓坏死，可引起蜂窝织炎、败血症。蹄部水泡延伸入蹄匣下，使皮肤基部与角质分离，导致蹄匣脱落。恶性口蹄疫可引起成年牛和犊牛大量死亡，死因不是因为继发性细菌感染，而是由病毒本身引起心肌病变而致死，水泡居次要地位。主要病理变化见于心肌和骨骼肌，在成年牛骨骼肌比心肌变化明显；在犊牛则相反，心肌变化严重而骨骼肌变化轻微。心肌浑浊暗灰色，质地松软，常呈扩张状态，尤以右心室明显，在黄红色心肌内散在灰黄色或灰白色斑点或条纹状病灶。在心肌外膜和心内膜下，以及切面上均可见到上述病灶。主要散布在左心室壁和室中膈，状似虎皮斑纹，故通常称为“虎斑心”。

【诊断】

根据流行病学、临床症状、病理变化可确诊。实验室诊断可进行病原分离、动物实验、血清学诊断等。

因能引起牛口腔、乳头上出现水泡的疾病较多，故应做好鉴别诊断，尤其要注意与水泡性口炎、牛痘、牛瘟的鉴别诊断。

【防控及扑灭措施】

口蹄疫感染多种动物、高度接触性传染、病毒抗原的多型性和变异性，以及感染后或接种疫苗后免疫期短等特点，使得在实际工作中控制口蹄疫变得十分困难。

①未发病牛场应严格执行防疫消毒措施、坚持进行疫苗接种，每年 2～4 次(兔化弱毒苗、鼠化弱毒苗、灭活苗、基因工程亚单位苗、合成肽疫苗、重组活疫苗、核酸疫苗等)。在做好消毒工作的同时，应执行“以防为主”的方针。已经消过毒的车辆、器具，特别是牛场的运奶工具，在奶站很容易被污染，进场时必须再消毒，杜绝一切病原体传入场内，是防疫工作的根本出发点。此外，疫苗防疫是有效的，也符合我国国情，但做好综合防治工作才是防制的万全之策。

②当口蹄疫暴发时，必须立即上报疫情，确切诊断，划定疫点、疫区和受威胁区，并分别进行封锁和监督，禁止人、动物和物品的流动。在严格封锁的基础上扑杀患病动物，并对其进行

无害化处理；对剩余的饲料、饮水、场地、患病动物污染的道路、圈舍、动物产品及其他物品进行全面严格的消毒。

对受威胁的牛只立刻进行紧急接种预防，并密切观察牛群情况。

当疫点内最后一头患病动物被扑杀后，3 个月内不出现新病例时，上报上级机关批准，经终末彻底大消毒后，可以解除封锁。

2. 牛炭疽

炭疽是由炭疽杆菌引起的多种家畜、野生动物和人的一种急性、热性、败血性传染病。临床以脾肿大，皮下和浆膜下结缔组织的浆液性出血性浸润为特征。

炭疽杆菌是 1849 年从死于炭疽的病羊脾脏和血液中发现的。该病在世界各国几乎都有分布，一直是危害人类和家畜的一种古老的烈性传染病；同时又是职业病，人多因接触病畜及其产品或食入病畜肉类而发生感染。炭疽杆菌也是生物武器之一。

【病原】

炭疽杆菌是革兰氏阳性大杆菌，培养基上生长为紧密排列的长链状(像竹节)，而在动物体内为短链、末端钝圆，有清晰的荚膜。炭疽杆菌能在 15～40℃的需氧环境中形成芽孢，而在活体中不形成芽孢。芽孢有很强的抵抗力，可在干燥的高氮碱性土壤中存活数十年。因此，病畜排出物或病死动物的组织可污染土壤，并使该病菌在一定的地理环境中存活，这有可能造成该病的散发。在潮湿的环境中，当温度高于 15.5℃时可促进芽孢发芽增殖；污染土壤变干燥时生长的炭疽杆菌便形成芽孢。

在污染的土地上放牧时，牛会食人芽孢并在体内形成增殖体。口腔黏膜和消化道黏膜的损伤可形成局部炭疽肿，随后炭疽杆菌进入淋巴管，最终导致菌血症。局部炭疽可能发生在皮肤伤口，人皮肤感染称为“恶性炭疽痈”。吸入芽孢是较少见的感染方式，但可发生在人和动物，并会造成死亡。疫区动物的副产品，如皮革、屠宰场的下脚料、骨粉等常带有炭疽杆菌或芽孢，当动物和人与这些物品接触时，就有被感染的危险。吸血昆虫可传播本病。

炭疽杆菌的毒力是由于阻碍吞噬和融菌作用的多谷氨酸荚膜，及由水肿因子、保护性抗原和致死因子组成的。这三种因子协同作用引起动物死亡，因为它们杀死吞噬细胞，损伤毛细血管，并阻止血液凝固，导致毛细血管通透性增大，血栓形成和组织水肿的恶性循环。

【流行情况】

草食动物对炭疽杆菌最易感，其次是肉食动物。其中以绵羊和牛最为易感，山羊、驴、马、水牛、骆驼和鹿等次之，猪常表现为慢性的咽喉肿胀、易感性较低，犬和猫则有较强的抵抗力；家禽一般不感染。在野生动物中，虎、豹、象、狐、狮、猴、狼、鼠等易感；人也易感。

传染源主要是患病动物，其排泄物、分泌物及尸体中的病原体一旦形成芽孢，污染周围环境、动物圈舍、运动场、河流、牧场、草场后，在土壤中长期存活而成为长久的疫源地，随时可传播给易感动物。炭疽杆菌芽孢形成的疫源地一般难以根除，目前在许多国家和地区中都有该病的流行。

【症状】

牛最急性炭疽感染可导致突然死亡,因而易与其他原因引起的突然死亡混淆。急性炭疽死亡的牛,天然孔流出血染的液体或暗红色的液体,易与后腔静脉血栓形成、出血性皱胃溃疡、砷中毒或最急性沙门氏菌造成的死亡相混淆。最急性炭疽可引起发热、食欲废绝和生产性能降低、精神沉郁、粪便、尿液、牛奶和鼻腔分泌物中有血液存在。出现心动过速和呼吸困难,也可能出现神经症状。感染牛通常 1～2 天内躺卧,最后休克,死亡。任何时候依据症状和天然孔出血而怀疑为炭疽病时,以及在其他试验排除炭疽病以前,禁止尸体剖检。

【诊断】

当尸体新鲜时,可从颈静脉、乳房静脉或耳静脉收集血液,进行细胞学检查和细菌培养。也可应用其他血清学试验,如免疫荧光抗体技术和 ELISA 技术。对病死牛进行鉴别诊断时,认为可能是炭疽病时,专业剖检者应该戴手套、口罩,穿工作服,在严格的安全保护下才准许剖检。炭疽的主要病变为脾脏肿大,大面积浆膜出血,体腔液中有血液,天然孔分泌物为黑色或黑红色。诊断为炭疽病的病例应报告兽医管理机构以便检疫和尸体处理。

【公共卫生】

人对此病也很易感,人感染炭疽病后根据感染途径一般分为三种类型。

(1)皮肤炭疽

主要经皮肤伤口感染。临床表现为感染处先有蚤咬样红肿小块,随后变为无痛性麻木丘疹,再变成浆液性或血性水泡,最后结成暗红色痂皮。周围组织红肿,绕有多数水泡,附近淋巴结肿大,疼痛。

(2)肺炭疽

多为羊毛、鬃毛、皮革等工厂工人,由于吸入带有炭疽芽孢的尘埃而引起。病程急骤,早期有恶寒、发热、咳嗽、咯血、呼吸困难、紫绀等症状,救治不及时可引起死亡。

(3)肠炭疽

常因食患病动物肉、乳等所致。发病急,出现发热、呕吐、腹泻、血样便、腹痛、腹胀和腹膜炎等症状。

【防控及扑灭措施】

发生炭疽病时应立即上报疫情并封锁发病场所。禁止动物、动物产品和草料出入疫区,禁止食用患病动物乳、肉等。合理处理患病动物及其尸体,动物尸体依法焚烧或覆盖生石灰或 20%漂白粉后深埋。周围假定健康群应立即进行紧急免疫接种;可疑动物可用敏感药物进行防制,如青霉素、土霉素、链霉素、头孢类、磺胺类药。由于牛发病后病程短促,故常在必要时进行预防性给药。

全场彻底消毒,污染的地面连同 15～20 厘米厚的表层土一起取下,加入 20%漂白粉溶液混合后深埋。污染的饲料、垫草、粪便焚烧处理。动物圈舍的地面和墙壁用 20%漂白粉溶液或 10%烧碱水喷洒 3 次,每次间隔 1 小时,然后认真冲洗,干燥后火焰消毒。在最后 1 头动物死亡或痊愈 14 天后,若无新病例出现,可报请有关部门批准,并经终末消毒后解除封锁。

由于炭疽的疫源地一旦形成难以在短期内根除,因此对炭疽疫区内的易感动物,每年应定期进行预防接种。常用的疫苗有无毒炭疽芽孢苗或炭疽二号芽孢苗，接种后 14 天产生免疫力，免疫期为 1 年。

3. 牛结核病

结核病是由结核分枝杆属细菌引起的一种人、畜共患慢性传染病。特征是病程缓慢、渐进性消瘦、咳嗽、衰竭，并在多种组织器官形成结核结节，继而结节中心干酪样坏死或钙化。

结核病曾广泛流行于世界各国，以奶牛业发达国家最为严重。由于各国政府都十分重视结核病的防制，一些国家已有效地控制或消灭了此病，但在有些国家和地区仍呈地区性散发和流行。我国结核病疫情压力较大。由于执行本病控制措施消耗大量的人力、物力，从而造成的经济损失是巨大的。国际权威杂志《Science》曾预测，结核病将是 21 世纪的科学热点。

【病原】

本病的病原菌为结核杆菌(或称结核分枝杆菌)，是分枝杆菌属的一群细菌。根据致病性，结核杆菌可分人型、牛型、鼠型、冷血动物型和非洲型分枝杆菌 5 型。人型菌是人类结核病的主要病原菌，亦可使猴、犬、猫、牛、马和羊等致病。牛型菌是牛、猪及其他动物的病原菌，亦能使人致病。人的痰中分离出的劣势抗酸菌，属于人型和牛型菌的中间型。

结核杆菌是直或微弯的细长杆菌，两端钝圆。牛分枝杆菌比人型短而粗，菌体着色不均匀，常呈颗粒状，革兰氏染色阳性。结核杆菌用苯胺类染色后，不易为酸性脱色剂脱色，故又称抗酸杆菌。

由于结核分枝杆菌细胞壁中含丰富的蜡脂类，因此，对外界环境的抵抗力较强，在室内阴暗潮湿处能存活半年。特别是对干燥、腐败耐受性强。在干燥的痰中可存活 10 个月，粪便、土壤中存活 6～7 个月，常水中可存活 5 个月，奶中可存活 90 天，在直射阳光下 2 小时仍可存活。对湿热抵抗力弱，60～70℃经 10～15 分钟，80℃水中可存活 5 分钟，煮沸 1 分钟即可杀死。在 70%的乙醇溶液、10%漂白粉溶液中很快死亡。碘化物消毒效果最佳，但对无机酸、有机酸、碱类等具有抵抗力。

本菌对磺胺药、青霉素和其他广谱抗生素均不敏感，但对异烟肼、链霉素及对氨基水杨酸等药物有不同程度的敏感性。白芨、百部、黄芩等中草药对结核分枝杆菌有一定程度的抑菌作用。

【流行情况】

有关资料报道，约 50 种哺乳动物、25 种禽类可患本病。家畜中牛最易感，特别是奶牛，其次是黄牛、牦牛、水牛，猪和家禽亦可患病，羊和单蹄兽极少发病。犬、猫、家兔和豚鼠等均有不同程度的易感性。不同年龄对结核病的免疫力是不同的。不同型分枝杆菌有不同的宿主范围。牛型菌主要侵害牛，亦可感染人、绵羊、山羊、猪及犬。

尤其是开放型的病畜是主要的传染源。通过其排泄物或分泌物都可排出细菌，使本病得以传播。主要由呼吸道和消化道传播，也可通过交配感染，并以呼吸道传播为主。细菌随咳嗽、喷嚏排出，飞沫悬浮在空气中，动物吸入后即可感染。饲草、饲料、饮水或乳汁被污染后通过消化道感染也是一个重要的途径，犊牛的感染主要是吮吸带菌奶而引起。

本病无季节流行性，一年四季均可发生。在规模化奶牛场主要以区域性流行为主，经过多年的防控努力，此病在规模化奶牛场已经得到了较好的控制。饲养管理不良，与牛结核病的传染有密切关系，特别是牛舍过于拥挤，通风不良，潮湿，光线不好是造成本病扩散的重要因素。检疫不严格、盲目接种，检出的结核阳性牛不能及时处理，未能从根本上消灭传染源，以及人、畜间相互感染等是造成牛结核病时有发生和流行的主要原因。

【症状】

潜伏期长短不一，短者一般为十几天，长者可达数月，甚至数年。通常取慢性经过，病初症状不明显，当病程逐渐延长，饲养管理粗放，营养不良，则症状逐渐显露。

牛结核病主要由牛型结核杆菌引起，人型菌对牛的毒力较弱，多引起局限性病灶。牛结核病常表现为肺结核、淋巴结核、乳房结核，有时可见肠结核、生殖器官结核、脑结核、浆膜结核及全身性结核。临诊症状随患病器官不同而异。

肺结核时病初食欲、反刍无明显变化，常发生短而干的咳嗽，随着病情的发展，逐渐消瘦、贫血。精神不振，食欲减少，被毛无光，咳嗽逐渐加重、频繁，由病初的短促干咳声，渐变为湿性痛咳，尤其是早晨、运动和饮水后特别明显。有时有淡黄色黏液性鼻涕，呼吸次数增加，严重时发生气喘。胸部听诊常有啰音和摩擦音，叩诊有浊音区、痛感和引发咳嗽。病情恶化时可见病牛体温升高（达 40℃以上），呈弛张热或呈稽留热，呼吸更加困难，最后可因心力衰竭而死亡。

淋巴结核可见于结核病的各个病型，淋巴结肿大，无热痛，常见于肩前、股前、腹股沟、颌下、咽及颈淋巴结等。纵膈淋巴结肿大则可压迫食道，病牛有慢性胀肚症状。

乳房结核时乳房上淋巴结肿大，乳房有局限性或弥散性硬结，无热痛。产奶量逐渐下降，乳汁初期无明显变化，严重时乳汁常变得稀薄如水。由于肿块形成和乳腺萎缩，两侧乳房变得不对称，乳头变形位置异常，终至产乳停止。

肠道结核多见于犊牛，表现消化不良，食欲不振，顽固性下痢，粪中混有黏液和脓汁。迅速消瘦。

脑与脑膜发生结核病变常引起神经症状，如癫痫样发作或运动障碍等。

【病理变化】

牛结核的肉眼病变最常见于肺、肺门淋巴结、纵膈淋巴结，其次为肠系膜淋巴结，表面或切面常有很多突起的白色或黄色结节，切开后有干酪样的坏死，有的有钙化现象，刀切时有沙砾感。有的坏死组织溶解和软化，排出后形成空洞。胸腔或腹腔浆膜可发生密集的结核结节，这些结节质地坚硬，粟粒大至豌豆大，呈灰白色的半透明或不透明状，即所谓“珍珠病”。胃肠黏膜可能有大小不等的结核结节或溃疡。乳房结核多发生于进行性病例，是由血行蔓延到乳房而发生。切开乳房可见大小不等的病灶，内含干酪样物质。

结核病在病理形态上是一种具有特异性炎症变化的传染病。病变随各种动物机体的反应性而不同，可分为增生性和渗出性结核两种，有时在机体内两种病灶同时混合存在。抵抗力强时机体对结核杆菌的反应常以细胞增生为主，形成增生性结核结节，即由多层放射排列的类上皮细胞和巨细胞集结在结核杆菌周围形成特异性的肉芽肿，外周是一层密集的淋巴细胞和纤维细胞，从而形成非特异性的肉芽组织。抵抗力低时，机体的反应则以渗出性炎症为主，即组织呈非特异性炎症变化，有充血水肿，伴纤维蛋白渗出，继以中性粒细胞、大单核细胞、少量类上皮细胞和巨噬细胞的浸润。病灶周围亦有此变化，称为“结核灶边反应”。以及在增生和渗出反应的基础上，可出现变质反应。组织细胞混浊肿胀，细胞浆发生脂肪变性，细胞核溶解碎裂，直至组织完全坏死、干酪样坏死，为本病的特征性病变。本病的病理演变和愈合方式有消散、纤维化、液化与空洞形成、钙化、空洞闭合和净化空洞等。这种变化主要见于肺和淋巴结。

【诊断】

准确及时诊断结核病，有效地控制传染源，对预防控制至关重要。根据流行病学、临床症状、病理变化可初步诊断，确诊仍需进行实验室诊断。

病原学诊断可采取患病动物的痰、尿、脑脊液、腹水、乳及其他分泌物等进行分离培养，或取患病动物的结核结节及病变与非病变交界处组织直接涂片。用萋—尼法作抗酸染色，镜检呈红色的细菌为抗酸菌，其他细菌为蓝色。

鉴别诊断虽然结核病灶可作为初步诊断依据，但有些疾病也可产生干酪化和钙化病灶，有时不易区别。最确切的诊断，还是分离出结核杆菌。因牛肺结核与牛肺疫、牛肠结核与牛副结核病、牛淋巴结核与牛白血病症状均有相似之处，应注意鉴别。

【公共卫生】

结核病是一种人、畜共患传染病。人感染结核病，除病人散毒传染外，主要来源于牛型结核杆菌，特别是婴幼儿和体弱多病者，饮用了未经彻底消毒的结核杆菌污染的牛奶而感染发病。据报道，从 50 株分离的结核杆菌中，经鉴定后发现有 3 株是牛型结核杆菌（占 6%），说明牛型感染虽少，但同样亦引起人结核病的发生。人和牛互相感染的现象在结核病防制中应给予充分注意。所以饮用消毒牛奶是预防人患结核病的一项重要措施。在流行牛结核病的国家中，人类始终受到该病的威胁，除非消灭牛结核病，否则人类结核病的控制是难以达到理想目标的。

【防控及扑灭措施】

①对于牛场来说，结核病的防制工作应放在重要地位，要采取综合性的防制措施。该病的综合性防疫措施通常包括以下措施，即加强引进动物的检疫，防止引进带菌动物；净化污染群，培育健康动物群；加强饲养管理和环境消毒，增强动物的抗病能力、消灭环境中存在的病原体等。

②坚持自繁自养，防止病牛从外地传入。如要引进，主要以引进冷冻精液为主，必要时可引进少量高产品种犊牛或青年牛进行培育。但凡从外地引进的牛，必须要有县级以上动物检疫站出具的无牛结核病的健康检疫证，经隔离饲养 30 天，再行复检，无结核病的牛方可与健康牛群混群饲养。

③每年用牛提纯结核菌素对牛群进行两次普检，淘汰阳性反应牛。本病一般不易根治，且疗程长，医疗费用高，存在感染人的危险性，因此，结核病牛无治疗价值，也不主张使用疫苗。

每年定期进行 2～4 次的环境彻底消毒。常用消毒药为 10%漂白粉、20%石灰乳、5%来苏儿、3%甲醛碱性液等。挤奶器和装奶容器，每天要清洗消毒，纱布、毛巾等用品可煮沸消毒。粪便垛成堆进行生物学发酵处理，液体部分用液态氨处理。

④对饲养殖管理人员进行定期体检，对于患有结核病的职工必须调离工作岗位，以确保安

全。一旦畜群发病,所有饲养人员必须进行临时体检。认真执行牛场消毒防疫制度,严禁互相串岗,闲杂人员不得随意出入牛场。检疫部门要督促牛场及时扑杀病牛,不留隐患,指导并监督消毒及防疫措施的实施。

4.牛布鲁氏杆菌病

牛布鲁氏杆菌病是由布鲁氏杆菌引起的牛的一种传染病。主要侵害生殖系统,以母牛发生流产和不孕,公牛发生睾丸炎、附睾炎、前列腺炎、精囊炎和不孕为特征,引起流产是该病的一个特异性临床表现。本病广泛分布在世界各地,引起不同程度的流行。近年来,此病在我国的防控压力明显增大。

因各种布鲁氏杆菌对其相应种类的动物具有极高的致病性,并对其他种类的动物也有一定的致病力,致使本病能广泛流行。人布鲁氏杆菌病主要是由患布鲁氏杆菌病的牛、羊和猪经皮肤、黏膜、消化道传播而来。病原菌对人有很高的致病性,临床急性期主要表现为长期发热,盗汗,无力,关节、头和全身疼痛,睾丸炎、肝脾肿大等;慢性期主要表现为骨关节病及类似神经官能症,病程较长,容易复发。因此,加强对本病的监测和控制,对保证人、畜健康及公共卫生安全具有重要意义。

【病原】

牛布鲁氏杆菌病的病原为布鲁氏杆菌属的牛种布鲁氏杆菌。布鲁氏杆菌属包括6个生物种,19个生物型,即牛种布鲁氏杆菌1～9型,羊种布鲁氏杆菌1～3型,猪种布鲁氏杆菌1～5型,绵羊传染性附睾炎种布氏菌,犬种布鲁氏杆菌和沙林鼠种布鲁氏杆菌。牛种布鲁氏杆菌也称流产布鲁氏杆菌,不同种别的布鲁氏杆菌虽各有其主要宿主动物,但存在相当普遍的宿主转移现象。流产布鲁氏杆菌有9个型,以生物型Ⅰ为流行优势种,该菌革兰氏染色为阴性。

【流行情况】

牛布鲁氏杆菌病广泛分布于世界各地,目前疫情仍较严重。凡是养牛的地区都有不同程度的感染和流行,特别是饲养管理不良、防疫制度不健全的牛场,感染更为严重。患病牛是主要传染源。流产胎儿、胎衣、羊水及流产母牛的乳汁、阴道分泌物、血液、粪便、脏器及公牛的精液,皆含有大量病菌,病菌排出体外,污染草场、畜舍、饮水和饲料,造成本病扩散和传播。本病传播途径较多,当病菌污染了饲料、饮水或乳及乳制品时,若消毒不彻底,牛食入了这些污染物后,经消化道感染;患病公牛与母牛交配,或因精液中含有病菌,通过人工授精经生殖道感染;病菌通过鼻腔、咽、结膜,乳管上皮及擦伤的皮肤等,经呼吸道和皮肤黏膜感染。日粮不平衡,营养不良,卫生条件差,消毒差等皆可造成机体抵抗力的降低,增强机体的易感性。兽医人员在助产时、配种员在输精时消毒不严,可直接将本病扩散。

【症状】

潜伏期2周到6个月,患牛多为隐性感染,主要症状是怀孕母牛流产。流产多发生于妊娠5～8个月,流产后常伴有胎衣滞留,往往伴发子宫内膜炎。流产胎儿可能是死胎、弱犊。产犊后母牛因胎衣不下、子宫内膜炎,甚至子宫积脓致使配种不易受孕成为不孕症。公牛睾丸受侵害,引起睾丸炎和附睾炎,精子生成障碍。

有时病牛发生关节炎、淋巴结炎和滑液囊炎,关节肿痛,跛行或卧地不起,腕关节、跗关节及膝关节均可发生炎症。母牛还有乳房炎的轻微症状。

【病理变化】

肉眼病变见于胎盘、乳房、睾丸及流产儿等。

胎膜：水肿，呈胶样浸润。色呈淡粉色，质脆，外附有多量纤维素絮状物。绒毛膜充血、出血，绒毛膜外有黄色、灰黄色絮状物，子叶呈肉色，肥厚糜烂。母子胎盘间有呈污灰色分泌物，部分母子胎盘粘连。

胎儿：流产胎儿一般可见皮下肌肉、结缔组织发生血样浆液性浸润，真胃中有淡黄色或白色黏液絮状物，肠胃和膀胱的浆膜下可能有点状和线状出血。胸腹腔有多量微红色积液，肝、脾和淋巴结有不同程度的肿胀，并有散在性炎症坏死灶。胎儿和新生犊牛可能见到肺炎病灶。

乳房：乳房切面有黄色小结节，实质、间质细胞浸润、增生。

【诊断】

牛布鲁氏杆菌病的发生可根据牛群的流产情况和病牛的临床症状来判定。如果牛群中有大批孕牛流产，流产后有胎衣滞留；并出现关节炎等症状，流产胎儿和胎盘又有本病所特有的典型病理剖检变化时，应怀疑本病发生。如果原牛群流产罕见，只是由外来引进新牛之后不久才发生大批流产，也应怀疑本病。但单凭流产来判定牛群牛布鲁氏杆菌病的发生是不可靠的，还需作病原学检查和血清学检查才能最后确诊。

血清学检查为目前诊断牛布鲁氏杆菌病最常用的方法。本病血清学检验方法颇多，在敏感性、特异性和操作程序等方面各有优劣。因此常按筛选试验和定性试验两个步骤进行检疫。我国目前最常用的方法是标准平板及试管凝集试验和补体结合试验。

鉴别诊断本病应与其他传染性和非传染性原因引起的流产相区别，如滴虫性流产、弯曲菌性流产、病毒性流产、化脓棒状杆菌感染等。

【防控及扑灭措施】

加强饲养管理，坚持自繁自养，严格执行畜群全面检疫及淘汰病畜的措施，可以有效降低本病的发生。预防措施包括以下环节：定期检疫与及时隔离病畜；加强防疫消毒制度，消除病原菌的侵入和感染机会；培育健康犊牛。

①对健康牛群要加强饲养管理。根据不同生理阶段的营养需要，合理配制日粮，要注意供应矿物质、维生素饲料；搞好环境和牛棚的卫生，给牛提供良好的生活环境，提高牛的抵抗力。

②对临床流产母牛应隔离饲养，及时查清流产原因。取流产胎儿真胃内容物作细菌分离鉴定。

③每年定期检疫 2 次，阳性牛应及时隔离、扑杀，并进行全场大消毒。

此病无治疗价值，而且对公共卫生危害巨大。对牛来说，目前不提倡使用疫苗进行预防，净化、消灭是本病的防控目标。

第二节　奶牛病毒性疾病防治

1. 牛传染性鼻气管炎

牛传染性鼻气管炎又称牛传染性脓疱性外阴阴道炎、“坏死性鼻炎”、“红鼻病”，是由牛疱疹病毒Ⅰ型引起的牛急性、热性、接触性传染性疾病。在临床上表现为多种病型。主要以化脓性鼻气管炎和发热为特征的上呼吸道感染。此病毒也能引起脓疱性外阴阴道炎、结膜炎、肠炎、流产、脑炎、乳房炎等多种病型。本病最初发生在欧洲，由于极易传播，现在已分布于世界各地。该病对奶牛的产奶量、公牛的繁殖力等有较大影响，而且急性的呼吸道感染可继发牛致病性细菌性肺炎，是造成奶牛经济损失的主要原因之一。

【病原】

牛疱疹病毒Ⅰ型属于疱疹病毒科的单纯疱疹病毒属成员。病毒粒子为对称正二十面体，有囊膜，对氯仿和酸敏感。

【流行情况】

迄今为止，各大洲都有发生牛传染性鼻气管炎的报道。我国部分省市、地区的中国荷斯坦奶牛等均有牛传染性鼻气管病毒感染。该病的感染谱较窄，自然宿主是牛，并且多见于育肥牛和奶牛，其中以 20～60 日龄的犊牛最为易感，病死率也高。山羊、猪、水牛也能被感染。

病牛及带毒牛是本病的主要传染源和宿主。病牛呼吸系统的分泌物，通过呼吸、飞沫、唾液而排毒；结膜通过眼分泌物感染，生殖系统分泌物同样通过污染环境而散毒，也可以经病牛间的直接接触感染、交配传染和胎盘感染；但主要经飞沫、交配和接触传播。本病毒感染的牛，在临床症状消失后仍可不定期排毒，特别是隐性经过的种公牛危害性更大，使病毒在牛群中无法根除。病牛有持久的潜伏期和长期间的间歇性排毒。带毒牛往往因应激反应而排毒，在自然界形成感染环。

本病在秋冬寒冷季节较易流行，特别是舍饲的大群奶牛，环境较差又密切接触的条件下，更容易迅速传播。一般发病率为 20％～100％，奶牛继发性流产有时高达 50％，死亡率为 1％～12％。

【症状】

根据临床表现形式可分为 3 个亚型，通过限制性内切酶分析进行鉴定。亚型 1 主要引起呼吸道感染，亚型 2 主要引起呼吸道和生殖道感染，亚型 3 主要引起神经感染。所有毒株，包括弱毒活苗以潜伏状态存在于临床表现正常的动物体内，潜伏感染被激活后，病毒会再次排到呼吸道、眼、生殖道分泌物和血清中。

自然感染有多种临床表现而且症状轻重差别很大，其中较为多见的病型是呼吸道感染，伴有结膜炎、流产和脑膜脑炎，其次是脓疱性外阴-阴道炎或龟头-包皮炎。病毒感染后潜伏期一般 4～6 天，病程主要取决于感染的严重程度，一般 4～8 天。轻症不易见到症状，但某些呼吸道感染的病牛可在发现症状后几小时就发生死亡。

呼吸道感染是最常见的症状，多发于冬季，病情轻重不一。牛病初发热 40～42℃，精神不振、厌食、呼吸急促、困难并伴随鼻腔和气管浆液性或脓性分泌物流出，鼻孔张开，偶尔局部气道阻塞导致张口呼吸。鼻甲骨和鼻镜充血并变红，又称“红鼻子病”。有些呼吸型病牛合并发生结膜炎，病初由于眼睑水肿和结膜高度充血、流泪，角膜轻度混浊，无明显的全身变化。重症病例，可见结膜形成灰黄色针头大颗粒，致使眼睑粘连或结膜外翻，眼分泌物为脓性。肺部听诊一般只发现肺泡音增加或有闭塞音，如为啰音或其他肺音，应考虑为其他呼吸道疾病或者并发症。

犊牛发生脑膜炎时，病初表现流鼻涕、流泪、呼吸困难等症状，3～6 天后可见肌肉痉挛，兴奋或沉郁，共济失调，偶尔转圈。角弓反张，病程短，此类型发病率低，死亡率高。

引起的传染性脓疱外阴-阴道炎的初期症状轻微不易发现。潜伏期短，通常为 1～3 天，如果病情严重可形成会阴水肿和黏脓性分泌物流出，病牛时常举尾，排尿时有痛感。检查可发现阴道和阴户黏膜上有大量白色坏死的脓疱和斑块，脓性分泌物聚集在阴户底部。

妊娠母牛感染后，一般于怀孕的 5～8 个月流产，流产前症状不明显，流产胎儿不见有特征性肉眼病变。

【病理变化】

特征性病变见于严重呼吸道感染的病牛。呼吸系统鼻和气管炎症是本病最常见的病变。在鼻镜、鼻腔、咽、喉、气管和较大的支气管均呈卡他性炎症变化。黏膜高度充血、潮红、肿胀、有出血斑，出血点和散在的灰黄色小豆粒大脓疱。溃破后形成糜烂和溃疡，表面有干酪样伪膜覆盖。呼吸道内的分泌物由浆液性很快逐步发展成为黏液性、纤维性和脓性分泌物，这种分泌物大量蓄积，往往阻塞气管，造成呼吸困难，咽、喉部的伪膜和渗出物导致吞咽困难。重症病例鼻镜干燥，形成结痂，痂皮脱落露出的组织因高度充血而呈鲜红色(红鼻病)。内脏器官可见化脓性肺炎、脾脏脓肿、肝脏表面和肾脏包膜下具有灰白色或灰黄色的坏死灶、第四胃黏膜发炎、溃疡以及大小肠出现卡他性肠炎。急性死亡的犊牛可见肺气肿，慢性病例往往由于继发细菌感染引起化脓性肺炎。

结膜炎初期眼睑浮肿，结膜高度充血，大量流泪后转变成脓性分泌物，严重者结膜上可见针头大、小豆大、蚕豆大乃至更大的淡黄色颗粒状隆起的炎症灶，同时可见针头大到粟米大出血点，有时眼睑粘连，闭锁或结膜外翻。但一般不形成溃疡，临床上多数病牛缺乏明显的全身反应。

在脓疱性外阴-阴道炎病例，局部黏膜出现小脓疱和化脓性病变，会阴部水肿，有黏液性分泌物，阴唇和阴道黏膜，特别是阴道前庭黏膜潮红、肿胀、散在大头针帽到小米粒大灰白色透明水泡，以后变成脓疱，脓疱破裂后形成糜烂和溃疡，黏膜表面附着大量黏液样渗出物，重者黏膜表面形成弥漫性干酪样假膜，在阴道和子宫黏膜上可见点状、条纹状出血，附着大量黏脓性无臭分泌物，局部淋巴结肿胀。

脑膜脑炎多见于小牛和青年牛，6 个月以上牛少见。中枢神经系统出现非化脓性脑炎和脑膜炎变化，除脑膜轻度充血外，眼观上无明显变化。

【诊断】

根据该病的流行病学、临床症状和病理剖检等特点可进行初步诊断。在新疫区要确诊本病必须进行病毒分离鉴定和血清学诊断。

【防控及扑灭措施】

①潜伏感染和长期排毒成为消灭和根除本病的主要问题。预防本病应在加强饲养管理的基础上，加强冷冻精液检疫、管理和引进制度。

②在生产过程中，应定期对牛群进行血清学检测，发现阳性感染牛应及时淘汰。由于本病

缺乏特效的药物治疗，一旦发病应根据疫情的具体情况采取封锁、检疫、扑杀病牛和感染牛，并结合消毒等综合性措施扑灭该病。若是老疫区，则可通过隔离病牛，消毒污染牛棚，应用广谱抗生素治疗等方法来防止细菌继发感染，再配合对症治疗来促进病牛的痊愈。

③疫区或受威胁牛群可对未被感染牛进行弱毒疫苗或油佐剂灭活疫苗的免疫接种。通常犊牛在半岁时进行疫苗接种，其免疫期可达半年上以。病愈康复牛可获得坚强的免疫力。但灭活苗与弱毒苗有其不可避免的缺点，因此国际上正推荐使用安全、有效的基因缺失苗、亚单位疫苗、DNA 疫苗等。

2. 牛病毒性腹泻

牛病毒性腹泻是由牛病毒性腹泻——黏膜病病毒引起的一种急性、热性传染病，也叫黏膜病或牛病毒性腹泻。该病的临床特征为黏膜发炎、糜烂坏死和腹泻。此病呈世界性分布。1980 年后传入我国，在部分地区牛群中有流行。

【病原】

病毒属于黄病毒科、瘟病毒属，是一种有囊膜的单股正链 RNA 病毒。病毒粒子呈球形，直径为 40～60 纳米。

【流行情况】

本病的自然宿主是家养和野生的反刍兽及猪，自然感染仅见于奶牛、黄牛、水牛、牦牛等，无明显的种间差异。感染率很高，约 70%的 2 岁以上牛有牛病毒性腹泻抗体存在。有资料表明，本病毒可以在不同反刍动物之间互相感染，尤其表现为无临床症状却终身排毒的持续感染动物。患病动物和带毒动物是主要传染源。

本病可经直接接触或间接接触途径传播，主要是经消化道和呼吸道感染，如食入被污染的饲料和饮水，也可由于吸入病畜排出的带毒飞沫而感染。病毒还可经胎盘发生垂直感染。犊牛出生后，即成了被感染牛，死亡率很高。幸存牛不断排毒，是本病传染的主要来源。病毒血症期的公牛精液中带毒，可通过自然交配或人工授精感染母牛，持续感染的牛可终生带毒、排毒，康复牛可带毒 6 个月，成为重要的传染源。

本病呈地方性流行，牛不论大小均可发病，尤以 6～18 月龄的犊牛易发。本病发生通常无季节性，但多见于冬季和早春，自然病例常年均可发生。本病在新疫区急性病例多，在封闭式牛群中可呈暴发式，犊牛急性病例可达 25%，病死率为 90%～100%。在老疫区只见散发病例，大多数呈隐性感染，感染率达 50%以上。有些慢性病例呈持续感染，不产生抗体。

【临床症状】

本病自然感染的潜伏期一般为 7～10 天，但也可短到 2 天，长到 14 天。人工感染的潜伏期多为 2～3 天。临床上感染的牛群一般很少表现症状，多为隐性感染。发病多伴有免疫耐受、免疫抑制。根据临床症状和病程可分为急性和慢性过程。

急性型：急性病例发病率高、致死率低，常见于幼犊，死亡率也较高于年龄较大的牛。急性病例多于 15～30 天死亡。在临床上可呈隐性或腹泻。常突然发病，体温升高达 40～42℃，持续 2～3 天。厌食，精神委顿，心率加快，呼吸急促，流涎或剧烈干咳。此时，难与其他呼吸道传染病区分。体温再次升高，常于发热后 2～4 天，发生腹泻，一般粪为水样，有恶臭，含有黏液及血液，这种特征性的腹泻会持续3～4周或间歇持续数月。口腔黏膜出现糜烂，之后糜烂融合成大片坏死，常见于唇内、齿龈、龈垫、硬腭的后部、口角和舌上。重病例整个口腔呈被煮样，有灰白色的坏死上皮覆在粉红色的肉面上，大量流涎。鼻镜也有同样的病变，损害逐渐融合并覆痂皮。有些病牛会继发蹄叶炎及趾间皮肤糜烂、坏死，有的病畜康复快，黏膜损害在10～14天内痊愈。

慢性型：研究表明，慢性型是持续感染的继续。表现为间歇性腹泻，并出现里急后重。后期便中带血，并有大量的黏膜，可在发病几周或数月死亡，死亡率可达90%。病毒经胎盘可垂直感染4个月的胎儿造成持续感染。大多数持续感染的牛在临诊上是正常的，但有的可出现早产、生长缓慢和发育不良等症状，对疾病的抵抗力下降。慢性型很少出现体温升高，最常见的症状是鼻镜糜烂成一片，眼有浆液性分泌物、门齿齿龈发红、跛行，可在发病几周或数月后死亡。病牛血清中可检测到大量病毒，但检测不到抗体或抗体水平很低。

【病理变化】

食道黏膜腐烂是本病的特征。鼻镜、鼻孔出现糜烂和浅溃疡，齿龈、上腭、舌侧面及颊黏膜也有糜烂，严重的病例在咽、喉头黏膜出现弥漫性坏死。瘤胃黏膜偶见出血和糜烂，皱胃出现炎性水肿和糜烂，肠壁水肿增厚，肠集合淋巴结上有出血小凝块，小肠呈急性卡他性炎症。盲肠、结肠、直肠有卡他性、出血性、溃疡性以至坏死程度不同的炎症。流产胎儿的口腔、食道、真胃及气管内有出血斑及溃疡。肾脏有散在的大小不等的出血斑。蹄部在趾间皮肤及全蹄冠有急性糜烂炎症、溃疡和坏死。运动失调的犊牛，严重的可见到小脑发育不全及两侧脑室积水。

【诊断】

综合病史、临床症状及病理变化可对本病作出初步诊断，尤其要根据口腔、食道的特征性病变进行判断，而进行病毒鉴定和血清学检查是确诊本病的必需手段。

病原学诊断是国际贸易指定的检测手段，血清学诊断通常用中和试验和琼脂扩散试验检测抗体。酶联免疫吸附试验作为常规方法检测或监测牛群中病毒抗体水平及潜伏感染情况的一种技术。

【防控及扑灭措施】

(1)本病尚无特效治疗方法。对症治疗和加强护理可减轻症状，应用收敛法和补液疗法可缩短恢复期。

(2)做好平时的检疫工作，防止病牛的引进，将发病牛采取隔离治疗或急宰，对防止本病的扩大和蔓延至关重要。

(3)对受威胁的健康牛群可应用弱毒疫苗和灭活疫苗进行免疫接种。目前常用的弱毒疫苗为牛病毒性腹泻-黏膜病、牛传染性鼻气管炎和钩端螺旋体病三联疫苗。也可选用国外一些厂家生产的多联疫苗。灭活苗虽对牛只有60%的免疫力，但对妊娠牛安全，也无毒力不稳定和免疫抑制问题，可以采用加强免疫的方法提高免疫力。

3.牛白血病

牛白血病是一种致死性恶性肿瘤性疾病。该病首先发现于德国，近20年来发病地区不断扩大，现波及世界许多国家，20世纪80年代初在我国发现本病，现在许多地方的奶牛群中已有本病发生。目前,牛白血病已成为世界养牛业和公共卫生方面的一大威胁。

牛白血病也叫淋巴肉瘤、恶性淋巴瘤及牛白血病复合症。其特点为患病牛淋巴细胞持续性升高和形成淋巴肉瘤,多数病例先有淋巴细胞增生,后出现淋巴瘤,所以有人认为淋巴细胞增生可能是牛白血病的亚临床型,但有35%的牛白血病只有淋巴瘤而不表现淋巴细胞的持续增生。

【病原】

本病的病原为牛白血病病毒(BLV),该病毒在形态学上类似于其他畜种的白血病病毒,但在自然条件下不感染其他畜种。人工接种可以感染绵羊和小鼠。

【流行病学】

①胎内感染　母牛可通过胎盘将病毒传染给胎儿,使犊牛得病,有人将37头产自患病母牛的犊牛产后立即隔离,进行实验室诊断,结果发现35头犊牛患了牛白血病。

②生乳感染　犊牛吃了病牛的牛奶可导致本病水平传播,但如果将牛奶进行巴氏消毒后再喂犊牛,则犊牛不会得此病。

③接触感染　健康牛和患病牛相互接触,可发生本病。有些实验表明,夏季的接触传染率高于其他季节,所以有人推测,昆虫与牛白血病的传播有一定的相关性。

④配种感染　患病公牛的精液可传播牛白血病。

【类型及临床特征】

牛白血病根据其临床特征可分为四个类型,即犊牛型、青年型(胸腺型)、成年型和皮肤型。前三种类型与年龄有关,后一种类型与年龄无关。

①犊牛型　也叫幼年型,多发生于6月龄以内的牛,奶牛的发病率高于肉牛,多呈散发即零星发生,很少同时发生。患病犊牛常外表正常,但体重减轻,全身淋巴结肿大,精神沉郁,体弱无力,少数病牛体温高,心动过速,后躯麻痹,多在出现症状后2～8周死亡。

②青年型　也叫胸腺型,主要发生于6～18月龄的青年牛,肉牛的发病率明显高于奶牛。多呈散发,肿瘤多发生于颈的腹侧及胸腔入口处。病牛常表现呼吸困难,瘤胃鼓气。其肿瘤常易与颈腹侧的脓肿和蜂窝织炎相混淆。

③皮肤型　主要发生于3岁以上的牛,其他年龄的牛也可患此病。皮肤上出现荨麻疹或皮肤肿块(直径1～5厘米),常发部位为颈部、背部、臀部和大腿部,肿块随后脱毛、破溃、坏死、上面形成一层灰白色痂皮。个别病牛皮肤病变消失后可复发。

④成年型　是奶牛中最常见的一种类型,既可散发也可呈地方性流行,在我国此类型最为多见。其主要临床特征是贫血,短期迅速消瘦,食欲下降,产奶下降,体温正常或稍高;体表淋巴结显著肿大,尤其以肩前、膝前和乳上淋巴结肿大较为突出,可达10厘米×16厘米;直肠检查时会发现骨盆腔入口周围或盆腔内有较大的肿块,无痛、无热、不敏感。剖检时可见内脏器官、肠系膜、心脏等上面有淋巴肉瘤,腹腔液增多,有粉红色胶冻样物。由于肿瘤发生的部位不同,所表现的临床症状也有所差异。如肿瘤发生于脾,则脾破裂时有内出血的症状。如肿瘤压迫脊髓或神经,就会出现后躯麻痹或瘫痪。如肿瘤在鼻腔时,会出现常流鼻血的症状。肿瘤在真胃时,会排出煤焦油样粪便。

【诊断】

本病的诊断方法有血清学诊断、染色体分析、生化诊断等多种方法，但临床上主要以临床症状结合血液学诊断和活体淋巴穿刺进行诊断。

血液学诊断　主要通过检查外周血液中的白细胞总数及淋巴细胞所占比例及总数来进行诊断。判定标准为：

白细胞总数显著增高，个别可增高 7～10 倍。

淋巴细胞所占比例大于 70%。

淋巴结穿刺　活体采取淋巴细胞涂片、染色（瑞氏或姬姆萨染色），通过观察淋巴细胞形态来进行诊断。显微镜下观察可见，幼稚淋巴细胞明显增多，胞体大小不一，胞浆少，染成蓝色，有些出现裸核，多呈分裂状。

【防控及扑灭措施】

由于目前尚不完全了解牛白血病的病因及发生、发展规律，缺少及时可靠的诊断方法，所以国内外对本病尚无有效的防治方法。通常采取的防治措施是：

①对确诊为本病的牛进行屠宰掩埋。

②定期对牛进行血清学检查，每半年一次。发现阳性牛立即隔离观察或淘汰。利用这种措施来净化牛群，培养无 BLV 感染牛群。

③初步的试验表明，饲料中添加氯化镁及亚硒酸钠可降低本病的发生，常用添加剂量为氯化镁 60 毫克/千克体重，亚硒酸钠 0.1 毫克/千克体重。

④对于血液和血清检查均为阳性的双阳性牛，接种厌氧棒状细菌，可预防本病发生。

4. 牛恶性卡他热

牛恶性卡他热是由恶性卡他热病毒引起的一种急性传染病。临床上以发热、全眼球炎以及消化、呼吸、泌尿系统黏膜的炎症和神经症状为特征。虽然发病率较低，一般呈散发，但死亡率高。

【病原】

牛恶性卡他热病毒属于疱疹病毒科、疱疹病毒亚科的成员。病毒由包含有脱氧核糖核酸的衣壳和囊膜组成，病毒抵抗力不强，对乙醚敏感，在 4℃储存仅能存活几天。

【流行情况】

各种品种和性别的牛都易感。4 月龄以下牛发病少，6 月龄至 4 岁牛发病多。除牛以外，野鹿也发生恶性卡他热，症状与牛相似；绵羊为隐性带毒者，当病毒排出后对牛具有感染性。当牛直接接触到已感染的绵羊时，即可发病。还有人认为节肢动物在传播中起一定作用。一年中任何时间都可发病，季节性不明显。饲养管理不良及应激因素存在时，如分娩、运输，可造成病毒传播。

【症状】

潜伏期长短不定，9 天到 9 周。根据发病缓急，临床上可分为最急性型、急性型和慢性型。

最急性型体温升高达 40.5～42.2℃，精神沉郁，衰竭，病牛呈严重的病毒血症时，多于 1～2 天内死亡。

急性型体温升高达 40.5～42.2℃，呈稽留热型。精神沉郁，食欲废绝；鼻镜干燥、鼻镜充血、潮红、出血、糜烂；鼻腔黏膜充血、肿胀，鼻分泌物初呈浆性，后呈黏性、脓性并混有血液；口腔黏膜充血、发绀，齿龈硬腭、颊部呈多发性小糜烂灶；呼吸困难。有时出现结膜炎和全眼球炎，流泪、羞明，眼分泌物呈脓性。角膜水肿、浑浊、溃疡。病牛腹泻，排尿痛苦、尿淋漓、尿频和血尿。有的病牛极度兴奋，磨牙，大声嚎叫，攻击饲养员和其他牛；极度脱水，明显消瘦。由于全身性脉管炎和组织器官的损伤，经 1～4 天死亡。

慢性型多由急性转变而来。病程长达数周。病牛高烧流涎和厌食。口鼻黏膜糜烂，并覆以痂皮。眼、颈、角根及乳房等处皮肤上出现红斑和湿疹样皮炎。蹄壳、角和被毛脱落。双侧性眼色素层炎、角膜炎。

【病理变化】

剖检可见皮肤病变部位充血与湿疹。角膜混浊、溃烂。鼻镜、鼻腔干燥结痂，去除痂皮，则留下广泛的糜烂和溃烂面。口腔、咽、食道、前胃、真胃和肠充血、出血甚至糜烂。淋巴结肿大，尤以头部明显。膀胱出血、水肿。肝、肾变性、肿大。脑膜水肿。

【诊断】

根据流行特点、症状及病变可作出初步诊断，确诊需进行实验室检查，包括病毒的分离培养鉴定、动物试验和血清学诊断等。血清学诊断有病毒-血清中和试验、补体结合试验、间接免疫荧光试验、琼脂扩散试验、间接酶联免疫吸附试验等。

本病有时与牛瘟、牛病毒性腹泻-黏膜病、口蹄疫、牛蓝舌病等相混淆，注意鉴别。

【防控及扑灭措施】

目前，本病尚无特效防治方法，疫苗尚处试用阶段。发病后及时做好隔离工作和圈舍消毒工作，以防此病进一步扩大。

治疗主要采用对症治疗和支持治疗方法。

5. 牛流行热

牛流行热是由牛流行热病毒引起的牛的急性、热性传染病。主要特征是高热、流泪、呼吸促迫、鼻漏、带泡沫样流涎以及由四肢关节疼痛引起的跛行。本病常为良性经过，大部分病牛经二三天即恢复正常，故俗称“三日热”或暂时热。因大群发病，对牛的生产性能影响较大，且部分病牛常因瘫痪而被淘汰，经济损失较大，故引起了养牛业的重视。本病在世界许多国家都有发生。本病发生涉及区域较大，1976 年我国曾发生过该病，流行区域涉及 15 个省、市。

【病原】

牛流行热病毒属于弹状病毒科。对乙醚、氯仿、脱氧胆酸钠及胰蛋白酶敏感。病毒在 pH 2.5 经 10 分钟可灭活，在 pH 5.1 经 60 分钟可灭活。用高热期病牛血液 1～5 毫升，经静脉接种易感牛 3～7 天后即可发病。

本病毒主要侵害牛。该病毒主要存在于病牛高热期血液中，也可随鼻汁、粪便及其他排泄物排毒，主要通过吸血昆虫进行传播，所以有明显的季节性，一般于 7 月份开始流行，9～10 月份为高发期，约于 12 月份停息。

【症状】

本病的潜伏期为3～7天。发病前可见恶寒战栗，但不易被发现。发病后病牛首先表现食欲减退或不吃食，精神沉郁，对周围反应迟钝，弓背低头，不愿行走，此时体温常升高。有的病牛体温突然升高到41～42℃，甚至有些升高到42℃以上，持续2～3天，5%病牛持续1～2天，以后体温下降，恢复正常。在体温升高的同时，反刍停止，鼻镜干热，瘤胃蠕动停止，肚胀，便秘或腹泻。呼吸紧迫，心跳加快。严重者呼吸困难，也可因窒息而导致死亡。大多数病牛于高热期鼻腔流出透明黏稠分泌物。病牛流泪，畏光，结膜充血水肿，口边黏有泡沫。

病牛不爱活动，步态不稳，喜卧，四肢关节有轻度肿胀，跛行。产乳量减少，有些停止泌乳。妊娠牛发生流产、死胎，不流产的牛阴道流出液体。发热期尿少，暗褐混浊，少数病牛无尿。

【诊断】

本病的流行特点是大群发生，传播快速，有明显的季节性，发病率高，致死率低，故结合临床症状：如一过性高热，呼吸紧促，跛行等，可初步诊断为本病。但确诊还需依靠实验室诊断。还可通过分离病毒、动物接种实验及血清学诊断技术来确诊本病。

【预防措施】

①加强饲养管理，提高机体抗病力。

②坚持早发现、早隔离、早治疗的原则是及时控制疫情发展的有效措施。

③注意做好防蝇(蚊)工作，对发病牛场要及时隔离或封锁。

④对受危胁牛群可用高免血清进行紧急预防接种。

⑤自然感染的病牛恢复后对本病具有两年以上的免疫力，人工感染的病牛也可获得持久的免疫力。

⑥在流行季节到来前可使用能产生一定免疫力的疫苗作免疫接种。

【治疗措施】

①对本病尚无特效药物，只能使用对症疗法，但本病有较高的治愈率。

②用解热镇痛药物配合抗生素进行治疗。

③也可针对强心、利尿、解毒，调整胃肠机能进行治疗。

④还可针对肺水肿进行治疗。

6. 犊牛病毒性腹泻

牛病毒性腹泻广泛分布于全球的许多地区，我国北京等地已分离出了相应的病毒。本病可引起犊牛流行性腹泻，而且呈暴发型发生。其主要临床症状为腹泻呈水样，机体脱水，严重的发生酸中毒。

【病原】

引发本病的主要病毒是轮状病毒和冠状病毒，其次是细小病毒、肠病毒和腺病毒等。有时是单一病毒，有时是多种病毒混合感染，甚至有时还有肠毒血性大肠杆菌和沙门氏菌的混合感染。

【流行情况】

轮状病毒在病牛肠道里繁殖生长，然后随粪便排出体外，患病犊牛和成年牛都可排出大量病毒，对环境、饲料、饮水等造成污染，主要通过消化道而感染新生犊牛。本病的感染有一定的季节性，主要集中在冬季，气温降低可增加犊牛的发病率。日龄越小越易发病，发病后的临床表现加重。

【症状】

轮状病毒感染，多发生在1～10日龄的新生犊牛。病犊精神委顿，食欲减少，体温正常，有时出现低热或略有升高。特征为突然大量水泻，粪便黄白色，带有黏液，有时含有血丝或血水。暴发性的发生可使5～14日龄牛50%以上发病。严重的发生脱水和酸中毒，病程一般2～8天。如果气候恶劣，犊牛常可并发肺炎而死亡。4日龄以上的犊牛发病，常为病毒和病原性细菌混合感染，一般无典型的轮状病毒感染症状。

冠状病毒感染多发生于1～7日龄犊牛，腹泻时间较长，粪便量大，黑绿色或浅棕色，带有黏液或呈黏糊状。

其病理变化为肠管菲薄，小肠萎缩，腺窝上皮被破坏。

【诊断】

由于细菌和病毒引起的新生犊牛急性腹泻，临床上都表现大量水泻，进行性脱水和几天内死亡。所以，依据临床症状很难进行鉴别诊断。不过，根据流行病学特点和临床表现，首先应予以怀疑，然后可用直接滴膜透射电镜检查、快速免疫电镜检查、对流免疫电泳等实验室方法进行确诊。

【预防措施】

①预防本病的原则是对犊牛加强管理，尽量减少感染机会，充分做好牛舍卫生工作。发现病犊立即隔离，清除病牛排出的粪便及相应的污染物，消毒环境及器物。

②犊牛出生后及时喂好初乳。

③目前尚市售疫苗。

【治疗措施】

①对本病目前尚无特效药物。

②发病后可停止24～48小时的哺乳，口服葡萄糖电解质溶液或静脉注射糖盐水进行对症治疗。如并发细菌感染可口服抗生素或磺胺药等。如无并发症，病毒性腹泻经治疗可在2～3天后恢复。

第三节　奶牛细菌性疾病防治

1.牛巴氏杆菌病

牛巴氏杆菌简称叫“牛出败”，是由巴氏杆菌感染所引起的一种急性、热性、出血性败血性传染病。其临床特征为：突然高烧，咽喉、下颌部、颈部皮下严重水肿，纤维素性胸膜肺炎。病程短，死亡率高。

本病波及世界许多国家，是一个相对传统的传染病，不只是牛可发生巴氏杆菌病，其他动物也可发生此病，例如羊、猪、兔、禽及人等均可发生此病（也叫霍乱、锁喉风）。

【病原】

病原为多杀性巴氏杆菌，革兰氏染色为阴性细小球杆菌。

本菌较广泛地存在于外界环境之中，健康牛的呼吸道也有巴氏杆菌存在，说明本菌是一种条件性致病菌。本病菌可分布于病牛的许多组织器官、分泌物、体液或排泄物中。其中脾脏含菌率最多，其次为胸、腹腔液、下颌及颈部水肿液。少数病例病原仅局限于局部病灶。本菌对青霉素、链霉素、安苄青霉素、头孢、磺胺类药物敏感。

【流行情况】

本病在许多地方均有发生，呈地方性流行或散发，在舍饲牛群中发病率可达 10%～50%。在奶牛中以青年、壮年多发。

健康牛的上呼吸道存有本菌。正常情况下，呼吸道通过其有效的防御机能可以阻止其大量繁殖。在不良的诱因刺激下，呼吸道防御机能受损、免疫力下降，病原菌毒力增强，则大量繁殖，呈现出致病性，从而侵入呼吸道黏膜、进入血液而引发本病。本病还可以继发其他病，形成混合感染。

本病的发生、流行与气候条件、地理条件、带菌状况、饲养管理和免疫等因素有极为密切的关系，所以本病可以是地区性流行、也可以是散发性流行。病畜和带菌动物是主要的传染源。不同畜禽间一般不互相传染，但研究表明，某些条件下鸡可传染给猪、猪可传染给牛。

本病可以经由食入被污染的饲料、饮水通过消化道感染发病，也可以借助呼入的病原菌通过呼吸道而感染发病。牛巴氏杆菌病一年四季均可发生，以炎热、多雨的季节多见（6～8 月份）。

【症状】

临床上可根据发病的急缓程度将其分为最急性型、急性型、慢性型三大类。

(1)最急性型

生前无任何症状就突然发病，抽搐，全身肌肉震颤，发抖，口流涎，呻吟、吼叫，于发病后 30 分钟左右倒毙。

(2)急性型

体温升高 40～41℃，鼻镜干燥，精神沉郁，反刍停止，食欲废绝。下颌、咽喉、颈部、前胸肿胀（炎性水肿、热痛敏感）；抬头伸颈，呼吸困难（张口呼吸、舌头伸出），流涎、流泪水；可因窒息而死。急性病例表现典型的肺炎症状，鼻孔有分泌物，呈浆液性、黏液性、脓性。湿咳，呼吸急促。粪便初期为褐色粥样，后期为水样含有黏液、气泡和血液并有恶臭。病程一般为 1～10 天，诊治不及时，一般多数死亡。

(3)慢性型

食欲下降，消瘦，咳嗽，呼吸困难，流鼻涕，肺部听诊呼吸音变粗。发病犊牛体温可达 40.5～42℃，不吃奶，流泪，鼻漏呈浆性或脓性，拱背，喜卧，腹式呼吸，肺部有啰音，呈脑膜炎、脓毒性关节炎症状。

【病理变化】

下颌、颈、胸肿胀处皮下呈胶样浸润，切开会流出多量黄色液体，部分浆膜、黏膜、心外膜及内脏器官有出血斑点，淋巴结肿大。气管、支气管内有白色至红色泡沫，胸腔有淡黄色渗出液和纤维素性渗出物，肺呈纤维素性肺炎和出血性肺炎变化。

【诊断】

根据流行学病史，临床肺部啰音，颌下、胸前胶样浸润，器官浆膜、黏膜出血，肺炎等症状可作出初步诊断。

确诊本病要进行细菌学诊断。取急性死亡的病死牛的心血、肝脏分别用革兰氏染色、瑞氏染色镜检。在心血、肝脏革兰氏染色片中找到两端钝圆、两极浓染、红色的短杆菌，在心血、肝脏瑞氏染色片中也找到两端钝圆、两极浓染、蓝色的短杆菌。

【预防措施】

(1)根据该病的发病特点，平时的预防措施应包括加强饲养管理，注意通风换气和防暑降温工作，避免过度拥挤，减少或消除降低机体抗病能力的因素，并定期进行牛舍及运动场消毒，杀灭环境中存在的病原体。

(2)新引进的牛要隔离观察 1 个月以上，证明无病时混群饲养。对易感牛可按计划每年定期进行疫苗接种。

(3)发生本病时，应立即隔离患病牛并严格消毒其污染的场所，在严格隔离的条件下对患病牛进行治疗，治疗药物有青霉素、链霉素、磺胺类、头孢噻呋、四环素等多种抗菌药物，也可选用高免或康复动物的抗血清。周围的假定健康牛应及时进行紧急预防接种或药物预防，但应注意弱毒苗紧急预防接种时，被接种牛接种前后至少 1 周内不得使用抗菌药物。

(4)在本病多发地区可每年注射 1 次油佐剂疫苗进行预防。

【治疗措施】

(1)多种抗生素和磺胺药物对本病均有效。如：用青霉素每千克体重 1 万单位，硫酸链霉素每千克体重 10 毫克肌肉注射，每日 2 次，连用 3 天；同时用复方磺胺对甲氧嘧啶注射每千克体重 0.02 克，每日 1 次，连续 3 天。

(2)对病情较重者要根据情况适当补液、补糖，进行对症治疗，发烧者要注射安乃近等解热镇痛药。

(3)治疗时还可配合用“清瘟败毒散”、维生素 C 等进行治疗。

2. 牛副结核

牛副结核病又名副结核性肠炎，是由副结核分枝杆菌感染而引起的一种牛的慢性传染病，偶见于羊、骆驼和鹿。特征是间歇性或持续性的顽固性腹泻和渐进性消瘦，以及增生性肠炎导致肠黏膜呈脑回状增厚。

本病已广泛存在于世界各地，其中以奶牛业和肉牛业发达的国家和地区受害最重。我国于 1953 年首次报道该病的存在。

【病原】

本病病原为副结核分枝杆菌，但多数为棒状小杆菌，革兰氏染色阳性，抗酸染色阳性。该菌主要存在于患病动物及隐性感染动物的肠壁黏膜、肠系膜淋巴结及粪便中，多成团或成丛排列。本菌有典型牛型菌株、绵羊型菌株和色素型菌株三个不同株系。

本菌对热和消毒药的抵抗力较强，在污染的牧场、厩肥中可存活数月至1年，直射阳光下可存活10个月，但对湿热的抵抗力弱，60℃ 30分钟、80℃ 15分钟即可将其杀灭。此外，3%～5%苯酚溶液、5%来苏儿溶液10分钟可将其灭活，10%～20%漂白粉乳剂20分钟、5%氢氧化钠溶液2小时也可杀灭该菌。

【流行情况】

自然感染以牛(特别是奶牛)最为易感，绵羊、山羊次之，鹿、骆驼、马、骡、猪等也可感染。6月龄内，特别是1～2月龄的牛易感，年龄越大，易感性则降低，成年牛多在3～5岁出现症状。多数牛在幼龄时感染，经过很长的潜伏期，到成年时才表现出临床症状。病畜和带菌畜是主要传染源。可通过乳汁、粪便和尿排出大量的病原菌。

本病主要经消化道感染。由于该菌的抵抗力较强，可在外界环境中存活很长时间，污染用具、草原、饮水和草料等，通过消化道侵入健康动物体内引起感染。也有材料证实通过皮下和静脉接种可感染本病。怀孕母牛可经胎盘传染给犊牛。据报道，经胎盘感染的发病率可达44.5%～84.6%。

本病的流行特点是发展缓慢，发病率不高，病死率极高，并且一旦在牛群中出现则很难根除。在感染牛群中病牛数目通常不多，各个病例的发生和死亡间隔较长，因此，本病表面上看似呈散发性，实际上则为一种地方流行性疾病。感染牛群的死亡率可达2%～10%，偶尔可增高到25%。

【症状】

自然感染潜伏期较长，可达6～12个月，有的长达5年，少于1年者少见。当牛怀孕、分娩、泌乳、营养缺乏、急骤改变饲养环境、过劳、长途运输等诱因存在时能促进疾病的发展。通常在产犊(特别是第二胎)后数周内出现临床症状。

该病的病程很长，为典型的慢性传染病。发病初期往往没有明显的症状，以后症状逐渐明显，出现间歇性腹泻，然后逐渐变为经常性的顽固性腹泻，粪便稀薄，恶臭，可带有气泡、黏液和血液凝块，严重时排水样便呈喷射状。早期食欲、精神都还正常，以后食欲减退，不喜精料，饮欲增强，逐渐消瘦，眼窝下陷。经常躺卧，不愿走动。泌乳逐渐减少，最后完全停止。皮肤粗糙，被毛粗乱，下颌及垂皮水肿。体温常无明显变化。有时病情可能一度好转，腹泻停止，排泄物正常，体重也有所恢复，但随后可能再度发生腹泻。如给予多汁饲料可加重腹泻症状。如腹泻不止，一般经3～4个月因腹泻衰竭而死。对症用药后下痢有时可暂停，停药后即复发。

【病理变化】

剖检可见病牛尸体极度消瘦，主要的病理变化位于消化道和肠系膜淋巴结。空肠、回肠和结肠前段，尤其是回肠，其浆膜和肠系膜显著水肿，肠黏膜增厚达3～20倍，并形成明显的横向行的脑回状皱褶。黏膜呈黄色或灰黄色，皱褶突起处常呈充血状，并附有黏稠而混浊的黏液，但通常无结节、坏死或溃疡病灶，更不见干酪样钙化灶。有时从外表观察肠道并无明显变化，切开后则可见肠壁明显增厚。浆膜下淋巴管和肠系膜淋巴管肿大呈索状，淋巴结切面湿润，表面有黄白色病灶，有时则有干酪样病变。淋巴管粗大呈绳索状。脾脏肿大，颜色变深。心肌柔软，严重心衰。肺脏见明显的间质性肺气肿，颜色发白，质地柔软，肺泡明显可见。

【诊断】

根据该病的流行病学、临床症状和病理变化，一般不难作出初步诊断，但要确诊需作实验室检查。

病原学检查可采取混有黏液、血液及黏膜的粪便作为标本，也可从病畜直肠深部刮取少量黏液粪便，供直接涂片染色镜检。细菌培养时则采取肠及肠系膜淋巴结。作病理组织学检查可将肠及肠系膜淋巴结置于10%福尔马林中固定。

副结核皮内变态反应属于第Ⅳ型过敏反应（迟发型过敏反应）。本法是目前国际上广泛应用的副结核病诊断方法。其检出率一般多在60%～80%，也有90%以上的。据多数学者认为，它适用于诊断无症状或症状不明显的动物，能查出大部分隐性副结核病的牛和羊。副结核菌素对牛的检出率可达94%。应用提纯副结核菌素或禽提纯结核菌素皮内注射进行变态反应检查。操作方法是取上述菌素0.2毫升注射于待检动物颈侧皮内。注射后72小时观察注射局部有无热、肿、痛等炎性反应，用卡尺测量局部皮肤厚度，若局部有炎性反应，皮厚差≥4毫米，进口动物皮厚差大于2毫米的判为阳性反应。若局部炎性反应不明显，皮厚差2.1～3.9毫米的判为疑似反应。疑似反应者，在3个月后重做一次。若仍为疑似则判为阳性。

【防控及扑灭措施】

（1）本病尚无特效的治疗药物，也无治疗价值。预防应在加强饲养管理、搞好环境卫生和消毒工作的基础上，强化检疫。无该病的地区或养殖场禁止从疫区引进种牛或种羊，必须引进时则应进行严格检疫，确认健康无本病时方可混群。

该病污染的地区或养殖场，应在随时观察和定期临床检查的基础上，所有牛只每年定期进行4次（间隔3个月）变态反应或酶联免疫吸附试验检疫，连续3次检疫不出现阳性反应牛时，可视为健康牛群。

检疫阳性者应按照不同情况采取不同方法处理，即有明显临床症状的开放性病牛或细菌学检查阳性的病牛应及时捕杀处理，但对妊娠后期动物则可在严格隔离，保证不散播病菌的前提下于产犊后3天捕杀处理；对变态反应阳性牛，要采取集中隔离、分批淘汰的方法，隔离期内要加强临床检查和细菌学检查，发现有临床症状或细菌学检查阳性者，及时扑杀处理；变态反应疑似动物，应每隔15～30天再检疫1次，连续3次检查的疑似牛可酌情处理。

（2）在检疫的基础上，应加强环境消毒，切断该病的传播途径。病牛用过的圈舍、栏杆、饲槽、用具、绳索和运动场等，要用生石灰、来苏儿、氢氧化钠、漂白粉、石炭酸等消毒药进行喷雾、浸泡或冲洗消毒。粪便应堆积高温发酵后用作肥料。

（3）关于副结核病的人工免疫，虽有弱毒菌苗和灭活油佐剂苗试验应用的报道，但未获得满意的结果。

3. 牛梭菌性肠毒血症

牛梭菌性肠毒血症是牛的一种急性毒血症。主要是产气荚膜梭菌D型引起，在肠道中大量繁殖，产生毒素引起病变。

【病原】

产气荚膜梭菌过去称魏氏梭菌，是梭状芽孢杆菌属的成员。在自然界分布极广，可存在于土壤、污水、饲料、食物、粪便以及人、畜肠道中，一定条件下，也可引起多种严重疾病。

菌体直杆状，两端钝圆。革兰氏染色阳性，多数菌株可形成荚膜。一般消毒药易杀死本菌繁殖体，但芽孢抵抗力较强。

【流行情况】

产气荚膜梭菌 D 型为土壤常在菌。牛采食被病原菌芽孢污染的饲料和饮水，芽孢便随之进入消化道，其中大部分被真胃里的酸杀死，小部分存活进入肠道。在正常情况下，细菌缓慢增殖，产生少量毒素。当条件适宜，毒素大量积聚。高浓度的毒素改变了肠道的通透性，使大量毒素进入血液，引起全身毒血症，并损害与生命活动有关的神经元，发生休克而死亡。

【症状】

本病的特点为突然发作，常在眼观症状明显后很快死亡。病状可分为两型：一类以搐搦为特征，另一类以昏迷和静静死去为特征。搐搦型和昏迷型在症状上的差别，主要是由于吸收的毒素的多少决定。前者在倒毙前，四肢出现强烈的划动，肌肉震颤，眼球转动，磨牙，口水过多，然后头颈明显抽搐，常常在 4 小时内死亡。后者病程不太急，早期症状为步态不稳，后倒卧，同时有感觉过敏、流涎、上下颌“咯咯”作响，继以昏迷，角膜反射消失。

【病理变化】

病变常限于消化道、呼吸道和心血管系统。真胃含有未消化的饲料。回肠的某些区段发红，心包常扩张，内含灰黄色液体和纤维素絮块。肺脏充血和水肿。胸腺常发生出血。

【诊断】

可依据本病的临诊症状和病理变化，结合流行病学可做出初步诊断。由于本病系细菌在肠道内产生的毒素所致，细菌本身不一定进入机体，同时正常人畜肠道中常有此菌存在，因此，只有从肠道中分离到毒力强大的细菌时，才具有一定的参考意义。

有效的微生物学诊断方法是肠内容物毒素检查。取回肠内容物(如采集量不够，可采空肠后段或结肠前段内容物)，无菌处理制成悬液，分成两份，一份加热(60℃30 分钟)，一份不加热，分别注射给家兔或小鼠。如有毒素存在，则不加热组动物常于数分钟或十几小时死亡，而加热组不死亡。

如果想确定致死动物的毒素类别及细菌型别，可进一步做毒素中和保护试验。

【防治措施】

①本病虽然是散发性的，但也应注意预防，以免给养牛业带来损失。在平时的饲养管理中，坚持卫生防疫制度。已有肠毒血症疫苗，但免疫期短，保护期为 6 个月，每年注射 2 次可有效预防本病发生。

②对已发病的牛场，除做好消毒和环境卫生外，对健康牛进行紧急免疫。

③对已有临床症状的牛，用 5%～10%葡萄糖注射液、先锋霉素、维生素 C、安钠咖进行静脉注射治疗。

4. 放线菌病

牛放线菌病是由几种放线菌感染所致的一种慢性传染病。其特征是在舌、颌、头、颈的皮肤及软组织等部位，形成局灶性质地坚硬的放线菌肿。

【病原】

本病的病原主要为牛放线杆菌和林氏放线杆菌。牛放线杆菌是一种革兰氏阳性杆菌，主要感染骨组织，在组织中可形成“菌芝”，肉眼观似硫黄颗粒。林氏放线菌是一种革兰氏阴性杆菌，主要感染皮肤和软组织，在组织中也可形成“菌芝”。

【流行情况】

本病的病原主要分布或存在于被污染的土壤、饲料和饮水中，动物的口腔及上呼吸道也存在本菌。本病感染途径是外伤感染。因此，只要黏膜或皮肤上有损伤，就有可能发生此病。粗糙的饲草刺伤口腔是引起本病发生的一个常见原因。

【症状】

当皮肤、皮下组织等发生本病时，主要在颌骨角、颈部和颊部，形成坚硬的球形肿胀，肿胀界限清楚、圆而突起，大小不一，由蚕豆大至人头大，无热无痛，破溃或切开时从中流出脓性分泌物。

发生于舌时，舌肿大、坚硬、活动困难，故称“木舌症”。

乳房感染发病时，乳腺组织形成坚硬无痛的肿胀，在乳池或皮下常形成核桃大小、界限明显的坚韧结节，破溃时乳汁中出现脓汁。

当放线菌发生于骨骼时，多见于上、下颌骨，形成面积较大的骨组织肿胀，质地十分坚硬，与皮肤粘连、无移动性，无热无痛。破溃或切开时流出多量污黑色分泌物。

严重时会影响采食，一般无全身症状。

【诊断】

本病的临床表现及病理变化特殊，诊断比较容易。必要时可取少量脓汁中的颗粒，在载玻片上压碎，加一滴15%氢氧化钾溶液，置低倍显微镜暗视野下镜检，可见菊花状的特殊结构。

【预防措施】

重视饲草加工，不喂未经加工处理的豆秸、带芒的麦秸及粗硬饲草，防止口腔黏膜损伤，是预防本病发生的重要措施。

【治疗措施】

①对于界限明显的肿胀，可手术切除或进行烧烙治疗。

②口服碘化钾，成年牛每天5～10克，犊牛每天2～4克，连续2～4周；或静注10%碘化钠溶液，每天50～100毫升，隔日1次，连续3～5次。当肿胀破溃后，在全身治疗的同时，对患部要每天用碘酊进行处理。

③还可患部注射青霉素、链霉素进行治疗，1周为一疗程。

④也可结合全身治疗局部治疗，对于形成的较大骨组织肿胀，治愈后会留下异常的形态改变。

5. 破伤风

破伤风又叫“强直症”、“锁口风”，是由破伤风杆菌经伤口感染后产生外毒素，侵害神经组织所引起的一种急性、中毒性人、畜共患传染病。该病的主要特征为全身骨骼肌持续性或阵发性痉挛以及对外界刺激全身兴奋性增高。

【病原】

破伤风是由破伤风杆菌经伤口侵入引起的一种人、畜共患传染病。马、骡、驴发生较多，牛、羊次之，猪和人也可感染。破伤风杆菌能形成芽孢，广泛存在于施肥的土壤及尘土中。当破伤风杆菌侵入伤口后，在侵入的局部组织内生长繁殖，并产生外毒素使家畜发病。本病多散发，即零星发生。

【症状】

潜伏期为7～21天。病牛初期肌肉紧张，牙关紧闭、流涎，采食及吞咽困难。继之出现全身肌肉痉挛，两耳竖立，瞳孔散大，瞬膜突出，鼻孔开张，头颈伸展，背腰僵硬，尾根偏举，四肢开张形如“木马”，腹部卷缩，肋弓明显。遇声、光刺激可使全身肌肉痉挛加剧，病牛惊慌。初期体温正常，死前常见升温到41℃以上，全身出汗，因反刍和嗳气停止，常发生臌胀，腹肌紧缩，反射兴奋不明显。

【病理变化】

该病的病理变化不明显，仅在黏膜、浆膜及脊髓等处可见小出血点，肺脏充血、消肿、骨骼肌变性或具有坏死灶及肌间结缔组织水肿等非特异性变化。

【流行情况】

各种动物对本病均有易感性，其中以单蹄兽最为易感，牛、羊、猪次之，鹿、犬和猫仅在例外情况下发生，鸟类和家禽有抵抗力；人对破伤风易感性很高，易感动物不分年龄、品种和性别均可感染发病。

由于破伤风杆菌较广泛地存在于自然界，可以通过各种创伤，如断角、去势、断脐、产后子宫损伤、消化道黏膜损伤等感染；有些病例常不易观察到伤口。该病在集约化、现代化养殖过程中也有一定的危害性。本病无季节性，常表现零星散发。

【诊断】

根据本病特殊的临床症状，如肌肉强直、应激性增高、体温升高、并多有创伤史，确诊并不困难。病牛死亡后有关症状会消失。在显微镜下检查创伤部位的脓液或坏死组织，或培养后境检查病原菌可以找到破伤风杆菌。

【预防措施】

①常发破伤风的地区应做破伤风类毒素注射，每年预防注射一次，幼畜皮下注射0.5毫升，成年牛皮下注射1毫升，3周后产生免疫力，保护期为1年，可选择在每年的春季或秋季进行预防注射。

②减少外伤发生，断脐、去角等过程中要严格消毒。

【治疗措施】

①寻找创伤　对伤口进行扩创，用高锰酸钾溶液、双氧水、碘酊等彻底消毒，并注射大剂量的青霉素。

②中和毒素　防止神经系统继续中毒，可静脉或皮下注射大剂量的破伤风抗毒素，连用2天，同时静脉注射15%～20%乌洛托品100～200毫升。

③对症治疗

a.用解痉镇静剂，肌肉注射20%硫酸镁50～100毫升，水合氯醛35～40克溶于水中灌肠或肌肉注射氯丙嗪0.2～0.6克。

b.牙关紧闭时可用2%～5%普鲁卡因10毫升加0.1%肾上腺素0.6～1毫升混合注射于咬肌，一侧一次。

无法采食时，应每天补液补糖；并发肺炎时可用抗菌素类药物。

6.奶牛冬痢

冬痢是牛的一种季节性和暴发性强的疾病，以排棕色稀便和出血性下痢为特征。临床以传播快、发病率高、奶产量明显下降为特征。奶牛和黄牛均可发生。本病在我国不少地区的奶牛场内呈多次流行，并对奶牛生产造成了严重损失。

【病原】

真正的病因至今尚未完全肯定。据记载，认为冬痢由空肠弯曲杆菌引起，但用该菌诱发本病又未成功；也有认为是病毒引起的，如冠状病毒、轮状病毒等；也有认为可能是病毒与弯曲杆菌共同作用所致。目前，绝大多数研究认为冠状病毒是冬痢的主要病原。

【流行情况】

本病流行于11月份至翌年4月份，即冬季和初春，有明显的季节性。所以认为，天气寒冷、气温的骤变，牛受寒感冒使机体抵抗力降低，以及饲料突然变更，饲喂发霉变质和冰冻饲料等因素皆可促使本病的发生。

本病具有高度接触传染性，通过污染的饲料、饮水和兽医、配种员消毒不严等将该病传播。不同年龄的牛均可发病，但成年年病情较重，特别是高产牛。本病发生有明显的的季节性，尤其为冬季多发。

【症状】

本病发病突然，发病急、传播快、发病率高。病的典型症状是腹泻。病牛排出水样稀便，色呈棕色，内含大量气泡、鲜红色血液或血凝块，具腥臭味。排粪常呈喷射状。拉血牛占20%左右。

通常情况下，食欲和精神无明显改变；体温、呼吸和脉率均正常。瘤胃蠕动增强，肠音亢进。严重病牛，食欲减退或废绝，精神沉郁，被毛粗乱，腹部蜷缩，衰弱，牛喜躺卧，眼无光，眼窝凹陷，呈现出脱水症状，患牛呼吸增数，心跳加快。

产奶量急剧下降，其下降幅度视腹泻轻重程度而不同。腹泻轻，下降少；腹泻严重，下降多。下降率为10%～30%、10%～50%和10%～90%。当腹泻控制后，奶产量能很快回升。

由于牛生理状况、泌乳量和腹泻程度不同，其病程各异。一般为3～7天。成年牛发病高于育成牛，且病情重，特别是高产牛病情更重且难以恢复。犊牛很少发病或不发病，即使发病，病情轻微，很快痊愈，痊愈牛可获得免疫力，时间2～3年，因此3年后仍有暴发现象。

血液学变化表现为红细胞、白细胞、血色素和血容压积减少，淋巴细胞增多机体处于贫血状态。

【诊断】

根据发病季节、临床特征及发病规律，即能作临床诊断。

确切诊断较为困难，目前尚无特异的检查方法，如怀疑为冠状病毒引起，可采用血清学方法或电镜检查。

【预防措施】

①主要是加强饲养管理，增强机体抵抗力。合理配合日粮，保持饲料稳定，不用变质、冰冻和发霉饲料喂牛。加强兽医防疫消毒制度，严禁外来人员随意进入牛棚；定期用2%碱溶液或其他环境消毒液对牛舍、运动场喷洒消毒。

②做好防寒保暖工作，冬天尽量保持较合适的饮水温度，不要给牛喝冰碴水。

【治疗措施】

迄今，尚无特异疗法，只靠加强护理，促使自然痊愈。但对临床症状严重的病牛应对症治疗促使缩短病程，尽快恢复。

①为消除肠道炎症可用痢特灵2克或磺胺脒、碳酸氢钠各50克，一次服用；可用氟哌酸20克，拌入精料中饲喂，每日2次。连续1～3天。

②脱水严重者，应尽早补充水和电解质溶液葡萄糖生理盐水2 000～3 000毫升、维生素C 100毫升，1%氯化钾100毫升，一次静脉注射。在补充等渗电解质溶液时，对高产奶牛还可同时静脉注射10%葡萄糖酸钙500毫升，可解除低钙血症，又可促进瘤胃蠕动，增进食欲。若因失血造成贫血的病牛，必要时，可采用输血。

7. 腐蹄病

坏死杆菌是牛腐蹄病最常见的病原微生物，所以，本病又名指(趾)间坏死杆菌病。本病还叫指(趾)间蜂窝织炎、瘭疽。本病可引起指(趾)间隙皮肤及下面软组织的急性或亚急性炎症。常导致蹄部皮肤坏死和裂开，炎症常常从指(趾)间隙皮肤，蔓延到蹄冠，引起跛行和体温升高。

【病因】

许多学者同意坏死杆菌是本病的病原菌，指(趾)间隙是微生物的侵入部位，但也有人报道有的病例是从血源感染的。

指(趾)间隙被异物刺伤；或被稀粪、稀泥浸泡，可使指(趾)间皮肤软化，这些都为病原菌侵入打开了门户。

指(趾)间皮炎、球部和蹄冠部皮炎、疣性皮炎、指(趾)间皮肤增殖和黏膜病等可并发坏死杆菌感染。

目前本病的发病原因和病原尚有一定争论。

【流行情况】

本病在世界许多国家都有发生。英国乳牛的指(趾)间坏死杆菌病占所有跛行的15%以上，在其他国家，如澳大利亚、奥地利、荷兰、丹麦、德国、罗马尼亚、瑞士、美国和前苏联，本病同样是严重的，发病率也很高。本病在我国也常有发生，对奶牛业影响较大。

关于本病的发病季节，各国比较一致的看法是春季多发，但四季皆有发病的报道。所有品种的牛都可发病，但乳牛发病率更高。

任何年龄的牛都可发病，从几周龄到老年牛都可发病。荷兰等国调查表明，发病最多的年龄是2～4岁。40%以上的牛发生在产前50天。

【症状】

在病变发展后几小时内，观察力敏锐的畜主可注意到一个或更多的肢出现跛行，系部球节屈曲，以蹄尖轻轻负重，约75%的病例发生在后肢，犊牛有时四肢都可被侵害。

18～36小时以后，指(趾)间隙和蹄冠部出现肿胀，皮肤出现小的裂口，有难闻的恶臭气味，裂口表面可形成伪膜。

36～72小时后，病变可变得更显著，指(趾)部及球节部可出现肿胀，两指(趾)明显分开。牛此时有剧烈疼痛，患病肢常想离开地面提起，体温常常升高，食欲减退，产奶量明显降低。再过一二天后，指(趾)间组织可完全剥脱，转归好的病例，以后出现肌化或纤维化。某些病例坏死可持续发展到深部组织，出现各种并发症，甚至引起蹄壳脱落。

【诊断】

根据症状和实验室检查可以确诊，但应与引起的并发症和蹄部化脓性疾病作鉴别诊断。

【预防措施】

①用4%硫酸铜液或聚维酮碘溶液进行蹄浴是防治本病的一种有效方法。

②饲料中添加硫酸锌也是防治本病的有效方法之一，4～6毫克/千克体重，可长期添加。

③清除圈舍地面异物，防止蹄部损伤；保证圈舍干燥，防止粪尿浸渍蹄部是预防本病发生的基本措施。

另外，也可以尝试性地用疫苗进行预防；近年来不断有人试用疫苗预防本病。

【治疗措施】

及时发现并采取合理的治疗措施，预后良好。延误的病例或治疗不合理的病例，预后慎重。发展到深部组织的病例，预后不良。

①全身治疗　全身可用抗生素或磺胺，磺胺药可用磺胺二甲基嘧啶，4克/100千克体重，静脉注射。抗生素可用青霉素或广谱抗生素；对体温升高病例要注意对症治疗。

②局部处理　局部处理也很重要，病蹄用防腐液清洗后，去除任何游离的指(趾)间坏死组织，伤口内放置抗生素或磺胺，也可涂抹“蹄炎膏”等药，然后用绷带包扎，绷带包扎时不要影响引流，3～4天换药一次。

对于局部病变较轻的病例，可采用局部开放治疗，每天用0.1%新洁尔灭或4%硫酸铜溶液浇洗(或浸泡)病蹄3次，病牛置于干燥卫生的圈舍中护理。

8.犊牛副伤寒

犊牛副伤寒也叫犊牛沙门氏杆菌病，对犊牛危害巨大，呈地方性流行，发病率高达20%～70%，致死率高达5%～75%。成年牛也可发病，但成年牛多为散发或隐性带菌。

【病原】

引起本病的沙门氏杆菌通常由鼠伤寒沙门氏杆菌、都柏林沙门氏杆菌、牛流产沙门氏杆菌或纽波特沙门氏杆菌等引起。沙门氏杆菌有较强的抵抗力和较高的耐药性，这也是本病难以净化、控制的主要原因。

【流行情况】

不同年龄的牛均可感染，但以10～40日龄的牛最为敏感，个别犊牛2日龄即可感染发病。

本病一年四季均可发生，但每年的 7、8、9 月份是犊牛副伤寒的高发期。潮湿炎热、卫生条件差、饲养密度大、饲养管理不当可促进本病的发生。

病牛和无临床表现的带菌牛是主要传染源，通过粪、尿、乳、胎水、胎衣等排出病原菌，污染环境、饲料、饮水。感染途径主要为消化道感染，也可通过分娩感染，也可通过交配感染本病。

【类型及症状】

犊牛副伤寒可分为急性型、慢性型两大类。

①急性型　急性型主要以败血症、急性肠炎和肺炎症状为特征，生后 48 小时左右即可发病。病程短的 2～3 天发生死亡，大部分在 10 天左右死亡，病程长者 20 多天死亡，也可转为慢性型。

其主要临床表现为体温升高(40～41℃)，精神不振，不食。共济失调，腹痛、拉稀、稀便腥臭、粪便中有血液和肠黏膜、脱水、衰竭、卧地不起。伴发肺炎时表现不同程度的咳嗽、呼吸困难、流脓性鼻液(鼻炎)。个别表现化脓性角膜、结膜炎。

②慢性型　慢性型主要以关节炎症状为特点，病程较长，可达 30～50 天。

此类型多在犊牛出生后 7～10 天发病，以关节肿胀为主要特征(图 6-1)，关节肿胀具有一定的对称性，要么为两前肢关节肿大(腕关节、肩关节)，或为后肢关节肿大(跗关节、膝关节)。患病犊牛不愿走动、跛行、喜卧，食欲下降，精神沉郁，体温一般为 40～41℃、发病 1 周后体温大多恢复正常。患病牛消瘦，有些伴有轻度腹泻症状，个别患病犊牛流脓性鼻涕及伴有呼吸道炎症症状，病程可达 30～50 天。

成乳牛发病时间均在产后 1 个月以内，主要症状为两侧腕关节肿大(图 6-1)，或两侧跗关节肿大，或跗关节和一侧膝关节肿大，跛行明显，严重者继发关节化脓感染、卧地后起立困难，体温升高(41℃左右)，精神沉郁，产奶量显著下降或无奶，患病牛消瘦，病情重者可导致淘汰。

近年来，以关节炎为特征的慢性型病例较为多见；以败血症、急性肠炎和肺炎症状为特征的急性型病例相应要少见一些。

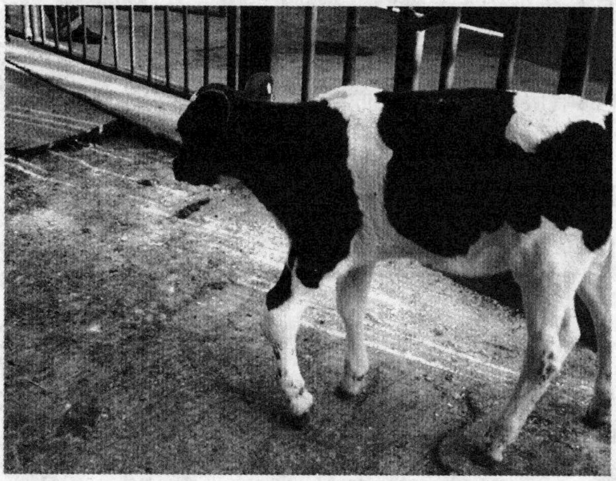

图 6-1　犊牛副伤寒引起的两侧腕关节肿大

【病理变化】

慢性型病例关节腔内有多量、红色、混有少量纤维絮片的液体。关节周围的腱鞘肿大，腱鞘中含有多量淡红色渗出液。

肝脏、脾脏肿大，肝脏上有点状坏死灶。膀胱、肾有少量出血点，肠系膜淋巴结出血，肺脏有炎性区。

【诊断】

用病牛肝脏组织在琼脂培养基上触压，然后进行培养，对培养出的菌落进行染色（革兰氏）观察，显微镜下发现有红色短小的副伤寒杆菌。

用腱鞘中的炎性渗出液涂片染色（革兰氏染色），显微镜下发现有红色短小的革兰氏阴性杆菌。结合临床症状及病理剖检变化，可作出诊断。

【预防措施】

此病比较复杂，牛一旦感染本病，难以彻底消除（此病在少数奶牛场较长期存在、根深蒂固，损失巨大），必须采取综合措施进行控制净化；重治疗、轻综合预防的思想是十分有害的。

此病的感染途径主要是消化道感染。成年牛感染本病后多为散发或隐性带菌，无临床表现的带菌牛是导致此病扩散的主要传染源，病牛和无临床表现的隐性带菌牛通过粪、尿、胎水、胎衣等排出病原菌污染环境，从而导致犊牛发病。所以，做好产房管理工作是防控本病的关键环节之一。

①做好产房消毒工作，及时清理排出的胎衣、胎水等分娩排出物，地面用3%火碱认真消毒，每天、每产认真消毒。防止母牛通过分娩排出物对产房环境造成污染，防止犊牛通过接触隐性带菌母牛的分娩排出物而感染发病。

②犊牛出生后，立刻单独隔离饲喂，犊牛舍在全面彻底消毒1次后，每天坚持消毒1次，所用消毒液为新洁尔灭或火碱。

③产房安排专人昼夜值班，保证犊牛在出生后1小时内喂上初乳，喂量为1.5～2千克，每天3～4次，提高犊牛自身免疫力。

④认真做好断脐工作，断脐后用5%碘酊浸泡断端，防止新生犊牛通过脐带感染本病。

⑤犊牛出生后，全部喂服药物进行预防控制，喂服时间为连续5天。土霉素粉，每天1次，每次直接向口中喂服2克；或口服注射用链霉素，早、晚各一支（100万单位）。

⑥对发病牛立即进行隔离治疗。

⑦对无治疗价值的较重病例及时进行淘汰处理。

【治疗措施】

本病的治疗原则是：杀菌消炎、止痛排液；兼顾局部治疗和全身治疗。

①全身治疗　用土霉素注射针剂每天肌肉注射一次或注射头孢噻呋钠进行治疗。其次是对症治疗，如解热镇痛（注射安痛定）治疗、补液治疗、支持营养治疗等。

②局部治疗措施

a. 对肿胀严重者穿刺排液后内注青霉素、链霉素、地塞米松、普鲁卡因进行治疗，可进行2～3次，但操作过程中要注意严格消毒。

b. 利用青霉素和盐酸普鲁卡因在关节上方进行封闭治疗，隔天1次。

c. 肿胀关节上涂抹"乳肿康"(北京华秦源生物技术开发有限公司提供)进行治疗也有一定疗效。

9. 犊牛大肠杆菌病

犊牛大肠杆菌病又称犊牛白痢。主要临床症状为腹泻、脱水和酸中毒，最后因衰竭而死亡。有些也表现败血症。

【病原】

本病是由大肠杆菌引起的一种肠道传染病。一定血清型的大肠杆菌是引起本病的病原。

本病多发于生后10日龄以内的犊牛，特别是生后1～3天内。发病常呈地方性流行和散发，一年四季均可发生。主要通过消化道和脐带感染，也有通过呼吸道感染的。其感染源为污染的垫草、奶桶、腹泻犊牛及饲养管理人员。凡能影响犊牛抵抗力的各种因素，均可促使本病的发生。

【症状】

其临床表现为三种类型：

①败血型　常在出生后4天内发病，呈急性经过。犊牛表现精神不振、虚弱、发热和食欲废绝，常于发病后数小时或1～2天死亡，死亡率80%以上，有时不见腹泻。耐过的牛1周后可出现关节炎、脑膜炎或肺炎。

②肠型　此型在临床上比较常见，以腹泻为特征，病初粪便淡黄色、粥样、恶臭，继之呈水样，浅灰白色，混有血块、血丝、气泡。中期肛门失禁，后躯污秽，常腹痛。后期高度脱水，衰竭，有时出现痉挛。如不及时治疗，一般经1～3天死亡。个别可自愈，但发育迟缓。

③肠毒血型　病程短促(2～6小时)。一般看不见症状而突然死亡。如病程较长，有典型的中毒性神经症状，先兴奋不安，后变得沉郁，最后昏迷而死。体温变化不明显，呼吸及脉搏增数，腹泻常不明显。

【病理变化】

肠型病犊死后剖检可见，真胃黏膜有大量不规则的坏死灶和出血点。肠内有黏稠恶臭粪便，黏膜有炎症变化。肠系膜淋巴结肿大，肠系膜有胶冻样侵润和出血斑。肝脏肿大并有坏死灶，呈淡黄色。肾脏表面有出血点和小的坏死灶。病程长的关节和肺脏也有病变。败血型和肠毒血型死亡的犊牛常无明显病理变化。

【诊断】

可通过流行病学、临床症状及病理变化，作出初步诊断，确诊需用细菌学检验手段。

【预防措施】

①加强饲养管理，保持良好的环境卫生，采取综合措施，提高犊牛抵抗力，这对有效预防本病有重要意义。

②及时喂好初乳。

③注意奶的温度、数量及卫生。

【治疗措施】

①口服新霉素、庆大霉、磺胺及喹诺酮类等抗生素进行治疗。

②治疗中要注意补糖、补液及调整酸碱平衡及电解质平衡。

第四节 奶牛寄生虫病防治

寄生虫病危害牛和人类健康，给养牛生产造成了严重的经济损失，防治寄生虫病是关系人畜健康和提高养牛经济效益的一项重要工作。例行的驱虫或预防寄生虫感染是牛场防疫员的岗位工作内容之一。此外，牛寄生虫病的防治具有一定的复杂性，不仅仅与养牛生产的诸多管理环节不到位有关，也与我们的生活习惯和环境卫生状况有十分密切的关系。所以，牛寄生虫病的防治必须采取综合防治措施，才能收到较好的成效。

1.驱虫时间确定

驱虫是一种治疗措施，也是一种积极的预防措施，驱虫应该在采取一定卫生条件措施的情况下进行，因为驱虫药很难杀死蠕虫子宫中或已经排入消化道或呼吸道的虫卵，驱虫后含有崩解虫体的排泄物的随意散布会对环境造成严重污染。

对于规模化牛场来说，由于牛场占地条件受到严重限制，驱虫时很难提供专门的场地或隔离条件，驱虫一般是在牛平时生活的圈舍中进行的。在这种现状下，选择合适的驱虫时间就显得尤为重要，选择虫卵或幼体不易存活、发育的季节或外部条件，减少排到体外的虫卵或虫子体对环境的污染及再感染其他个体是我们确定驱虫时间的基本原则。

选择合适的驱虫时间或季节，需依据寄生虫的生活史和流行病学特点及药物的性能等因素而定。对于大多数蠕虫来说，在秋冬季驱虫较好。秋冬季不适于虫卵和幼虫的发育，大多数寄生虫的卵和幼虫在冬天是不能发育的，所以秋冬季驱虫可以大大减少寄生虫对环境的污染。另外，秋冬季也可减少寄生虫借助蚊蝇昆虫进行传播。

对肝片吸虫来说，肝片吸虫从食入囊蚴到虫体成熟开始排卵，约需3个月，其感染的高峰季节是在7～9月份，因此就不能在7～9月份进行驱虫。我们可以选在10～11月份进行首次驱虫，翌年1～2月份再驱虫1次。

2.驱虫药选定与使用

牛体内的寄生虫存在着种类差异(吸虫、绦虫、蠕虫等)、阶段差异(卵、蚴虫、成虫)，不同种类和不同阶段的寄生虫对驱虫药的敏感性也存在着较大差异。所以，选用的驱虫药必须与寄生虫的相应种类和所处阶段相对应。

针对消化道线虫、绦虫、吸虫进行驱虫时，建议参考选用如下的药物及用量。

(1)消化道线虫

左咪唑：剂量4～5毫克/千克体重，一次皮下或肌肉注射，或6毫克/千克体重，一次口服。

噻苯咪唑：剂量70～110毫克/千克体重，配成10%水悬液，一次灌服。

丙硫苯咪唑：剂量5～10毫克/千克体重，拌入饲料中一次喂服或配成10%水悬液，一次灌服。

1%害获灭注射剂：剂量0.02毫升/千克体重，一次皮下注射。

(2)绦虫

可选用丙硫咪唑、吡喹酮,不宜选用害获灭(用量同上)。

(3)吸虫

三氯苯唑(肝蛭净):剂量为10～12毫克/千克体重,一次口服。本药对成虫和童虫均有杀灭作用。

硝氯酚粉:剂量为3～4毫克/千克体重,一次口服;针剂剂量为0.5～1.0毫克/千克体重,深部肌肉注射。

3.制订驱虫计划的基本原则

不必要的药费投入和管理成本支出,不仅会导致养牛生产成本增加,也会对奶牛的产奶性能造成不同程度的影响,甚至会影响到牛奶的质量指标。

牛群是否进行定期驱虫,决定于牛体内外是否存在寄生虫感染。如果牛体存在寄生虫感染的问题,当然要及时驱除,否则就会影响牛生产性能,甚至会导致牛只死亡;如果牛体无寄生虫感染,当然就不存在定期驱虫的问题。由此可见,驱虫的前提条件是确定牛是否感染了寄生虫,为了确定牛体是否感染寄生虫,牛场就必须进行牛群寄生虫监测工作,在做好准确监测的条件下制订驱虫计划。

4.牛胃肠道线虫病防治

【预防措施】

减少胃肠道线虫虫卵或幼虫污染草料及饮水是最重要的环节。因此,当发现临床患线虫感染病牛时,应立即将其隔离、治疗,并严格注意消毒。感染牛场要定期进行预防性驱虫,一般在春、秋两季各进行一次。

如果是放牧饲养,在严重流行地区,牛只放牧期间,可将硫化二苯胺,剂量是每日每头0.5克,混入食盐或精料中口服进行预防。要选择合适时间,尽可能地避开潮湿牧地和幼虫活跃的时间进行。

【治疗措施】

治疗方法是驱虫。杀死线虫的广谱抗虫药物很多,举例如下。

左咪唑:剂量4～5毫克/千克体重,一次皮下或肌肉注射,或6毫克/千克体重,一次口服。

噻苯咪唑:剂量70～110毫克/千克体重,配成10%水悬液,一次灌服。

丙硫苯咪唑:剂量5～10毫克/千克体重,拌入饲料中一次喂服或配成10%水悬液,一次灌服。

1%害获灭注射剂　剂量0.02毫升/千克体重,一次皮下注射。

5.驱虫注意事项

驱虫是将宿主体内或身体上的寄生虫杀灭的一种措施。寄生虫局限于宿主体内或体表的这个阶段是寄生虫生活史中较易被我们所突破的环节;相反,当它们居住在自然界的时候,虽然比较缺少庇护,但由于虫体小,散布广,往往难以扑灭它们。驱虫并不是消极的治疗,而是一种积极的预防措施。驱虫应该在采取一定卫生条件措施的情况下进行,对大多数蠕虫进行驱虫时显得更为重要,因为驱虫药很难杀死蠕虫子宫中或已经排入消化道或呼吸道的虫卵,驱虫后含有崩解虫体的排泄物的随意散布会对环境造成严重污染。

为了防止驱虫工作对环境造成污染，我们应该注意以下几点。

①驱虫应在专门的(有隔离条件)场所进行。

②驱虫后应有一定的隔离时间，直至被驱出的病原物质排完为止。

③驱虫后排出的粪便和一切病原性物质均应集中处理，采用粪便发酵等“无害化”方法进行处理。

驱虫应有适宜的时间，这要根据寄生虫的流行病学特点来确定。对于大多数蠕虫，在秋、冬季驱虫较好。秋、冬季不适于虫卵和幼虫的发育，大多数寄生虫的卵和幼虫在冬天是不能发育的，所以秋、冬季驱虫可以大大减少寄生虫对环境的污染。另外，秋、冬季也有助于减少寄生虫借助蚊蝇昆虫传播。

“成熟前驱虫”主要应用于某些蠕虫，是乘一种蠕虫在宿主体内尚未发育成熟的时候，用药驱除之。怎样确定驱虫时间，要依据对其生活史和流行病学的了解以及药物的性能等而定。这种方法的优点在于，第一，将虫体消灭于成熟产卵之前，这就防止了虫卵或幼虫对外界环境的污染；第二，阻断宿主病程的发展，有利于保护牛体健康。近年来，驱虫药的研制有了很大进展，出现了一些能够杀死某些蠕虫的移行幼虫的药物，如硝氯酚可以杀死4周龄以上的肝片吸虫幼虫，苯硫咪唑可以杀死在组织和血管内移行的一些线虫的幼虫。如能掌握蠕虫精确的流行病学资料，将相应的药物应用于成熟前驱虫，就能取得更加显著的防治效果。

环境卫生是减少寄生虫感染或预防感染的措施。我们应当赋予预防更积极的意义，把一切可以做到的扑灭寄生虫及其媒介的措施都纳入到预防工作中去。

环境卫生包括许多方面的内容，但除了改善管理，提高清洁水平等一般性工作之外，更为重要的是依据对寄生虫生活史和流行病学的精确了解，制定有针对性的方案，在最适宜的地点和时间，攻破它们的流行环节。对于牛肝片吸虫预防来说，应从粪便管理、灭螺和饲料来源等方面采取措施。

不同的家畜有不同的侧重点，这是由它们的习性和重要寄生虫的传播规律决定的。对于牛来说，在寄生虫病的防治方面要重视犊牛和成年牛分群饲养，保持圈舍干燥卫生，设置产房，保证饲料和饮水清洁，及时清除粪便，定期驱虫等重点工作。

6.牛寄生虫病防制综合措施

牛寄生虫病防制要坚持预防为主，采取“养、防、检、治”综合措施。

(1)养

养为基础。创造良好的饲养条件，保持厩舍、饲料和饮水清洁卫生。实验证明，在不良的饲养条件下，长期蛋白质摄入不足，缺乏维生素、微量元素及钙等，会降低奶牛对寄生虫的抵抗力，而发生严重感染；寄生虫在抵抗力弱的奶牛体内，可延长其生活周期，增强繁殖能力，加剧其致病作用。营养不良、体质衰弱的犊牛，特别容易感染胎生网尾线虫和犊新蛔虫。

牛的多数寄生虫虫卵或幼虫排出体外后，在潮湿温暖的条件下，经过一定时间发育为感染性虫卵或幼虫，再被奶牛采食而受感染。因此，厩舍、棚圈要经常打扫，保持清洁干燥，使之不适合寄生虫虫卵和幼虫的发育，减少其污染程度。饲料、饮水易被寄生虫虫卵或幼虫所污染，因此要特别注意保持其清洁，在流行区，凡从沼泽、水渠、河溪边上割取的牧草，必须经过日晒处理，并将牧草放在适当高度的草架上，供奶牛食用，防止感染吸虫、丝状网尾线虫和消化道线虫。流行区内，放牧奶牛不要饮用河水、池塘水或水渠中的水，防止感染肝片吸虫、前后盘吸虫和东毕吸虫。

对于放牧的奶牛来说，根据寄生虫生活史和生态学的特点，针对外界环境中存在的感染性病原，采取合理的放牧时间和地点，可以减少寄生虫的感染。如牧地上捻转血矛线虫的感染性幼虫的出现数量，早晚多于中午，阴雨天多于晴天。故放牧的时间应尽可能避开早、晚和阴雨天，以减少感染机会；又如肝片吸虫的囊蚴，附着于沼泽地和沟渠两边牧草上，或漂浮于水洼、泥沼、池塘的近水处。因此，在秋雨感染季节，不宜到上述地方放牧，而应选择高燥岗地以减少肝片吸虫的感染。

(2)防

防是手段。防制寄生虫病，应采取各种预防手段，主要包括以下 2 个方面。

①采取措施消灭外界环境中的病原体及其中间宿主和传播媒介，以净化环境，防止感染。

②研究和采取免疫预防措施，增强宿主机体的免疫力，预防和减少感染。

消灭环境中的寄生虫病原体，包括虫卵、幼虫、卵囊、包囊等中间宿主和传播媒介，运用生物学知识，改造寄生虫的生态环境，可采用生物热、生物学灭虫，物理化学方法以及生物防制等措施。

免疫预防是利用机体具有识别异己、排斥异己的防御机制，通过抗原刺激使机体产生获得性免疫，从而增强宿主对寄生虫感染的免疫能力。目前，国内外都在进行寄生虫苗的研制工作，虽然目前商品市售的寄生虫苗较少，但随着科学技术的进步，虫苗的研制和应用将具有广阔的前景。目前，在奶牛上应用较多的是牛环形泰勒焦虫裂殖体胶冻细胞苗，该苗可用于预防牛环形泰勒虫病，其保护率达 95%～97%。另外，日本分体吸虫、网尾线虫、贝诺孢子虫等疫苗也初步研制成功，将逐渐进入市场。

(3)检

检为依据。检查虫情动态，要求做到检查方法科学，手段先进，数据准确完整，才能得出可信的结论，并以此作为防制的依据。

检查的内容包括临床检验、实验室检验、寄生虫定期检查、流行病学调查研究、区系调查，以及市场检疫、交通检疫、肉品卫生检验等有关资料。

做好牛场寄生虫病监测工作，对奶牛寄生虫病的防控具有重要意义。牛场可以根据本地寄生虫病种类，采用虫卵检测技术，每年进行 2～4 次定期监测，然后根据监测结果确定是否有必要驱虫，并根据监测结果选择相应的驱虫药物进行驱虫。

(4)治

治病灭虫。对有症状的寄生虫病奶牛进行治疗，以减少经济损失，消灭病原体；对症状不明显的带虫奶牛进行预防性治疗，防患于未然，消灭病原体防止其散布，故对寄生虫病的“治”其含义是治愈患畜和消灭病原体，兼有积极预防的作用。所以，治在防制奶牛寄生虫病上占有相当重要的作用。

寄生虫病的治疗包括体内、体外寄生虫病的治疗。一般对寄生在与外相通的器官和腔道部位(如食道、胃、鼻腔等)的寄生虫的治疗,是借助药物将寄生于此部位的虫体驱出到体外,称为驱虫;对寄生在与体外不相通器官部位(如脑、肌肉、腹腔等)的寄生虫,经药物作用将虫体杀死,但不能排出体外,故统称为治疗。

在进行驱虫时,要确定驱虫对象与范围,做到有的放矢,从实际出发,既要有周密的计划,又要求高效益以避免浪费。选择最佳的驱虫时间和最佳的驱虫药物,如肝片吸虫从食入囊蚴到虫体成熟开始排卵,约需 3 个月,其感染的高峰季节是在 7～9 月份,因此可在 10～11 月份驱虫 1 次,翌年 1～2 月份再驱虫 1 次,可使牛安全越冬,减少虫卵污染环境。在多雨年份,要防止急性肝片吸虫病的暴发,应在 8～10 月份对肝片吸虫幼虫进行驱杀;治疗急性肝片吸虫病,应选用双酰胺氧醚或二氯苯哒唑而不应该选硝氯酚,治疗慢性肝片吸虫病可选用二氯苯哒唑、硝氯酚,而不应用双酰胺氧醚。驱除犊牛莫尼茨绦虫应选用丙硫咪唑、吡喹酮,而不应用伊维菌素。

第七章　奶牛内科病防治

牛食五谷百草，要承受一年四季剧烈的环境条件变化，机体的生理过程难免会发生不同程度的不协调和紊乱，不发生疾病的牛群是不可能存在的。随着牛病诊疗水平的提高，其传染性疾病已得到了有效的控制，内科疾病在兽医临床上则成了奶牛的一种多发病、常见病。

第一节　奶牛常见内科病防治

1. 感冒

感冒是牛的一个常见病，属急性热性疾病，多发生于早春或秋末等气温变化频繁的季节。感冒经适当治疗一般都可迅速康复，但会影响牛的生产性能，对犊牛感冒如不及时治疗还可导致犊牛肺炎的发生。

【病因】

①气温骤变、风寒侵袭、牛舍潮湿及雨水浇淋等饲养管理不当。

②牛营养不良、机体瘦弱、患有其他疾病、抵抗力下降。

【症状及诊断】

①突然发病，体温升高、呼吸及心跳加快。

②咳嗽、流涕（初期清、后期稠）、鼻黏膜充血潮红。

③耳尖、鼻端发凉，鼻镜干燥，拱腰哆嗦，精神不振，食欲不佳，前胃弛缓，生产性能下降。

④眼结膜潮红、流泪。

根据上述临床症状要点，可对本病作出诊断。

【预防措施】

①加强饲养管理，注意饲养搭配，提高机体对环境因素变化的适应力和抵抗力，可减少本病发生。

②防止风寒、潮湿等因素侵袭，气温剧变时及时做好相应的防护措施。

【治疗】

解热镇痛、祛风散寒、防止继发症发生，是治疗本病的基本原则。

具体防治方法有举例：

500 千克体重的成年牛，肌肉注射 30% 安乃近注射液，或复方氨基吡啉注射液 20～40 毫升，同时配合全身注射青霉素 300 万国际单位、链霉素 300 万国际单位，1 日 2 次，连用 2～3 天。选用抗生素时也可以选用恩诺沙星、氨苄青霉素、头孢类等。

2. 瘤胃积食

瘤胃积食也称瘤胃食滞或瘤胃阻塞。过食是发生本病的重要条件。按临床症状和发病原因可分为两种类型:一种是过食大量粗饲料引起的积食,一种是由于过食大量精料引起的积食。本节只讲述第一种类型,另一类型将在瘤胃酸中毒中进行讲述。

【病因】

①过食大量豆秸、花生秆、甘薯藤等粗硬、不易消化的劣质粗饲料。

②吃食异物。如产后吞食胎盘,吃食粪便、垫草等。

③继发于前胃弛缓、瓣胃阻塞、创伤性网胃炎、真胃阻塞、真胃变位等疾病。

【症状】

①食欲、反刍、瘤胃蠕动、嗳气减少或停止,病初有轻度腹痛症状。

②腹围增大,瘤胃触诊坚实或按压后留有压痕,上部有气体(气帽)。

③排粪减少或停止,粪便干而臭,尿少或无,可发展为胃炎和肠炎。

④病牛呼吸浅表,心率加快,一般体温正常,精神沉郁,有一定脱水症状,生产性能下降。

⑤长期不见好转者,大多结局死亡。

【诊断】

①依据过食病史及临床症状可作出诊断。

②注意与前胃迟缓相区分。过食是直接原因,前胃迟缓是预置因素。

③分清原发性和继发性,单纯消化不良或原发性前胃迟缓是继发本病的不可忽视因素。

【预防措施】

①不要喂粗硬难消化饲草。

②加强饲养管理,保证牛体消化功能正常。

【治疗措施】

清除胃内容物,恢复瘤胃功能是治疗本病的基本原则。

①投服泻剂,以排出积食。如用硫酸钠或硫酸镁 500 克,水 2 000～4 000 毫升,或石蜡油 500～1 500 毫升,用胃管一次投服。

②同时可配合瘤胃按摩、补液、止酵及用适量兴奋瘤胃药进行治疗。

③对于急性病例可在早期采用瘤胃切开手术进行治疗。采用手术方法治疗本病时要充分掌握好手术时机,否则会影响治愈率。

④在本病的恢复期,应少喂勤添,并给予健胃剂和壮补剂。如灌服一定量的稀盐酸、龙胆酊等健胃药。

3.瘤胃酸中毒

瘤胃酸中毒,以过食精料或谷物为主,是碳水化合物在瘤胃内过度发酵产生大量乳酸而导致的病理变化。

【病因】

①突然偷食大量富含碳水化合物的谷物类饲料。如由于圈舍损坏,牛跳圈外出而偷食大量玉米、精料、糟渣料、苹果等。

②由于饲养错误,为提高生产性能而过度饲喂精料或谷物类饲料及其加工副产品,突然增大日粮的精、粗比例。

【症状】

①发病快慢视饲料性质而异，磨碎的饲料要比完整的谷类颗粒发病快。病的严重程度随食入饲料数量的增加而增加。轻者可不治而愈，重者可在发病后1～3天内死亡。

②体温常在正常以下，心跳次数增加，呼吸浅而快，厌食或食欲废绝，瘤胃蠕动减弱或停止，反刍消失，粪便稀软或腹泻，轻型病例精神仍活泼机敏，重型病例走路摇摆、醉步和视力减退、冲撞障碍物、眼睑保护性反射迟钝或消失。腹泻常为大量腹泻，过食谷物时，粪便中可见大量未消化的谷物颗粒。瘤胃饱满，内容物坚实。表现不同程度的脱水症状。病程后期多卧地不起。有些病牛还会引发蹄叶炎。

【诊断】

①通常根据病史和临床检查可作出诊断。如对吃入的饲料情况不知道或有疑问时，可进行实验室诊断。

②瘤胃原虫显微镜检查，取几滴瘤胃液于载玻片上（加盖玻片），用低倍显微镜观察，酸中毒时往往看不到原虫。

③尿液、瘤胃内容物及血液pH均有不同下降。尿液pH可降到5，瘤胃pH在5～6时，表明中度异常，低于5时表明病情严重，血液pH低于7.2时表明为严重酸中毒。

④还可通过测定碱贮来诊断本病。

【预防措施】

①加强饲养管理，及时检修圈舍，防止牛突然偷食大量富含碳水化合物的精料、谷物类饲料及糟渣类饲料。

②科学搭配日粮，保证日粮精、粗搭配科学合理。

【治疗措施】

纠正瘤胃和全身酸中毒，防止乳酸进一步产生；恢复丢失的体液和电解质，维持循环血容量；恢复前胃和肠管正常的运动力是本病的治疗原则。

①轻病例　常不需任何治疗措施便可自行恢复痊愈。有些病例，或许通过生理盐水或投服碳酸氢钠就足以制止病情的进一步发展。

②急重病例　如瘤胃pH低于5，心率每分钟110～130次者，最好进行瘤胃切开术。但手术的成败往往不取决于手术本身，而取决于病牛的前胃和全身机能状态。纠正瘤胃酸中毒可内服适量小苏打（200克左右），或静脉注射5%碳酸氢钠500～1 000毫升。

③根据情况静脉补给糖盐水或复方生理盐水，并配合安钠咖、维生素C等药物，以便尽快恢复水及电解质平衡。也可投服泻剂及止酵药进行治疗，病程长时可配合抗生素，以防止继发炎症。

4.瘤胃臌气

瘤胃臌气是由于过食易于发酵的饲料和食物在瘤胃细菌的参与下过度发酵，迅速产生大量气体，使瘤胃的容积急剧增大，胃壁急剧扩张，并呈现反刍和嗳气障碍的一种疾病。根据瘤胃内容物的物理特性，臌气可分为泡沫性臌气和非泡沫性臌气两种类型。按病因不同，还可分为原发性臌气和继发性臌气。

【病因】

①过食易发酵产气的白薯、马铃薯等多汁饲料，苜蓿、大豆、豌豆等含蛋白质多的饲料或嫩绿幼苗、青草。

②食入腐败、变质的饲草料，冰冻的白薯、萝卜，品质不良的青贮饲料等。

③继发于创伤性网胃炎，瘤胃与膈肌粘连，纵隔淋巴结肿大和前胃弛缓，食管阻塞等疾病。

【症状】

腹部增大，左腹胁部最为突出，叩诊有鼓音。病牛初表现不适，频频起卧，踢腹，甚至打滚，惊恐出汗。呼吸困难，张口伸舌，流涎，头颈伸展，结膜暗红。反刍和嗳气消失，心跳增加。急性重病例会在 3～4 小时内发生死亡。

【诊断】

一般根据病史和临床症状可作出诊断，但要注意区分是原发性还是继发性。

【预防措施】

日常饲养管理中，避免突然喂食过量易发酵产气的白薯、马铃薯等多汁饲料；避免突然喂食过量易发酵产气的苜蓿、大豆、豌豆等含蛋白质高的饲料；避免突然喂食过量易发酵产气的嫩绿幼苗、青草。

【治疗措施】

排气、止酵、促进瘤胃蠕动是治疗本病的基本原则。

①急性病例须采取相应的急救措施，如瘤胃穿刺或瘤胃切开，一般多用前一种方法。瘤胃穿刺的位置为左肷窝三角区中心的稍上方，术部要剪毛，碘酊消毒，穿刺针也应用 75%酒精擦拭消毒。放气过程中要充分固定套管，放气不宜太快，如有必要可由此注入止酵剂，如气体排出过慢可将放气套管暂时固定在腹壁上。

②较轻病例，可让病畜站在前高后低的斜坡上，左、右各一人，同时向前方按压肷窝，促进气体排出。也可使用臭椿树棍或涂有有味药物的木棒(如鱼石脂)横衔于口内使病牛不断舐食，促使胃内气体排出。

还可投服止酵剂及泻剂来治疗本病。如鱼石脂 10～20 克，或松节油 30 毫升一次投服；配合盐类或油类泻剂，如硫酸钠 400～500 克或石蜡油 1 000 毫升一次投服。

③泡沫性臌气须投服止泡剂，如二甲基硅油、硫代丁二酸二辛钠、消胀片等。也可用鱼石脂 10～15 克与松节油 20～30 毫升，酒精 30～40 毫升配成合剂对二者都有良好治疗作用。也可在穿刺放气时注入抗生素。

④原发性瘤胃臌气要注意原发病的治疗。

5. 奶牛真胃变位

随着奶牛饲养方式和饲养目标的变化，奶牛真胃变位已成为奶牛生产上的一种多发病，发病率高达 3%～5%，如果不加治疗，死淘率几乎为 100%。

奶牛真胃变位病因复杂，到目前为止尚不十分清楚，复杂的发病机理也导致了临床症状的多样性和复杂性，进一步研究准确、高效的临床诊断和治疗方法、推广相应的诊疗技术有十分重要的现实意义。

【病因】

(1)导致近年来奶牛真胃变位发病率增高的原因

近年来,奶牛真胃变位发病率升高是奶牛生产水平进一步发展的必然结果,有人说奶牛真胃变位在很大程度上属于一种生产性疾病,这一说法从另一个侧面说明了此病发病率逐年升高的基本原因。

一方面,奶牛饲养数量增加必然会导致总发病头数增加;另一方面,随着奶牛生产性能的不断提高,本病的发病率显著提高,因为在产奶量提升的过程中,增加精料饲喂量是一种必然的选择手段;其次,兽医临床诊断水平提高减少了误诊、误淘也是本病发病率居高不下的一个客观原因。

(2)真胃变位的发病原因

①真(皱)胃弛缓是引发本病的一个基础病因　精料饲喂量过多,必然会导致真胃负担过重,其结果就会引起真胃的收缩能力和弹性下降,真胃收缩力的下降就可以导致真胃体积变大、弛缓,从而为真胃变位发生提供基础病因。奶牛发生真胃变位后,我们常常发现真胃的体积要比正常大1～2倍,这就是真胃收缩无力、弛缓的具体证明。

副料或糟粕料(如啤酒糟、甜菜渣、淀粉渣等)饲喂太多,与精料饲喂过多有相似的作用。另外,工厂化生产过程中的工艺流程或添加的化学物质会进一步损伤真胃的功能。例如,用0.25%～0.3%亚硫酸浸泡玉米是生产淀粉的一个工艺步骤,此物质可在胃中转化为硫酸对胃黏膜造成损害,而使胃功能减退引起弛缓、扩张。

产后低血钙是引起真胃收缩功能减弱的又一个危险因素。研究表明,奶牛分娩后其血钙含水平均会发生不同程度的下降,只不过绝大多数奶牛产后血钙变化没有超过其正常的生理范围,但低血钙降低胃肠平滑肌兴奋性的作用毫无疑问题。

真胃弛缓还可继发于其他疾病,如前胃弛缓、消化不良、酮病、产后瘫痪等病均可继发真胃弛缓。

②瘤胃弛缓也是导致本病发生的原因之一　长期饲喂粗硬难消化饲料;长期只喂青贮不喂干草或以玉米秸代替干草;会导致瘤胃蠕动力量下降、体积增大、瘤胃内容物沉积增多。当瘤胃压在移位的真胃上时,真胃就难以在瘤胃的蠕动过程中回缩到原位。

③分娩是引起奶牛真胃变位的直接原因　95%以上的奶牛真胃变位发生于分娩后,其中大多发生于产后6周以内,这一现象提示我们本病的发生与分娩有直接关系。分娩过程导致此病发生,除过简单的物理因素外,更重要的是分娩过程的应激及产后发生的一系列生理及代谢功能的变化。头胎牛本病发生率显著高于其他胎次的牛,因为头胎牛的分娩应激远大于其他胎次的牛这也是众所了解一个现象。

④品种改良及选育方向也是导致本病发病率升高的原因之一　在奶牛育种上,我们一直选育后躯较大的牛,因为后躯大,则采食量大、乳房大、产奶量高。但腹腔容积变大增加了真胃活动的空间,可促进本病发生。

⑤体位突然、异常改变是导致本病发生的一个偶发因素　牛跳跃、追爬、跌跤等体位突然的异常改变,可导致内脏器官及真胃的异常移位或变化,但这种现象在正常的饲养管理过程中是较少见的,所以说体位突然、异常改变是导致本病发生的一个偶发因素。

⑥圈养中牛运动不足是导致本病的又一个原因。

【症状】

奶牛真胃变位包括两种类型，即真胃左方变位和真胃右方变位。

(1)真胃左方变位

左方变位在整个真胃变位中占75%，发生该病后，瘤胃蠕动减弱或消失，顽固性食欲不振，有时几乎完全不食，有时只吃几口干草或块根饲料。初期使用健胃药治疗症状好转，但很快反复，后期用健胃药无效。病牛日渐消瘦，腹围缩小，肷窝深陷；产乳量下降显著，个别停止泌乳。精神状态尚可，喜站恶卧，体温、心跳、呼吸一般正常。大多数病例，病程较长，可达几个月甚至更长。

排粪量减少，色较深，初期较干，后期腹泻，病程长或移位严重者粪便是有黏液及少量血。

左肷窝触诊时感觉瘤胃与腹壁之间距离变大。

直肠检查时，瘤胃右移。

在左侧腹壁的合适部位可听见真胃蠕动音。

用叩诊锤在左侧腹壁倒数1～5肋骨与肩关节水平线上下叩诊，用听诊器可听见“钢管音”。有些右腹部振荡可听见振水音。

(2)真胃右方变位

右方变位多造成了真胃完全阻塞，所以表现突然发病，腹痛不安，食欲废绝，粪便呈黑褐色、有的稀而臭、有的少而干，严重者无粪便排出，呼吸困难，心率加速，体温正常或低于正常，脱水症状严重。

腹围变大，右肷窝明显突起，在右侧腹壁7～13肋骨处叩诊可听到明显而高朗的“钢管音”。在其下方振荡可听到振水音。

多数病牛精神状态迅速恶化，多立少卧，个别不能站立，本病呈急性经过，如不及时进行手术会迅速死亡。

【诊断】

近年来，奶牛真胃变位发病率较高，但此病在诊断上不需要借助特殊的诊断仪器，在掌握了此病的基本诊断要点后，可以通过临床检查作出诊断，培养具有相应技术水平的兽医，可以降低因为此病而引起的误诊、误治和误淘。

(1)真胃左方变位

①在左侧腹壁部叩诊能听到钢管音是本病的一个特征性症状。

②在能听到钢管音的部位可穿刺出真胃内容物，其中无原虫，pH为2～4。

③多数病例尿酮检验呈阳性。

④血清钾、钠、氯离子浓度升高；碱贮升高。

⑤潜血阳性。

⑥左肷窝触诊感觉真胃与腹壁间的距离变远。

⑦难以确定者可在左肷窝处做剖腹探查。

(2)真胃右方变位

①在右侧腹壁9～12肋骨间与肩关节不平线上叩诊，可听到“钢管音”。

②右侧腹壁膨大，个别病例右肷窝突起，在能听出“钢管音”的稍下方可穿刺出真胃液。

③多数病例尿酮检验呈阳性。

④血清钾、钠、氯离子浓度升高，碱贮升高。

⑤潜血阳性。

⑥直肠检查可在右侧腹腔摸到真胃。

【预防措施】

(1)从奶牛真胃变位的发病原因来看，提升奶牛真胃、瘤胃功能，防止真胃和瘤胃弛缓，对防止本病发生至关重要。

(2)在奶牛饲料中添加一定量的微生态制剂，对预防本病发生也有作用。

(3)推广 TMR 日期粮可有效降低本病发生。

【治疗措施】

奶牛真胃变位是一种生产性疾病，在奶牛生产性能不断提升的情况下，在做好预防工作的前提条件下，手术治疗是减少真胃变位经济损失的一种有效手段。

(1)左方真胃变位治疗方法

对于左方真胃变位来说，其治疗方法有药物疗法、背卧摇摆复位治疗法和手术治疗法，其中前两种治疗方法简单省事，但治疗效果有限，治愈率约为 25%，主要适用于较轻的病例，易复发。手术疗法是根治本病的可靠方法，治愈率高、效果确实，在临床上得到广泛应用。在此将左右肷窝两侧切口的手术治疗方法做以介绍，左右肷窝两侧切口手术疗法主要步骤如下。

①保定方法　选用柱栏内站立保定，为防止牛在手术中卧下，可在胸部或腹部下方横系一胸(腹)绳。也可因地制宜地进行保定。

②手术部位清洗、消毒方法。

③麻醉方法　采用腰旁神经干传导麻醉，对于个别精神状态较好的牛可同时肌肉注射 846 合剂 2 毫升。

④打开腹腔(先切开左肷窝、后切右肷窝)　依次切开左肷窝皮肤，切开或钝性分离腹外斜肌、腹内斜肌、腹横肌，切开腹膜。

⑤通过左肷窝切口探查确诊。

⑥确诊后，用止血钳或巾钳，暂时夹闭左肷窝切口。然后以相同的麻醉方法及切开方法，打开右肷窝切口。

⑦真胃复位　用连接乳胶管的针头，对移至左侧腹腔的瘤胃进行减压放气；然后助手将手臂从左侧切口伸入腹腔，向前下方按压真胃；术者将手臂从右侧切口伸入腹腔，牵拉真胃，使真胃复位。

⑧真胃固定　用 18 号丝线贯穿靠近真胃的大网膜，然后将此牵引线的另一端缝合固定于右侧切口前下方内侧的肌肉上，固定线应该有一定的拉力，不可太松，也不可太紧。

⑨缝合左、右二侧手术切口　缝合切口前，向腹腔中放入适量青霉素和链霉素，以防感染。然后用螺旋缝合法缝合腹膜，用结节缝合法缝合肌肉、皮肤。

⑩术后护理

a. 对症治疗。

b.防止创口感染。

c.对于变位时间较长者，重状较重者，应该灌服石蜡油、静脉注射10%浓盐水，清理胃肠内容物、促进胃肠运动。

(2)右方真胃变位治疗方法

真胃右方变位病程发展较快，手术治疗是越早越好，右方变位手术治疗的治愈率低于左方变位。

右方变位和左方变位手术治疗的不同之处有如下几点：

①只在右肷窝处切一切口。

②打开腹腔，确诊为真胃扭转后，用羊肠线在真胃上作一口袋缝合，剩余缝线作为牵引固定线，然后在口袋缝合的中央作一切口，将胃管由此切口插入，拉紧口袋缝合的缝线，以防胃内容物从切口流出污染腹腔；通过胃管将真胃中的大量液体及内容物尽可能多地放出。

然后去出胃管，同时收紧口袋缝合缝线、打结；并清理切口处，在真胃的切口外外涂红霉素软膏。

③复位、固定　将扭转或折叠的真胃复位置后。用18号丝线贯穿靠近真胃的大网膜，然后将此牵引线的另一端缝合固定于右侧切口前内侧下方的肌肉上，固定线应该有一定的拉力，不可太松。

缝合及术后护理等与真胃左方变位相同。

6.支气管肺炎

支气管肺炎也叫小叶性肺炎，是支气管和少数肺小叶的炎症反应。本病多发生于老弱牛或犊牛。春、冬寒冷季节多发。

【病因】

①条件性病原微生物感染是引起本病的一个主要原因。机体内外环境中的条件性致病菌，如葡萄球菌、大肠杆菌、肺炎球菌、化脓杆菌等在呼吸道或机体抵抗力低下时，可侵入呼吸系统引起本病发生。

②吸入烟尘或刺激性气体。

③继发于感冒、创伤性网胃炎、结核等病、乳房炎等某些疾病。

【症状】

①在支气管肺炎的初期，主要表现弥散性支气管炎或细支管炎的症状，流涕(黏液性)，咳嗽，食欲不振，体温稍高，支气管有啰音。

②当发展为肺小叶炎症时，体温可升高到40～41℃(多呈弛张热，老年牛发热不显著，但预后不良)，脉搏加快，呼吸浅快，甚至张嘴呼吸，呼吸音粗，食欲废绝，咳嗽，咳时痛苦、头颈伸直，精神沉郁，鼻涕量大而稠，但不易凝固，粪便多干而少。肺部叩诊有半浊音区或浊音区。

【诊断】

①根据病史和临床症状可作出初步诊断。

②X光检查，肺边缘模糊不清，有大小不一的散在病灶分布于肺叶的前下方。

③血液中白细胞总数和嗜中性白细胞显著升高。

④尿pH在7以下，呈酸性。尿蛋白定性试验为阳性。

【预防措施】

①加强饲养管理，提高机体免疫力。

②防止或减少吸入烟尘等刺激性气体。

【治疗措施】

消炎、止咳、提高机体抵抗力是本病的治疗指导原则。

①用青霉素、链霉素联合注射是治疗本病的一个传统方法，对青霉素、链霉素产生抗药性者，可用磺胺类药物进行静脉或腹腔注射，每天 2 次。连续 1 周。

②新霉素对大肠杆菌引起的支气管肺炎有较好的疗效，每千克体重肌肉注射 4 毫克，每天 2 次。连续 7 天。

③也可用四环素等抗生素进行治疗，并可配合氢化可的松进行治疗。

④做好强心、止咳、解热、镇痛、补液、补碱等对症治疗。

7. 霉变饲料中毒

牛食入发霉、变质饲料，而引起的中毒就是霉变饲料中毒。霉菌产生的毒素是引起奶牛中毒的主要毒物。

【病因】

霉菌在霉变饲料中繁殖可产生毒素，奶牛长时期饲喂带有毒素的饲料或一次食入较大量就会引起中毒。其中危害最大的是由黄曲霉菌所引起的黄曲霉毒素中毒，此毒素主要损害牛的肝脏。玉米、花生饼、豆饼等极易受黄曲霉污染。

饲料贮运不当、受潮等是造成霉变的主要原因。

【症状】

①本病多呈慢性经过。病牛精神委顿、呆立，反应淡漠。眼羞明、流泪，时间长后会发生视力障碍，可发生于一眼也可发生于两眼。不愿行走，强迫行走时步态不稳。有的病牛可在颌下、前胸及四肢形成水肿。反刍和瘤胃蠕动减退，食欲减退，前胃表现迟缓。表现间歇性腹泻，粪便中夹有黏液或血液，有的病例腹泻和便秘交替出现，脱水。

②病牛迅速消瘦，被毛粗乱，乳量减少，当病情严重时泌乳停止。怀孕牛可发生流产或产出活力不强的胎儿。

【病理变化】

剖检可见，消化道出现严重炎症。胃黏膜充血、出血或有褐色黏液，有的还有溃疡。各段肠充血、出血，还发生肿胀。多数病例在腹腔中积有红色透明渗出液。心内、外膜有出血斑，心肌退色。肝肿大呈苍白或淡黄色。

【诊断】

根据饲料霉变情况、临床症状及剖检变化，可作出初步诊断。但欲确诊要进行饲料化学分析，测定黄曲霉毒素含量。

【预防措施】

①加强饲料贮存及调制管理，防止饲料发生霉变是防止本病发生的根本原因。

②不给牛喂食发霉变质饲料，一旦发现有此中毒现象，应立即停喂有霉变的饲料。

【治疗措施】

治疗本病以排毒、解毒为原则。

①灌服硫酸镁或硫酸钠 300～500 克，静脉补糖（50％葡萄糖 500～1 000 毫升）、补液（复方氯化钠注射液 1 000～2 000 毫升），并肌肉注射维生素 C。

②强心兴奋可用安钠咖或 10％樟脑磺酸钠 20～30 毫升。镇静可用溴化物进行治疗。

第二节　奶牛其他内科病防治

1. 食道阻塞

食道管腔突然被食物或异物阻塞就叫食道阻塞，其临床症状以流涎、吞咽困难和瘤胃臌胀为特征。

【病因】

①饲料加工不当，饲料中的红薯、萝卜、土豆等块根饲料未经打碎，豆饼未经打碎或浸软。

②饲料中混有砖块、石块、金属等异物。

③由于牛贪食而急吃、急咽或采食过程中受到惊吓。

【症状】

①突然发病，发病前一切正常。颈部食管阻塞时，病牛流涎、空嚼、不安、咳嗽，有呃逆动作，伸颈抬头，瘤胃臌胀。在颈部食道中触摸到阻塞物。胸部食管发生阻塞时，病牛不安，呼吸困难、张嘴喘息，瘤胃臌胀，在颈段食道触摸不到阻塞物。

②食道不完全阻塞时，能咽下部分唾液，可排出部分嗳气。食道完全阻塞时，饮水或采食后会完全逆出，瘤胃臌气严重，呼吸严重困难。

【诊断】

根据突然发病、吞咽障碍、伸颈抬头、瘤胃臌气等临床特点，再结合颈部触摸和胃管探查，一般可作出诊断。

【预防措施】

①仔细做好饲料加工工作，饲料中不能有较大的饲料块。

②对块根类饲料要做好保管、贮存，防止牛因偷食而发生本病。

③防止饲料中混入异物。

【治疗措施】

①先用胃管吸出食管中的液体，用胃管向食道中灌入 100～200 毫升的液状石蜡油或植物油。将病牛头充分保定好，装好开口器，用毛巾包盖牙齿，助手用双手将阻塞物由下向上推送到咽部、并固定，术者一手固定牛舌，一手伸入咽部掏取阻塞物。

②先灌入 2％～5％的盐酸普鲁卡因 20～30 毫升，10 分钟后再灌入液体石蜡油或植物油 100～200 毫升，用胃管小心地将阻塞物向胃内推送。还可将胃管和打气筒相连，有节奏地打气，并缓慢向胃内推送阻塞物。

③上述方法无效时，可用手术方法取出阻塞的异物。

2. 前胃弛缓

牛的前胃包括瘤胃、网胃和瓣胃。前胃弛缓是指前胃收缩力减弱或消失，前胃机能紊乱，兴奋性降低，食物在胃内不能正常消化和向后推送。本病的临床特征是病牛食欲减退，前胃蠕动减弱，反刍和嗳气减少或丧失。

【病因】

①本病最常见的原因是牛产犊后，胃肠道机能尚未恢复，精料过多和粗饲料不足，或糟粕料过多，或喂腐败霉烂和冰冻饲料。

②突然更换饲料或长期饲喂粗硬难消化饲料。

③继发于慢性胃肠卡他、创伤性网胃炎、瘤胃臌气、肝脏疾病、酮病、生产瘫痪等疾病。

【症状】

①急性前胃弛缓　食欲显著减弱或废绝，精神沉郁，产奶量下降。反刍缓慢或消失，瘤胃蠕动无力，嗳气减少或停止。磨牙，呻吟，口内气味恶臭。瘤胃内容物稍硬，间歇性瘤胃臌气。粪便干而色黑，粪便内有未消化的饲料，有酸臭或腐败的恶臭味。

②慢性前胃弛缓　食欲时好时坏，瘤胃蠕动时有时无、时强时弱。长期反复发病，病牛消瘦，体质衰弱、喜卧，被毛粗乱，左右肷窝塌陷。

【预防措施】

①不要喂粗硬难消化饲草。

②加强饲养管理，保证牛体消化生功能正常。

【治疗措施】

兴奋瘤胃运动、促进食欲和反刍恢复，是本病的治疗原则。

①10％氯化钠注射液250～500毫升，10％氯化钙注射液100毫升，20％安钠咖10毫升，一次静注。并皮下注射硫酸新士的明注射液4～20毫克。

②灌服轻泻、健胃、制酵药物。人工盐80～100克、液体石蜡500～1 000毫升、龙胆酊40毫升、姜酊40毫升、碳酸氢钠50克、苦味酊30毫升，加水适量一次灌服。

还可用中药进行治疗，如用健胃散灌服治疗。

3. 皱胃溃疡

皱胃溃疡也就是真胃溃疡，可见于犊牛和成年牛，其发病率有不断增高的趋势。病的严重性在于可导致严重的出血性贫血，穿孔及弥漫性腹膜炎。

【病因】

病因尚不十分清楚。一般认为分娩应激、开始泌乳、饲喂大量谷物这三因素综合作用，是引起乳牛皱胃溃疡的病因。本病多发生于高精料日粮的牛群，多发于产后几周内的高产牛。

【症状】

本病在临床上可分为以下四种类型：

①轻度出血性皱胃溃疡　粪便中混有少量松馏油样的物质(凝血块)。这种情况不仅发生一次，可间隔不同时间多次发生。大多数病牛一般不表现其他症状。病程长者可表现贫血，包括黏膜苍白，脉搏加快，甚至心脏剧烈跳动等。

②严重出血性胃溃疡　由于大量出血而导致病牛显著贫血，但常找不出明显的贫血原因。病牛衰弱，体表发凉，黏膜苍白，脉快而弱，心音亢进，伴有贫血性杂音，粪便中有大量松馏油状凝血块，少数病牛可很快死亡。

③伴有急性局限性腹膜炎的皱胃穿孔　胃壁出现小穿孔，出现腹膜炎症状，网膜粘连。有

波动性发热，厌食，间歇性腹泻。

④伴有急性弥漫性腹膜炎的皱胃穿孔　穿孔直径 1.3～4 厘米，皱胃内容物进入腹腔，引起弥漫性腹膜炎，呈现衰弱，脉搏很快，卧地不起，休克，几小时内死亡。

【诊断】

根据典型症状如皱胃区触诊疼痛，松馏油样粪便，大出血期体表发冷，黏膜苍白，脉搏快而弱，心音亢进、杂音及贫血等可作出初步诊断。但最后确诊还应确定出血部位及病因。

【预防措施】

①停喂酸度大或粗硬难消化的饲料，不能只为催奶而盲目增加精料。

②提供足够的优质干草和青绿饲料。饲料中加一些碳酸氢钠也有一定预防作用。

③犊牛在断奶开料时应注意供给柔软易消化饲料。

【治疗措施】

①用西米替丁及止血药（止血敏等）进行治疗。

②喂前投服氧化镁 50～100 克连用 5 天，也可用胃得乐等进行治疗。

③配合口服或注射抗生素以防继发感染。

4. 创伤性网胃心包炎

创伤性网胃心包炎是由于尖锐金属异物随采食进入网胃，穿过网胃壁、膈肌、刺入心包，而引起的网胃损伤、机能障碍及腹膜和心包炎症的一个病理过程。1 岁以上及怀孕后期的牛发病率较高。此病是牛的一个常见病，致死率高，对养牛业危害很大。

【病因】

①牛食入铁丝、铁钉、缝针、钢丝等尖锐异物，这些异物在网胃的收缩过程中会刺入网胃、膈及心包是引发本病的根本原因。

②奔跑、爬跨、跌倒、瘤胃臌气、分娩努责等因素可促进或加速本病的发生和发展进程。

【症状】

创伤性网胃心包炎在发生、发展过程中实际上包括了创伤性网胃炎、创伤性腹膜炎、创伤性心包炎三个病理过程（图 7-1）。除异物的物理性损伤外，胃内的化脓菌或腐败菌导致网胃炎、腹膜炎、心包发炎是本病的主要病理变化。所以，在本病的发生过程中除急性病例外，大多会呈现由创伤性网胃炎→创伤性腹膜炎→创伤性心包炎的临床症状发展变化过程。

图 7-1　牛创伤性心包炎模式图

1. 食道　2. 网胃　3. 真胃　4. 肠　5. 肝　6. 肺　7. 心包

(1)创伤性网胃腹膜炎阶段的临床症状

创伤性网胃炎腹膜炎是本病发生的初期病理变化过程。病牛突然食欲下降，产奶量下降，瘤胃臌气(呈现类似于前胃弛缓的症状)。发病过程的前3～5天体温升高到39.5～41.5℃。此时用抗生素治疗，一般会出现一段时间(7～10天)的好转。

(2)创伤性心包炎阶段的临床症状

如果病情未得到有效控制而进一步恶化，异物将进一步前移，大约10天后，上述前胃弛缓的症状一般会进一步加剧，此过程一般表明异物刺入了心包。金属异物刺入心包后，会引起心包膜、甚至心肌的损伤和一系列炎症变化。心包积液，使得心包液内出现纤维蛋白、脓液和气体。从而呈现出具有此病临床特征的心血管系统的临床异常及相应的全身症状。

创伤性心包炎阶段心血管系统的主要临床表现包括以下4个方面：

①心跳加快　病牛的心率可由70次/分钟增加到90～120次/分钟。有的病牛体温降低后心率仍不下降。

②心音异常　听诊时可听到明显的拍水音等心外杂音。后期心音变得低沉、模糊，而且听诊区域变大。

③在颌下、胸前等疏松的皮下组织中出现明显的非炎性捏面样水肿(图7-2)。

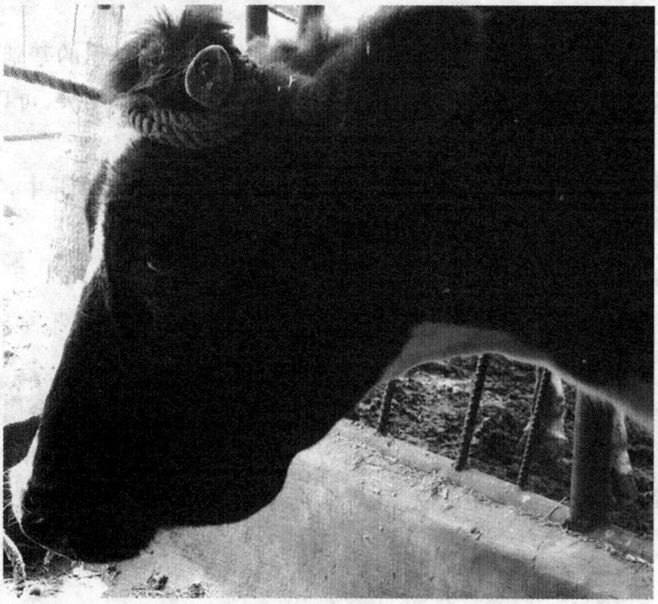

图7-2　创伤性网胃-心包炎患牛颌下水肿

④出现颈静脉怒张，其程度接近于静脉注射压迫近心端血管时形成的怒张。同时在怒张的静脉部位可见到随心跳节律而出现的明显波动。

创伤性心包炎阶段的一般临床症状主要表现在以下几个方面。

①病牛不仅食欲下降，尤其不愿吃精料(偶尔吃极少量的优质青绿饲料)，有的甚至废绝。反刍和瘤胃蠕动几乎消失或完全消失，出现慢性瘤胃臌气。大便少而干，粪便颜色变黑，外包一层黏液，有的潜血检查呈阳性。

②泌乳量严重下降或停止泌乳；后期整个乳腺组织皱瘪、颜色苍白。

③病牛精神沉郁、痛苦、磨牙、呻吟，神情呆滞。

④病牛卧地时不愿站立，站立时又不愿卧下；站立时出现两前肢肘关节外展，弓背，肌肉哆嗦；极不愿行走。

⑤喜欢二前肢站于高处；下坡或急转弯时表现得十分缓慢和谨慎。

⑥血液检验时，可发现病牛血液稀薄，手指接触血液有很滑的感觉。白细胞数升高，有的可达 14 000 个/毫米^3(后期有的牛因衰竭，白细胞可能降至正常)，其中嗜中性白细胞增高至 50%～70%，而淋巴细胞则降至 30%～45%。

【诊断】

①创伤性心包炎典型的病理变化过程所引起的临床症状为我们进行早期诊断提供了资料。

②本病经过强心类、助消化类药物对症治疗后，症状均无丝毫好转，相反病牛的整体状况向消瘦、脱水、贫血等更加衰竭的方向发展。这一现象就更进一步佐证了“创伤性心包炎”的诊断结论。

③X 线检查是本病的特异性确诊方法，通过 X 线可观察到金属异物。

【预防措施】

①加强饲草、饲料管理，防止尖锐异物混入饲草是防止本病发生的基础方法。

②每年用牛瘤胃取铁器对一岁以上的牛实施瘤胃取铁 1～2 次，可以有效地减少本病发生。

③为预防本病发生还可向牛瘤胃中投入磁笼。在以色列的奶牛群中，70%的一岁以上奶牛都采用瘤胃投放磁笼的方法来预防本病发生。

【治疗措施】

牛创伤性网胃-心包炎的临床治疗方法包括药物治疗和手术治疗 2 种。

(1)药物治疗

药物治疗属于保守治疗，治疗效果有限，仅适用于创伤性网胃炎且金属异物不再前行的病例。治疗原则以抗菌消炎为主，临床最常用的方法是青霉素 400 万国际单位、链霉素 400 万国际单位肌肉注射，每日 2～3 次(也可先用其他抗生素)。治疗阶段应该让牛选用前高后低站势。

(2)手术治疗

手术治疗效果确实，但手术治疗应该选择在发病的早期进行，此期手术治愈率可达 50%以上；后、晚期手术治疗效果则十分有限。

手术治疗实际上选用的是牛瘤胃切开术，切开瘤胃后，术者直接将手伸入到网胃，通过触摸检查的方式摘除金属异物。另外，在手术切开瘤胃前也可以通过腹腔徒手触摸的方法在膈肌和网胃间钝性分离粘连的网胃和膈肌，寻找金属异物，一些病例，通过此方法不用切开瘤胃就可以达到治疗目的。

5. 奶牛骨质疏松症

奶牛骨质疏松症是成年牛骨骼生长完成后，由于钙、磷代谢紊乱而发生的一种慢性全身性代谢病。其病理变化特点以骨质脱钙、骨质疏松、骨骼变形为主要特征。

有资料报道，本病的发病率达5%以上。奶牛发生本病后可导致泌乳性能下降，繁殖性能降低，生产年限缩短；还可导致骨骼、蹄变形及骨折。此病也是引起产后低血钙症、产后瘫痪和产后爬卧综合症、胎衣不下、子宫复旧不全、发情障碍的一个基础原因。严重病例会因生产性能低下、免疫能力低下或继发其他疾病而丧失饲养价值。此病初期全身症状不明显，而且是一慢性疾病，所以没有引起大家的充分重视，容易被忽视，对奶牛生产造成较大损失。

【病因】

(1)饲料中钙磷缺乏

奶牛每产1千克牛奶需要消耗1.2克钙、0.8克磷，如果每天产奶量为20千克，每天因产奶而消耗的钙、磷分别为24克、16克；奶牛每天维持本身的生理活动每还需要钙20克、磷15克。那么，泌乳奶牛每天所需要的钙、磷总量分别在44克和31克以上。

牛对饲料中钙的吸收率一般在22%～55%(平均为45%)，这样算来，一头日产奶20千克的奶牛，每天应该采食的钙、磷量应该在120克和83克以上。如果饲料中所含的钙、磷量低于这个标准。奶牛就会分解贮存在骨头中的钙、磷来维持泌乳和生理活动需要，从而导致骨质疏松症发生。

(2)饲料中钙、磷比例不当

对于成年牛来说，骨骼灰分中钙占38%，磷占17%，钙、磷比例为2∶1，在配制日粮时要求日粮中的钙、磷比例基本上要与骨骼中的比例相适应(钙∶磷=(1～2)∶1)。

牛的肠道对钙、磷的吸收情况，不仅决定于钙、磷的含量，也与饲料中钙、磷比例有关。研究发现，肠道对钙、磷的最佳吸收比例为1.4∶1。

如果不注意饲料搭配，当日粮中钙过多、磷过少，或磷过多、钙过少时，也会引起钙、磷不足，导致本病发生。

(3)维生素D缺乏

维生素D可以促进肠道对钙的吸收，还可减少钙通过尿排出，维生素D与机体内钙、磷代谢密切相关。

当饲料中维生素D不足时，就可导致牛对饲料中钙、磷吸收能力下降，从而导致奶牛骨质疏松症发生。

(4)饲料和饮水中含有钙、磷拮抗因子(可阻碍钙、磷吸收的一些因素)

饲料中氟含量过高，或饮水中含有过高的氟，就会影响牛对钙的吸收及骨代谢。例如，电解铝厂、钢铁厂、水泥厂排放的高氟废气，可导致相应区域的饲草或饮水含氟量升高。

(5)慢性肝功能障碍、肾功能障碍、消化道疾病等可影响钙、磷吸收及骨的正常代谢。

甲状旁腺机能高进：可使骨骼中大量钙盐溶解，导致骨质疏松。

脂肪肝、肝脓肿：可影响维生素D的活化，从而使钙、磷吸收和成骨作用发生障碍，继发本病。

肾功能障碍：可促进钙从肾脏的排出，从而继发本病。

慢性消化道疾病：直接影响钙、磷吸收，从而继发本病。

(6)年龄和遗传因素也影响钙、磷吸收。

拥挤、通风不良、低温等因素，对钙、磷需要量有难以预测的影响。

【发病机理】

钙、磷是机体组织器官的一个重要组成成分，如神经细胞、肌肉细胞的组成成分中都含有钙、磷，钙、磷还具有调节神经系统功能、血液凝固性、肌肉兴奋性、心血管功能等作用。可以说，细胞的生命活动离不开钙和磷。

当饲料中钙、磷不足或胃肠道吸收的钙、磷不能满足奶牛的生理、生产需要时，血液中的钙含量就会下降，间接地引起甲状旁腺分泌功能加强、甲状旁腺素分泌增多，在甲状旁腺素的作用下机体会将贮存在骨头中的钙分解释放到血液中，以维持血钙的相对恒定，动用骨钙是机体维持血钙恒定的一种保护措施。但是长此以往，奶牛的骨头就会出现严重脱钙，骨头的结构就会受到破坏，出现骨骼变脆、变形、变疏松、变容易骨折等现象，从而发生骨质疏松症。

【症状】

在病初期，患病牛无明显症状；随病情加重，其症状主要表现在如下几个方面。

(1)消化功能紊乱

病牛出现异食现象，常舔食墙壁、牛栏、泥土、沙子，喝粪汤尿水；消瘦，被毛粗乱。产奶量下降；发情、配种延迟。

(2)动动障碍

出现跛行，步态僵硬、不愿行走，严重者运动时可听到肢关节有破裂音（"吱吱"声音），走路时拱腰、后肢抽搐、拖拽两后肢，饲养员形象地将其表现称为"翻蹄亮掌拉拉胯"（图 7-3），严重者不能站立。有些病牛两后肢跗关节以下向外倾斜，呈"X"形。

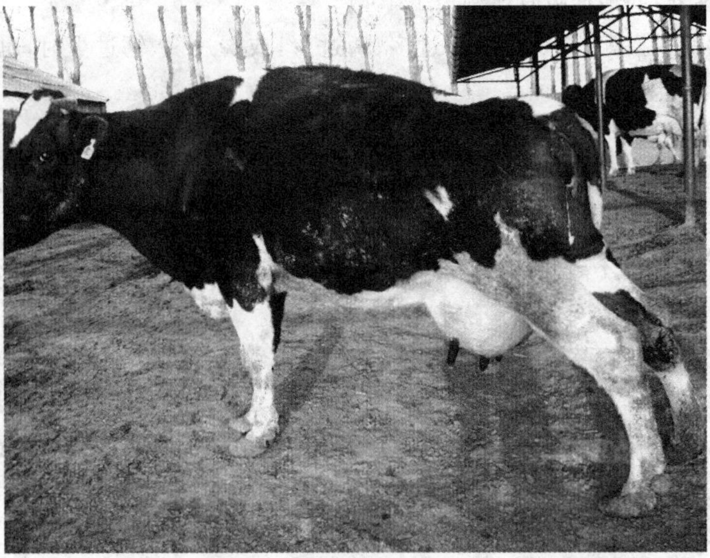

图 7-3　奶牛患骨质疏松症时的弓腰、拉胯姿势

(3)骨骼变形

此病持续时间较久时会表现骨骼变形，骨骼脱钙最早发生于负重较轻的骨骼，如肋骨、尾椎、蹄子等部位。

尾椎骨变软，易弯曲，尾椎骨骺变粗、移位，最后一、二尾椎萎缩或吸收消失（图 7-4、图 7-5）。

肋骨肿胀、畸形，肋软骨呈“串珠样”，有些牛最后一根肋骨被吸收剩下半根。

有些病牛二后肢跗关节以下向外倾斜，呈“X”形。

病牛骨骼骨髓腔扩张，骨皮质变脆变软，易骨折。

(4)蹄变形

蹄生长不良，磨灭不整，呈翻蜷状等变形蹄；骨质疏松病牛在后期常出现蹄底溃疡病理变化。

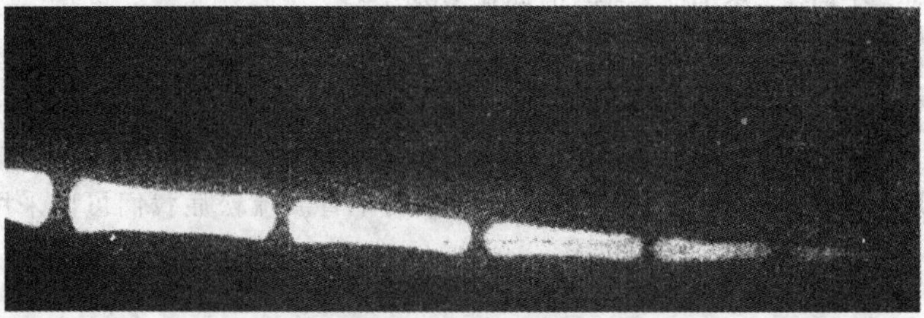

图 7-4 正常牛尾椎 X 光片

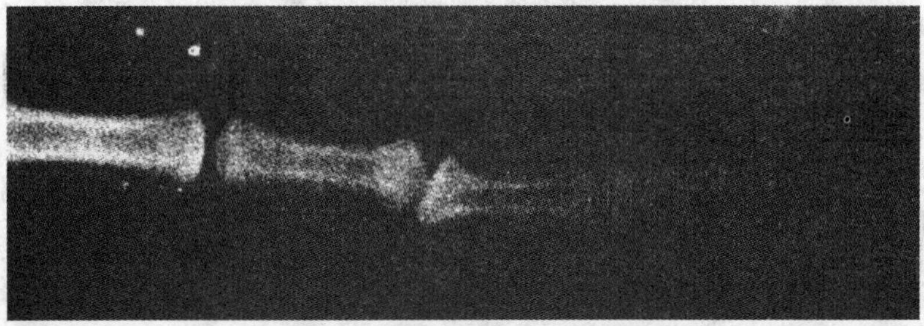

图 7-5 骨质疏松牛尾椎 X 线影像

【诊断】

①根据发病年龄、食欲下降、异食、跛行、骨骼变形等特征性症状可作出初步的临床诊断。

②尾椎检查也是一个简单而实用的诊断方法，尾椎骨变软，易弯曲，尾椎骨骺变粗、移位，最后一、二尾椎萎缩或吸收消失。

③通过测定血清钙、磷含量或测定血清中羟脯氨酸含量可对此病作出准确诊断。

④分析计算饲料中钙、磷含量及比例是作为诊断此病的一个参考手段。

【预防措施】

在治疗本病的同时如果不调整饲料、保证充分合理的钙、磷总量和钙、磷比例，即使治愈了也可复发，所以说预防本病更为重要。有效预防本病可从如下几个方面着手。

①保证饲料中有足够的钙、磷，一头日产奶 20 千克的奶牛，每天采食的钙量应该在 120 克以上、磷应该在 83 克以上，为此可向精料中添加一定量的石粉、骨粉、磷酸氢钙等（例如，精料中添加 1.7%骨粉、0.5%石粉）。

②重视钙、磷平衡，钙、磷比例以 1.4∶1 为宜。

③给牛提供一定数量的青绿饲料和优质干草，增加饲料中维生素含量，促进钙、磷代谢，有条件者冬天可给牛喂一些胡萝卜，或添加一定量的复合维生素。

④也可以在产后静脉输钙进行预防。

⑤为防止因蹄变形而加重本病对生产性能的影响，应该定期修蹄。

⑥高产奶牛及老龄奶牛在产奶量较高时易发生骨代谢异常，对高产奶牛及老龄牛更应注重此病的预防工作。

⑦加强奶牛保健工作，提高牛体免疫能力，防止其他疾病继发本病。

⑧有条件的奶牛场应该推广 TMR 日粮配合技术。

【治疗措施】

此病如果能在发病早期就进行治疗，会取得良好的治疗效果和治疗效益。如果在骨变形、尾椎溶解等病理变化已经形成后再进行治疗，可以阻止病情进一步恶化，也可使骨恢复正常生理功能，但变形等严重结构异常则难以恢复。对于奶牛骨质疏松症我们可以采用如下方法进行治疗。

方法一：

①在奶牛饲料中补碳酸钙（石粉）或乳酸钙或磷酸钙等，每天 30～50 克，连续 7～10 天。

②静脉注射 10%氯化钙 200～300 毫升或 20%葡萄糖酸钙 500 毫升，20%磷酸二氢钠 300～500 毫升，每天一次，连续 5～7 天。

③维生素 AD 注射液 15 000～20 000 国际单位、维丁胶性钙注射液 20 毫升，一次肌肉注射，隔日一次，连续 3～5 天。

方法二：

也可以选用新钙磷镁口服液进行治疗，具体用量参照药品使用说明。

方法三：

在按上述方法进行治疗的同时，我们还可以采用中医中药治疗本病，也可收到良好疗效。

6. 牛醋酮血症

牛醋酮血症又叫酮病、酮尿病，是以酮血、酮尿及低血糖为特征的一种糖代谢障碍性疾病。本病只发生于反刍家畜，是危害奶牛业的一个重要疾病，肉牛和役牛极少发生。奶牛酮病发生特点有以下 6 个。

①高产牛群多发。

②饲养管理较好的牛群多发。

③产后 6 周以内的牛多发（长可至产后 2 个月）。

④3～6 胎的牛多发。

⑤冬季比夏季多发。

⑥不产奶的牛及公牛不发生本病。

【病因】

①饲料中蛋白质、脂肪过高而碳水化合物或糖不足。

②饲养条件低下，饲料中蛋白质、脂肪、碳水化合物同时供给不足这种情况已比较少见，常

出现于饲养条件较差，而产奶量又较高的个体，这是由于机体对糖的需求增高所导致的。

③维生素 B↓12缺乏。

④干奶期过肥。

⑤内分泌失调，肾上腺分泌功能降低。

⑥其他疾病继发。如真胃变位、前胃弛缓、肝脏疾病、生产瘫痪、迷走神经性消化不良、创伤性网胃炎等可继发本病。

【症状】

亚临床型酮病缺乏明显的临床症状，病牛食欲轻度下降、慢性进行性消瘦，初期奶量下降幅度小、后期下降明显。血酮升高、大部分有低血糖现象。尿酮检测为阳性或弱阳性。奶牛场应该做好亚临床型酮病的检测工作。

临床型酮病，病牛体肤、呼出的气体、尿及奶中有酮体味。体温一般正常或稍低(37.8℃)；呼吸浅快，心音快、弱、节律不整。产乳量下降，尤其以后其下降最为明显。

病初患牛表现不同程度地不安和对外界刺激反应敏感。急性病例其兴奋性表现明显、持续时间长，可达 2 天左右。兴奋不安、哞叫、机敏，头颈异常抬伸，盲目运动，不听指挥，横冲直撞，空嚼、磨牙、异食(吃褥草)、流涎，眼球振动，视力障碍，甚至共济失调(这些神经症状是由于乙酰乙酸在瘤胃中分解为异丙乙醇而引起的)。随后精神沉郁，有时闭眼低头。对外界刺激反应降低或缺乏反应，步态无力，前胃弛缓，食欲下降，只吃少量干草或拒食，排粪、排尿减少。初期粪干、外有黏液、后期稀臭，迅速消瘦。

多数病例经及时治疗一般愈后良好，病情会在 2 周以内得到显著改善，少数病例如稍有耽误则预后不良。如继发其他疾病如肠炎、脱水等则预后谨慎。有一定数量的酮病常和产后瘫痪并发，故治疗时应兼顾。

【诊断】

一般依据发病时间、产乳情况、饲养情况，再结合临床表现，即可作出临床诊断。要进一步确诊还要做血、尿酮及血糖测定。

血糖一般在 31 毫克/100 毫升(正常为 50 毫克)。

血液乙酰乙酸一般在 8 毫克/100 毫升(正常为 0.7 毫克/100 毫升)。

羟丁酸一般在 32 毫克/100 毫升(正常为 0～9 毫克/100 毫升)。

游离脂肪酸一般在 21 毫克/100 毫升(正常为 3～10 毫克/100 毫升)。

【预防措施】

①做好酮病的监测。产前 1 周，隔日测定尿酮一次；产后 1 天测尿酮一次，隔一二天再测一次，凡阳性者立即治疗。

②产前及产后一周，口服丙二醇 200 毫升或丙酸钠 200 克，每日一次。

③分群管理。干乳期减少精料喂量，混合料每日 3～4 千克，青贮 15 千克，提供充足优质干草及青饲。

【治疗】

提高血糖浓度、补充生糖物质抑制酮体生成、健胃保肝、纠正酸中毒，是治疗本病的治疗原则。具体治疗方法有：

①50%葡萄糖或多或50%右旋糖酐500～1 000毫升，5%碳酸氢钠500毫升，维生素B_{12} 1毫克静脉注射，每日2次。

②在以上治疗时配合静注氢化可的松0.3～0.6克，也可单独应用，每日1次，连用5天(肾上腺皮质激素有促进机体糖异生的作用)。

③口服乳酸铵，每次200克，每日1次。连用5天。口服丙二醇或甘油，每次250克，每日2次。连用5天。口服丙酸钠，每次220克左右，每日2次。连用10天。另外，口服白糖(250～500克/天)也有一定辅助疗效。

7. 中暑

中暑是热射病和日射病的总称。日射病是由于强烈的阳光曝晒头部，导致中枢神经系统功能严重紊乱而引发的一种急性疾病。热射病是在高温或高温高湿环境下，动物散热过程发生障碍，体内热量过度蓄积导致神经系统、心血管系统及呼吸系统功能紊乱而引发的一种急性疾病。

荷斯坦奶牛具有耐寒怕热的生物学特性，饲养奶牛的适宜温度为10～20℃。当环境温度超过27℃时，奶牛就会出现热应激反应，夏季气温炎热，奶牛比肉牛更易发生中暑。牛中暑是指牛在强烈日光、高温、高湿因素作用下，导致中枢神经系统严重紊乱。

【病因】

①夏季气候炎热，在放牧或运动场中奶牛头部长时间被阳光直接曝晒，引起奶牛脑部充血，使血管、运动及呼吸中枢神经发生紊乱，继而昏迷倒地、发生中暑。

②夏季牛舍闷热，通风不良，温度过高，饲养过于密集、拥挤，使奶牛体内蓄积的热量无法散发。

③饲养管理不当，作息时间不合理，饮水不足，体质较弱、过肥。

【发病机理】

①当由于强烈的阳光曝晒头部，而导致中暑时，强烈的阳光和紫外线，可引起脑部血管充血，进一步引起水肿及颅内压升高，引起中枢神经功能紊乱(昏迷、兴奋)，进一步引起心血管系统和呼吸系统功能障碍。

②当高温及散热过程障碍而引起中暑时，由于体温升高及大量出汗，导致脱水、血液黏稠、血流缓慢、组织供氧不足，以致窒息死亡。

脱水及血流缓慢可引起体内代谢产物蓄积，以致发生自体中毒和昏迷。脱水可引起体内氯化钠过量流失，由于严重的氯化钠缺乏可使神经组织发生胶样浸润，引起神经损伤，导致脑神经功能紊乱及麻痹。

【症状及诊断】

①突然发病，病牛精神沉郁，行走缓慢，站立不稳，张口伸舌，呼吸急促、困难，心跳加快可达100次/分钟以上，过后则心音低沉、心律不齐，结膜潮红，口、鼻流出带泡沫的水样液体，全身出汗，皮肤烫热，体温高达41℃以上，食欲废绝，产奶停止，尿少或无尿。

②有的病牛出现高度兴奋，眼球突出，狂躁不安，向前冲撞，后期转为高度沉郁，口吐白沫，肌肉震颤，继而昏迷倒地，此时意识和反射消失，眼结膜发绀，全身痉挛，四肢抽搐，如不及时治疗，病牛会迅速死亡。

本病根据临床症状一般可作出诊断。

【预防措施】

①做好夏季防暑降温工作。牛舍开窗，舍内安装电扇，或饲槽栏上安装旋转式降温喷水设施。在运动场上要搭建凉棚。夏天中午上槽要用凉水喷洒牛体。

②加强暑期饲养管理。充分利用早、晚不太热的时间饲喂。保证充足的饮水。在水或料中每头每日添加食盐120克。合理安排奶牛饲养密度。

③增喂青绿多汁饲料。添加饲喂乙酸钠、碳酸氢钠、吡啶羧酸铬等抗热应激添加剂。

【治疗措施】

治疗中暑的总体原则是:迅速降温，促进散热，镇静安神，强心利尿。

①迅速将牛置于阴凉、通风、安静地方，用自来水泼浇头部及身体。注意:心脏部位不宜浇泼。还可灌服冷水。

②对昏迷倒地不起的牛，可静脉放血1～2升，然后输5%糖盐水1 000～2 000毫升，20%安钠咖10～20毫升，2.5%盐酸氯丙嗪注射液10～20毫升。

③对心跳加快，狂躁不安，异常兴奋的病牛，用水合氯醛灌肠，1次25～35克，或用安溴注射液100毫升静脉注射。

④为防止酸中毒，可用5%碳酸氢钠注射液200～500毫升静脉注射。

⑤对症治疗。病牛脑内压升高，可用20%甘露醇或25%山梨醇液500～1 000毫升静脉注射;食欲减退者，可灌服健胃药。

8. 维生素A缺乏症

维生素A缺乏症是由于日粮中维生素A或胡萝卜素不足或缺乏而引起的一种营养代谢性疾病。本病以生长发育障碍、夜盲症、水肿及繁殖障碍为主要临床特征。

【病因】

①日粮中缺乏优质干草、青贮牧草及青绿饲料，从而导致维生素A和胡萝卜素不足或缺乏。

②犊牛初乳不足，代乳品中又未加鱼肝油。一般来说初乳中含有大量维生素A，如果犊牛所喂初乳不足可导致维生素A缺乏。

③牛胃肠道消化吸收功能紊乱。

④在种植牧草时大量施用氮肥，致使其牧草中硝酸盐含量过高，硝酸盐能抑制胡萝卜素转变成维生素A。

【症状】

①维生素A具有维持机体皮肤和黏膜上皮细胞正常结构和功能的作用，是视紫红质素组成和骨骼生长发育不可缺少的营养物质。维生素A缺乏时可引起视觉、消化、呼吸、繁殖力及生长发育紊乱。

②犊牛对维生素A缺乏的敏感性高。初期症状是夜盲症，犊牛在黎明、夜晚表现为东撞西顶。眼睛对光线过敏，引起角膜干燥、流泪，角膜逐渐增生混浊，特别是青年牛症状发展迅速，会由于继发感染而失明。

③维生素A缺乏还易引发犊牛肺炎和下痢。由于肾小管上皮细胞角化脱落，极易引起尿

结石。

④维生素A缺乏的犊牛发育明显迟缓，被毛粗乱，易患皮肤病。骨组织发育异常，在头盖骨和脊髓软骨上表现尤其明显，由于颅骨变形压迫和颅内压升高，而出现相应的神经症状，瞳孔扩大、失明、运动失调、惊厥、步态蹒跚、共济失调、感觉过敏、肌肉震颤或抽搐。

⑤妊娠母牛往往发生流产或死胎或产出弱犊或失明犊，全身浮肿，受胎率下降，产科疾病发病率明显升高。

【诊断】

①根据饲料组成部分调查、发病情况及群体中出现失明、神经症状和流产等表现，结合视神经乳头水肿等特征变化，可作出初步诊断。

②确诊应该对日粮、血液和肝脏组织进行维生素A或胡萝卜素含量测定。健康奶牛血液中维生素A含量为60国际单位/100毫升，肝脏活组织中维生素A含量为10～50微升/克。当测定值低于上述值时，即可确诊。

【防治措施】

①对发病牛每千克体重肌肉注射维生素A 4 000单位，之后连续7～10天口服同量的维生素A。

②加强饲养管理，保证日粮中有足够的维生素A或胡萝卜素是预防本病的关键。如果精料过多而优质粗饲料不足，在预防上最好每2个月补给维生素A 50万～100万国际单位。

③维生素A缺乏症，病情发展较迅速，一旦出现夜色盲症、浮肿及神经症状，治疗效果将十分有限。

9. 牛氨化饲料中毒

氨化饲料是牛的优质饲料，如果饲喂不当，会引起牛的氨中毒或尿素中毒，严重者会导致死亡，造成重大经济损失。

【症状及诊断】

①轻度中毒者表现为精神呆滞和沉郁，反刍减少或停止，食欲减退或不食，唾液分泌过多，步态不稳。

②严重中毒者表现不安，呻吟，呼吸急促，肌肉震颤，运动失调，腹胀，吐白沫；出汗不止，倒地窒息而死。

③慢性中毒者表现为肺水肿，肾炎或尿道炎，代谢紊乱，其特征是频尿且疼痛，从尿道中排出脓性黏液。

根据上述临床特点，结合饲料调查结果可作出初步诊断。

【预防措施】

①掌握氨贮时间。根据气温条件决定氨化成熟时间，一般20℃左右的温度要氨化15天后再饲用，冬季则要氨化40天后再饲用。

②鉴定质量。氨化好的秸秆为棕黄色，有糊香味，手摸质感柔软。如果填装不实或漏气，秸秆就会发霉，颜色发白，变灰，甚至发生霉烂，颜色发黑、发黏、结块，并有霉味。霉烂变质的秸秆绝不能用作饲料。

③饲喂前要放尽余氨。散氨时间一般要求晴天10小时以上，阴天24小时以上，以虽稍有

氨味，但不刺激鼻眼为宜。晾晒过干的氨化饲料不会降低营养。

④掌握好饲喂量。氨化秸秆适口性好，牛喜欢吃。因此开始饲喂应少喂，掺入未氨化秸秆，逐步增加饲喂量，3～5天后可完全适应。氨化秸秆的喂量原则上为饲料的40%～60%为宜。

⑤饲喂氨化秸秆时，要适当搭配豆饼、棉籽饼等非降解性蛋白质饲料，并适当补喂富含维生素和矿物质的饲料，以提高氨化饲料的饲喂效果。

⑥未断奶的犊牛，因胃内微生物生态系未完全形成，要禁用氨化饲料。另外，怀孕后期的母牛禁用。

【治疗措施】

①一旦发现中毒现象，立即停喂氨化饲料，将牛牵到安静通风处，并分析中毒原因，及时进行治疗。

②氨中毒者，灌服食醋1.5千克，同时灌服0.5千克白糖，并服2千克鲜牛奶。经过如此的治疗，一般可控制症状。

③尿素中毒者，可用硫代硫酸钠作为解毒剂静脉注射，同时用高渗葡萄糖、葡萄糖酸钙等药物进行对症治疗。

④慢性中毒者除用硫代硫酸钠作为解毒剂外，还可配合抗生素进行治疗。

⑤恢复期给病牛服用健胃剂，以促进其胃功能尽快恢复。

10.尿素中毒

尿素是农业上广泛应用的一种速效肥料，它又可以作为牛的蛋白质补充饲料，也可用于麦秸的氨化。但若用量不当，则可导致牛尿素中毒。

【病因】

尿素喂量过多，或喂法不当，或被大量误食即可中毒。

【症状】

①牛过量采食尿素后30～60分钟即可发病。病初表现不安，呻吟，流涎，肌肉震颤，体躯摇晃，步样不稳。

②继而反复痉挛，呼吸困难，脉搏增数，从鼻腔和口腔流出泡沫样液体。

③末期全身痉挛出汗，眼球震颤，肛门松弛，几小时内死亡。

【诊断】

根据有无食入尿素及临床症状可作出诊断。

【预防措施】

①严格化肥保管使用制度，防止牛误食尿素。

②用尿素作饲料添加剂时，严格掌握用量，体重500千克的成年牛，用量以每天不超过150克为宜。尿素以拌在饲料中喂给为宜，不得化水饮服或单喂，喂后2小时内不能饮水。

③如日粮蛋白质已足够，则不宜加喂尿素。犊牛不宜使用尿素。

【治疗措施】

发现牛中毒后，立即灌服食醋或醋酸等弱酸溶液，如1%醋酸1升，糖250～500克，常水1升。静脉注射10%葡萄糖酸钙液200～400毫升，或静脉注射10%硫代硫酸钠液100～200

毫升，同时应用强心剂、利尿剂、高渗葡萄糖等疗法。

11. 主要营养物质与牛病的关系

(1)日粮中的精饲料比例

日粮中碳水化合物过高或精料过多是引起肢蹄病、蹄叶炎的主要原因之一。奶牛采食过多碳水化合物，可导致瘤胃中微生物的数量及种类发生变化，瘤胃中乳酸菌数量大量增加，瘤胃 pH 下降，引起瘤胃酸中毒、并产生大量乳酸、组胺等物质，这些乳酸和组胺作用在蹄组织上的毛细血管，引起瘀血和炎症，刺激局部的神经，就可促使蹄叶炎等蹄病的发生。

如果精料少，蛋白质比例偏低也会导致蹄生长异常而发生蹄变形、蹄裂等蹄病。因此，日粮中合理的精、粗比例是预防蹄病的关键。奶牛日粮的精、粗比随着泌乳期和产奶量而定，高产奶牛泌乳前、中、后期的精、粗比应分别控制在 60∶40、50∶50 和 40∶60。有条件的地方应该大力推广应用全混日粮(TMR)。

(2)日粮中的粗蛋白水平

日粮中蛋白质水平对蹄病有重要影响。Vermunt 认为高蛋白含量的牧草与蹄叶炎的发病有关。蛋白质中的组氨酸可脱羧生成组织胺，高蛋白日粮结构易引起奶牛的肢蹄病。NRC (1989)的粗蛋白建议量为 17.5%或 37%的瘤胃非降解蛋白。2001 年 NRC 粗蛋白建议量减少到 17%。

(3)日粮粗纤维含量

牛必须维持一个合适的饲草量，以达到消化率和瘤胃正常反刍的最优状态。牛饲喂高含量非结构性碳水化合物日粮容易引起肢蹄病，尤其是蹄叶炎的发生。

牛采食过多瘤胃可发酵碳水化合物，容易使瘤胃内产生大量的有机酸(尤其是乳酸)，导致瘤胃内酸度升高，pH 下降，从而扰乱了瘤胃正常的生理功能，最终导致代谢紊乱。

同时，粗纤维采食不足，影响动物反刍和唾液分泌，瘤胃缓冲能力减弱也可引发肢蹄病。橡草的大量使用可导致牛干物质采食量下降；羊草采食量减少可导致粗纤维的不足，引起肢蹄病等代谢病的发生，通过调整日粮结构(增加羊草、棉籽和添加益生素等)，可有效降低奶牛肢蹄病的发病率。研究发现，在日粮可消化能和粗蛋白基本相同的情况下，采食高纤维日粮(占干物质的 19%)的牛群蹄病发病率显著低于采食低纤维日粮的牛群；给犊牛饲喂干草，对预防亚临床型蹄叶炎是确实有效的。研究表明，泌乳母牛日粮中，粗纤维应占日粮干物质的 15%～20%，其中以 17%为最适宜，最低不能低于 13%。

(4)矿物质元素

研究表明，低钙、低磷、低锌和高铜是牛蹄病发生的重要原因。在奶牛日粮中矿物质元素(如钙、磷、锌、铜、锰和硒等)供应不平衡、不足或吸收率低，会明显影响蹄的角质化程度、指(趾)间皮肤和蹄冠部位皮肤的抗病能力，容易导致蹄病发生。

研究也表明，钙、铁、铬与奶牛蹄变形的发生有一定关系。

①钙、磷　饲料钙、磷比例失调、血钙含量降低也是奶牛肢蹄病发生的一个重要原因。当机体钙水平下降时，奶牛为了维持泌乳和血钙含量稳定的需要，动员骨骼中贮存的钙、磷，致使其发生营养不良、骨质疏松、蹄变形、尾椎变软或部分消失等变化。奶牛日粮中无论是低钙还是低磷，都会引起骨质疏松。高钙、高磷也会对锌等元素起拮抗作用，而缺锌会影响蹄的角质

化，容易发生腐蹄病。林新等测定了兰州黑白花奶牛蹄角质中钙、磷含量，正常牛分别为56.7毫克/千克和23.0毫克/千克，患病牛为8.6毫克/千克和0.04毫克/千克。由此可表明，奶牛蹄变形与日粮中钙、磷不足或失调有直接的关系。

正常的奶牛钙、磷比例不仅对肢蹄病有预防作用，而且对奶牛繁殖也很有益。所以奶牛日粮中钙、磷比例要合适，一般钙、磷比应控制在(1.5～2)∶1为宜。

②铜　铜是体内一些酶的组成成分，直接参与体内代谢，是正常骨骼形成所必需的。由于骨胶原蛋白结构的完整以及主动脉和心肌系统正常弹性硬蛋白的形成，都与含铜的赖氨酸氧化酶有关；血清铜水平降低，引起含铜的酶活性减弱，使赖氨酸残基上的氧化脱氨基作用受阻，损伤了骨胶原多肽链交叉结合，降低了骨胶原的稳固性和强度，以致于骨骼异常变形和骨质疏松。当奶牛铜缺乏时，造成奶牛体内多种酶的活性降低，从而造成机体贫血、骨骼发育异常、血管功能异常、被毛受损、供给失调以及因缺铜而降低繁殖性能。牛的"消瘦病"就是由铜缺乏所引起的。

③锌　锌是角质素、角蛋白合成所必需的元素之一，它可以加强牛蹄的坚硬性、完整性和健康。奶牛缺锌很快就会表现出采食量下降和生长减缓。长期锌缺乏还会造成蹄角虚弱，四肢、头部、颈尤其是鼻腔发生皮炎和角质化不全，胸腺萎缩等。有人认为牧草中含锌量低于50×10↑－6时，蹄病就有增加的趋向。牛缺锌时可引起蹄炎、指(趾)间皮肤增生和腐蹄病。因此满足奶牛锌元素的需要量，对促进伤口愈合、维持上皮细胞的完整性和抗炎症能力，对肢蹄、乳房组织和细胞子宫内膜组织的健康有显著的效果。生产实践表明，饲料中添加一定量的蛋氨酸锌或硫酸锌对奶牛蹄病有一定防治作用；还可提高泌乳牛对热应激的抵御能力。

④锰　锰是动物骨组织的重要组成部分，骨骼中锰含量比其他任何组织都高，约占体内锰含量的25%。锰是许多酶的激活剂，如肠肽酶、精酸酶、脱氧核糖核酸酶、异柠檬酸脱氢酶、葡萄糖磷酸变位酶等，其中的大多数酶可被其他离子(如钴、镁)所代替，但某些重要的酶如氨酰基脯氨酸酶和琥珀酸脱氢酶的活性作用是离不开锰的。锰与粘多糖的合成有关，而粘多糖是软肌组织的重要成分。动物缺锰时，软骨生长受到损害，因而发生广泛的畸形。锰同样也会影响骨骼中其他无机物的沉积。奶牛缺锰时可引起四肢骨骼和关节变形，导致蹄病的发生。

⑤硒　硒是谷胱甘肽过氧化物酶的组成成分，适宜的体内含量可消除脂质过氧化物的毒性作用，从而提高免疫机能。高硒水平将导致硒中毒，表现包括跛行、足痛和足畸形；硒缺乏可导致免疫系统抑制，奶牛可继发乳房炎、子宫感染和肢蹄疾患。通常建议奶牛日粮中硒的适宜添加量为0.3毫克/千克。

⑥碘　碘是合成甲状腺激素和三碘甲腺原氨酸的必需元素。甲状腺激素的缺乏可引起免疫系统的抑制，导致皮肤中一些粘多糖、硫酸软骨素和透明质酸结合蛋白大量蓄积，并积聚大量水分，引起黏液性水肿、感染进而引起肢蹄疾患网。日粮中添加碘已被证实可预防蹄底溃疡。通常推荐日粮中碘的添加量为0.6毫克/千克。

(5)维生素

在奶牛日粮中维生素(A、D、H等)供应不平衡、不足或吸收率低，也会明显地影响蹄的角质化程度、指(趾)间皮肤和蹄冠部位皮肤的抗病能力，导致骨质疏松而诱发蹄病。

①维生素A　维生素A可增强机体免疫力，在维持上皮细胞完整性，并在骨骼组织正常

发育方面起着重要作用，缺乏维生素A对上皮组织细胞的生长与分化构成损伤，鳞状角化细胞比率增加，粒状细胞和黏液分泌细胞减少，引起机体内部与外部表皮的致密性下降，继发细菌感染。奶牛常因后膝和关节问题导致跛行，一般在奶牛日粮中添加维生素A10万单位。

②维生素D　维生素D的基本功能是促进肠道对钙、磷的吸收，提高血液中钙、磷的水平，促进骨骼钙化。日粮中缺乏维生素D，也是引起肢蹄发病的重要原因，所以要注意保证喂给优质的含维生素D丰富的饲料。

③维生素H　维生素H即生物素，是动物机体许多酶的辅助因子，在改善物质代谢、提高动物繁殖性能、防治疾病等方面发挥着重要作用。奶牛缺乏生物素会引起蹄病，研究发现给奶牛每天补充20毫克生物素可以有效降低蹄变形的发生率。

过去认为牛瘤胃微生物可合成生物素，不需要添加，但由于现代奶牛大量精料和抗生素等药物盲目、不科学的使用，妨碍瘤胃和肠道合成生物素的因素也逐渐增多，抑制了瘤胃和肠道中细菌的活动，造成生物素合成障碍，从而可能造成高产奶牛的生物素缺乏。生物素的缺乏会影响黏膜、皮肤和毛发的健康，最主要的是造成蹄和角的损伤。

第八章 奶牛产科病防治

分娩是又一个泌乳循环的开始；繁殖是家畜的一个重要生产性能。产科疾病不仅严重影响牛“生儿育女”，也严重影响奶牛的泌乳性能，对奶牛而言，终断分娩就意味着终断了泌乳。不孕症、流产、难产、乳腺炎等疾病构成了奶牛产科病的主要内容。

第一节 奶牛常见产科病防治

1. 乳房炎

奶牛也有头、蹄、尾，心、肝、肺，在这些器官中，与产奶关系最直接、最密切的器官就是乳房，奶牛场的效益直接来源于牛的乳房，可以说乳房就相当于“银行”，牛场的钱是从奶牛乳房中一把一把挤出来的。奶牛得了乳房炎不仅可导致奶牛产乳量下降、奶质下降、医疗费用增加，严重的还可危及病牛的生命安全，急性全身性乳房炎的死亡率高达10%。所以，乳房炎是限制奶牛场奶牛产奶量、影响奶牛场最大限度实现经营效益的一个主要因素。在奶牛“四大疾病”中，乳房炎位居第一。

【病因】

引起乳房炎的病因十分复杂，但概括起来可归纳为以下几个方面。

①病原微生物感染　环境或体内的细菌、病毒、螺旋体、真菌（霉菌、酵母菌）等病原微生物通过乳头管、乳房外伤或血液进入乳房，使乳房受到了感染，而引进乳腺发炎。

②饲养管理不当　牛体及环境卫生差、挤奶不严格遵守挤奶程序、洗乳房的水脏、挤乳机不配套、乳房外伤。由于管理不细致、不到位，从而使乳房感染发炎，发生乳房炎。圈舍及运动场中的砖头、铁丝等异物也是引发乳房炎的一个潜在原因。

③饲料中毒、胃肠疾病、生殖系统疾病可引发乳房炎。

【症状及诊断】

奶牛乳腺炎按其临床症状不同可分为以下五种类型。

①轻度临床型乳房炎　患病乳区病理变化较轻，触摸乳房时感觉不到异常或只有轻度疼痛、肿胀和发热，产奶量下降，奶变稀，颜色基本正常，奶中有絮片或凝乳块。这类乳房炎只要及时治疗便可痊愈，乳房不会遗留形态和机能障碍。

②重度临床型乳房炎　患病乳区急性肿胀，皮肤发红，触摸时可感觉到乳房发热、有硬块、疼痛、常拒绝检查。产奶量下降，乳呈淡灰色或灰白色，乳中有凝乳块，体温略高或正常，全身症状不明显。这类乳房炎如能及时有效治疗，也可较快痊愈，患病乳区不会遗留形态和机能异常。

③急性全身性乳房炎　常突然发生于二次挤奶之间，病情严重，发展迅速。患病乳区肿胀

严重,乳头也随之肿胀,皮肤发红或发紫(个别甚至裂口)。触摸时感觉乳房发热、疼痛,整个患病乳区质地特别坚硬,挤不出奶,或仅能挤出一二把黄水或清汤。患病牛持续发烧(40.5～41.5℃),心率及呼吸增加、精神不振,食欲减少或不食,如不及时治疗可危及病牛生命安全,死亡率达10%以上。如患病牛伴有腹泻,治疗时要防止大肠杆菌毒素中毒。多数治愈后患病乳区会遗留形态和机能障碍。

④慢性乳房炎　多由急性乳房炎转化而来或由乳房持续感染引起。一般患病乳区临床症状不明显,也不表现全身症状,但产奶量下降,反复发作,可导致乳腺萎缩。这类乳房炎治疗价值不大,而且会成为牛群中的一种感染源,应该尽早淘汰。

⑤隐性乳房炎　隐性乳房炎肉眼看不出乳房和乳汁的异常变化,但患病牛产奶量减少,奶的品质下降,乳中细菌数、体细胞数增加(50万个/毫升以上),酸碱度及电导率也发生变化。此点是乳房炎中发病率最高的一种类型。

以上的1～4种乳房炎,合称临床型乳房炎,其发病率为2%～5%,而隐性乳房炎的发病率高达20%～70%,其发病率是临床型乳房炎的十几倍,隐性乳房炎所造成的损失最为巨大,其损失占每头每年产奶量的10%。目前个体养牛户大多还未充分认识到隐性乳腺炎的危害,仍然忙于临床型乳房炎的治疗。

【预防措施】

对于牛乳房炎的防治,必须要有一套综合、细致、科学、新型的综合办法。

(1)搞好乳房卫生、挤乳用具卫生、环境卫生和牛体卫生

乳房卫生对乳房炎的发生尤其重要,如果乳房不干净,粘的全是泥巴粪尿,那自然就容易发生乳腺炎。每次挤奶前的乳房清洗,不仅与启动泌乳反射有关,而且是保证乳房清洁的一个重要内容。

每班认真清洗乳房,清洗乳房的水要及时更换,以保证其清洁卫生,防止乳房炎的传播扩散。擦洗乳房的毛巾要及时清洗,班班消毒,否则擦洗乳房的毛巾会成为传播乳房炎的工具。

及时清除圈舍粪便、定期对圈舍进行清扫消毒,每天刷拭牛体,这样可以有效地减少环境、牛体及乳房上的病原数量,降低乳房炎的发病率。

(2)规范挤奶技术

挤奶技术的好坏对控制乳房炎的发病率有十分密切的关系,在治疗乳房炎上,大家普遍地感觉到:三分治、七分挤,这也充分说明了挤奶技术的重要性,说明挤奶技术的好坏是预防乳腺炎的一个重要措施。

①患有乳腺炎的牛不宜用挤奶机挤奶;日产奶量在10千克以下的奶牛不宜用挤奶机挤奶;产后15天以内的牛不宜用挤奶机挤奶,否则易导致乳腺炎的发生,或加重乳房炎的症状。

②挤奶前要认真清洗、热敷、按摩乳房,清洗乳房的水温应保持在40～50℃(还可用0.1%的高锰酸钾、0.25%的碘液等消毒液来清洗乳房)。清洗、按摩、热敷的时间以1分钟为宜,最好不要超过1.5分钟,过短和过长都不利于泌乳过程的启动。充分启动乳腺的泌乳反射,让乳腺的泌乳过程和挤奶过程同步,不但可以提高产奶量,还可防止乳腺损伤,降低乳房炎的发病率。

③开始挤奶时要检查头两把奶,观察乳汁是否正常,如果发现乳汁异常或已经发生了乳腺

炎，就不宜用机器挤奶，应该用手工挤奶，对患乳腺炎的牛继续用机器挤奶，会加重乳房炎的症状。

④不论是机器挤奶还是手工挤奶，挤奶过程要一气完成，中间不能停顿，每头奶牛的整个挤奶过程不宜超过7分钟。

⑤每次挤奶要挤干净，挤不干净或乳房内剩奶，是导致乳房炎发生的一个重要原因。

⑥机器挤奶要防止空挤，防止真空压及节拍异常。注意挤奶机的维修保养，保证挤奶机性能正常。

⑦使用挤奶机挤奶，要及时清洗消毒挤乳杯。争取每挤一头，清洗消毒一次。

⑧挤奶后乳头内负压升高，奶眼松弛，病原微生物极易侵入。所以，每次挤完奶后1分钟内要及时进行乳头药浴，药浴时间以0.5分钟为宜，常用作药浴的消毒液有0.5%～1%的碘伏，4%的次氯酸钠或0.2%的过氧酸或0.1%的新洁尔灭等，有些地方挤奶前也进行乳头药浴。寒冷的北方地区可用加有油剂的专用乳头药浴液进行乳头药浴，以防冬天乳头皮肤裂口。

(3)对慢性及顽固性乳腺炎病牛要及时淘汰。对乳腺炎易感体质的牛也要及时淘汰，这些牛会成为牛群乳腺炎的传染源。

(4)注意修蹄，减少乳房损伤。

(5)要及时修理圈舍，捡拾圈舍及运动场中的砖头、铁丝等异物，减少乳房外伤的发生。

(6)合理搭配饲料，不喂发霉变质饲料，劣质或不合理的搭配饲料会使牛处于亚健康状态，降低牛体及乳腺的正常功能。消化功能紊乱及生殖器官疾病也是继发或促进乳腺炎发生的一个重要因素。

(7)机器挤奶不能忽视手工挤奶的重要性，手工挤奶本身也是乳腺炎的一种治疗方法。做好药物停奶。

(8)做好干奶初期乳房炎防控

①停奶前一周要注意乳房及乳汁的观察，对患有临床型乳房炎的牛要经治疗后再进行停奶。

②有条件进行隐性乳腺炎监测的牛场，停奶前10天，应该做好隐性乳房炎的监测工作，停奶前3天再监测一次，对“＋＋”以上的强阳性牛，经过适当治疗后再进行停奶，对“＋＋”以下的乳区停奶时干奶药要加倍。

③停奶过程中，要注意观察乳房变化，停奶后的最初几天，乳房会出现肿胀，但只要不表现发红、疼痛、发热、发亮等异常现象，就说明停奶正常；3～5天后乳房中的奶会被逐渐吸收，乳房体积会逐渐变小；10天左右，乳房中的残留乳汁被完全吸收，乳房恢复柔软，乳腺进入休息状态。

④停奶后不要再按摩、刺激乳房，否则不利于停奶，也会增加乳腺炎的发病率。停奶后如果发现奶牛患上了乳房炎要进行治疗，等治愈后再重新停奶。

⑤在选用停奶药时，要选用药效持续时间长、抗菌谱宽、并能促进乳腺上皮细胞修复的干奶药进行干奶。单纯用抗生素药膏进行的停奶方法，其预防干奶期乳腺炎的作用是不十分理想的。

【治疗措施】

治疗乳房炎的治疗用药和用药方法众多，主要包括如下几种。

(1)治疗用药

①抗生素治疗　用抗生素治疗乳腺炎，是兽医临床上的一个传统治疗方法，因为引起乳腺炎的一个重要原因就是病原微生物进入乳腺组织，造成了乳腺组织的感染发炎。生产实践证明，抗生素对乳腺炎的治疗作用是确实有效的，但不是万能的。抗生素在不断更新、临床用量也在不断增大，临床常用的抗生素有青霉素、链霉素、四环素、氯霉素、卡拉霉素、新霉素、氨苄青霉素、先锋霉素、螺旋霉素；诺氟沙星、诺镁沙星、环丙沙星、蒽诺沙星、氧氟沙星、磺胺类等，但大家发现仍然有一部分乳腺炎病例难以得到控制。

进一步的实践发现，引起乳腺炎的病原微生物，除停乳链球菌、金黄色葡萄球菌等细菌外，还有病毒、支原体及真菌。而且由病毒、真菌、支原体等病原所引起的乳房炎在生产中变得越来越常见。乳腺炎病原的多样化，要求我们在治疗乳腺炎上不能只着眼于抗生素的治疗，还应该注意选用相应的抗病毒药、抗支原体药和抗真菌药。

②免疫增强剂治疗　隐性乳腺炎的发病率高达20%～70%，造成的损失非常巨大。但实验证明，抗生素对隐性乳腺炎的治疗作用几乎为零，寻找隐性乳腺炎的治疗方法也就成为了奶牛工作者的一个共同愿望。近年来大家发现，利用免疫增强剂可提高奶牛乳腺的免疫能力，是治疗奶牛隐性乳腺炎的一个有效方法。目前所用的免疫增强剂主要有盐酸左旋咪唑、黄腐酸、黄芪多糖、几丁聚糖、细胞因子等。

③促上皮生长因子治疗　任何乳腺炎的病理过程都包括了对乳腺上皮的损伤，在治疗乳腺炎的过程中，如果能充分地促进乳腺上皮细胞迅速再生修复，那么就可以大大提高乳腺炎的治疗效果，加速泌乳性能的恢复和提高。促上皮生长因子是从葡萄籽皮中提取的，也可通过大肠杆菌转基因技术生产促上皮生长因子，这个东西最早用于外伤治疗和化妆品之中。实践证明，把促上皮生长因子用在乳腺炎的治疗上，既可提高乳腺炎的治愈率、也可促进泌乳功能的恢复，进一步提高了乳腺炎的治疗效果。

④中药　随着乳品卫生标准的提高，“无抗奶”已成为奶业生产的一种必然要求，迅速开发无残留的乳房炎治疗药品，也成为奶牛生产者的一种迫切要求。目前，我国已先后开发出好几种治疗乳腺炎的中药制剂，在临床应用中获得了较满意的治疗效果，随着有机化学技术的迅速提高，中药在疾病临床应用上的价值越来越受到重视，中药对慢性病的治疗表现出了得天独厚的优势。这些药物主要有：

双丁注射液是紫花地丁和黄花地丁的混合提取物。可用于乳房灌注，也可用于肌肉注射。

六茜素注射液是从中药中提取的一种抗菌成分，现在兰州畜牧兽医研究已经用化学方法人工合成出了“六茜素”，有些实验报道，此药对临床型乳腺炎的治愈率达80%以上。本药品无任何残留，可肌肉注射也可乳房灌注。

除此之外，还有一些中药被用在治疗乳腺炎上，如鱼腥草、蒲公英、金银花、瓜蒌及蜂胶制品等。从中药方剂来看有许多治疗乳腺炎的中药，但由于其有效成分没有能被提取出来，从而极大地限制了中药在治疗奶牛乳腺炎上的推广应用。

另外，醋酸洗必泰也被用来治疗奶牛乳腺炎，醋酸洗必泰对细菌和霉菌引起的乳房炎均有疗效，但不属于抗生素类药，它属于一种防腐杀菌药，不影响乳品卫生质量，无药物残留。

⑤激素治疗　目前，用来治疗奶牛乳腺炎的激素类药物主要有：氢化可的松、地塞米松和催产素。

(2)治疗方法

治疗乳房炎时，增加挤奶次数，充分挤出乳房中的凝乳絮片，是提高药物治愈率的一个前提条件。具体治疗方法有：

①热敷按摩治疗　随着透皮剂在兽医临床上的应用，热敷按摩这种传统的治疗方法在治疗奶牛乳腺炎上，又引起了人们的重视，在中西药成分中加入透皮剂，通过涂擦按摩，可使药物成分直接进入乳房的病变或硬块中，从而起到局部的消炎、消肿、止痛、散瘀作用。

②乳房内注射法　对于轻度临床型乳房炎及重度临床型乳房炎，用乳房内注射法进行治疗，不但方便有效，而且还可降低医疗费用。但治疗时一定要严格消毒，防止将其他病原微生物带入乳腺内。用于乳房内注射的药物主要有：青霉素、青霉素＋链霉素、氨苄青霉素 0.5 克、螺旋霉素 250 毫克、新霉素 500 毫克、金霉素 200 毫克、红霉素 300～500 毫克、先锋霉素 0.5～2 克等，一天 2 次，挤奶后用奶针从乳头注入。

由于乳腺发生乳房炎后会影响注入药物的扩散，可在灌注治疗之前注射催产素，使乳腺腺泡中的乳充分排空后再进行注药(但怀孕牛不能用此法)。对重度临床型乳房炎最好配合全身抗生素治疗。

③封闭治疗　封闭治疗主要包括乳基封闭和会阴神经封闭两种治疗方法。用 0.25%～0.5%的普鲁卡因 150 毫升，进行乳房基部注射，再配合全身注射抗生素进行治疗，以减少发病乳区的疼痛，加强患病乳区乳腺细胞的新陈代谢；也可同时加入青霉素 160 万单位＋链霉素 100 万单位进行乳基封闭治疗。

④全身治疗　全身治疗可用青霉素＋链霉素、四环素、泰乐菌素(125 毫克/千克体重)、新霉素等，对重度临床性乳房炎及急性全身性乳房炎，要注意对症治疗、补糖、补液、补充维生素，并要注意酸碱平衡的纠正，还可配合抗病毒药物及皮质激素类药物进行治疗。

2. 流产

流产是由于胎儿或母体的生理过程发生紊乱，或它们之间的正常关系遭到破坏，导致妊娠终断，胎儿被母体吸收或排出体外的一个病理现象。流产是哺乳动物妊娠期间的一种常见疾病，流产不仅会导致胎儿死亡或发育受到影响，而且还会影响到母体的生产性能和繁殖性能。因此，动物医学工作者必须重视流产的防治。

【病因】

流产可以是孕畜某些疾病的一个临床症状，也可以是饲养管理不当的一个结果，还可以是胎盘或胎儿受到损伤而导致的一种直接后果。流产的原因十分复杂，概括起来可分为传染性流产和非传染性流产。

(1)传染性流产

传染性流产是由病原微生物侵入孕畜机体而引起的一种流产，可以是某些传染病发展过程中的一个普通症状，也可以是某些传染病的一个特征性症状。如布鲁氏杆菌、衣原体、毛滴虫及马媾疫锥虫等病原，可在胎盘、子宫黏膜及产道中造成病理变化，所以流产就成了这些传染性疾病的一个特征性症状。焦虫、附红细胞体等病原感染孕牛时，流产则作为这些传染病发展过程中的一个非特异性临床症状而表现出来。从某种意义上来说，当某种传染病导致孕畜或胎儿的生理功能紊乱到一定程度时，都可以引起流产。

(2)非传染性流产

非传染性流产是由非传染性因素所引起的一类流产，大致可归纳为如下几种。

①胚胎发育停滞　精子(卵子)衰老或有缺陷、染色体异常和近亲繁殖是导致胚胎发育停滞的主要原因，这些因素可降低受精卵的活力，使胚胎在发育途中死亡。胚胎发育停滞所引起的流产多发生于妊娠早期。人们在羊胚胎移植研究中也发现，某些品种(羊)间的胚胎移植，其胚胎发育停滞率较高。

②胎膜异常　胎膜是维持胎儿正常发育的重要器官，如果胎膜异常，胎儿与母体间的联系及物质交换就会受到限制，胎儿就不能正常发育，从而引起流产。先天性因素可以导致胎膜异常，如子宫发育不全、胎膜绒毛发育不全，这些先天性因素所引起的病理变化，可导致胎盘结构异常或胎盘数量不足。后天性的子宫黏膜发炎变性，也可导致胎盘异常。

③饲养不当　饲料严重不足或矿物质、维生素缺乏可引起流产；饲料发霉、变质或饲料中含有有毒物质可引起流产；贪食过多或暴饮冷水也可引起流产。

④管理不当

a.动物怀孕后由于管理不当，可使子宫或胎儿受到直接或间接的物理因素影响，引起子宫反射性收缩而导致流产。

b.地面光滑、急哄急赶、出入圈舍时过分拥挤等所引起的跌跤或冲撞，可使胎儿受到过度振动而发生流产。

c.怀孕后期的动物应该及时合理分群，怀孕动物和未怀孕动物混群饲养会由于互相争斗而造成流产。

d.怀孕动物在运输及上车或卸车过程中要倍加小心，否则就会造成流产。另外，强烈应激、粗暴对待怀孕动物等不良管理措施也是造成动物流产的一个重要原因。

⑤医疗错误

a.粗鲁的直肠检查和不正确的产道检查可引起流产。

b.误用促进子宫收缩药物可引起流产(如毛果芸香碱、氨甲酰胆碱、催产素、麦角制剂等)。

c.误用催情或引产药可导致流产(如雌性激素、三合激素、前列腺素类药物、地塞米松等)。

d.大剂量使用泻剂、利尿药、驱虫剂，错误地注射疫苗、不恰当的麻醉也可导致流产。

⑥继发于某些内科、外科和产科疾病　一些普通疾病发展到一定程度时也可导致流产。例如，子宫内膜炎、宫颈炎、阴道炎、胃肠炎、肺炎、疝痛、代谢病等。

【症状】

一般而言，怀孕动物发生流产时会表现出不同程度的腹痛不安，弓腰、做排尿动作，从阴道中流出多量黏液、或污秽不洁的分泌物或血液。另外，流产症状与流产发生的时期、原因及母体的耐受性有很大关系，流产的类型不同，其临床表现也有区别。

①隐性流产　胚胎在子宫内被吸收称为隐性流产。隐性流产发生于妊娠初期的胚胎发育

阶段，胚胎死亡后，胚胎组织被子宫内的酶分解、液化而被母体吸收，或在下次发情时以黏液的形式被排出体外。隐性流产无明显的临床症状，其典型的表现就是配种后诊断为怀孕，但过一段时间后却再次发情，并从阴门中流出较多数量的分泌物。

②早产　有和正常分娩类似的预兆和过程，排出不足月的活胎儿，称为早产。早产时的产前预兆不像正常分娩预兆那样明显，多在流产发生前的2～3天，出现乳房突然胀大，阴唇轻度肿胀，乳房内可挤出清亮液体等类分娩预兆。早产胎儿若有吮吸反射时，进行人工哺养，可以养活。

③小产　提前产出死亡未变化的胎儿就是小产，这是最常见的一种流产类型。妊娠前半期的小产，流产前常无预兆或预兆轻微；妊娠后半期的小产，其流产预兆和早产相同。

小产时如果胎儿排出顺利，预后良好，一般对母体繁殖性能影响不大。如果子宫颈口开张不好，胎儿不能顺利排出时应该及时助产，否则可导致胎儿腐败，引起子宫内膜炎或继发败血症而表现全身症状。

④延期流产　也叫死胎停滞，胎儿死亡后由于卵巢上的黄体功能仍然正常，子宫收缩轻微，子宫颈口不开，胎儿死亡后长期停留于子宫中，这种流产称为延期流产。

延期流产可表现为两种形式：一种是胎儿干尸化，另一种是胎儿浸溶。

胎儿死亡后，胎儿组织中的水分及胎水被母体吸收，胎儿体积变小、变为棕黑色样的干尸，这就是胎儿干尸化，干尸化胎儿可在子宫中停留相当长的时间。母牛一般是在妊娠期满后数周，黄体作用消失后，才将胎儿排出。排出胎儿也可发生于妊娠期满以前，个别干尸化胎儿则长久停留于子宫内而不被排出。

胎儿死亡后胎儿的软组织被分解、液化，形成暗褐色黏稠的液体，骨骼飘浮于其中，这就是胎儿浸溶，胎儿浸溶现象比干尸化要少。

【诊断】

流产诊断主要依靠临床症状、直肠检查及产道检查来进行。不到预产日期，怀孕动物出现腹痛不安、拱腰、努责，从阴道中排出多量分泌物或血液或污秽恶臭的液体，这是一般性流产的主要临床诊断依据。配种后诊断为怀孕，但过一段时间后却再次发情，这是隐性流产的主要临床诊断依据。

对延期流产可借助直肠检查或产道检查的方法进行确诊。

【预防措施】

科学的饲养管理是预防流产的基本措施，对于群发性流产要及时进行实验室确诊，预防传染性流产是畜牧生产中的一个重要工作。

【治疗措施】

当动物出现流产症状，经检查发现子宫颈口尚未开张，胎儿仍活着时，应该以安胎、保胎为原则进行治疗。

肌肉注射盐酸氯丙嗪，1～2毫克/千克体重；

肌肉注射1%硫酸阿托品注1～3毫升；

肌肉注射黄体酮50～100毫克。

当出现流产症状时，子宫颈口已开张，胎囊或胎儿已进入产道，流产已无法避免时，应该以尽快促进胎儿排出为治疗原则。及时进行助产，也可肌肉注射催产素以促进胎儿排出，或肌肉注射前列腺素类药物以促进子宫颈口进一步开张。

当发生延期流产时，如果仍然未启动分娩机制，则要进行人工引产，肌肉注射氯前列烯醇0.4～0.8毫克。也可用地塞米松、三合激素等药物进行单独或配合引产。

3. 胎衣不下

母畜产出胎儿后，胎衣在正常的时间范围内未能自行排出就叫胎衣不下（也叫胎衣滞留）。牛产后排出胎衣的正常时间为12小时。各种动物均可发生胎衣不下，但牛发病率为最高，高达20％～50％。

胎衣不下易引起子宫内膜炎，导致产后子宫复旧不全、发情延迟及不孕，给养牛业造成的经济损失尤为突出。

【病因】

引起胎衣不下的原因较为复杂，胎衣不下与季节、营养状态、胎次、遗传因素等均有一定关系，单一因素可引起胎衣不下、多种因素综合作用也可引起胎衣不下，但直接引起胎衣不下的主要原因是产后子宫收缩无力和胎盘炎症。

①产后子宫收缩无力　饲料单一，缺乏维生素、矿物质，过肥、过瘦、老龄可导致产后子宫收缩无力；分娩时间过长、难产、流产，单胎动物怀双胎可引起产后子宫收缩无力；缺乏运动也可引起子宫收缩无力。

②胎盘炎症　胎盘炎症可以导致胎盘结缔组织增生，使母体胎盘和胎儿胎盘发生粘连，从而导致胎衣不下。布氏杆菌、衣原体以及其他一些细菌、病毒等都可引起子宫内膜及胎盘发炎。

【症状与诊断】

根据胎衣在子宫内滞留的多少，可分为胎衣全部不下和胎衣部分不下。

胎衣全部不下是指整个胎衣滞留于子宫内，外观仅有少量胎膜垂于阴门外，或看不见胎衣。

胎衣部分不下是指胎衣大部分垂于阴门外，少部分与母体胎盘粘连而未排出；也有大部分脱落，仅有少部分滞留于子宫内者，这只有通过检查脱出的胎衣缺损才能发现。

发生胎衣不下时，初期一般表现拱背、努责，从阴道中排出污红色恶臭液体，卧下时排出数量增加，其中含有胎衣碎片。随着胎衣不下时间延长，病畜可发生急性子宫内膜炎，胎衣腐败产物被机体吸收后会出现全身症状。各种动物对胎衣不下的耐受性各有差异，牛和山羊对胎衣不下不很敏感，全身反应出现得较晚或较轻。马和犬则很敏感，一般产后超过半天则会出现全身症状，而且病程发展很快、临床症状表现严重。猪的胎衣不下多为部分不下，发生胎衣不下时表现不安，体温升高，食欲降低，喜欢喝水，恶露增多。

【预防措施】

①临产前对体弱或有胎衣不下病史的牛补糖、补钙可起到预防作用。

②产后注射催产素对胎衣不下有一定预防作用。

③产前7天注射维生素AD注射液对胎衣不下有一定预防作用。

【治疗措施】

胎衣不下的治疗原则是抑菌、消炎、促进胎衣排出。

(1)药物疗法

①子宫内投药　为了防止胎衣腐败、延缓腐败物溶解吸收，可向子宫内直接投注抗生素。对于牛或马可取土霉素 2 克或金霉素 1 克，溶于 250 克生理盐水中，一次灌注，隔日一次。也可用其他抗生素或选用市售的治疗子宫内膜炎的专用药物进行子宫内投药治疗。

为了促进胎盘绒毛脱水收缩、促进母体胎盘和胎儿胎盘分离，还可向子宫中灌注 10%氯化钠溶液，牛一次用量为 1 000～1 500 毫升。

②注射促进子宫收缩药物　为了加强子宫收缩能力，促进母体胎盘和胎儿胎盘分离、促进胎衣排出，可在产后的早期注射促进子宫收缩的药物进行治疗。例如，皮下或肌肉注射催产素 50～100 国际单位，2 小时后重复一次。除此之外，还可选用麦角碱、浓盐水、氯前列烯醇等进行治疗。

③注射抗生素　肌肉注射抗生素类药物也是胎衣不下时防止子宫感染的一种常用措施。当出现全身症状时，也可将肌肉注射改为静脉注射，并配合相应的支持疗法，对于马和小动物来说，这种治疗方法有其重要意义。

(2)手术剥离胎衣

手术剥离胎衣主要适用于大家畜，采用手术剥离的原则是：易剥离者则剥，不易剥离者不要硬剥；剥离过程中严禁损伤子宫黏膜；对患急性子宫内膜炎和体温升高的病畜，不要进行剥离；剥离完胎衣后要向子宫内灌注抗生素。

①剥离前的准备　保定动物，固定尾巴，对后躯及外露胎衣进行清洗消毒。术者要戴上长臂手套做好自身保护。为了便于剥离可向子宫中灌注适量浓盐水，牛为 10%浓盐水 1 000～1 500毫升。

②剥离方法　将胎衣的外露部分捻转几圈，左手将其拉紧，右手伸入子宫，由浅及深、螺旋式深入，寻找胎盘进行剥离，剥离时不可强行撕扯，应该依其结构特点，用食指和拇指将母体和子体胎盘分离，剥离完一侧子宫角再剥离另一侧子宫角。

4. 生产瘫痪

生产瘫痪是母畜分娩后突然发生的一种严重的代谢性疾病，此病多发生于奶牛及犬、猫，猪和奶山羊也可发生。生产瘫痪又称产后瘫痪、乳热症、产后低血钙症和产后癫痫，本病的特征是低血钙，四肢瘫痪，舌、咽、肠道麻痹及知觉丧失或抑制。

生产瘫痪对奶牛的危害最为突出，个别牧场此病的发病率高达 25%～30%。奶牛生产瘫痪的发病率与其产奶量直接相关，高产奶牛多发，3～7 胎的奶牛多发，治愈的母牛下次分娩后可再次发病，且多发生于产后 3 天以内。

【病因】

生产瘫痪的发病机理目前还不十分清楚，但 50 多年前人们就发现引起本病的主要原因是产后血钙浓度急剧下降，并知道用静脉注射钙剂的方法进行治疗。其次，生产瘫痪的临床表现过程与大脑皮质缺氧有极大的相似性，因而有人认为生产瘫痪是由大脑皮质缺氧所致。

(1)低血钙

母畜产后,其血钙浓度会出现不同程度的下降,但患病动物的血钙下降更为严重,常降到正常水平的一半或更低的水平,产后正常牛的血钙浓度为0.08～0.12毫克/毫升,而发病牛的血钙浓度则为0.03～0.07毫克/毫升,导致产后血钙浓度急剧下降的主要原因有:

①产后大量血钙进入初乳是引起产后低血钙的一个主要原因。

②分娩前后从肠道吸收的钙量减少,也是引起血钙降低的一个原因。

③分娩前后机体动用骨钙的能力下降,进一步加剧了血钙浓度的下降。

④维生素D不足或合成障碍也可导致血钙降低。

由此可见,产后低血钙的发生可能是某种因素单独作用的结果,也可能是几种因素综合作用的结果。

(2)大脑皮质缺氧

有人认为,生产瘫痪是由于大脑皮质一时性充血、缺氧所致的一种神经性疾病,其低血钙是大脑皮质缺氧的一个并发症。

①分娩后腹压突然降低,腹腔器官被动性充血,从而导致大脑皮质贫血、缺氧。

②分娩后血液大量进入乳腺是引起脑贫血、缺氧的又一重要原因。

脑贫血时,一般都有短暂的兴奋、肌肉震颤、搐搦、敏感性增高,随后出现肌肉无力、知觉丧失、瘫痪等,这些症状和生产瘫痪的症状有类似之处。

对于补钙无法治愈的病例,用乳房送风法却能治愈,这一点也有力地支持了脑贫血、缺氧机理。

利用皮质激素升高患畜血压、缓解脑贫血的治疗方法,可提高产后瘫痪的治疗率,这一点也对脑贫血引发产后瘫痪的机理给予了支持。

【症状】

牛发生生产瘫痪时的症状可分为二类,即典型性生产瘫痪和非典型性(轻型)生产瘫痪。

(1)典型性生产瘫痪

发病迅速,从开始发病到出现典型症状,一般不超过12小时,其临床症状可分为以下三个阶段。

前驱期　表现短暂的兴奋和搐搦。病牛敏感性增高,摇头、磨牙、伸舌、哞叫、惊慌,四肢肌肉震颤。后肢交替踩地,后躯无力、左右摇摆,食欲下降或废绝,排粪、排尿停止,行走时共济失调、易摔倒。

瘫痪期　在经历较短的前驱期后,病牛则瘫痪卧地,不能站立,随之很快转入神经抑制期。反射降低、肛门松弛、胃肠道麻痹、吞咽困难,心音减弱、呼吸变深,体温多降低(37.5～37.8℃)。头颈弯向一侧呈"犬卧状"(图8-1),即使用力将头颈拉直,松手后仍会恢复原状。

昏迷期　随着病情的进一步加重,则精神高度抑制,意识和感觉完全丧失,心音和呼吸极度微弱,而进入昏迷状态,体温可降至35～36℃,多数病例在昏迷中死亡,个别病例死亡前有痉挛和挣扎。

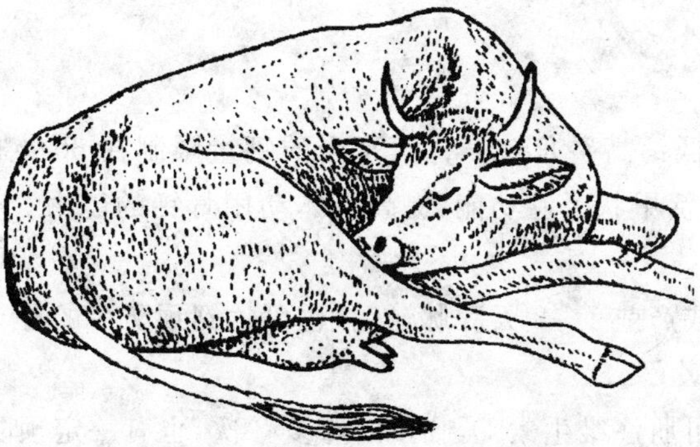

图 8-1 牛生产瘫痪时"犬卧状"姿势

(2)非典型性生产瘫痪

非典型性生产瘫痪,有类似于典型性生产瘫痪的基本症状,后期反射及知觉下降、但不消失。产前及产后较长时间发生的多为非典型性生产瘫痪,病牛精神沉郁,卧地不起,个别可挣扎着站起,体温一般正常,卧地时头颈呈倒"S状"弯曲(图 8-2),非典型性生产瘫痪在现代奶牛生产中变得越来越常见。

图 8-2 牛生产瘫痪时头颈 S 状弯曲姿势

【诊断】

(1)通过临床症状可作出初步诊断。

(2)结合临床症状,通过血钙测定可对本病作出诊断。动物发生本病后,其血钙明显低于正常。

(3)治疗性诊断。用钙剂或乳房送风法进行治疗，如果治疗有效，则可对此病作出间接诊断。

【预防措施】

(1)干奶后给牛用低钙高磷日粮。每头每天的钙量限制在60克以下，钙、磷比例为(1～1.5)：1，这样可充分激活甲状旁腺功能，提高机体动用骨钙的能力。分娩后立即将日粮钙量提高到125克以上。

(2)还可在分娩后或产前1～2天静脉输钙，也可达到预防目的，产后口服钙剂也有一定预防作用。

(3)分娩前7天还可肌注维生素D，临产时重复一次，也有一定预防作用。

(4)产后3天内，不要将奶完全挤净。

【治疗措施】

奶牛的典型性生产瘫痪病例，由于发病迅速，如不及时治疗，50%～60%者多于发病后，12～48小时内死亡，个别在发病后几小时内可死亡。若及时治疗则90%可痊愈或好转，但有些可复发。奶牛的非典型性病例，大部分经治疗后预后良好，少数严重者或继发其他病时预后不良，或发展为产后爬卧综合征。

(1)钙剂疗法

静脉注射钙制剂，是治疗本病的基本方法，一次静脉注射后半数病例会在治疗后不久症状得到明显改善，但有些病例愈后会反复。常用的钙制剂为10%的葡萄糖酸钙注射液和5%氯化钙注射液。另外，发生本病时常会伴发低血糖，所以注射钙制剂时也要注射一定的葡萄糖。

牛患生产瘫痪时，将5%氯化钙500～1 000毫升，5%葡萄糖生理盐水注射液1 500～2 000毫升混合后一次静脉注射，为防止复发，可在第一次治疗6小时后，用半剂量的钙剂再静脉注射一次。

(2)乳房送风法

其目的是使乳房膨胀，内压增高，限制泌乳，减少钙、磷从乳中排出。乳房送风器图8-3，其治疗操作步骤如下：乳头消毒→送入少量抗生素→连接乳房送风器→打气→用绷带系住乳头。

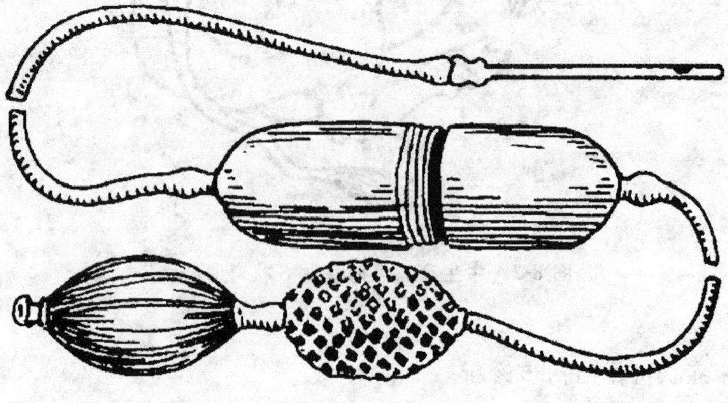

图8-3　乳房送风器

向乳房中打气时，逐一进行，打入的气体量不足，影响疗效；打入的气体过多，易引起乳腺腺泡损伤。打入的气体量以乳房皮肤紧张、乳区界限明显为准，系乳头的绷带应该在1小时左右解除。

(3)其他疗法

治疗本病时可适量补充磷、镁及肾上腺糖皮质激素等，因为本病在发病原因及发病机理上都有一定的复杂性。

5.产后感染

产后感染是动物产后由于生殖器官或产道严重感染而继发的全身性热性疾病。产后感染的病理过程是受到侵害的部位或临近组织器官发生各种急性炎症，甚至坏死；或者感染扩散，引起全身性病理变化，病程发展迅速，如不及时治疗患病动物常在2～7天死亡。本病主要由微生物及其毒素进入血液循环而引起，各种家畜均可发生。

【病因】

①胎儿腐败、胎衣不下及产道损伤感染是引起本病的一个常见原因。

②阴道炎、子宫颈炎、子宫脱出、子宫复旧不全、恶露滞留、子宫炎和化脓性(坏死性)乳房炎可继发本病。

③产后机体局部及全身抵抗能力降低是促使本病发生的主要诱因。

引发本病的主要病原菌是化脓棒状杆菌、溶血性链球菌、葡萄球菌、大肠杆菌、梭菌及一些腐败菌。其感染途径包括外源性感染和内源性感染两种，即外界环境中的病原菌通过开张的产道、助产器械等途径进入生殖器官后可引发本病；存在于身体其他部位的病原微生物，在产后抵抗力降低的情况下，也可通过淋巴循环或血液循环进入生殖器官而引发本病。

【症状及诊断】

牛多呈亚急性经过，亚急性病例治愈率较高，但可遗留慢性子宫内膜炎、子宫积脓、子宫积水及慢性子宫颈炎等子宫疾病。其临床症状表现为局部症状和全身症状两大部分。

患病动物体温升高达40～41℃，呈稽留热或弛张热。精神沉郁，食欲废绝，但喜饮水，脉搏快而弱，呼吸浅表。后期反应迟钝，卧地不起、呻吟，脱水，结膜发绀，有时可见小出血点，有些动物四肢、乳房可发生脓肿。

患病动物常表现腹膜炎的症状，腹壁紧缩，触诊敏感。随病程进一步发展，会出现腹泻，粪便中带血且有腥臭味；有时也有便秘表现。

患本病时，常会从阴道中流出少量污秽不洁的污红色或褐色液体，内含组织碎片。阴道检查时，阴道黏膜呈污红色，母畜疼痛敏感。直肠检查时，可发现子宫严重复旧不全。

【治疗措施】

本病的治疗原则是及时处理病灶，消除或抑制病原微生物感染，增强机体抵抗力，加强对症治疗。

①局部治疗　对生殖道的炎症病灶可按治疗子宫内膜炎、阴道炎、子宫颈炎的方法进行处理，向子宫中投放红霉素、金霉素、邻氯青霉素、蒽诺沙星等抗菌消炎药。在此病的治疗中禁止冲洗子宫，以防止炎症扩散，为了促进子宫中炎性产物的排出，可注射催产素或前列腺素等药物。

②全身治疗　全身治疗是防止产后感染发展为败血症的一个重要措施。为了消灭病原微生物，应该及时用较大剂量的抗生素类药物进行全身治疗，并要连续用药，直到体温降到正常2～3天后为止。可注射甲硝唑、环丙沙星、青霉素、链霉素、磺胺类药物等进行全身治疗。

为了促进体内毒素排出，可静脉注射10%氯化钙（牛、马150毫升）或10%葡萄糖酸钙200～300毫升。为了增强机体抵抗力，纠正脱水及酸碱平衡失调，可静脉注射高渗葡萄糖或5%的葡萄糖盐水、5%碳酸氢钠、维生素C、复合维生素B等。另外，也要注意对症治疗。

6.子宫内膜炎

不孕症是奶牛"四大疾病"中的第二大疾病，如果母牛不能怀孕产犊，就不可能产奶，所以说怀孕产犊是奶牛产奶的前提。不孕症在牛群中所造成的淘汰率占到了牛群总淘汰的1/3，而子宫内膜炎是引起奶牛不孕的一个重要原因，也是奶牛的一个常发病和多发病。统计表明，每10头奶牛，如果每头奶牛配种延迟1个月，所造成的经济损失就当于少养了一头奶牛。子宫是胚胎发育的场所，由于子宫炎症及炎症过程中的渗出物会影响受精过程，也可影响胚胎在子宫的附植过程，从而导致不孕和流产。

子宫内膜炎依据临床症状可分为急性子宫内膜炎和慢性子宫内膜炎两大类，其中慢性子宫内膜炎是奶牛场最常见的。

慢性子宫内膜炎又被分为慢性化脓性子宫内膜炎、慢性脓性黏液性子宫内膜炎、慢性黏液性子宫内膜炎和隐性子宫内膜炎四种。

一般而言，急性化脓性子宫内膜炎预后不良；慢性脓性子宫内膜炎和慢性脓性黏液性子宫内膜炎预后谨慎，这两种子宫内膜炎虽经治疗可消除临床症状，但有相当一部分不能怀孕，或常发生早期胚胎死亡或流产。

隐性子宫内膜炎和慢性黏液性子宫内膜炎，预后良好。

【病因】

①人工授精、分娩、助产及产道检查过程中消毒不严格。这是引起本病的主要原因。

②胎衣不下是继发本病的又一个主要原因。

③产房卫生不良及产后牛体后躯卫生差也易引发本病。

【症状及诊断】

①从产道流出多量黏液性或脓性分泌物。

②发情周期正常或不正常，屡配不孕。

③急性化脓性子宫内膜炎有全身症状。

【预防措施】

①分娩过程是引起子宫感染的一个主要环节，故在助产过程中要严格消毒，产房必须创造相应条件，助产操作要小心谨慎，防止子宫及产道损伤。

②产后要保证奶牛外阴部、后躯及产间的清洁卫生。

③加强饲养管理和饲料配合，保证机体各器官机能健康，减少胎衣不下和产后疾病的发生（酮病、产后瘫痪），促进子宫复旧过程。

④输精过程要严格消毒，以降低人工授精过程的人为感染。

⑤对胎衣不下的牛，要及时剥离胎衣或向子宫中灌注药物，以防子宫内膜炎发生。

⑥产后检查子宫，出产房时通过直肠检查的方法，对子宫状态进行检查，有必要的要进行清宫处理。

⑦对于隐性子宫内膜炎母牛，配种前 2 小时宫注抗生素。

⑧产后喂服益母草膏等能促进子宫机能恢复的中药，以促进其子宫机能恢复。

⑨对流产母牛要注意隔离，确定流产原因，防止流产过程中子宫排出物对产房及产间的污染，防止布氏杆菌病等疾病的蔓延。

⑩经营管理好的奶牛场，奶牛的平均空怀天数应在 105 天左右。一般水平的奶牛场，奶牛平均空怀天数在 120～140 天。对空怀天数超过 140 天的母牛要进行会诊，找出空怀原因，对确实失去繁殖能力的母牛，要尽早下决心、尽快地予以淘汰。

【治疗措施】

治疗奶牛子宫内膜炎时，应针对不同的类型选用不同的治疗方法，治疗牛子宫内膜炎的主要方法有以下几种。

(1)子宫冲洗

子宫冲洗术是一种传统的治疗方法。一般而言，对不同程度的化脓性子宫内膜炎多选用子宫冲洗，所用的冲洗药物多为防腐消毒药，如 0.1%的高锰酸钾、0.1%的雷夫奴尔、0.05%的来苏儿、0.1%的新洁尔灭、0.1%稀碘液等。对症状较轻的化脓性子宫内膜炎和非化脓性子宫内膜炎多选用 1%～10%盐水、1%小苏打、生理盐水及抗生素水溶液进行子宫冲洗。

一般一次冲洗量为 200 毫升左右(一次注入量不宜过大)，注入导出，反复冲洗，直到清洗液清亮为止，可连续冲洗 2～3 天，等子宫干净后可向子宫内灌注抗生素类药物，等下次发情时观察发情情况。冲洗液的温度要保持在 40℃(38～42℃)。

对于隐性子宫内膜炎，可在发情配种前 2 小时，用生理盐水 200～500 毫升冲洗子宫，随后注入青霉素 80 万～100 万单位、链霉素 100 万单位，然后配种，这有助于提高受胎率。

(2)子宫灌注法

子宫灌注也是治疗奶牛子宫内膜炎的一种常用方法，子宫灌注时，药液也要加热到 40℃左右，目前常用于子宫灌注的药物有以下几种。

①灌注抗生素　常用的有青霉素 100 万单位＋链霉素 100 万单位。土霉素 2 克＋金霉素 2 克。还有环丙沙星、呋喃西啉、呋喃唑酮、新霉素、先锋霉素、氯霉素、氨苄青霉素、磺胺类药物等。每日或隔日一次，直到子宫排出的分泌物清亮为止。

对于黏液性子宫内膜炎，在发情时可向子宫中灌注 1%的氯化钠溶液 200～300 毫升，隔 4～6 小时时再输精配种。

②子宫灌注碘制剂　碘制剂对各种类型的子宫内膜炎都有一定疗效，可用于由细菌、病毒、滴虫等引起的子宫内膜炎治疗。碘离子可刺激子宫黏膜，促进子宫内炎性分泌物排出。络合碘和无机碘都可用于子宫内膜炎的临床治疗，但络合碘的刺激作用较小、作用时间较长，治疗作用优于稀碘液。稀碘液常用浓度为 0.1%，配制时还可向其中加入一定量的甘油(5%碘酊 10 毫升，蒸馏水 240 毫升，甘油 250 毫升)，每次灌注 50～200 毫升，隔天或每天一次，连续用 2～3 次；如果稀碘液中未加油，每次可灌注 20～50 毫升，隔天或每天一次，连续用 2～3 次。如果用络合碘可每隔 7～10 天灌注一次。

③宫注鱼石脂　鱼石脂是从鱼骨化石中提取出来的有效成分。鱼石脂可温和地刺激子宫黏膜的神经末梢，改善血液循环，抑制细菌繁殖。向子宫中灌注5%～10%的鱼石脂对化脓性及脓性黏液性子宫内膜炎有较好的治疗作用。每次灌注100毫升每日或隔日一次，连用1～3次。注意：宫注的鱼石脂要用纯鱼石脂，不要用加了凡士林的鱼石脂。

④宫注黄色素　对慢性脓性子宫内膜炎，可用0.1%的黄色素溶液进行治疗，每次灌注50～200毫升，隔日或每日一次。

⑤宫注醋酸洗必泰　洗必泰是一种防腐杀菌剂，对隐性和黏液性子宫内膜炎有较好的

疗效。醋酸洗必泰有一定的刺激作用，用于奶牛子宫内膜炎治疗时要加缓和剂，以降低其由刺激性所带来的副作用。

⑥宫注促上皮生长因子　最新的实验表明，在进行子宫灌注治疗时，向其中加入促上皮生长因子，可促进子宫黏膜的再生修复，可进一步提高子宫内膜炎的治疗效果。

(3)激素疗法

目前，用来治疗奶牛子宫内膜炎的激素主要有氯前列烯醇、己烯雌酚和催产素。这类药物能使子宫颈口开张，加强子宫收缩机能，促进子宫腺体分泌，促进子宫内液体排出。最新的实验表明，血液中激素含量高低和子宫的免疫能力有直接的关系，通过注射上述激素还可提高子宫免疫力。具体疗法有：

①氯前列烯醇，可宫注也可肌注，宫注一次2～3毫升，肌注一次4～8毫升，可连续注射2～3次，间隔1～2天。同时还可配合肌注催产素10毫升。

②己烯雌酚，一次肌注15～25毫升，以促进子宫腺体分泌，促进子宫内分泌物排出。也可宫注，连用2～3次，每次间隔1～2天。

③催产素在治疗子宫内膜炎时可连用3～4天。

(4)通过促进子宫机能恢复来治疗子宫内膜炎

在子宫内膜炎中，其中包括一类子宫无器质性病变、而子宫功能异常所引起的难孕症。这类子宫内膜炎实际上是由于产后虚弱、子宫气滞血瘀、子宫机能低下引起的。中药在促进子宫机能恢复上，表现出独特的优越性，像黄芪、红花、蟾酥、当归、蜂胶、益母草、蒲黄、桃仁及连翘等，在治疗子宫内膜炎上，具有很好的消滞祛瘀、清热解毒、加速净化、促进子宫复旧等作用。现在已从中提取出主要成分，将这些成分与抗菌消炎等药物相配合使用，在临床上表现出很好的治疗作用。

7. 持久黄体

持久黄体是指卵巢上有一个或数个应该消失而未消失的黄体。其来源有二：

第一，发情周期黄体，在维持了一定时间后应该消失而未消失。

第二，妊娠黄体在分娩后应该消失而未消失。

【病因】

①饲养管理不当　如牛饲料中缺乏微量元素、维生素A和维生素E，以及运动不足等，可引起此病发生。

②产乳量过高　由于奶牛产奶消耗过大，以致卵巢营养不足，引起机能减退，使垂体细胞产生的催产素及前列腺素合成减少，同时由于血液中催乳素水平过高，而导致黄体滞留。

③子宫疾病　子宫疾病可损害子宫黏膜，使前列腺素产生不足，而导致此病发生。

【症状及诊断】

本病的特征是长期不发情。经数次直肠检查，发现卵巢的同一部位有较大黄体存在，可以是一侧卵巢，也可以是两侧卵巢。子宫多松软下垂，收缩反应减弱。

【防治措施】

除消除病因、改善饲养管理外，可用的治疗方法有以下几种。

①激素治疗　前列腺素及其类似物是治疗持久黄体的特效药。肌注前列腺素 5～10 毫克；或肌注氯前列烯醇 4 毫升。还可用促性腺激素，如孕马血清、绒毛膜促性腺激素、雌激素、催产素等进行治疗。

②手术疗法　采用直肠检查的方法，挤破卵巢上的黄体。

③电针治疗　电针治疗可迅速使孕酮水平下降到最低，同时又能使雌二醇水平达到最高，从而引起发情。

④针对原发病进行治疗。

第二节　奶牛其他产科病防治

1. 妊娠浮肿

妊娠浮肿也叫孕畜浮肿，是妊娠末期孕畜腹下及后肢等处发生的非炎性水肿。轻度的妊娠浮肿属于一种正常生理现象，浮肿面积大，症状严重时才属于病理变化。本病多发生于马和奶牛，一般开始于分娩前 1 个月左右，产前 10 天最为明显，分娩后 2 周左右自行消退。

【病因】

①妊娠末期孕畜腹内压增高，乳房肿大，运动量减少，从而导致腹下、乳房及后肢静脉回流缓慢、静脉压增高、静脉管壁通透性增大，使血液中的水分渗入到组织间隙而引起浮肿。

②妊娠母牛新陈代谢旺盛、蛋白质需求增加，妊娠阶段如果饲料中蛋白质不足，可导致孕畜血浆蛋白下降，血浆胶体渗透压降低，这样就阻止了组织中水分进入血液，而引起组织间隙水分滞留。

③妊娠期孕牛内分泌功能发生变化，抗利尿素、雌激素、醛固酮等分泌增加，影响了肾小管对水钠的调节作用，也是引起妊娠浮肿的一个重要原因。

【症状与诊断】

浮肿一般从腹下及乳房开始，严重者可向前后延伸至前胸、后肢（甚至到跗关节或球节）及阴门。浮肿一般呈扁平状，左右对称。指压留痕，触压无痛，皮温稍低，皮肤紧张而光亮。通常全身症状不明显，但泌乳性能会明显下降。

【预防措施】

①保证孕畜有足够的活动空间，增加运动，坚持刷拭。

②饲喂体积小，蛋白质、矿物质丰富的饲料，限喂多汁饲料，适度限制饮水。

【治疗措施】

加强血液循环、提高血浆胶体渗透压、促进组织水分排出是治疗本病的基本原则。

10%葡萄糖酸钙300毫升、25%葡萄糖1 500毫升、10%安钠咖注射液10毫升，一次静注。每天一次，连续3～5天；也可配合肌肉注射速尿(0.5毫克/千克)进行治疗，每日一次，连用2～4天，治疗时可增加运动，适当限制饮水。

还可参考如下中药方剂进行治疗。

方一：当归50克，熟地50克，白芍30克，川芎25克，枳实15克，青皮15克，红花30克，均为末，开水冲服。

方二：白术30克，砂仁20克，当归30克，川芎20克，白芍20克，熟地20克，党参20克，陈皮25克，苏叶25克，黄芩25克，阿胶25克，甘草15克，生姜15克，均为末，开水冲服。

2. 产前截瘫

产前截瘫是妊娠末期母畜既无导致瘫痪的局部病理变化，又无明显的全身症状，却不能站立的一种疾病。牛和猪发病率较高，马也可发生此病。牛多发生于产前1个月左右，猪多在产前几天至数周发病。

【病因】

产前截瘫的病因十分复杂，到目前为止尚未研究清楚。初步的研究表明，如下因素可导致产前截瘫。

①钙、磷与维生素D不足是引起产前截瘫的原因之一。当血钙浓度下降时，为了维持血钙浓度的相对恒定，甲状旁腺功能增强，骨钙动用加速，骨的结构因此受到损害，而导致截瘫。

②产前截瘫是妊娠负担过重，年老、瘦弱及某些轻度全身性疾病综合作用的结果，即产前截瘫可能是妊娠末期许多疾病的一个临床症状。

③营养不良、阳光不足、缺乏运动等因素是引起本病的重要诱因。

【症状与诊断】

发病初期可见站立不稳，两后肢交替负重；行走谨慎，后躯摇摆，步态不稳；后期则不能站立，卧地不起。

后躯痛角反射正常，无导致瘫痪的病理变化；食欲、精神等无明显变化，一般无明显的全身症状；卧地时间较长时会出现肌肉萎缩或褥疮。

【预防措施】

①科学饲养，保证孕畜饲料中有足够的钙磷、维生素及微量元素。

②科学管理，保证动物有充足的光照和运动量。

③还可用人为控制分娩季节的方法来预防产前截瘫。

【治疗措施】

发病时间距预产期较近、病情较轻，经适当治疗产后多能很快恢复；否则可能因褥疮继发败血症而死亡。

对于由钙缺乏而引起的产前截瘫痪可用静脉注射钙剂的方法进行治疗。如：牛可静脉注10%氯化钙100～300毫升、5%葡萄糖500毫升，隔日一次也可用钙磷镁注射液进行治疗，还可配合维生素D、维丁胶性钙进行治疗。

对于病情较重，又距分娩日期较近的病畜，可进行人工引产，进行治疗。

对于病因复杂的病例，在进行对症治疗的同时，要耐心做好护理工作，可采用按摩、针灸、电针等中医方法进行治疗。还可选用后躯注射肌肉或脊髓兴奋药物的方法进行治疗。

3.子宫捻转

子宫捻转是指整个子宫或一侧子宫角或子宫角的一部分围绕自己的纵轴发生捻转。其捻转部位多在子宫颈前后,捻转程度可以是90～360度,可发生于妊娠中期以后的任何时候,但临床上多发现于临分娩时。

【病因】

①急剧的体位改变。如急剧起卧、转身、翻滚等。

②饲养管理失宜和运动不足。饲养管理不当可导致子宫韧带松弛,而引发本病。

【症状】

轻度捻转(图8-4)时,子宫血管未绞缠,血液循环未阻断,怀孕仍可继续下去,也可能随其活动或由于分娩时胎儿活动及子宫的阵缩而被矫正。

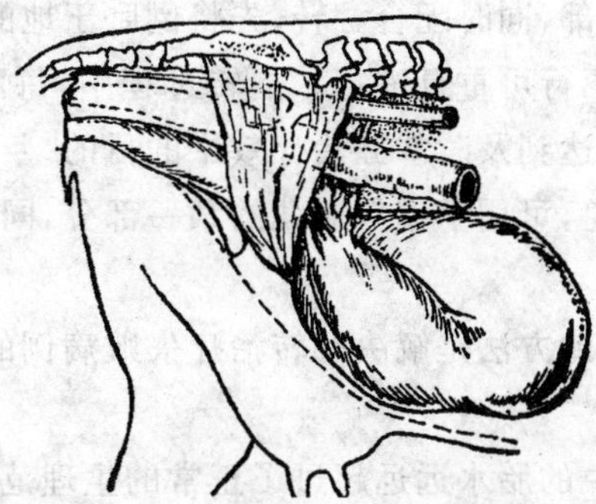

图8-4　牛子宫捻转

捻转达180度以上时,会发生子宫静脉瘀血、出血、水肿等,从而导致血液循环障碍,胎儿死亡。这时如子宫颈口未开张,且距分娩日尚早,胎儿会发生干尸化,母畜仍可存活。反之,胎儿腐败,母牛因继发腹膜炎及败血症而死亡。

本病如发生于距分娩日尚早时,一般难以作出确诊。所以在临床上本病多发现于临分娩时。有分娩预兆,但努责不明显,胎儿及胎囊不进入产道,阴门稍凹陷,阴道壁有螺旋形皱襞,可依据其走向来确定向哪方捻转。膣部呈紫红色,子宫颈塞红染。子宫阔韧带紧张、交叉,其中的静脉努张。病牛有腹痛症状,一般体温正常,呼吸及心跳增加,也可能伴有腹部臌气。

【诊断】

依据临床症状,结合直肠检查可对临分娩时的子宫捻转作出诊断。

【治疗措施】

(1)产道矫正

适用于分娩时捻转不超过90度的捻转。病畜选前低后高位站立保定,后海穴用普鲁卡因进行麻醉。用手握住胎儿的某一部分,向捻转的对侧扭转。

(2)翻转母体法

翻转前可作硬膜外腔麻醉,也可肌注肌松药,也可不作任何麻醉处理。选择宽畅平坦的场地进行翻转(图8-5)。翻转步骤是:

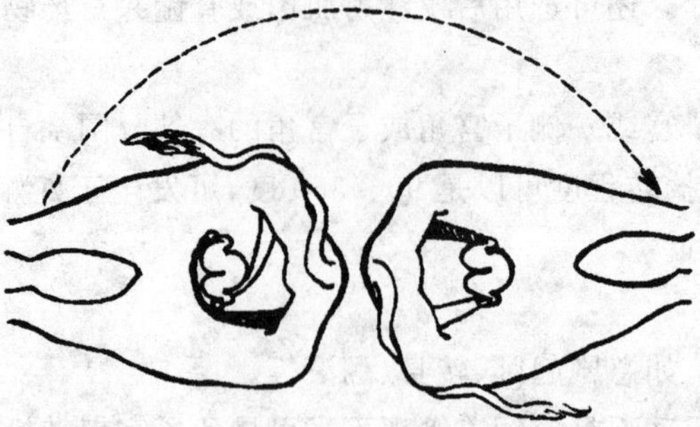

图 8-5　牛右方子宫捻转翻转示意图

①将病牛倒卧保定，充分捆好四蹄，也可用一长木杆纵向捆于前后四蹄之间。病牛子宫向哪侧捻转，倒卧时哪侧腹壁应着地。

②翻转时，一人保护好头部，同时配合翻转，先将倒卧于地的病牛慢慢翻向对侧，然后用力突然将其翻回到原位。一次不行可重复进行。翻转过程中，每翻转一次，应做一次产道检查，以防翻转方向错误，同时也能达到及时掌握治疗效果的目的。

③如术者的手能进入产道，可用手握住胎儿的某一部分，同时进行翻转。

(3)剖腹矫正

此方法临床上较少用，但此方法是解决翻转治疗失败病例的唯一方法。

4. 胎水过多

奶牛胎水过多是指怀孕牛的胎水远远超过了正常的生理范围。胎水过多主要由尿水过多引起，也可以是羊水或羊水和尿水同时积聚过多。本病主要发生于牛和羊，其他家畜少见。胎水过多常发生于怀孕 5 个月以后的牛。

牛的胎水多少因个体不同而有所差异。一般情况下，羊水为 1.1～5 升，尿水平均为 9.5 升。发生胎水过多时，胎水总量会远远超过这一数值，达到 100～200 升。

【病因】

牛发生胎水过多的原因至今还不清楚。临床观察发现，常发生胎水过多的情况有以下几种。

①怀双胎的母牛。

②患有子宫疾病的病牛。

③妊娠母牛患有心、肾疾病或贫血。

【症状及诊断】

其症状随病理过程的不同而有所差异。病牛腹部异常增大，而且变化迅速，腹壁紧张，背凹陷。推动腹壁可清楚地感觉到腹内有大量的液体。病牛运动困难，站立时四肢外展。因卧下时呼吸困难，所以不愿卧下。病情进一步恶化后，胎水进一步增多，则起卧困难，发生瘫痪。有时可引起腹肌破裂。

体温一般正常，呼吸浅快，心跳加速，瘤胃蠕动减弱。进一步恶化则可见病牛精神沉郁、食欲废绝、显著消瘦。

直肠检查时腹压升高，子宫内有大量液体，不易摸到子叶和胎儿。

【预后】

①病情较轻、又距预产期较近时，妊娠可继续下去，但胎儿发育不良，甚至胎儿体重还不到正常的一半，多在分娩过程中或分娩后不久死亡。

②病情较重、又距预产期较远，或病牛体弱，这样的病牛多预后不良。

③因胎水过多而发生流产时，由于母牛子宫弛缓、子宫颈开张不全，常常会发生难产，胎儿排出后常发生胎衣不下。

④个别病例会引起子宫破裂或腹肌破裂。

【治疗措施】

①对于病情较轻，距预产期较近者，喂给营养丰富、体积小、易消化的饲料；限制饮水，增加运动，注射安钠咖或利尿药或服用人工盐等缓泻药，如能维持到分娩即可康复。

②对于严重病例(距预产期较远、患病牛已卧地不起、子宫颈口又不开张)，可进行人工引产，肌肉注射氯前列烯醇 4～8 毫升进行人工引产。

5. 阴道脱

由于阴道组织松弛，阴道部分或全部突出于阴门外就称为阴道脱。这是一个比较常见的奶牛产科疾病，主要发生于妊娠后期，病程较长，一般不会危及母牛的生命安全。

【病因】

①阴道壁组织松弛是导致本病的一个重要原因。

②腹压过大，如胎水过多、怀双胎等也可引起阴道脱。

③母牛胎龄过大或机体过于瘦弱时多发生本病。

④长期缺乏运动，饲料中矿物质及维生素缺乏的个体易发生本病。

⑤上次助产时损伤了产道或由阴道炎症继发。

【症状及诊断】

多发生于妊娠后期，病牛的阴门外脱出一粉红色球状物，脱出时间较长时脱出物色泽变暗。大小从拳头大到排球大，病情较轻时多在卧下时脱出，站立时缩回，病情严重的站立时也不能缩回。如脱出部分呈半圆形则为单侧阴道壁脱出，如脱出物为 2 个半圆形则为双侧阴道壁脱出，如阴道全部脱出时，可看见宫颈外口。脱出时间长时，脱出物表面会粘上污物，继发溃疡及坏死。有些母牛会发展成为习惯性阴道脱，即每次到妊娠后期时都发生阴道脱出。

【治疗措施】

①对于病情较轻的病牛。每天注意其后躯卫生，用消毒液或温水清洗外阴部或脱出的阴道，或在脱出的阴道上涂抹油剂抗生素，等分娩后即可缩回。

②对于病情严重的病牛要进行整复固定治疗。充分保定好患病牛，认真用消毒液清洗阴门部及脱出物，用 2%～5% 的盐酸普鲁卡因 10～20 毫升进行后海穴麻醉，将脱出物轻轻送回，对阴门做垂直纽扣缝合，但不要影响病牛排尿。

6. 子宫脱

母牛分娩后因子宫弛缓，子宫不能在正常时间内恢复到未孕时的状态就叫子宫复旧不全或子宫迟缓。子宫正常恢复的时间一般为产后 40 天。本病多发生于体弱、老龄、胎儿过大，以及难产、胎衣不下和子宫有炎症的母牛。

【病因】

①子宫收缩无力　如产后产奶量过高，牛肥胖，助产不当，胎衣不下，子宫脱及机体患有其他代谢病时，均可引起子宫收缩无力。

②卵巢功能异常　卵巢功能和子宫功能有密切的关系，如果卵巢功能异常，就会影响子宫的复旧。

【症状及诊断】

①子宫复旧不全的牛常无全身异常表现。

②产道检查时，会发现子宫颈口闭锁不全、松弛，有暗褐色恶露潴留。

③直肠检查时可感觉子宫肥大，无收缩力，子宫内有液体。本病可继发子宫内膜炎。

【防治措施】

①在分娩后至胎衣排出这一段时间内，要有专人看护，胎衣排出后仍然努责强烈，要及时检查处理。

保持病牛安静，防止脱出的子宫被损伤，在子宫脱的治疗护理上有着重要意义。

将母牛后躯、尾根、阴门、肛门部及脱出的子宫用消毒液认真清洗、消毒、处理。

②将脱出部分用消毒纱布或塑料布，一边一人兜起，母牛取前低后高站势，如母牛卧地可将其后躯垫高或抬起。为了抑制强烈努责便于操作，须在荐尾间隙作硬膜外腔麻醉（一般注2%普鲁卡因10～20毫升）或肌注静松灵4～5毫升。

③先从靠近阴门处开始向阴道内推送子宫。当脱出子宫送入一半后，术者将手伸入子宫角用力向前下方压送，直至全部送回。子宫全部送入后，术者伸入全臂将宫角全部推展回复原位。推送时为防止损伤子宫，手要取半握拳式，用力要适度，禁止在忙乱中损伤子宫。

④向子宫中送入抗生素，还可注射缩宫素50～100单位。

⑤在阴门外作纽扣缝合（图8-6）固定以防止子宫再脱出。

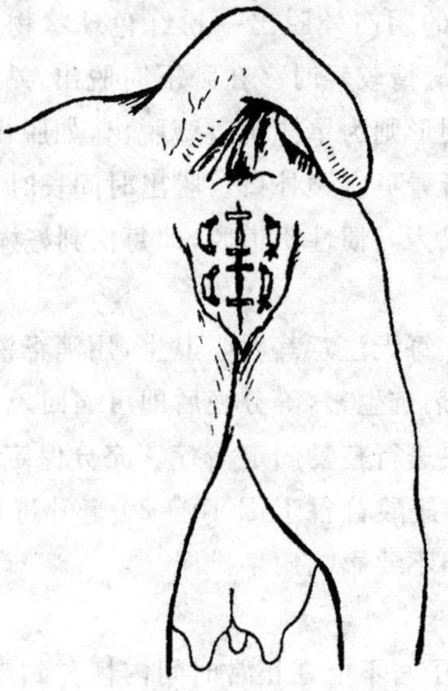

阴门双内翻缝合

图8-6　子宫脱的缝合固定

7.子宫复旧不全

母牛分娩后因子宫弛缓，子宫不能在正常时间内恢复到未孕时的状态就叫子宫复旧不全或子宫迟缓。子宫正常恢复的时间一般为产后40天。本病多发生于体弱、老龄、胎儿过大，以及难产、胎衣不下和子宫有炎症的母牛。

【病因】

①子宫收缩无力 如产后产奶量过高，牛肥胖，助产不当，胎衣不下，子宫脱及机体患有其他代谢病时，均可引起子宫收缩无力。

②卵巢功能异常 卵巢功能和子宫功能有着密切的关系，如果卵巢功能异常，就会影响子宫的复旧。

【症状及诊断】

①子宫复旧不全的牛常无全身异常表现。

②产道检查时，会发现子宫颈口闭锁不全、松弛，有暗褐色恶露潴留。

③直肠检查时可感觉子宫肥大，无收缩力，子宫内有液体。本病可继发子宫内膜炎。

【治疗措施】

加强子宫收缩，促进恶露排出，是治疗本病的指导原则。具体方法有：

①肌肉注射催产素100单位，每日注射2次。

②用5%盐水或2%碳酸氢钠温热后冲洗子宫。冲洗完后向子宫内灌注一定量的抗生素，如金霉素4克。

③还可喂益母草膏、当归浸膏，肌肉注射维生素A、维生素D。

另外，还要注意原发病的治疗，防止酮病、产后瘫痪及胎衣不下等产后疾病的发生。

8.卵巢囊肿

卵巢囊肿是引起发情异常和不育的重要原因之一。卵巢囊肿主要包括卵泡囊肿和黄体囊肿两种形式。

卵泡囊肿：卵泡上皮变性，卵泡壁结缔组织增生变厚，卵细胞死亡，卵泡液未被吸收或者增多而形成的。一侧或两侧卵巢上可有单个或多个囊肿的卵泡。

黄体囊肿：由于未排卵的卵泡壁上皮黄体化而引起，也叫黄体化囊肿(提前黄体化)。一般单个存在于单侧卵巢之上。

在兽医临床上，卵巢囊肿一般指的是卵泡囊肿，此病常见于奶牛、猪及犬，马及肉牛也可发生。在卵巢囊肿中，卵泡囊肿的发病率约为75%，黄体囊肿的发病率为25%。所以临床上所指的卵巢囊肿一般指的是卵泡囊肿，而不包括黄体囊肿。对奶牛而言，此病多发生于高产奶牛和2～5胎的经产奶牛。

本病的特征为：持续而强烈地表现发情，奶牛甚至会出现“慕雄狂”症状。

【病因】

目前，对本病的病因和病理还不是十分清楚，对其发病机理的初步阐述主要有两点：

第一，有人认为此病的发生是由于排卵前促黄体素分泌不足所致。

第二，有人通过研究认为，本病的发生是由于激素释放的时序异常所致，与其浓度变化无关。

引起本病的病因在临床上可归纳为如下几点：

①运动不足或长期舍饲。

②性激素分泌异常。

③生殖器官疾病，如胎衣不下、子宫炎等与本病的发生有关。

④饲料单一。

⑤长期大剂量使用雌性激素及孕马血清等可导致本病发生。

⑥似乎有一定的遗传性。

⑦饲养管理不当，如精料喂量过多又缺乏运动，长期发情而不配种等。

【症状】

①无规律长时间发情或连续发情，不安、吼叫，频频爬跨，排粪、排尿次数增加，甚至有攻击行为或出现"慕雄狂"现象。

②荐坐韧带松弛，尾根高抬，阴唇松弛肿胀，流出多量黏液，颜色稍深，子宫颈和子宫大而松弛，子宫壁变厚。

③由于长期处于兴奋状态，而且食欲下降，病牛日渐消瘦，且易发生骨折。长期患此病者可表现为母牛公像。

④直肠检查时可发现卵巢体积变大，一侧或两侧卵巢上有一个或几个薄而有波动的囊肿突出于卵巢表面。

【预防措施】

①注意选种选配。

②母牛产后注射促性腺激素释放激素，以降低发病率。

【治疗措施】

(1)激素治疗

①促黄体素是治疗本病的首选药。一次治愈率可达 60%以上，一次不行，可重复利用 2～3 次，每次注射 100～200 单位。如治愈后未能及时怀孕，可能再次发病。

②绒毛膜促性腺激素，每次肌注 1 000 单位，连续 1～3 次。

③黄体酮 50～100 毫克，每日或隔日一次，连用 2～7 次。

(2)手术摘除

通过直肠将囊肿挤破或刺破。

(3)中药及电针治疗。

9. 排卵延迟及不排卵

排卵延迟是指排卵时间向后推移；不排卵是指发情时有发情的外部表现但不排卵。

【病因】

①机体促黄体素分泌不足、激素作用不平衡，是造成排卵延迟及不排卵的主要原因。

②营养不良或不平衡，过度挤奶，气温变化频繁，也可造成排卵延迟及不排卵。

【症状及诊断】

排卵延迟时，卵泡的发育和外表发情症状都和正常发情一样，但发情持续时间延长，牛一般延长 3～5 天，直肠检查时卵巢上有卵泡，最后有的可能排卵，有的则会发生卵泡闭锁。在诊断排卵延迟时要注意和卵泡囊肿相区别。

不排卵时，有发情的外表征状，发情过程及周期基本正常，直肠检查时卵巢上有卵泡，但不排卵，故屡配不孕。

【治疗措施】

对排卵延迟及不排卵的母牛，除改善饲养管理条件外，可应用激素进行治疗。

(1)当牛出现发情征状时，立即注射促黄体素 200～300 单位或黄体酮 50～100 毫克，可起到促进排卵的作用。

(2)对于确知由于排卵延迟或不排卵而屡配不孕的母牛，在发情早期，可注射已烯雌酚 20～25 毫克，晚期注射黄体酮，也可起到较好的治疗效果。

10.卵巢机能不全

卵巢机能不全是指卵巢机能暂时紊乱，机能减退，性欲缺乏，卵泡发育中途停止(卵泡萎缩、卵泡交替发育)，长期的卵巢机能衰退可导致卵巢萎缩。

【病因】

卵巢机能不全是多种因素综合作用的结果。临床研究表明，主要和如下几种因素有关。

(1)由于子宫疾病、全身性疾病及饲养管理不当，使奶牛机体乏弱而导致本病理现象的发生。

(2)饲料中营养成分不足，尤其是维生素 A 不足，可能与本病的发生有关。

(3)气候因素及近亲繁殖也可导致本病发生。

【症状及诊断】

本病的主要临床症状是发情周期延长，发情症状(表现)减弱，或安静发情。有的则出现发情周期紊乱现象(卵泡交替发育)。直肠检查时一般摸不到卵泡和黄体。

患本病的母牛如果发展成为卵巢萎缩，则长期不发情，卵巢小而硬，母牛的卵巢仅有豌豆大小。

本病多发生于年龄较大、体质较弱的母牛。

本病一般通过临床症状观察和直肠检查卵巢，即可作出诊断。

【治疗措施】

对由生殖器官疾病引发的卵巢机能不全，要做好原发病的治疗。

治疗奶牛卵巢机能不全，可采用如下几种治疗方法。

(1)激素治疗

①肌肉注射促卵泡素 100～200 单位，每日或隔日一次，共用 2～3 次。还可配合促黄体素进行治疗。

②肌肉注射绒毛膜促性腺激素 1 000～3 000 单位，必要时可间隔 1～2 天重复注射一次。

③肌肉注射孕马血清 1 000～2 000 单位，1～2 次。

④雌激素治疗。这类药物对中枢神经及生殖系统有直接兴奋作用，用药后可引起母畜表现明显的外部发情症状，但对卵巢无刺激作用，不引起卵泡发育和排卵。但用此类药物可以使动物生殖系统摆脱生物学上的相对静止状态，促进正常发情周期的恢复。因此用此类药后的头一次发情不排卵(不必配种)，而在以后的发情周期中可正常排卵。

常用的雌激素类药物及用量为：

肌肉注射雌二醇 4～10 毫克。

肌肉注射己烯雌酚 20～25 毫克。

此类药物不宜大剂量连续用药，否则易引起卵泡囊肿。

(2)维生素 A 治疗

维生素 A 对于缺乏青绿饲料引起的卵巢机能减退有较好的疗效，一般每次肌肉注射 100 万单位，每 10 天一次，一般在第三次注后的 10 天内卵巢上会出现卵泡发育，且可成熟受胎。还可配合维生素 E 进行治疗。

第九章　奶牛外科病防治

管理不当是引发外科疾病的主要因素，在任何高水平管理的牛场仍然无法避免外科疾病的发生。外科疾病虽不十分普遍，但却常有发生。重者导致牛淘汰或死亡，轻者影响牛的生产性能。另外，由于牛体重大，像肢蹄病这样的外科病已成为牛的一个重要疾病，给养牛生产造成了巨大的经济损失，所以在生产上万不可轻视外科病。

第一节　奶牛蹄构造及蹄部保健

牛肢蹄的功能是支撑体重，行走或运动。牛肢蹄病是牛四肢和蹄部疾病的总称，奶牛肢蹄病已成为奶牛四大疾病之一。上海某奶牛场统计发现，肢蹄病约占所有存栏牛 21.8%；齐长明等报道，1988 年肢蹄病在北京某奶牛场成年牛群中的发病高达 31.7%。根据联合国粮农组织 1990 年提供的材料，在发达国家（如英、美、德国等）牛蹄病发病率在 15%。在发展中国家（如乌拉圭、墨西哥、秘鲁等）发病率可高达 30%～40%。仅在英国，每年因奶牛肢蹄病所支出的费用就在 300 万美元以上。在我国，随着奶牛产奶量的不断提高，蹄病的发生也随之升高，奶牛肢蹄病中，蹄病约占 70%。同时，肢蹄病给肉牛养殖也造成了类似的危害。由此可见，蹄病是牛的一个多发病、常见病，蹄病虽然对牛的性命并非至关重要，但对牛的生产性能却影响巨大。牛作为一个经济动物，如果经济性能低下或丧失了经济性能，也就丧失了饲养价值。

牛场修蹄工从事的是牛卫生保健的一个重点工作之一，牛蹄看似简单，实际复杂，修蹄是一项十分细致的工作。牛场修蹄工不仅要熟练掌握牛蹄保健护理技能，还必须理解和掌握一些相关的兽医专业知识。

1. 奶牛蹄基本构造

修蹄工的主要工作对象是牛蹄，熟悉牛蹄及肢蹄的解剖结构是做好修蹄工岗位工作的基础。牛蹄虽小，但其结构复杂，对牛蹄解剖结构了解不清的修蹄工，不可能成为优秀的修蹄工。蹄是蹄类动物指（趾）端着地的部分，由皮肤衍变而成。牛蹄是偶蹄。每肢的指（趾）端有两个主蹄和两个悬蹄，主蹄也称功能指（趾）。每个蹄的功能指（趾）分为内侧指（趾）和外侧指（趾）。

【主蹄】

主蹄位于第三指（趾）和第四指（趾）的指（趾）端。它们的形状和牛的蹄骨相似。可分为蹄匣和肉蹄两部分（图 9-1）。

（1）蹄匣

蹄匣又称蹄壳，由表皮衍生而成，可分为角质壁、角质底和角质球（蹄踵、蹄球）三部分。

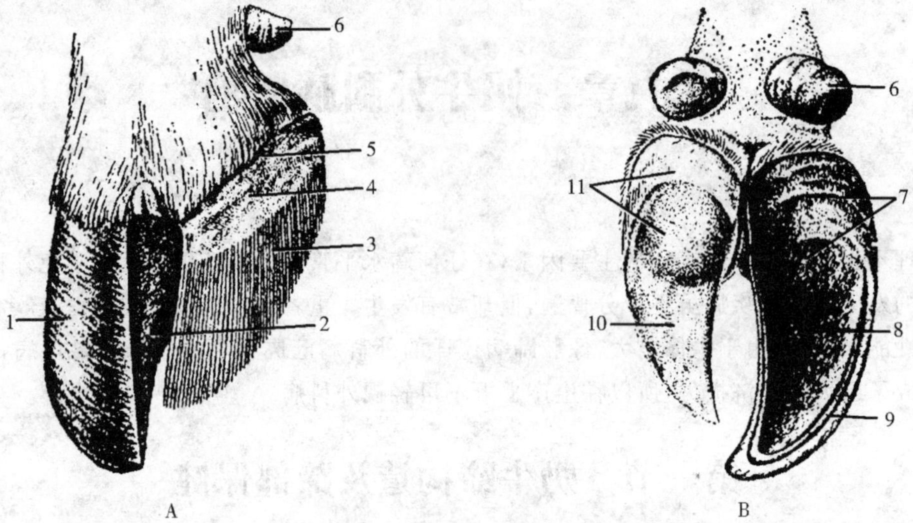

图 9-1 牛蹄(一侧的蹄匣被除去)

A. 背面 B. 底面

1. 蹄的远轴面 2. 蹄壁的轴面 3. 肉壁 4. 肉冠 5. 肉缘

6. 悬蹄(副蹄) 7. 蹄球 8. 蹄底 9. 白线 10. 肉底 11. 肉球

蹄壳由角质构成,保护蹄的内部组织不受外界损伤和物理、化学等因素的影响。根据角质的组织学结构可将其分为管状角质和叶状角质,管状角质又可分为角小管和管间角质。蹄缘、蹄冠、蹄壁中层、蹄底和蹄踵部位的角质均为管状角质;蹄壁内层的角质为叶状角质,即角小叶。

角质的主要成分为角蛋白,还含有少量脂肪和矿物质,以及不同量的水分(32%~34%)。

蹄壳有吸水和排水的特性,以蹄踵的软角质表现更为明显。蹄壳根据外界环境的变化调节蹄壳水分的含量。如果蹄角质吸水和排水功能失调,则使角质硬化或软化,成为发生变形蹄或蹄病的原因之一。

蹄角质的化学性质比较稳定,不溶解于水、稀碱和稀酸,所以一般不易发生水解。角质蛋白对氨比较敏感,尿中常含有多量的氨,对蹄角质的腐蚀分解作用较大,常导致粉蹄。

蹄壳是热的不良导体,53℃的高热或冰雪寒冷直接作用于牛蹄时,仍无伤于蹄内部的软组织。

根据蹄壳所含色素的不同,分为黑色蹄、红色蹄、蜡色蹄等。蜡色蹄不含色素。蹄色与遗传有关,色素不同,蹄的硬度也不同。在相同的饲养管理条件下,黑色蹄比蜡色蹄的硬度大。中国荷斯坦奶牛的蹄壳所含色素多为黑色素,可见于蹄壳的任何部位。蹄壁及蹄踵角质上黑色素多呈带状分布;蹄底角质的黑色素多存在于蹄尖部;也有蹄壁全部为黑色的黑色蹄。

①角质壁分近轴面、远轴面(图 9-2)。近轴面凹,仅后部与对侧主蹄相接;远轴面凸,前端向轴面弯曲并与轴面一起形成角质壁,表面有数条与冠状缘平行的角质轮,其内面有很多较窄的角小叶。角质壁背侧的远轴面可分为三部分,前方为蹄尖壁,后方为蹄踵壁,两者之间为蹄侧壁。

蹄壁是由管状带下的真皮乳头层生成的(图 9-2),以大约 5 毫米/月的速度生长,逐渐漫过真皮层。因为蹄前壁较长，从管状带到蹄尖大约 75 毫米，所以新的蹄角质覆盖到蹄尖需要 15 个月的时间。

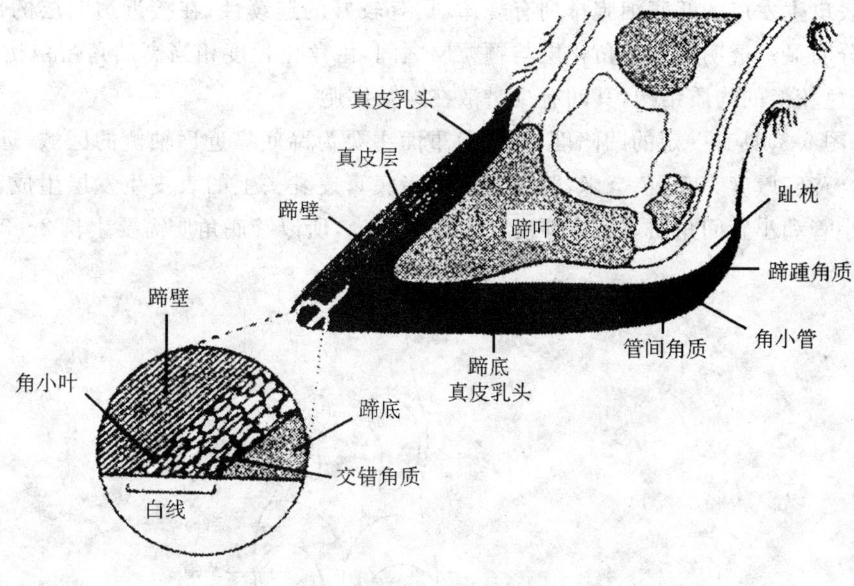

图 9-2 蹄壁结构和白线

表皮的深层（又称蹄囊）与真皮层相互交叉，形成一个与真皮牢固结合起保护作用的结构，但它允许角质壁自由活动，类似于运动时的减震器。

角质壁由外、中、内三层结构组成。外层又称釉层，它由角化的扁平细胞构成，幼畜明显，成年时常脱落。中层或冠状层是最厚的一层，主要由平行排列的角质小管构成。内层或小叶主要由许多平行排列的角小叶构成，小叶较柔软，并与肉小叶相嵌合。

蹄冠　角质壁近端有一条颜色稍淡环状带称蹄冠。蹄冠位于蹄缘的下方，为蹄壁中层角质的起始部。蹄冠角质在蹄背侧宽约 2.5 厘米，在轴侧宽 1.0～1.5 厘米，在远轴侧宽约 2.0 厘米。蹄冠内侧蹄壁有蹄冠沟，是容纳蹄冠真皮乳头的地方。蹄冠由外向内分为两层，外层是蹄冠带，为蹄缘角质的延伸；内层是蹄冠真皮乳头上的表皮生发层生成的蹄冠角质。蹄冠角质向下延伸至蹄壁负缘，形成蹄壳最坚硬的部分——蹄壁中层。在蹄的掌（跖）侧，蹄冠角质被蹄踵角质覆盖。

蹄缘　蹄冠与皮肤连接部分形成一条柔软的窄带，称蹄缘。蹄缘柔软而有弹性，可减少蹄匣对皮肤的压力。蹄缘和蹄冠内表面都有许多小孔。蹄缘是指被毛皮肤与蹄冠之间的角质带，由蹄缘真皮乳头上的表皮生发层生成，在蹄背侧宽约 5 毫米。蹄缘内壁有蹄缘沟，是容纳蹄缘真皮乳头的地方。蹄缘围绕在蹄壳的最上方，与蹄壳上方有毛的皮肤融合，在掌（跖）侧与蹄踵角质融合。

蹄缘角质由不典型的、与蹄壁平行排列的角小管所构成，柔软而富有弹性，可以减缓蹄壳对被毛皮肤的压迫刺激。该部角质向下生长，被覆于蹄冠，形成蹄冠带，并继续向下生长至蹄壁的下 1/3 处，形成蹄壁的表层——釉层。釉层具有调节蹄壳水分的作用，以保持蹄壳的含水量和韧性。釉层会随着年龄的增长而退化，在炎热干燥多风的环境中可引起蹄纵裂。

②角质底　表面稍凹，并与地面接触，前面呈三角形，与蹄壁下缘之间有蹄白线分开，白线是由蹄壁角小叶层向蹄底伸延而成。角质底的内表面有许多小孔，容纳肉底上的乳头。

蹄底表皮生发层的基底细胞排列有规律，具有较好的连续性；在接近透明层的部位，颗粒细胞层十分明显。透明层位于角化层与颗粒层之间，由角化程度相当高的角蛋白构成，HE 染色时，呈着色较淡的均质结构，其间有少量散在颗粒细胞。

蹄底(图 9-3)具有一定的凹陷度，蹄的负重面主要为蹄底靠近远轴侧的区域，远轴侧壁负缘和蹄踵。蹄底厚度为 5～7 毫米，蹄底角质由蹄底真皮乳头上的表皮生发层生成，因此也包含有角质小管和小管间角质。蹄底厚度在 5～15 毫米，所以蹄底角质需要生长 2～3 个月才能形成。

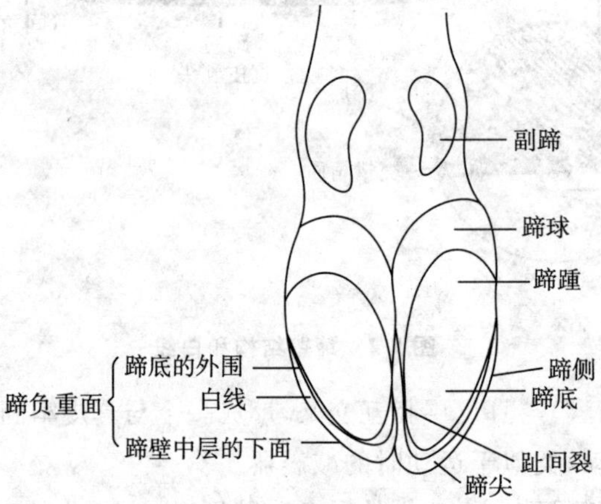

图 9-3　蹄底面结构

Greenough 对蹄底进行分区，以方便蹄病的研究。依照蹄病常发部位将蹄底分为：蹄尖白线区、远轴侧白线区、远轴侧蹄壁—蹄踵结合部、底—球结合部、蹄底三角区和蹄踵。

白线　蹄壁与蹄底之间的软角质称为白线，由蹄踵起源，沿远轴壁至蹄尖，近尾端沿轴壁，然后沿蹄轴背面止于指(趾)间裂隙。白线(图 9-2)包括角质小叶细胞层和交错角质细胞，它们均由蹄尖附近的真皮生成，即在蹄壁真皮层与蹄尖真皮乳头层连接处。由于没有角质小管，通常认为白线角质不够成熟，比蹄壁和蹄底脆弱。

蹄踵　也称蹄球，位于掌(跖)侧，蹄下面的后一半几乎都是球部。它有从蹄踵朝向蹄底方向的向腹面倾斜的蹄小管。蹄踵角质柔软，是蹄缘的延续。能随运动伸展和收缩，而且它与指(趾)枕相连，起减震器和血管泵的双重作用，能预防静脉血淤积。如果小牛长时间保持静止或站立，会使真皮缺氧，导致角质生长不良。

(2)肉蹄

肉蹄由真皮衍生而成，富含血管神经，颜色鲜红，可分肉壁、肉底和肉球三部分。肉蹄的形状与蹄匣相似。肉壁的表面有肉小叶，与蹄壁的角小叶相嵌合。底面的前部为肉底，后部为肉球。

①肉壁　与蹄骨的骨膜紧密结合，分肉缘、肉冠和肉小叶三部分。

肉缘：肉缘下面致密结缔组织与骨膜相接，表面有细而短的乳头，插入角质缘的小孔中，以滋养蹄缘。

肉冠:肉冠是肉蹄较厚的部分,皮下组织发达,表面有较长的乳头插入蹄冠沟的小孔中,以滋养角质壁。

肉小叶:肉小叶表面有平行排列的肉小叶嵌入角质小叶中。肉叶无皮下组织,与骨膜紧密相连。

②肉底　与角质底相适应。乳头小,插入角质底的小孔中。肉底也无皮下组织,与骨膜紧密相连。

③肉球　皮下组织发达,含有丰富的弹性纤维,构成指(趾)端的弹力结构。

【悬蹄】

也叫副蹄,呈短圆锥状,为第二、五指(趾)不着地的小蹄。结构和主蹄相似,也分蹄匣、肉蹄和皮下组织,角质囊内为真皮,只有数目不规则的小骨。

【蹄内部基本结构】

(1)骨和关节

牛有四个指(趾),其中第3、第4指(趾)发育完整,每个指由3个指(趾)节骨及3个籽骨组成。靠近掌骨远端的为第1指(趾)节骨,接着往下就是第2指(趾)节骨(冠骨),再下来就是第3指(趾)节骨(蹄骨)。近籽骨在掌骨远端后面,远籽骨在第2指(趾)节骨后面(图9-4)。其中,第三指(趾)骨(蹄骨)、远籽骨(舟状骨)及远端内指骨(蹄)关节均属于蹄匣内结构。指(趾)深屈肌腱起自蹄骨的屈肌并和起自远籽骨的蹄踵分列于舟状骨黏液囊内。腱是一束小的纤维带,在蹄底深部溃疡的时候可以看到深部屈肌腱的碎片。蹄骨的悬韧带结构支撑着蹄骨的尾部边缘。它在远轴侧与真皮紧联,在轴侧与肢悬韧带相连。

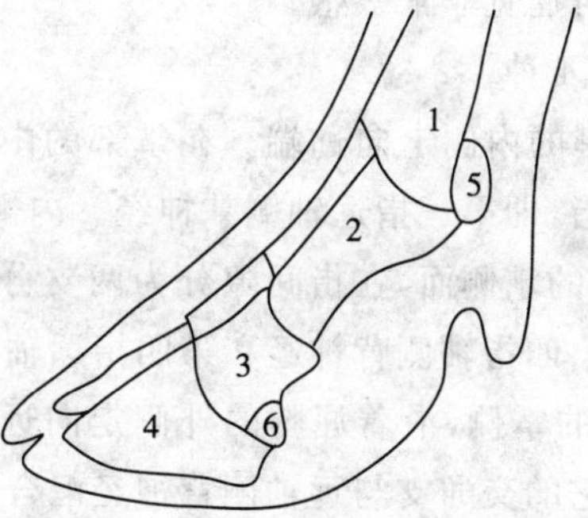

图9-4　蹄内部的骨和关节(左前蹄)

1.掌骨　2.第一指节骨　3.第二指节骨　4.第三指节骨　5.近籽骨　6.远籽骨

(2)腱和韧带

指(趾)的运动依靠球节以下多条强有力的腱和韧带。主要的伸腱有指总伸肌腱(后肢为趾长伸肌腱)、指(趾)内侧伸肌腱、指(趾)外侧伸肌腱;主要的屈腱有指(趾)深屈肌腱、指(趾)浅屈肌腱;主要的韧带有蹄关节轴侧韧带、蹄关节远轴侧韧带、远端指(趾)间韧带、远籽骨远侧韧带和远籽骨侧韧带。

指总伸肌腱、趾长伸肌腱分别抵于前、后肢蹄骨的伸肌突,是使蹄伸展的主要伸腱。指(趾)内侧伸肌腱在前肢抵于内侧指的冠骨和蹄骨,在后肢抵于内侧趾的冠骨。指(趾)外侧伸肌在前肢抵于外侧指的冠骨和蹄骨，在后肢抵于外侧趾的冠骨的背侧面。

指（趾）深屈肌腱通过远籽骨抵于冠骨远端和蹄骨的屈肌面，是使蹄屈曲的主要屈腱，指（趾）深屈肌腱与远籽骨之间有远籽骨滑膜囊。指（趾）浅屈肌腱抵于冠骨的韧带结节。

每个蹄关节都有一条轴侧韧带和一条远轴侧韧带，均起自冠骨，止于蹄骨，轴侧韧带防止指（趾）向外过度开张。远端指（趾）间韧带包括两条韧带，每一条起自一侧指（趾）的冠骨近端，止于另一指（趾）的远籽骨，两条韧带的纤维彼此交叉，又称指（趾）间十字韧带、交叉韧带、指横韧带。远端指（趾）间韧带最重要的作用是防止两指（趾）向外开张，并环绕指（趾）深屈肌腱，起到协助稳固的作用。远籽骨远侧韧带起于远籽骨，止于蹄骨。冠骨的两侧还各有一条远籽骨侧韧带分别悬吊着远籽骨的两端。

（3）血管

蹄部的血管特别发达，无论动脉和静脉，都有大量的吻合支互相沟通，形成非常密织的毛细血管网，为蹄的内部组织提供营养。

供应前、后蹄血液的主要动脉分别是掌侧总指动脉和背侧跗动脉，它们在系骨远端分为第三、四指（趾）轴侧掌（跖）动脉，分别进入内、外侧指（趾），继续下行进入蹄骨伸肌突轴侧部的孔内，在蹄骨内形成一个弓形，称为终弓。该动脉在进入蹄骨前分出中指（趾）节掌侧动脉、中指（趾）节腹侧动脉和中指（趾）节背侧动脉。

蹄内的静脉网逐级向蹄冠部汇集成大的静脉，最后汇集为第三、四指（趾）远轴侧静脉，第三、四指（趾）轴侧掌（跖）静脉和第三、四指（趾）轴侧背静脉。指（趾）静脉主要走向肢的皮下大静脉，在掌指部是掌侧总指静脉，流入头静脉；在跖趾部是背侧总趾静脉，流入外侧隐静脉。

（4）神经

蹄内有丰富的神经纤维，对痛觉非常敏感。

①支配前蹄的神经有以下 4 种

a. 正中神经：在掌部沿屈腱的内侧走向远端。在掌部的中部分为内侧支和外侧支。内侧支经过副蹄的背侧，进入第三指，即第三指远轴侧掌神经。内侧支的交通支走向背侧与远轴侧背神经汇合。外侧支经过屈腱的掌侧面，在指间隙分为两支分别入两指，即第三、四指轴侧掌神经，它们分别发出交通支与第四指轴侧背神经和第四指远轴侧掌神经汇合。

b. 尺神经深支：位于掌骨的掌侧，沿着屈腱的外侧走向远端，经过副蹄的背侧，进入第四指，即第四指远轴侧掌神经。它的交通支与远轴侧背神经汇合。

c. 桡神经皮支：位于掌骨背侧的中部，伸腱与皮肤之间，可触摸到。它发出交通支进入第二指，即第三指远轴侧背神经。主神经分为两支分别进入两指，即第三、四指轴侧背神经。

d. 桡神经背支：位于掌骨的背外侧，掌骨与悬韧带之间。它进入第四指，即第四指远轴侧背神经。

②支配后蹄的神经有以下两种

a. 腓神经皮支沿跗关节分为两条大的分支。内侧支稍大，位于伸腱和皮肤之间，沿掌骨背侧下行。在跖部的中部，内侧支发出交通支进入第三趾，即第三趾远轴侧背神经。主神经继续下行，分为两支分别进入第三、四趾，即第三、四趾轴侧背神经。腓神经浅支的外侧支位于悬韧带和跖骨之间，沿跖骨背侧下行至第四趾，即第四趾远轴侧背神经。

b.胫神经的两条分支沿着跖骨下行，分别位于屈腱的内侧和外侧。外侧支进入第四趾，即第四趾远轴侧跖神经。内侧支在球节附近分为两支：一支走向内侧，进入第三趾，即第三趾远轴侧跖神经；另一支在稍远端分为两支，分别与来自腓神经深支的两条交通支汇合，并进入第三、四趾，即第三、四趾轴侧跖神经。

2.四肢骨基本构造

四肢上的病变会影响到牛的肢势和蹄的负重状态，肢势及蹄负重状态是否正常又决定着蹄的生长变化，有什么样的肢势就会有什么样的蹄；当然蹄型变化也可引起肢势发生变化，所以说肢蹄一体。修蹄工除熟悉蹄的解剖结构外，还有必要了解基本的四肢骨骼结构。

四肢骨包括前肢骨和后肢骨。四肢骨分带部骨和游离部骨。带部骨是指肢体与躯干相连接的骨，其余的部分为游离部骨。由于适应前进运动，四肢各骨间形成活动的关节。

【前肢骨】

牛的前肢骨(图 9-5)包括肩胛骨、肱骨(臂骨)、前臂骨和前脚骨。前臂骨由尺骨和桡骨组成。前脚骨由腕骨、掌骨、指骨和籽骨组成。

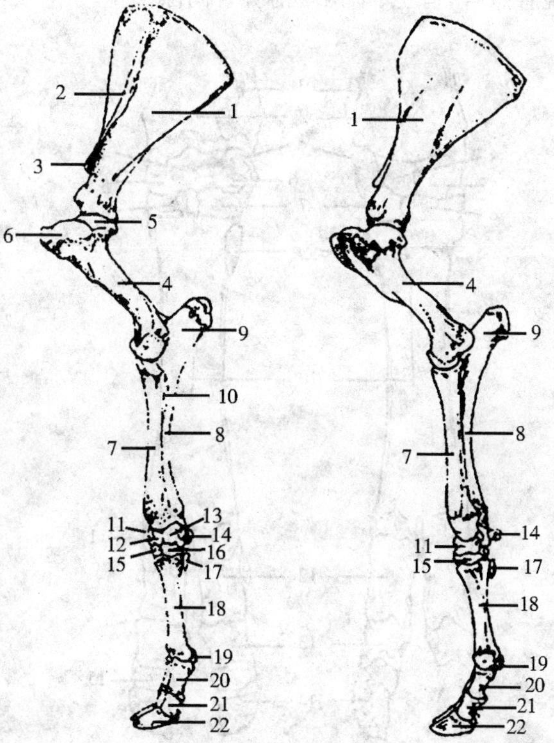

图 9-5　牛的前肢骨骼

A.外侧面(左)　B.内侧面(右)

1.肩胛骨　2.肩胛冈　3.肩峰　4.肱骨　5.肱骨头　6.外侧结节　7.桡骨　8.尺骨　9.鹰嘴　10.前臂骨间隙　11.桡腕骨　12.中间腕骨　13.尺腕骨　14.副腕骨　15.第二、三腕骨　16.第四腕骨　17.第五掌骨　18.大掌骨　19.近籽骨　20.系骨　21.冠骨　22.蹄骨

(1)肩胛骨

肩胛骨是三角形扁骨,较长,斜位于胸廓两侧的前上部,由后上方斜向前下方。其背缘附有肩胛软骨。外侧面有一条纵行的隆起,称肩胛冈。冈的前上方为冈上窝,后下方为冈下窝,下端有一凸起,称肩峰。肩胛骨内侧面的凹窝为肩胛下冈。肩胛骨的远端较粗大,有一浅关节窝,称关节盂,与肱骨头成关节。

(2)肱骨

肱骨为一管状长骨,斜位于胸部两侧的前下部,由前上方斜向后下方。分骨干和两个端。近端粗大,前方有肱二头肌沟,后方为肱骨头,与肩胛骨的关节盂成关节;两侧有内、外结节,外结节又称大结节,大结节很发达。骨干呈扭曲的圆柱状,其远端有髁状关节面,与桡骨成关节,髁的后面有一深的鹰嘴窝。

(3)前臂骨

由桡骨和尺骨组成,为长骨,其位置几乎与地面垂直。桡骨位于前内侧,较短而宽,主要起支持作用,近端与肱骨成关节,近端的背内侧有粗糙的桡骨粗隆,远端与近列腕骨成关节。尺骨位于后外侧,近端特别发达,向后上方突出形成发达鹰嘴。骨干与远端较细,远端较桡骨稍长。成年牛尺骨骨干与桡骨愈合,有上、下两个前臂骨间隙。

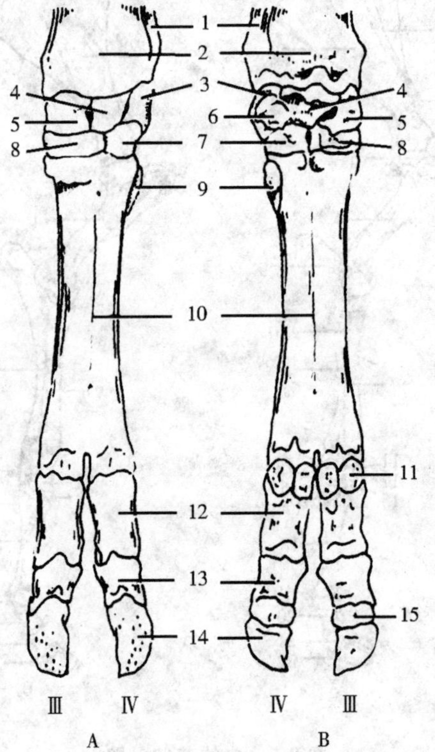

图 9-6 牛的前臂骨(左)

A.背侧 B.掌侧

1.尺骨 2.桡骨 3.尺腕骨 4.中间腕骨 5.桡腕骨 6.副腕骨 7.第四腕骨 8.第二、三腕骨 9.第五掌骨 10.大掌骨 11.近籽骨 12.系骨 13.冠骨 14.蹄骨 15.远籽骨

Ⅲ.第三指 Ⅳ.第四指

(4)腕骨

位于前臂骨和掌骨之间(图 9-6),由两列短骨组成。近列腕骨有 4 块,由内向外依次为:桡腕骨、中间腕骨、尺腕骨和副腕骨。远列腕骨为 2 块,内侧 1 块较大,由第二和第三腕骨愈合而成,外侧为第四腕骨,第一腕骨退化。近列腕骨的近侧面为凸凹不平的关节面,与桡骨远端成关节。近、远端腕骨与各腕骨之间均有关节面,彼此成关节。远列腕骨的远侧面与掌骨成关节。整个腕骨的背侧面较隆突,掌侧面凸凹不平,副腕骨向后方突出。

(5)掌骨

为长骨,近端接腕骨,远端接指骨。有蹄动物的掌骨有不同程度的退化。牛有 3 块掌骨(图 9-6)。第三、第四掌骨发达,近端和骨干愈合在一起,称大掌骨。骨干短而宽。近端有关节面,与远列腕骨成关节。远端较宽,形成两个滑车关节面,分别与第三、四指的系骨和近籽骨成关节。第五掌骨为一圆锥形小骨,附于第四掌骨的近端外侧。

(6)指骨

各种家畜指的数目不同,牛有 4 个指,即第二、三、四、五指。其中第三和第四指发育完整,称主指。每指有 3 节:第一指节骨称近指节骨(系骨),第二指节骨称中指节骨(冠骨),第三指节骨称远指节骨(蹄骨);此外,每一指还有 2 块近籽骨和一块远籽骨,它们是肌肉的辅助器官。

系骨:呈圆柱状,两端较粗,骨干较细,近端与掌骨远端成关节;远端与冠骨相对的关节面成关节。冠骨与系骨的形状相似,但较短,蹄骨近似三棱锥形,位于蹄匣内,外形与蹄相似,蹄尖向前并弯向轴面。壁面的前面和远轴面是隆凸的斜面,轴面稍凹,称指间面。近端有关节窝,与冠骨远端成关节。前缘有伸腱突,后方接远趾骨。底面的后端粗厚,为屈肌腱附着处。第二和第五指,又称悬指,每个悬指仅有 2 块指节骨,即冠骨和蹄骨,不与掌骨成关节,仅以结缔组织相连于系关节的掌侧。

(7)籽骨

近籽骨每主指各有 2 块,共有 4 块,呈三角椎状。远籽骨每主指各有 1 块,共有 2 块,呈横向四边形。悬籽无籽骨。

3. 后肢骨

牛的后肢骨(图 9-7)包括盆带(髋骨)、股骨、髌骨(膝盖骨)、小腿骨和后脚骨。髋骨由髂骨、坐骨和耻骨组成。后脚骨也括跗骨、跖骨、趾骨和籽骨。

(1)髋骨

髋骨(图 9-8)为不规则骨。由背侧的髂骨、腹侧的坐骨和耻骨愈合而成。三骨愈合处形成深的杯状关节窝,称髋臼,与股骨头成关节。

髂骨位于背外侧,其前部宽而扁,呈三角形,称髂骨翼;后部呈三棱形,称髂骨体。髂骨翼的外侧面称臀肌面,内侧面(骨盆面)称耳状面,外侧角粗大,称髋结节;内侧角,称荐结节。

耻骨位于腹侧前方,坐骨位于腹侧后部。两骨之间的接合处,分别称为耻骨联合和坐骨联合,合称为骨盆联合。两侧坐骨后缘形成坐骨弓,弓的两端突出且粗糙,称坐骨结节。

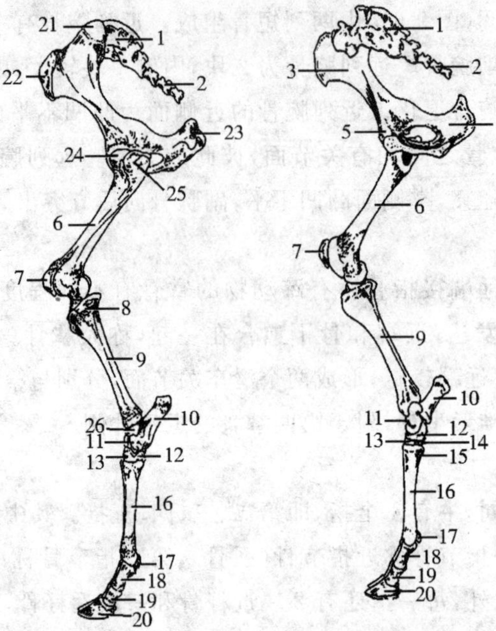

图 9-7　牛后肢骨

A. 外侧(左)　B. 内侧(右)

1. 荐骨　2. 尾椎　3. 髂骨　4. 坐骨　5. 耻骨　6. 股骨　7. 髌骨　8. 腓骨　9. 胫骨　10. 腓跗骨　11. 距骨　12. 中央第四跗骨　13. 第二、三跗骨　14. 第一跗骨　15. 第二跖骨　16. 大跖骨　17. 近籽骨　18. 系骨　19. 冠骨　20. 蹄骨　21. 荐结节　22. 髋结节　23. 坐骨结节　24. 股骨头　25. 大转子　26. 髁骨

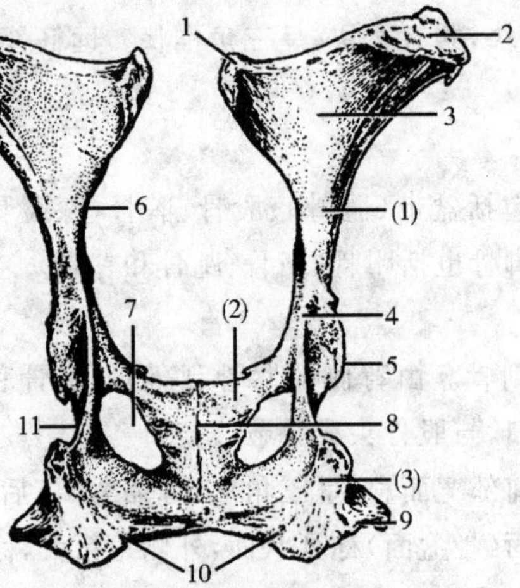

图 9-8　牛的髋骨(背侧面)

1. 荐结节　2. 髋结节　3. 髂骨翼　4. 髂骨体　5. 耻骨　6. 闭孔　7. 坐骨　8. 坐骨结节　9. 坐骨弓　10. 髋臼

骨盆由左右髋骨、荐骨、前 4 个尾椎和两侧的荐坐韧带围成，呈前宽后窄的圆锥形。骨盆腔具有保护盆腔脏器和传递推力的作用。骨盆的形状和大小，因性别而异。总的说来，母畜的骨盆腔较公畜的大而宽敞，荐骨与耻骨的距离（骨盆纵胫）较公畜大；髋骨两侧对应点的距离较公畜远，也就是骨盆的横径也较大；骨盆底的耻骨部较凹，坐骨部宽而平；骨盆后口也较大。

（2）股骨

为一大的管状长骨（图 9-9）。由后上方斜向前下方。近端内侧有球形股骨头，外侧有一粗大的突起称为大转子。远端粗大，前方为滑车状关节面，与膑骨成关节；后方为股骨髁，与胫骨成关节。

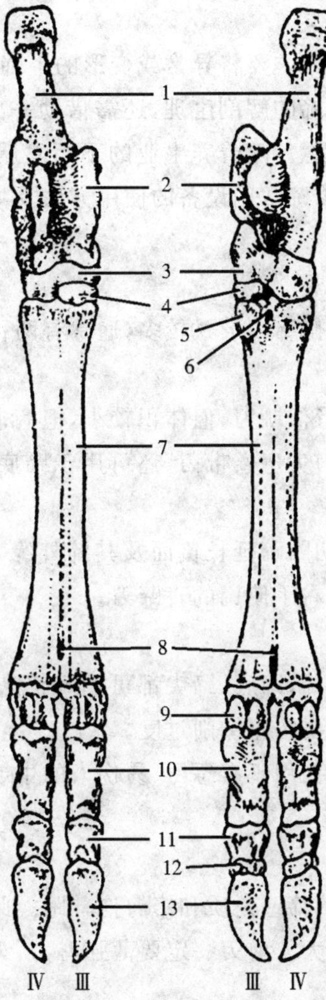

图 9-9　牛的后脚骨（背侧面、跖侧面）

1.跟骨　2.距骨　3.中央第四跗骨　4.第二、三跗骨　5.第二跖骨　6.第三、四跖骨　7.近籽骨　8.系骨　9.冠骨　10.远籽骨　11.蹄骨　12.跖骨　13.趾骨　Ⅲ.第三趾　Ⅳ.第四趾

（3）膝盖骨

又称髌骨，呈圆锥形，位于股骨远端的前方，其前面粗糙，供肌腱、韧带附着；后面为关节

面，与滑车状关节面成关节。

(4)小腿骨

包括胫骨和腓骨。胫骨发达，呈棱柱状。近端粗大，有内、外髁，与股骨成关节；远端有滑车状关节面，与胫跗骨成关节。腓骨位于胫骨外，已退化，为一向下的小突起。

(5)跗骨

由5块短骨组成，排成3列。近侧列跗骨发达，有2块，前内侧的一块叫距骨，后外方的一块叫跟骨。跟骨后上方的突起，称跟结节。中列只有一块中央跗骨，远列由内向外依次为第一、二、三、四跗骨。

跖骨、趾骨和籽骨：分别与前肢相应的掌骨、指骨和籽骨相似。

4.修蹄用具使用及肢蹄保定

修蹄是一门技能，也是一门艺术。要将异常或变形的牛蹄修理矫正为外观正常、又符合牛肢体力学特点的蹄，不仅要熟悉牛蹄的解剖生理，还需借助一些得心应手的修蹄工具，精巧的工具、设备可充分发挥修蹄工的智慧。随着养牛业的不断发展，结合修蹄实践，我们研制出了许多修蹄设备。在此我们将学习修蹄常用设备的使用方法及牛肢蹄保定技术。

【修蹄工具】

(1)修蹄刀

修蹄刀是最常用的修蹄工具，修蹄刀形式较多，通常有两种主要形式，即镰刀式蹄刀(L形修蹄刀)、直蹄刀。

①镰刀式蹄刀　镰刀式蹄刀形似镰刀，但体积较小，把柄也短，主要用于刮削蹄底、趾间角质及修理蹄底外缘。镰刀式蹄刀刀尖弯卷带刃，还可用于蹄底溃疡、蹄底瘀血、粉蹄等蹄病的剜削处理和诊断检查。

②直蹄刀　直蹄刀主要用来切除蹄延长负面及其蹄外缘，也可切削蹄底，刀的尖头细，可剔取杂物、脏物。还可分为左手或右手使用的直蹄刀。

(2)蹄铲

蹄铲也叫蹄铲刀，一般用来削蹄，蹄底、蹄尖都可用蹄铲来铲削，由于蹄铲用力较大，更适合于削除较大的蹄部异常角质，但要防止铲削过度。

蹄铲中还有一种长臂蹄铲，主要用于有恶习、易伤人的牛或对体型大的种公牛等举肢困难牛的蹄尖切削。

(3)蹄剪

蹄剪主要用于剪除过度生长的蹄壁角质和修剪拖鞋蹄。此器械不适合于做细致的修理。

蹄剪的柄越长，作用的力量越大。剪刃一定要薄强有力，刃要和蹄的长度相当。凹面的凹度应该轻微。

(4)蹄钳

蹄钳有好几种，钳把长、剪切力量就大，用于剪去过长或过宽的硬而平滑角质。如可用来切除螺旋指(趾)扭转的角质。

(5)蹄锉

蹄锉多用于整形、打磨，可锉(磨)去蹄缘、蹄尖、蹄踵伸长或不平的部分。

(6)动力砂轮

动力砂轮或角磨机，可用来锉磨蹄壁、蹄底，速度快，很省力，也适用于趾间磨锉，更适合干燥变硬的蹄角质修理和剪除。只是容易磨过头，锉得过深，损伤蹄，使用时要小心掌握。

(7)凿和蹄锤

凿类似于木棒工用的 5 厘米木凿，蹄锤由木质或橡胶组成。一般情况下二者配合使用，用蹄锤垂直打击凿柄，可以此来修理蹄壁周边；当蹄发生横裂后还可用蹄凿来清除松散的角质。

(8)电动修蹄刨

手提电动刨具虽然成本高些，但比人工铁铲修蹄省时、省力，修得更平整圆滑，不易伤害牛蹄内部的组织结构。目前，电动修蹄刨已成为修蹄过程中最常用的电动修蹄工具，在许多牛场已被广泛应用。

(9)蹄凳

是修蹄时用来支托下肢或蹄子的一种工具，上面有一毡垫或皮垫，以减少硬质凳面对肢蹄所造成的不舒，修理前蹄时使用较多。

【肢蹄保定技术】

安全保定是修蹄的前提，牛性情倔强，体重大，没有举肢习惯，也比较容易惊恐，所以修削蹄过程中应特别重视保定，否则不仅修蹄工作不能顺利进行，还易招致人、牛意外伤害，必须在保定确实的情况下才能顺利进行修蹄工作。

另外，先进的修蹄设备不但可提高修蹄质量，还可提高修蹄效率；修蹄工应该熟练掌握相应修蹄设备的使用方法和基本的肢蹄保定技术。

(1)徒手提举保定

徒手提举主要用于四肢的简单检查和治疗。前肢提举(图 9-10)时，保定者由牛头开始逐步接近前肢，面向后用一手抵于牛的肩部作为支点，另一手从前肢上端向下抚摸止系部。用支点手推动牛的身体，使重心移向对侧；同时，另一手握住系部向上提起前肢，并将牛的腕关节移到操作者向前伸出的膝面上，配合双手的提举力量，这样就可提举起牛的前肢。

图 9-10　牛前肢徒手提举保定

徒手提举牛前肢时，要防止牛后蹄向前踢，这是牛前肢提举保定与马前肢提举保定不同的一个重要注意事项。

牛的后肢提举保定类似于前肢提举保定，但其难度要大于前肢提举保定。

(2)前肢单绳提举保定

①将一前肢提起，用绳把掌部和前臂部缠绕起来，然后向上提起前肢(图 9-11)。

图 9-11　前肢单绳提举保定

②还有一种前肢单绳提举保定法，就是在一前肢提举时，将绳的一端拴在前肢的系部，游离端绕过牛的肩背部，再经牛胸部绕一圈，将前肢拉起后让助手保持用力，即可较长时间地将牛的前肢提起，这种方法比较省力。但这种保定方式最好在柱栏内进行，否则牛易摔倒。

(3)四肢转位保定

①前肢前方转位保定　将牛拉入柱栏内，绳的一端绑在牛的前肢系部，绳的游离端从前柱由外向内绕过保定架的横梁，向下兜住牛的掌部，收紧绳索，把前肢拉到前柱的外侧(图 9-12 中的 1)。再将绳的游离端绕过牛的掌部，与立柱一起缠绕两圈，则被提起的前肢被牢固地固定于前柱之上(图 9-12 中的 2)。

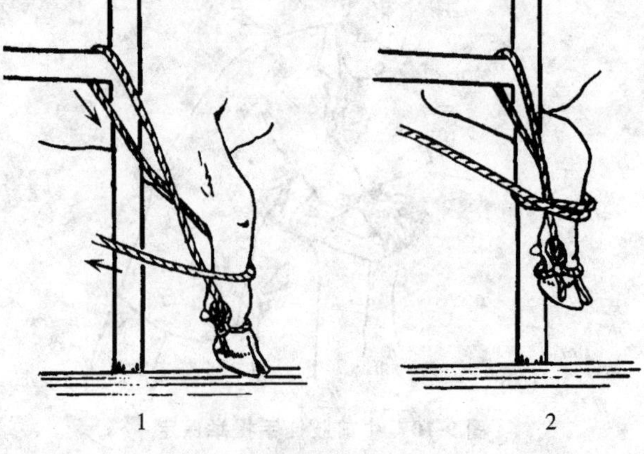

图 9-12　前肢前方转位保定

②后肢后方转位保定　将牛拉入柱栏内，绳的一端绑在牛的后肢系部，绳的游离端从后肢的外侧面，由外向内绕过横梁(图 9-13 中的 1)，再从后柱外侧兜住后肢跖部，用力收紧绳索，使跖背侧面靠近后柱，在跖部与后柱多缠绕几圈，则后肢将固定在后柱上(图 9-13 中的 2)。

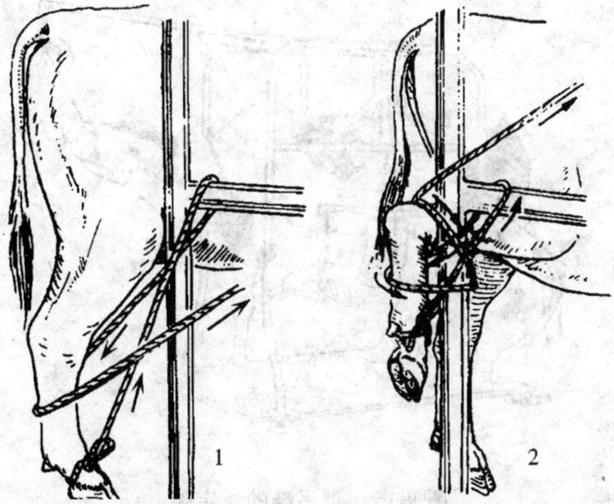

图 9-13　后肢后方转位保定

(4)修蹄架保定

牛修蹄架的形式多种多样，但基本结构大同小异，大多以传统的五柱栏为基础，通过对五柱栏的进一步改造而来，不同之处就是增加了固定四肢的构造和吊带，下面给大家简要地介绍一种修蹄保定架。

①简易吊架　在两根粗铁管横梁上，用两条吊带将牛吊起，一条吊带搁在牛的胸下，另一条搁在腹部后面，吊带两头的铁链挂在横梁的钩上，横梁上有 2～4 孔，可以插入圆钢筋棒，通过钢筋棒将横梁转动，就可将吊带连牛提上去，钢筋棒在梁里能上、下移动，最后别卡在平行的另一横梁上，防止滑脱(图 9-14)。

图 9-14　简易修蹄吊架

②带吊链的保定架

带吊链的保定架一般是一个可移动四柱栏，上有吊链（滑车），通过肚带将牛吊起，前架上面有拴牛钩，前手柄、托盘，盘上有钩；后架上有后手柄，后架环，用以保定前、后肢（图 9-15）。

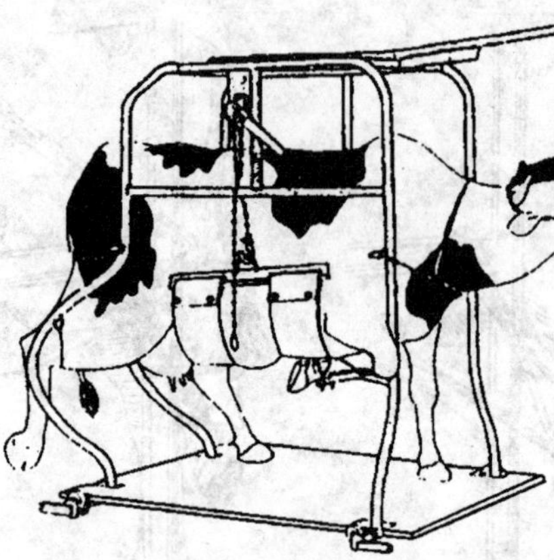

图 9-15　带吊链的保定架

③移动式电动翻转修蹄架　这种修蹄架是近年来大家较为喜爱的一种修蹄架，也叫移动式翻转式手术台。相对而言结构较复杂，修蹄成本相对较高，但比柱栏保定法省时、省力，对牛的保定非常确实。移动式电动翻转修蹄架和传统修蹄架相比，其优点主要在如下三个方面。

第一，可以使修蹄工从重度的体力劳动中解放出来，可以站立工作，并准确地对伤口进行处理。

第二，可减少因修蹄发生的流产。

第三，可以方便地修剪前蹄，一次保定可完成四蹄的修理或治疗。

移动式电动翻转修蹄架保定完成后牛全身共有 8 处固定点，即头绳、头部固定带、胸部固定带、腹部固定带和前后肢的 5 个固定点，充分保证了人、牛的安全。移动式电动翻转修蹄架不但使修蹄变得简单，而且也可以用于牛的手术（如剖腹产等）、配种、直肠检查等工作。用移动式电动翻转修蹄架保定时，要注意防止后面的固定带过度压迫乳头或乳房，修蹄保定时间也不宜过长。目前，移动式电动翻转修蹄架在一些规范化牛场已被接受，有效地降低了修蹄工的工作强度、提高了修蹄效率、效果。

④倒卧保定　一条绳倒牛法是最常用的一种倒牛方法，在特殊情况下进行修蹄或蹄病治疗时，可选用倒卧保定法进行保定。

修蹄时如果选用倒卧保定法，牛的应激反应较大，而且需用人力较多。当没有其他更好的保定设施时才会在修蹄及蹄病治疗时选用这种保定方法。

【肢蹄保定依据和常识】

牛的肢蹄保定必须依据关节结构和功能进行，超过其生理活动范围过度曲伸或与关节结构不相适应的肢蹄保定，极易对牛肢蹄造成损伤。

【前肢关节】

前肢的肩胛骨与躯干骨间不形成关节，以肩带肌连接。其余各骨间均形成关节，由上向下依次为肩关节、肘关节、腕关节和指关节；指关节又分系关节、冠关节和蹄关节。肩关节为多轴关节，其余均为单轴关节，主要进行屈、伸运动。

(1)肩关节

由肩胛骨远端的关节盂和肱骨头构成，关节角顶向前，站立时关节角度为100度，关节囊宽松，没有侧副韧带。肩关节虽为多轴关节，但由于两侧肌肉的限制，主要进行屈、伸运动。

(2)肘关节

由肱骨远端和前臂骨近端的关节面构成，关节角顶向后，关节角度为150度左右，在关节囊的两侧有内、外侧副韧带，只能作屈、伸运动。

(3)腕关节

为复关节，由桡骨远端、腕骨和掌骨近端构成，包括桡腕关节、腕间关节和腕掌关节。根据运动来看，关节角顶向前，关节角度几乎成180度，关节囊的纤维层背侧面较薄而宽松，掌侧面特别厚而紧。关节囊的滑膜层形成三个囊，桡腕关节的最宽松，关节腔最大，活动性也最大；腕间关节的次之；腕掌关节的关节腔最小，活动性也最小。腕关节有两条斜向的背侧韧带，腕骨间的韧带数目较少，由于关节面的形状，骨间韧带和掌侧关节囊的限制，腕关节只能向掌侧弯曲。

(4)指关节

牛的指关节在正常站立时呈背屈状态或过度伸展状态，包括系关节、冠关节和蹄关节。

①系关节　又称球节，是由掌骨远端、系骨近端和一对近籽骨构成的单轴关节。关节角大于180度，约为220度。关节囊背侧壁强厚，掌侧壁较薄，侧韧带与关节囊紧密相连。系关节掌侧除有强大的屈肌腱外，还有悬韧带和籽骨下韧带等，它们都是前肢的弹力装置，当踏地时，可以缓冲由地面来的震动，同时可以固定系关节，防止过度背屈。

悬韧带　是由骨间中肌腱质化而形成的，位于掌骨的掌侧，起于大掌骨的近端，下端分为两支。大部分止于近籽骨，并有分支转向背侧，并入指伸肌腱。

籽骨下韧带　是系骨掌侧的强厚韧带，起于近籽骨，止于系骨的远端和冠骨近端。

②冠关节　由系骨的远端和冠骨近端的关节面组成，关节囊和侧副韧带紧密相连，仅能作小范围的屈伸运动。

③蹄关节　由冠骨的远端、蹄骨的近端和远籽骨组成。关节囊的背侧和两侧强厚，掌侧较薄，侧副韧带短而强，位于蹄软骨下，只能进行屈、伸运动。

【后肢关节】

家畜的后肢在推动身体前进方面起主要作用。因为，髋骨与荐骨由荐髂关节牢固连接起来，以便把后肢肌肉收缩时产生的推动力，沿脊柱传至前肢。后肢游离部的关节有髋关节、膝关节、跗关节和趾关节，趾关节也包括系关节、冠关节和蹄关节。后肢各关节与前肢各关节相对应，除趾关节外，各关节角的方向相反，这种结构适应支持，当家畜站立时保持姿势的稳定。后肢各关节除髋关节外，均有侧副韧带。

(1)荐髂关节

由荐骨翼与髂骨的耳状关节面构成,关节面不平整,周围有短而强的关节囊,并有一层短的韧带加固。因此,家畜的荐髂关节几乎完全不能活动。

在荐骨和髂骨之间还有一些强固的韧带——荐髂背侧韧带、荐髂外侧韧带和荐结节阔韧带。其中荐结节阔韧带最大,为一四边形的宽广韧带,构成骨盆的侧壁,背侧附着于荐骨侧缘和第一、二尾椎的横突,腹侧附着于坐骨棘和坐骨结节;其前缘与髂骨间形成坐骨大孔,下缘与坐骨之间形成坐骨小孔,供血管、神经通过。

(2)髋关节

由髋臼和股骨头构成。为多轴关节,关节角顶向后,在站立时关节角约为115度。关节囊宽松。在股骨头与髋臼之间,有一条短而强的圆韧带连接。髋关节能进行多方面运动,但主要是屈、伸运动;在关节屈曲时常伴有外展和旋外,在伸展时伴有内收和旋内。

(3)髌关节

为复关节,包括股胫关节和股髌关节。关节角顶向前,关节角约为150度,为单轴关节。

股胫关节是由股骨远端的一对髁和胫骨近端以及插入其间的两个半月板构成的复关节。关节囊的前壁薄,后壁稍厚。除有一对侧副韧带外,关节中央还有交叉的十字韧带,连接股骨与胫骨。此外,半月板还有一些短韧带,与股骨和胫骨相连。半月板一方面使关节面相吻合,此外还可减轻震动。股胫关节主要是屈伸运动,在屈曲时可作小范围的旋转运动。

股髌关节由髌骨和股骨远端滑车关节面构成。关节囊宽松。髌骨除以股髌内外侧韧带连于股骨远端外,在其前方还有三条强大的髌直韧带,连于胫骨近端的胫骨隆起上。髌直韧带与关节囊之间填充着脂肪。股髌关节的运动,主要是髌骨在股骨滑车上滑动,通过改变股四头肌作用力的方向,而伸展髌关节。

(4)跗关节

又称飞节,是由小腿骨远端、跗骨和跖骨近端构成的复关节。关节角顶向后,关节角约153度,为单轴关节,仅能作屈伸运动。跗关节包括胫跗关节、跗间关节和跗跖关节。关节囊前壁宽松,后壁紧而强厚,紧密附着于跗骨,滑膜形成4个囊,即胫跗囊、近跗间囊、远跗间囊和跗跖囊,其中以胫跗囊最大,并向内侧突出。在跗关节内、外侧有侧副韧带,在背侧和跖侧也各有韧带,限制跗关节的活动并加固连接。牛的跗关节除胫跗关节有相当大的运动外,距骨与中央跗骨之间也有一定的活动性,马的跗关节仅胫跗关节能作屈、伸运动,其余三个关节连接紧密,活动范围极小,只起缓冲作用。

(5)趾关节

包括系关节、冠关节和蹄关节。其构造与前肢指关节相同。

5.修蹄技术

修蹄就是指利用刀、剪、锯、锉等修蹄器械,以外科手术方法使蹄的形状及其生理功能得到恢复的一种技术。修蹄是牛场肢蹄保健工作中的主要技术措施之一,是现代化牛场生产上必不可少的一项工作。

修蹄的主要目的是使蹄形整洁,外形美观正常,保持蹄最佳生理功能。合理而及时地修蹄,能够矫正蹄形,防止蹄变形程度加剧而招致肢势的改变;对已发生蹄病的奶牛还有治疗功效。

【修蹄的种类】

根据修蹄的目的，临床上一般将其分为两类，即预防性修蹄和治疗性修蹄。

(1)预防性修蹄

预防性修蹄是指蹄形无明显异常、无跛行出现时而进行的以预防为目的的经常性修蹄。其作用是减少蹄挫伤的发生和变形角质的形成；预防蹄过度负重而引起的蹄叶炎的发生；减少跛行发生或减缓跛行程度。预防性修蹄是防止亚临床型蹄病向临床型发展的重要措施之一。

(2)治疗性修蹄

也叫功能性修蹄，是指蹄已发生变形，或因蹄病出现跛行，通过对蹄进行切削修整，使蹄形恢复正常，跛行减轻或消失，蹄功能恢复健康。因其具有治疗作用，所以称为"治疗性修蹄"。由于治疗性修蹄可解除过度负重引起的知觉部挫伤，缓解或预防再度受到挫伤，因此修蹄时可将患指(趾)削低，除去松脱的角质，削薄角质边缘。

实质上，预防性和治疗性修蹄并无绝对的区别，它们的功能是相互一致、统一的，如果奶牛刚发生跛行就进行修蹄，因受挫伤的真皮还未形成开放性病灶，此时修蹄简单、效果好，预防性修蹄本身就可奏效。由于修蹄早，故能防止蹄病向深部发展，临床上起到了预防性修蹄的作用，在发生跛行之前的更早阶段对奶牛每年两次的定期修蹄，可使预防性修蹄产生治疗蹄病的作用。

【修蹄时间】

例行的预防性修蹄可根据各场的实际情况，在充分做好检蹄工作的基础上合理确定。一般来说，要求每头、每年修蹄 2 次。一般可安排在牛分娩后出产房时进行修蹄；也可安排在泌乳量较低的时期进行，但干奶期进行修蹄时要考虑母牛的妊娠安全；也可安排在每年春、秋进行修蹄。

就季节而言，安排在雨季来临前修蹄是比较科学的。在雨水较多、地面泥泞的季节修蹄，不利于修蹄后的护理，也易引发其他蹄部损伤性疾病。另外，在气候干燥季节修蹄，会由于蹄角质硬脆而影响修蹄质量。

对于发生肢蹄病的奶牛，要及时进行蹄病治疗和修蹄工作，蹄病早期的修蹄或治疗可促进牛蹄康复，减少治疗开支，减少泌乳损失。

【正常蹄的外形标准】

要修蹄或诊断治疗蹄病，一定要熟悉奶牛前后蹄的正常标准。

发育良好的蹄质地坚实、致密、无裂缝，指(趾)间隙紧密，蹄底的形状前蹄为圆形，后蹄为椭圆形。内外蹄形状、大小严格地讲是有些不同，前蹄的内蹄稍大些，且蹄尖向外弯，外蹄比内蹄略小；后蹄的外蹄比内蹄略短小，外蹄尖多向内弯。

正常奶牛前蹄(图 9-16)蹄前壁长为 7.5～8.5 厘米，与蹄踵壁长度之比为 2∶1.5，蹄角度为 47～52 度；后蹄蹄前壁长 8.0～9.0 厘米，与蹄踵比为 2∶1，蹄角度为 43～47 度；蹄底厚度均为 5.0～7.0 毫米。

进一步的研究表明，不同的运动场地面与蹄角度的大小相关，水泥地面、有沟的地面及有垫草地面三者相比，有垫草地面上的奶牛蹄角度最小，水泥地面上的奶牛蹄角度最大；运动场为方砖或水泥地面的蹄变形发病率较运动场为三合土地面的高。另外，圈舍及运动场粪尿过多积聚，使蹄部受粪尿浸渍，蹄角质受到轻度刺激而过度生长，也容易发生蹄变形。

无论哪种肢势和蹄形，修蹄后都应尽可能达到蹄与肢势相适应，指(趾)轴一致，蹄底平稳，站立踏着确实、运步均衡轻快。

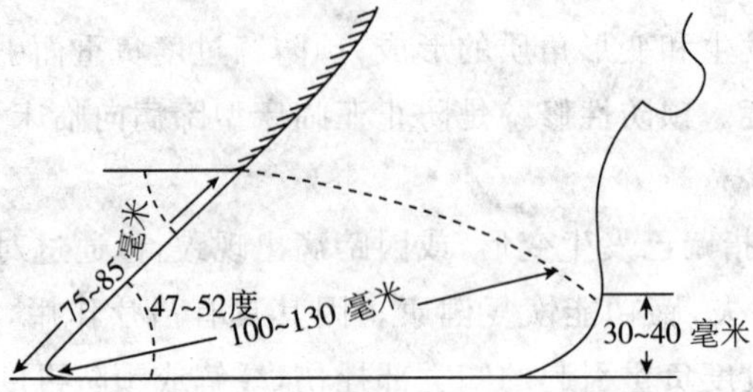

图 9-16　正常蹄的大小和角度(前蹄)

【其他类型蹄的修蹄矫形要点】

(1)对 X 肢势、O 状肢的矫正修蹄

后肢 X 肢势，可多削点外蹄使左右肢的关节离开一些。如果是 O 状后肢则宜多削两后蹄的内蹄。

(2)幼牛蹄修削法

幼牛蹄长得慢，勿需大修，可用蹄剪一点一点剪齐，或使牛站木板上用錾子凿齐。注意一点一点削，以免削过头。如有必要再削蹄底面，最后用锉子磨齐。

(3)参赛牛蹄修削

参赛牛应在比赛前 1 个月修蹄，因怕临赛前修蹄伤着牛或使牛姿势、运步不当，无法马上纠正，影响参赛。削蹄方法同上。修蹄完毕后，用一块玻璃片将蹄壁刮平，再用砂布磨光，参赛前涂上橄榄油或其他油。

(4)副蹄的切削

副蹄长了最易损伤泌乳牛的乳头、乳房，尤其在分娩前后母牛起卧频繁，泌乳盛期乳房膨大时，更易伤着乳房。副蹄长了也不美观，所以必须及时修剪。可用蹄钳，蹄剪切短，最后用锉或砂轮磨圆。

【修蹄前的准备】

(1)器械和药品准备

修蹄前应该检查、准备好相应的修蹄器械、保定设备及所需药品。包括准备好要用的修蹄用具如蹄刀、蹄剪、蹄锯、蹄锉，保定用的绳索及其他修蹄用具；治疗处理药品包括酒精棉球、2%～5%碘酊、紫药水、磺胺粉、硫酸铜、松馏油、鱼石脂、高锰酸钾、脱脂棉和绷带等。

(2)修蹄前的检查

在修蹄前要认真地对每头牛进行站立与运动检查，观察牛站立、走动的情况，从牛前后、侧面查看延长及突出部角度对左右蹄、内外蹄进行对比，判断其蹄形、肢势，判断患病肢蹄，分清蹄病类型及蹄形类型。不同蹄形的修蹄方法各有不同，故修蹄时应综合各种因素，制定合理的修蹄方案，确定正常修蹄时应达到的效果。

(3)保定

根据牛场的具体情况及修蹄类型，选择相应的修蹄保定方式，将牛很好地保定在相应的修蹄架内。

(4)洗蹄

修蹄前对牛蹄进行充分的洗刷，将蹄壁、指(趾)间的粪便、污泥等物彻底清洗干净，清洗要有足够的时间，有条件的可泡蹄 20～30 分钟。充分清洗蹄可以软化角质，便于发现其他蹄病，并为在修削蹄过程中治疗其他蹄病创造条件。洗蹄可以用自来水冲洗或刷洗，有病变者也可以用消毒液进行清洗。

【修蹄方法】

修蹄方法大同小异，以下介绍三种常见的修蹄方法，可供修蹄工参照学习。

(1)Blowey 修蹄方法

该方法强调正确的解剖学矫正，此修蹄过程分 4 步，实际操作中 4 个阶段是相互衔接的。

第 1 步：把过长的蹄尖修整到正常长度，从冠状带到蹄尖 75～85 毫米或说一掌的距离。这对许多经验丰富的修蹄工是很简单的事，但初学者最好能够仔细测量(图 9-17a)。第 1 步之后牛蹄成方形，可以看到蹄白线穿过蹄尖末端，蹄壁也显露无遗，这就应该是正确的负重面，而不仅仅是负重点了。尽管现在蹄前壁的长度合适了，但蹄尖还是太高，蹄角度还不合适。

第 2 步：从蹄尖的蹄底表面除去多余的角质，即相对于蹄踵进行削蹄，使蹄前壁有一个更好的位置。线段 *AB* 以下的角质都要削除(图 9-17b)，即第 1 步与蹄踵底相连画线。第 2 步的第一部分蹄壁可用蹄剪去除，余下的则应该用蹄刀，用拇指按压检查蹄底软硬程度。不能出现角质变软的情况，一旦出现应马上停止修整。这时角质离真皮也就几毫米了，一旦刺入真皮，使该蹄部真皮暴露，会导致非常严重和顽固的跛行。

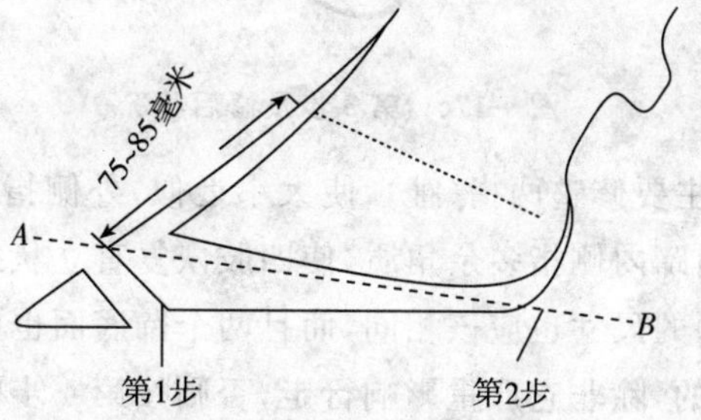

图 9-17a　正确修蹄示意图

如果第 1 步所切的位置正确，那么从蹄尖底面去除角质直到暴露白线和临近的蹄壁就不难。现在的蹄壁就是负重面，做到这一点非常重要，否则脆弱的蹄白线就会负重，将导致严重后果。

第 1 步所切的蹄角质不能过多，如图(图 9-17b)所示的假想线那样。如果切削过多的话，从第 1 步的切面末端到蹄踵所画的线(图 9-17b 所示 *AB* 线)，将暴露蹄尖底部真皮而导致严重跛行。

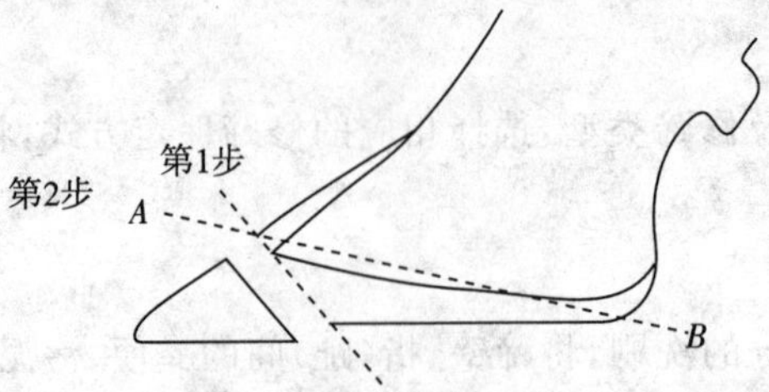

图 9-17b　蹄尖角质削切过多

第 3 步：第 3 步包括沿两指(趾)底面轴侧蝶形线，去除任何蹄底轴侧过长的角质(图 9-17c)，这样蹄骨屈肌结节下部的负重将降到最低。还要稍微把指(趾)间的空间扩大一些，这样泥土和其他异物就不容易进入了，减少蹄腐烂、指(趾)间皮炎和指(趾)间皮肤增殖等病的发生。

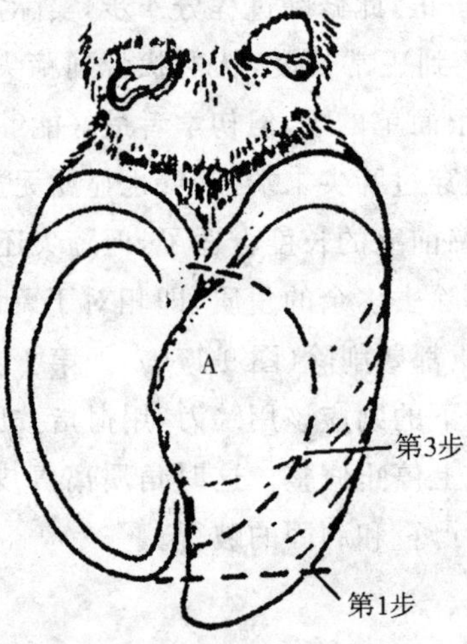

图 9-17c　第 3 步及修后状况

第 4 步：是最后一步，主要修整两指(趾)，使大小近似，外侧指(趾)稍长 4～5 毫米。这通常需要去除后蹄外侧趾、前蹄内侧指多余角质，使四肢恢复直立状态，使负重平均。

修整完成后，两指(趾)的尺寸也应该相同，而且两个蹄底面也应在同一横向水平面上。

保留蹄踵角质是可取的，除非它严重影响行走，否则按第 4 步做即可。如果蹄踵有少许麻点，也最好保留，因为去除蹄踵会引起蹄骨向后旋转，易得蹄底溃疡。

(2)电刨修蹄法

第 1 步：准备好专用保定架、修蹄器具、电源及连接插线板、保定绳和相应的药品。

第 2 步：将牛赶入保定架内将头部保定好，准备好腹带和胸带，首先固定好胸带，然后与导链连接将胸带上提，刚好绷紧为准；然后固定好腹带同样拉动导链将腹带上提，绷紧为准，胸带和腹带不得提得过高，牛四肢必须着地，同时让牛感觉舒服为原则，在提升腹带时注意不得压迫乳房。

如果使用电动翻转式修蹄架保定，将会更加省时、省力。

第 3 步：固定好保定架后面的缚带防治牛后退，然后将准备好的缚带在要修整的一侧后肢跗关节以上绑好，与上提的滑轮装置连接并开始上提，同时观察牛只情况，注意不得过快，当牛只骚动不安时停止上提，并给予抚慰使其安静。

第 4 步：用清水冲洗并用毛刷将蹄底和蹄匣刷洗干净，检查蹄底、蹄匣及蹄踵部是否有龟裂、坏死病灶等，根据实际情况确定修整方案，如果检查基本正常只进行简单修整，不能过度修削，否则会造成负面影响；如果变形严重或者腐蹄等要进行特殊处理。

第 5 步：按照牛蹄正常标准，用蹄钳或蹄铲去除蹄尖过长的角质。

第 6 步：握紧电刨，打开开关，确认电刨工作正常，根据修蹄标准、要求和注意事项开始打磨，每次只能修整一趾，不得同时修两趾，同时要保证刨面平整，用力握住电刨手柄保持电刨平稳，当打磨蹄底及蹄周缘，当露出蹄白线后，打磨要慢，要停下电刨检查蹄底情况，用拇指按压时发现已经变软，则停止使用电刨修整。第二趾的修整，方法同前，两趾全部打磨完后开始用电刨的立面将两趾尖打磨成钝圆。

然后将电刨倾斜 45 度将两趾间修成弧形（修蹄弓）。在打磨过程中牛只紧张骚动不安时必须将电刨脱离牛蹄，防止人畜发生意外情况。

第 7 步：以上工作进行完毕后，用修蹄刀将趾间进行修整，去掉刨起的组织及多余组织，如坏死较轻者用蹄刀旋转将坏死组织清除，并进行相应的外伤处理。

修蹄结束后，将牛只赶入清洁干燥的环境进行观察、护理。

【患病蹄的修削和治疗处理程序】

准确判断蹄形，防止过度修削。先将前肢的外侧指或后肢的内侧趾的蹄前壁从蹄尖用蹄钳剪至前蹄长 7.5～8.5 厘米，后蹄趾长 8～9 厘米，测量内侧趾的前背部，垂直剪除超出的趾尖角质，然后修剪外侧趾，使其与内侧趾匹配。而前肢应该从外侧趾开始修剪。前、后蹄长度是指从硬角质的起始位置到趾尖的距离。公牛和特别大型的乳牛可适度延长。除非是小母牛，否则不能小于 7.5～8.5 厘米。

趾尖厚 5～12 毫米，从蹄踵与蹄底相连的部位开始向前修剪，修至趾尖与蹄底间的距离为 5～7 毫米。修剪后的蹄底部应该平整。蹄踵部如没有损伤，一般不要修剪。

检查白线。修剪后的蹄底白线应该保持完整，用左右“L”刀将蹄的内侧和磨损不规则的软角质部分逐一削除。内侧有合适的弧度（蹄弓）。

用电动修蹄刀对蹄底进行修剪，并检查负重的均匀性，修剪后的蹄底或两趾必须在同一个平面，才能保证负重的均匀分布。（将刀柄横向放置在蹄底的前后端，竖向放置在每个趾指底部，可检查它们是否平整。）

用“单刃”刀的前卷型部将蹄底及蹄踵部分黑色的点状和块状逐一剜除，患有蹄底溃疡、蹄底脓肿和白线病修蹄时将患病的蹄瓣削薄，并将腐烂的腔洞扩创成反漏斗形，排出瘀血，让其流出鲜血，用 3%的过氧化氢溶液清洗创腔内脓血等分泌物，而后用高锰酸钾填塞创腔止血，接着用 4%的硫酸铜等防腐消毒液清洗创腔。

用消毒棉将其拭干后，将专用修蹄药粉填入清创后的创腔内，再用松溜油棉球封闭，最后以麻布包扎固定，一般 5～6 天换药一次。

部分单侧蹄瓣暂时性功能丧失(最严重的可采用指/趾离断术切除患病蹄瓣)的奶牛处理结束后,将牛蹄瓣健康一侧垫高,让母牛使用正常的蹄瓣行走,以便于患病蹄瓣痊愈。

蹄部手术后的母牛必须单独饲养在干燥松软的牛床地面上,隔 5～7 天检查一次。如绷带未脱落则无须处理,否则再补一次。

【蹄底的修整】

从远轴侧壁负面削除角质的数量支配着蹄底的外形,蹄底必须削到使其向轴侧壁倾斜,这样才能使两指(趾)的蹄底形成一个凹面。解剖学上动物的负重直接在蹄壁上。蹄底最厚的部分是蹄底与球负面结合的部分,这个部位角质变薄可引起挫伤(无败性小叶炎),甚至局限性蹄皮炎,通常这个部位的角质容易削切太多。

用锋锐的蹄刀修整蹄底或许是最好的方法。经验证明也可广泛使用转动砂轮,特别是有大量动物需要治疗的时候。应该经常用拇指压迫,检查蹄底的回弹性,弹性症候一出现,就应停止修削。

蹄底外形可遇到的异常变化包括:

一是在底和球负面的结合处出现圆形出血斑或肉芽,请见局限性蹄皮炎章节内容。

二是弥散性出血面,其原因还不清楚,这种颜色变化的出现是由于含血的液体从真皮进入到角小管,这是一个间歇的过程,所以在蹄底角质的不同水平面引起血染的孤立点。假如不用拇指压迫这块角质,而将这些血染灶切除也是十分安全的。此现象不要与挫伤相混,蹄底挫伤可看到蹄底薄和蹄底下的紫色斑点。

三是在蹄底远轴侧缘白线常常形成损伤,个别的可引起类似于白线病的症状。削蹄时应充分注意白线的标记,削去一大部分与蹄壁并列的角质是不安全的。在一些情况下需要削除一小块(最大 3 厘米)负重蹄壁,为了不留残囊,应适当地暴露出深部的目标,以免物体进一步堵塞。

四是蹄底像雪花似的剥落属于正常现象,是在磨灭很少的情况下出现的,取除这些物质时也可将这些像面粉样的角质产物一起去除。

五是蹄底颜色的变化起因于色素沉着。削蹄削到靠近真皮的角质,其颜色也可能有难以捉摸的变化。

六是蹄底分离。虽然挫伤和亚急性蹄叶炎可引起这种现象,其原因还不十分清楚。它或许围绕真皮表面有脓汁,渗出的血清或血液浸润,最后造成蹄底与下面的真皮分离。新的蹄底立刻在老蹄底下产生。此修蹄时将整个蹄底剥去是错误的,因为新蹄底非常脆弱。可以削除部分蹄底,但远轴侧壁必须完整地保留。对侧指(趾)如健康可装木质蹄铁。新蹄底在几天后可变得很硬,但达到足够厚度执行正常功能约需 4 周。

【修蹄注意事项】

为了能够在修蹄时顺利进行工作,修整合理,使修蹄后的牛蹄肢生理功能及时得以恢复,临床操作时应注意以下要点。

第一,修蹄最好用保定架保定,用保定架拴牛要注意牛的安全,不要伤着脊椎骨、角、鼻中膈、四肢,牛后肢拴到四柱栏时要用柔软的绳索或固定后肢的肢蹄架钩上要用胶皮或其他东西衬裹保护,勿使其受伤。操作要轻,不可粗暴。

第二，修蹄前，要做好蹄部检查，检查项目包括长度、形状和趾高，判断蹄形。确定削蹄顺序、方法和正确削蹄要达到的目的要求。

第三，无论修整何种变形蹄，都应根据各个蹄形的具体情况来决定修去角质的程度。当趾长度正常时，蹄底部只能稍加切削即可，不要将蹄底削得太薄，否则易伤及知觉部。对变形十分严重者，修蹄时应倍加小心，因其趾的内部形状发生了变化，防止过削出血。

第四，为了保证蹄的稳定性和良好功能，尽量少削内侧趾，或使两趾等高。在奶牛站立时，新的蹄负面要和跖骨的长轴有合适的角度。

第五，要注意蹄底的倾斜度。蹄底应向轴侧倾斜，即轴侧较为凹陷，在趾的后半部，越靠近趾间隙，倾斜度也应越大。保留一定倾斜度的目的在于减少蹄底溃疡和裂隙的发生；减少来自地面对蹄底病变部位的反压力；能使蹄在负重时两侧趾分开，蹄趾间不易存留污物、粪草。

第六，对发生角质病灶时，应将趾后方尽量削低，除去蹄底、球部和蹄壁的松脱角质；削薄角质缘并平缓过渡。创内真皮因受刺激而增生，如果突出明显而基部狭小，可用锋利的蹄刀将这种增生的肉芽组织整个切除。

第七，对跛行病牛，修蹄时应先修患蹄，再修健蹄。由于一肢跛行，健肢的外侧趾必然过度负重，因患肢常呈减负或免负体重，健肢的过度负重将会持续。为保证健肢的良好功能，应对其进行功能性修蹄。如跛行严重，健肢不能提起，置病牛于干净、干燥、松软地面的良好舍饲环境，加速病愈；跛行减轻，再尽快给健肢修蹄。通常情况下，跛行病例经修蹄治疗很快会好转。当经修蹄后数日或 1 周后，跛行仍无明显改善甚至加剧，此时，应对相关趾再进行详细检查。

第八，修蹄时间可安排在土地反浆之后雨季到来前。过早修整、气温低，蹄角质坚硬，修蹄困难；过晚修蹄，天热雨水多，修后不易护理，易于感染。

第九，修蹄过程要尽快完成，以防牛由于长时间的过度躺卧压迫而出现站立困难等情况。

第十，凡因蹄病（真皮损伤）而经修整处治后的病牛，应置于干净、干燥的圈舍内饲喂。保持蹄部清洁，减少感染机会；也可给患病蹄穿上蹄靴。

【修蹄失误的补救措施】

削蹄时尽量做到人、牛安全，一旦出现牛肢蹄损伤，一定要及时加以处理，不得轻视，否则发生继发感染，治疗起来不仅比较困难，而且愈后难以确定。

另外，一定要避免双侧趾蹄均损，一旦发现一侧受损，另一侧在处理时一定要倍加小心，或者只稍稍护理一下，等患趾创伤愈合后再进行处理。双侧都受损严重，一般愈后多不良，建议在处理蹄伤时采用以下方法处理。

①对蹄底陈旧伤口的腐烂处合理扩创，洗净污物及腐烂组织。

②用 3%双氧水溶液消毒、擦干、涂 2%～5%碘酊、土霉素粉或修蹄膏或松馏油或磺胺粉，然后用蹄绷带包扎，有条件者可给牛穿上蹄靴。

③为防止继发感染出现全身症状，使用青霉素或磺胺类药物静脉注射。

削蹄要适当，能达到修整目的即可，削蹄过程中应坚持宁轻勿重的原则，对于一次不能校正的趾蹄可以采取多修几次，逐渐校正。切勿想一次完成，而造成削蹄过度或造成新的蹄伤。

【变形蹄的修蹄要点】

变形蹄又称蹄变形，是蹄匣的某一部分或全部形状发生改变，并使其内部组织受到影响时叫做变形蹄。主要是由于肢蹄病、削蹄不合理或饲养管理不当所造成。有的变形蹄不能一次矫正，需几次削蹄才能矫正过来，有的变形蹄则无法矫正。变形蹄问题与肢势和负重关系密切，应从小牛起就注意合理削蹄和矫正，在形成不可逆性变化前，将其矫正过来。随着奶牛集约化饲养程度的不断加强和产奶量的持续提高，变形蹄的发病率有逐年上升的趋势。

由于变形蹄的情况比较复杂，到目前为止，对变形蹄的分类说法不一。在此我们从实用角度出发，淡化学术研究的系统性，将主要的变形蹄修蹄要点作以介绍。

(1)过长蹄

过长蹄是由于蹄角质生长过程中磨灭的少，或没有定期修蹄形成的。过长蹄一般容易矫正。在此，我们将每种的特点和矫正方法简述如下。

①延蹄　延蹄指蹄的两侧肢超过了正常蹄肢长度，蹄角质向前过度伸延，外观呈长形。用小直铲刀或蹄钳切削去蹄尖过长角质(图 9-18a)，提高蹄角度，缩短纵径，使其为正常形状。最后用蹄锉锉去蹄尖壁下外缘(图 9-18b)，也应对蹄底作适当修整，严重者通过多次矫正，逐渐达到趾轴一致。

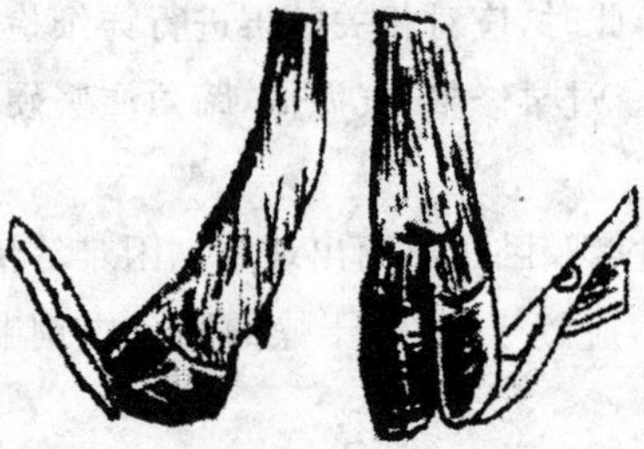

图 9-18a　剪去过长角质

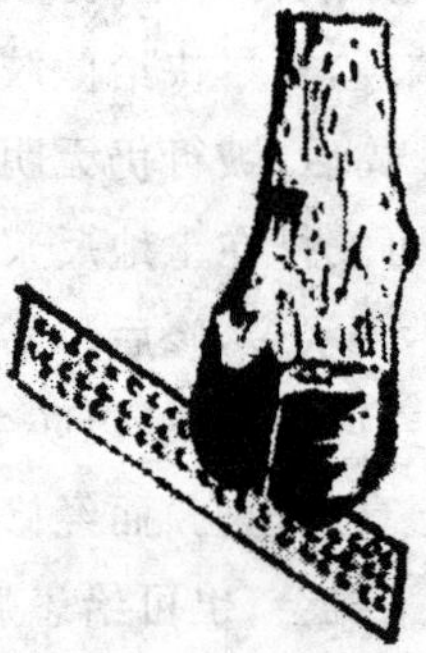

图 9-18b　锉平边缘

②长嘴蹄　蹄尖伸长向上翻，也叫铗状蹄，其状如蟹铗，蹄幅度较窄，内外蹄尖部明显向轴侧弯曲，并交叉，又叫剪状蹄或交叉蹄。蹄尖微向上翘起，蹄踵低而多负重，呈狭踏肢势。当后肢狭而前踏时易出现铗状蹄，也有先天性的。

不应一次切削过多，以防过削，双弯翘起的蹄尖先用蹄钳剪去，再用小直铲刀切去过长的角质，对蹄底前半部适当多削，提高蹄角度，注意扩大蹄横径与蹄负面，最后用蹄锉修整，从侧望尽可能使趾轴一致，严重者应通过多次修削蹄逐渐得到完全矫正。

③长刀蹄　蹄纵径长，蹄前壁凹弯，尖端上翻，由于蹄底积有大量枯角质而呈异常膨隆，外形呈长刀状，故名长刀蹄(图 9-19)。蹄角度小。蹄踵负重大，过度磨灭。前后肢都可发生，肢呈前踏肢势。从外形也可叫雪橇蹄或船底状蹄。

矫正时尽可能切削蹄尖，保护蹄踵，适当地切削蹄尖前半部角质，并将蹄底膨隆的枯角质切削，扩大蹄负面。减轻蹄踵负担，尽可能使趾轴趋向一致，严重者通过多次修削蹄后使趾轴达到一致,可隔一周修一次。

④拖鞋蹄　蹄前壁向远轴侧壁明显倾斜,左右扩张,为横径大的过长蹄,蹄底浅而广,呈广蹄和平蹄形状。蹄角度小,前后肢都可发生,呈前踏肢势。常诱发白线裂和白线腐烂。也可叫扁平蹄,俗称"大脚板"。蹄形外观如拖鞋一样,因此而得名。

矫正时保护蹄踵,将延长的宽大的角质切削去,适当多切削蹄底前半部,对蹄下缘加以修整,在修整中要着重对蹄缘与负面的形状进行修整,不可修削过度,通过多次修削蹄,逐步改善,使趾轴逐渐趋于一致。

拖鞋蹄的蹄前壁及远轴侧壁的倾斜度小,向外缓慢地不正形扩张,又称扁平蹄。

图 9-19　长刀蹄

以上四种变形蹄严重的都要经过多次修削矫正,最好两个月进行一次,直到彻底矫正,再转入正常护蹄。

(2)翻卷蹄

特点是从蹄壁向趾间卷,前蹄发生卷蹄时,内侧指向内卷,后蹄发生卷蹄时,外侧趾向内卷,严重者以蹄壁着地,蹄尖上翘,两蹄尖交叉,卷蹄负面狭窄、纵径细长呈麻花状,严重者呈螺旋状蹄,由于蹄角质过长,负重不平衡,多以蹄踵担负体重,呈严重的后方破折,蹄角质干硬,运步常出现跛行,站立困难,卧多站少。

矫正方法:用小直铲刀把过长的卷蹄角质切去,多削蹄底前半部,扩大横径,将翻卷侧蹄底内侧增厚的角质削去,尤其对压迫趾间隙的角质充分削除,对卷侧的蹄负面在允许范围内多削,以扩大支持面。使角细管尽可能垂直于地面修正内外负面的高低,从侧望尽力使趾轴趋于一致,但削蹄重点放在蹄座上,蹄底应向内倾斜,促使蹄踏着于地面使上翘消失,经多次修蹄,恢复正常后转为正常护蹄。

(3)低蹄

蹄角度小于 45 度,指轴后方波折明显,蹄尖壁和蹄踵壁的比例为(3～4)∶1,我们将这种变形蹄称为低蹄。

为了将低蹄矫正至正常的蹄角度,可预先用标记笔在蹄壁上做标记,再用蹄钳剪去过长角质。然后用电动修蹄机对蹄底及蹄壁进行打磨。打磨后用蹄刀对蹄底及蹄踵进行修整,重建蹄底负重面。

(4)高蹄

蹄角度大于 55 度,指轴前方波折,蹄尖壁与蹄踵壁的比例为 5∶4。高蹄的修蹄要点是充分切削蹄底及蹄踵,使其恢复蹄角度。

(5)山羊蹄

蹄尖壁与蹄踵壁同高。蹄骨、关节和腱有先天性或后天性异常。修蹄时应该充分切削蹄底及蹄踵,使其恢复蹄角度。

(6)平蹄

蹄尖壁和远轴侧壁倾斜很缓,负缘非常大,蹄底平、无穹隆,并与负面同高。

平蹄不可一次修整至正蹄形,应有计划地多次修整。首先应剪去蹄尖及远轴侧壁扩张的角质。

用电动修蹄机对蹄壁及蹄底进行修整,使蹄壁光滑。最后用蹄刀对蹄底进行修整,重建蹄底的负重面。

(7)丰蹄

蹄壁广而宽,蹄底膨隆,突出于负面。蹄壁上有明显平行的蹄轮,蹄冠下的蹄壁有凹陷带。和平蹄一样蹄质脆弱,易发生白线裂。

丰蹄的修整同样不可一次修整至正蹄形,应有计划地多次修整。修蹄方法与平蹄相同。

(8)狭蹄

可分为蹄冠狭窄、蹄底狭窄和蹄踵狭窄。蹄角质发育不良、全身性营养障碍、地面干燥可引起本蹄形。

修蹄时应扩大蹄底远轴侧部位的负重面积,削除轴侧壁多余的角质。

(9)弯蹄

内侧指(趾)或侧指(趾)某部位发育失调的一种变形蹄,发育好的一侧蹄壁凸隆,对侧指(趾)发育不好则呈凹弯。与肢势关系很大,呈重度外向兼广踏肢势,外侧指远轴侧凹弯,内侧指则凸隆。主要发生于幼龄削蹄牛弯蹄不易矫正,对于弯曲的蹄壁要尽量切削。剪去蹄尖过长的角质。打磨远轴侧壁及蹄底,切削轴侧壁凸隆的角质。切削蹄底,使其负重均衡。

(10)倾蹄

内侧指(趾)或外侧指(趾)一侧较小,在蹄底狭窄的基础上,远轴侧蹄壁代替蹄底着地负重,蹄尖向轴侧捻转,轴侧壁向上并凹弯。倾蹄又称卷蹄,严重时叫螺旋蹄。

应重点切削磨灭不足的患指(趾)。剪去蹄尖过长的角质,用电动修蹄机将内、外侧指(趾)的蹄底、蹄踵打磨至同一高度。削除蹄底多余的角质。削除轴侧壁过度生长的角质。在允许范围内,可适当扩大患指(趾)的负重面,使患指与健指的负重比增大,改善患指(趾)的磨灭状况。

(11)猪蹄

蹄发育不良,无光泽,蹄轮细长。蹄纵径长,蹄底狭窄且深,多发腐烂。蹄角度小,蹄踵负重大,指(趾)间开张。先天性卧系。

首先剪去蹄尖过长、上弯的角质。打磨掉蹄底磨灭不正的角质。因猪蹄蹄底狭窄,修整时应扩大蹄底的负重面,使内、外侧指(趾)负重均衡:切削蹄尖过长、上弯的角质;多切削蹄尖部,保护蹄踵,提高蹄角度,使指(趾)轴一致。

(12)芜蹄

芜蹄(图 9-20)由慢性蹄叶炎后遗症形成。角质过度生长的部位,蹄轮间矩宽。蹄尖壁凹陷向上弯,弯曲部蹄轮密集,蹄尖负面不接地,以蹄踵负重。蹄骨变位,蹄骨尖向下,严重时可使蹄底穿孔。

慢性蹄叶炎导致的芜蹄无法根治,只能通过修蹄尽量矫止蹄形,改善蹄肌。修蹄时根据肢势稍加修整即可，没有必要而且也无法彻底修整。

(13)广蹄

蹄壁倾斜缓，负面广的变形蹄称为广蹄。广蹄也称宽蹄，严重者称平蹄。与延蹄不同，广蹄的蹄横径增大，纵径常不增大。指(趾)轴波折不明显，肢势良好。各种年龄和胎次均可发生，多见于后肢。在现代集约化养殖场，饲养管理不当是引起广蹄的主要原因，如运动场、牛床和挤奶厅的地面潮湿，使蹄匣角质因湿度过大变软，弹性减弱，导致蹄底下沉，迫使蹄匣扩张，久之成为平蹄或丰蹄。

矫正时，如果蹄前壁过长，用蹄钳剪至合适的长度。将远轴侧壁过宽的角质剪去或用电动修蹄机打磨修整，打磨蹄底时注意有无发生白线病。

图 9-20　芜蹄

(14)外向蹄

伴随外向肢势的蹄称为外向蹄。前后望时，全肢或腕、跗部以下转向广蹄外方的肢势称为外向肢势。外向肢势在奶牛非常普遍。

拴饲喂养的奶牛前肢易发生外向蹄，奶牛上槽时身体前倾，重心前移，使前肢负重增大，自然外展，久之导致前肢外向肢势。在体重过大、乳房过大的奶牛，后肢易发生外向肢势。发生外向蹄的奶牛体重偏落于内蹄踵，多并发延蹄、倾蹄、螺旋状指(趾)。

矫正时，外向肢势分为先天性、后天性和一时性。先天性外向肢势很难恢复正常肢势，修蹄时应适应肢势。对于后天性和一时性外向肢势应作诱导修蹄进行矫正。外向蹄一般内蹄踵代偿性发达，应多削内蹄踵，保护外蹄踵，以促使内、外侧指(趾)均衡负重，达到矫正外向肢势的目的。

(15)内向蹄

伴随内向肢势的蹄称为内向蹄。全肢或腕部(或跗部)以下偏向内方的叫内向肢势。内向肢势在奶牛罕见。

矫正时，内向蹄的修整方法与外向蹄相反。内向蹄一般外蹄踵代偿性发达，应多削外蹄踵，保护内蹄踵，以促使内、外侧指(趾)均衡负重，达到矫正内向肢势的目的。

(16)开蹄

奶牛在站立状态下，指(趾)间呈"八"字开张的变形蹄称为开蹄。正常的指(趾)间隙长约7厘米，前宽后窄，两蹄尖间的距离约为1厘米。开蹄的指(趾)间隙呈"八"字开张，两蹄尖的距离可达4～6厘米。

本病易发生在沙地育成牛、坡度较急的放牧牛和弱系牛，以及因先天性或后天性第三、四指(趾)间韧带软弱的牛。后踏肢势可促发本病。伴有后踏肢势的奶牛因体重偏落于指(趾)尖部，使第三、四指(趾)间韧带受到牵拉，如果第三、四指(趾)间韧带软弱则易发生开蹄。蹄向外过度开张，可引起指(趾)间皮肤过度紧张和剧伸，粪、尿刺激易引起指(趾)间皮肤增殖。有开蹄的公牛，25%有指(趾)间皮肤增殖，有指(趾)间皮肤增殖的公牛50%为开蹄。开蹄如发生在2～4月龄的犊牛，则可能与遗传有关。

开蹄无法根治，只能通过修蹄减小指（趾）间隙开张的程度。修蹄时应保护蹄踵，切削延长的蹄尖，使蹄立起。充分切削轴侧壁，使奶牛在驻立时对指（趾）产生一种“内收”的力，使指（趾）间隙减小。

【蹄部保健措施】

蹄病是牛的多发病，坚持“养、防、治一体化”是保证蹄结构和功能正常的根本思路，修蹄是修蹄员的岗位工作，从事牛蹄部保健工作也是修蹄员的岗位工作之一。

【蹄浴技术】

牛蹄浴是指用一定浓度的防腐消毒药液喷蹄或浸泡牛蹄，是改善蹄部卫生状况和防治蹄病的一种经常性蹄部保健措施。

蹄浴常用的防腐消毒药物为4%硫酸铜及1%～2%的甲醛溶液。

由于硫酸铜无特殊气味，对环境影响较小，相对于福尔马林更为安全。近年来，以4%硫酸铜进行蹄浴的情况较为普遍，4%硫酸铜溶液对牛蹄浴效果良好，其优点有以下几点。

一是能有效地杀灭牛场中环境微生物及牛蹄部的多种病原微生物。

二是能增强牛蹄角质硬度，故可提高蹄部皮肤的抵抗力。

三是4%硫酸铜溶液无挥发性，无异常气味，刺激性小，长期使用不会对皮肤造成损害。

四是价格便宜，使用方便，对环境污染小。

蹄浴因其药液和指（趾）间皮肤接触充分，因此蹄浴对腐蹄病、蹄部角质糜烂和其他蹄病都有很好的防治效果。蹄浴不仅适用于舍饲牛，而且也适用于放牧的牛群。蹄浴可减少感染机会，显著降低蹄病发病率。在当今集约化奶牛生产过程中，蹄浴已被普遍认为是护蹄的一种良好的卫生保健措施。

(1)蹄浴方法

根据蹄浴的形式和所采取的方法不同，将蹄浴分为喷洒浴蹄和浸泡浴蹄两种方法。

①喷洒浴蹄　将药液直接喷在牛蹄的方法称喷洒浴蹄。

喷洒浴蹄可在牛站立过程中实施，先用清水充分冲洗净蹄部的泥土、粪尿等脏物；然后用去掉喷嘴的喷雾器或专用喷水枪将4%硫酸铜溶液直接喷洒到牛的蹄部，每次每头牛用药液300毫升左右。夏、秋季，每隔5～7天蹄浴1或2次，冬、春季可适当延长间隔时间。一般以在5～10月份进行喷蹄为宜，在干燥、寒冷的季节喷蹄易引发蹄裂。

②浸泡浴蹄　将牛置于盛有防腐消毒药液的池内，使牛蹄在药液中浸泡的方法称浸泡浴蹄。

舍饲奶牛挤奶方式包括上槽挤奶和挤奶厅挤奶，即挤奶有固定地点。蹄浴池可设置在奶牛必经之路上，上槽挤奶前和挤奶后下槽牛都能从该池内通过。蹄浴池大小以长为3～5米、宽3米，深15厘米为宜。

(2)蹄浴注意事项

①为使吸附于蹄部皮肤上的福尔马林发挥作用，故在浴蹄后应将奶牛置于干燥场地，使蹄保持干燥。

②为保证药效，池内药液要及时更换，不要使其成为“牛粪尿池”，一般每个月更换1～2次。

③浴蹄中，当牛蹄皮肤受刺激而表现踢腿症状时，应立即停止浴蹄，约经2周后，蹄恢复正常再进行蹄浴。

【护蹄措施】

(1)打蹄绷带

主要是为了保护患指(趾)伤口免遭损伤或防止感染。常用于蹄底溃疡、蹄外伤、修蹄失误等情况。打蹄绷带前要将病变部坏死组织清理、清洗干净，用防腐消毒液(4%硫酸铜、0.1%新洁尔灭、0.1%高锰酸钾液、1%来苏儿溶液等)清洗消毒患蹄，然后创内放入松馏油或磺胺粉或蹄炎膏等药。病灶创液较多或不能充分清理干净时不宜打蹄绷带，或要注意病灶中创液是否能流出。

(2)装置木块或橡胶块

此方法主要是为了让患指(趾)不负重，使奶牛疼痛减轻，从而达到促进患指(趾)尽早康复的目的。

装木块前，应将健康指(趾)削平并保持合适角度，木块或橡胶块应粘贴在健康蹄的底面，粘贴要牢固。木块的厚度为2～3厘米，固定时间一般约为4周；蹄绷带和健指(趾)装木块相结合使用。

(3)穿蹄靴

给蹄病牛穿蹄靴是一种方便有效的护蹄措施，现代化学合成工业的快速发展促进了蹄靴在奶牛蹄病防治上的应用，现在的蹄靴使用方便、省事，很有推广应用价值。

(4)蹄尖固定

对于开蹄我们可以采用蹄尖固定的方法进行矫正。用手钻或电钻在两指(趾)各打一穿孔，然后用金属丝将两蹄尖向一起牵引固定(图9-21)，使两指(趾)尖的距离保持在1厘米左右。蹄尖固定不仅用于开蹄的矫正，也可防止蹄尖上翻；施行指(趾)间皮肤增生切除手术后，采用蹄尖固定术还有利于手术的愈合。

(5)蹄匣涂油

对于质地硬而干燥的蹄匣，为了防止蹄匣干裂等蹄病的发生，可以采用蹄匣涂油的方法，给蹄底、蹄踵、蹄冠、蹄壁涂油。蹄匣涂油可使牛蹄保持适度的湿度，涂油可防止蹄中水分的散发和过度吸收。蹄油以植物油为好，植物油不溶于水，有黏性，涂体均匀，不腐败。

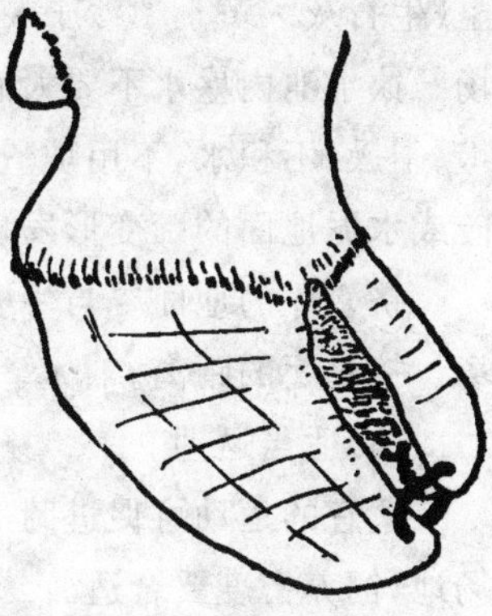

图9-21　蹄尖固定

【蹄部保健综合措施】

做好蹄部保健护理工作是降低蹄病发病率的有效措施。实践表明，用于蹄病预防的开支远低于蹄病所造成的直接经济损失，在蹄病预防上增加投入可起到事半功倍的效果。奶牛蹄部保健护理应该重视如下几个方面的工作。

(1)加强饲养管理，保证日粮均衡

根据奶牛各泌乳阶段的不同情况，分群饲养，配制符合奶牛营养需要的日粮，尤其要注意精、粗饲料的比例，避免突然变料或饲料过多，要确保干草等粗饲料的供给，干奶期奶牛不可过于肥胖。保证常量元素钙、磷、镁、钾、钠和硫的需要量，特别是钙和磷的需要量及适当的钙、磷比；保证微量元素铁、铜、锰、锌、钴、硒、碘等的需要量。保证奶牛维生素 A、维生素 D、维生素 E 和烟酸的供给，为了保证瘤胃 pH 在正常的范围之内，可以添加缓冲剂，以防止酸中毒。在饲料中添加 0.02%～0.04%的硫酸锌，可预防蹄病，使用时要控制用量，并注意与饲料均匀混合。

(2)搞好环境卫生，改善环境条件

保持圈舍及运动场的清洁干燥，及时清扫圈舍及运动场的粪便、污水。定期进行环境消毒，用 NaOH、煤酚皂溶液冲刷牛床、运动场等，以减少病原微生物对牛体的侵害机会，破坏坏死杆菌等病菌的生存环境。

运动场要保持平整，不积水，不能有尖锐的异物及坚硬的棱角杂物(如砖块、较大石子、铁瓷片、玻璃等)。有条件的可在牛舍铺设塑胶牛床；改水泥运动场为草坪运动场或细沙运动场，进行散放式饲养。为了减少水泥地面对蹄的不良刺激，可在上面铺垫一层沙土，严禁用灰渣铺垫。牛舍中的水泥地面上应有纹路，太光滑的水泥地容易引起奶牛打滑，损伤牛蹄。

(3)科学设计牛舍及运动场

牛舍的设计应力求科学合理，坐北朝南，冬暖夏凉，采光适当，通风良好。

牛舍的食槽高度虽不可造得太高，但不应低于 20 厘米。

牛床是奶牛长时间生活之处，为方便奶牛起卧，牛床的长度和运动区域的大小必须恰当，牛床长度最好在 2 米左右，可以没有坡度，有坡度时与水平面的夹角应小于 10 度。若牛槽低于牛床，牛在牛床上采食时迫使前肢叉开，保持前身的低体位，同时尽量使后肢前踏以保持采食的平衡姿势，这样才能吃到牛槽底部的精饲料，长此以往造成两趾蹄踵受挤、受压，变形。

牛舍地面不能过于光滑，可在地面打上纵、横交叉的凹槽以防滑，并需根据磨损情况反复制槽。

另外，运动场地面质量的好坏，直接影响奶牛的肢蹄病的发生。运动场地面最好采用三合土(生石灰∶黄土∶沙子＝4∶3∶3)，要彻底压实，做成中间高四面低的土丘形，或蘑菇形运动场。饮水池内盛水不要太满，周围地面若有碎裂，应及时修补并清除碎裂的硬物。使其保持平坦、干燥、不积水，不用炉渣、石子、砖块、瓦块等铺垫通道和运动场。有统计表明，运动场为方砖或水泥地面的蹄变形发病率显著高于运动场为三合土的地面。

挤奶厅的地面要与牛棚地面一样，做成防滑型。另外应通过合理的设计，尽可能缩短运动场与挤奶厅的距离。

(4)适当运动

适宜的运动可促进蹄的血液循环，使角质生长正常。这就要求每头牛必须有足够的运动场地，饲养密度要合适。

(5)做好疾病预防，消除发病诱因

要加强饲养管理，增强奶牛体质，预防一些诱发蹄病的疾病发生，尤其要做好奶牛胎衣不下、子宫内膜炎、乳房炎、瘤胃酸中毒、霉变饲料中毒、口蹄疫、腐蹄病等疾病的防治工作。

(6)加强对蹄病的监控，及时治疗各类病蹄

修蹄工、兽医应该密切配合，发现异常情况及时处理。对遗传因素引起的某些蹄病，如螺

旋状变形蹄、蹄叶炎患牛应坚决淘汰；对其他非遗传因素引发的蹄病应给予积极治疗；对常见的蹄病治疗后也应进行修蹄，促进康复。经常注意观察、巡视牛的肢蹄状况，及时诊断治疗，防止因延误而加重病情。

【导致蹄病发生的因素】

了解导致蹄病发生的因素，做好肢蹄卫生保健及防治工作，是对牛场修蹄工更高层次的职业要求。任何疾病都有原因，没有病因的疾病是不存在的，了解蹄病发生的种种病因有助于提高蹄病防治的针对性，有助于我们从源头上预防蹄病发生。

(1)肢势异常

牛肢势正常与否决定着蹄的生长发育状况和负重、磨灭情况，有什么样的肢势就会有什么样的对应蹄形；在一定条件下，蹄形变化也会引起肢势异常。

例如，两后肢外展（X 状）时，内侧趾负重增加，就可导致内侧趾磨灭过度；两后肢内收（O 状）时，外侧趾负重增加，可导致外侧趾过度磨灭（图 9-22）。

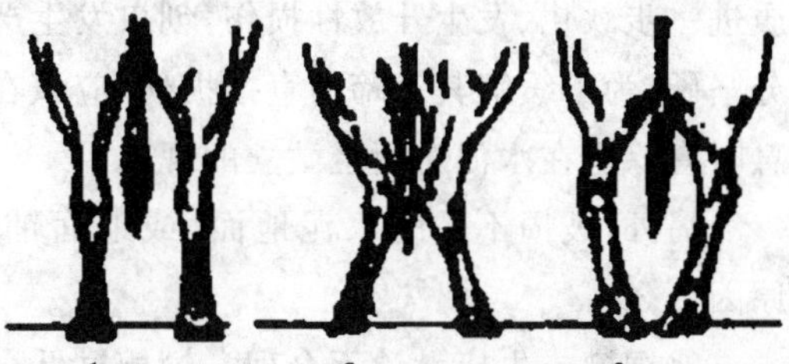

图 9-22　异常肢势与蹄形变化

1. 正常肢势　2. X 状肢势　3. O 状肢势

例如，后蹄发生前踏时，蹄踵负重面后移，导致蹄球下沉、蹄尖前翘，可使后肢发生肢势改变（图 9-23）。

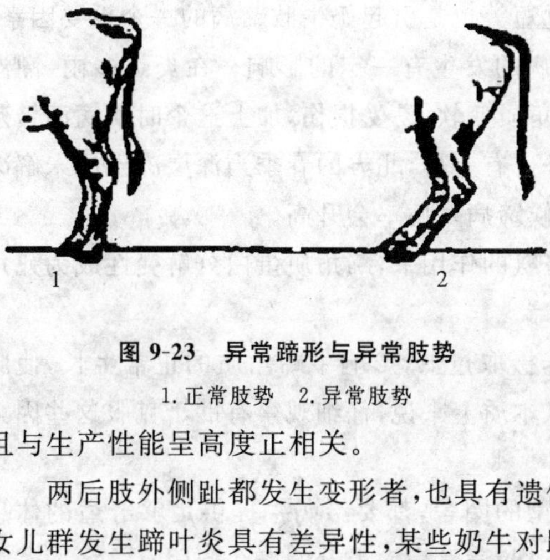

图 9-23　异常蹄形与异常肢势

1. 正常肢势　2. 异常肢势

(2)遗传因素

蹄病的遗传性已越来越多地被人们所重视。品种不同，蹄病易感性各异，奶牛的遗传性状将直接决定它们对肢蹄病的易感程度。研究表明，奶牛肢蹄病的遗传力为 0.02～0.27。荷斯坦奶牛蹄部性状（质量性状）遗传系数为0.6，且与生产性能呈高度正相关。

两后肢外侧趾都发生变形者，也具有遗传性；受到蹄叶炎侵害的奶牛再次复发，不同公牛女儿群发生蹄叶炎具有差异性，某些奶牛对蹄叶炎易感性较高。指（趾）间皮肤增殖等蹄病也具有明显的遗传性；肢势不正与遗传也有很大关系。

肖定汉（1981）调查报道，在相同饲养管理条件下，不同公牛个体女儿蹄变形的差异性表明，女儿发生蹄变形受父亲遗传因素影响，即公牛遗传性影响。

初步的统计发现，荷斯坦奶牛蹄病发病最多，红白花奶牛次之，美国、加拿大荷斯坦奶牛发病最少。

牛场通过淘汰有明显肢蹄缺陷，特别是蹄变形严重，经常发生跛行的奶牛及其后代，可以改善牛群肢蹄状况。近年来荷兰奶牛育种者通过大量的工作，引进北美肢蹄优秀公牛，加强奶牛肢蹄改良，得到了明显的效果。

(3)环境因素

①环境卫生　牛舍环境卫生较差是引起肢蹄病发生的又一个重要因素,牛圈或运动场堆积厚层牛粪,排水不畅,饮水池经常有水溢出,周围泥土与牛粪相混合变得泥泞;上下槽和饮水时牛蹄插入松软的牛粪中,牛蹄角质软化,受到粪尿的侵蚀,角质生长发育不良,且脆弱,这些因素极易引起趾间腐烂等蹄病发生。

②运动场地面过硬　牛长期站立于水泥等硬质地面,可促使软化的角质过度磨损,引起蹄底发生严重的挫伤。当损伤的蹄部产生疼痛时,牛喜欢在湿软的地方、粪便和泥中站立,蹄角质进一步软化、发生开放性损伤,创口发生严重感染,病情加重。用水泥建造的运动场地面过分坚硬,为了缓解其对蹄的直接损伤,应该在上面铺垫一层沙土,平时我们常常会看到奶牛休息时有躲避在水泥对面上站立的现象。

另外,破损不平的水泥地面,或地面铺垫炉灰渣也是导致蹄病发病率升高的一个常见原因。

③饲槽或牛床设计不合理　饲槽过低,牛在采食时,呈前倾肢势伸向饲槽,两前肢叉开,使其内侧指比前肢外侧指负重要多,必然引起该指的角质过多磨损而形成变形蹄。内侧指在采食和运动过程中受到来自地面的较大的反压力,其蒙受挫伤的机会多于外侧指,也是造成内侧指蹄病增多的一个原因。

另外,畜栏设计不合理,如饲槽过高、牛卧床过短等也是引起奶牛肢蹄病的一个重要因素。

④潮湿及季节因素　湿热的环境条件对肢蹄病的发生有一定的影响。在炎热多雨、潮湿的季节,奶牛的肢蹄长期处于潮湿的环境中,使蹄角质变软,易受损伤,加上这个时期病菌繁殖特别快,极易感染发炎。蹄病在不同季节的发生率也有差异,北方的春季当深层冻土层未解冻前(也称土地返浆期)以及南方夏季雨水较多的时候蹄病发病率会升高。

封闭式圈舍阴暗潮湿,通风不良,氨气积聚,在氨的作用下,蹄角质蛋白分解变性成为死角质,特别是蹄底部变质呈粉末状,在临床上出现粉蹄。

高温高湿气候使奶牛的采食量显著下降,营养摄取过低,影响牛蹄角质的正常生长,使肢蹄病大增。有关这方面还有很多注意事项,但是从本质上来说,仔细观察有助于克服这些因素所产生的不利影响。

⑤圈舍面积不足或过度拥挤　不管是什么类型的圈舍,都要给奶牛提供足够舒适的休息和躺卧空间。过度拥挤或牛运动面积不足也是导致蹄病发病率上升的一个原因。

(4)管理因素

做好牛的饲养管理工作,对于增强牛体质、提高生产性能、防止肢蹄病发生具有重要意义。蹄的状态好坏可以反映牛群管理水平的高低,由于磨灭不齐或异常磨灭常常导致蹄变形,使奶牛站立姿势及负重异常,这样就大大增加了蹄病的发病率。

管理是实现良好饲养、保障技术落实到位的前提和保障。奶牛场的环境卫生状况、护蹄及修蹄措施的执行情况、日粮结构是否合理、蹄病治疗是否及时,防疫是否严格等都与牛场的管理水平有关。

(5)疾病因素

肢蹄病之外的疾病也可导致肢蹄病发生,因为奶牛机体是一个整体,全身代谢异常会影响到局部器官的功能,局部器官的病理变化也会影响到全身的新陈代谢。

产后疾病如胎衣不下、子宫内膜炎、乳房炎、酮病等易引发继发性蹄病。血液内毒素的存在可促使微血栓形成,从而引起蹄叶炎发生;病牛血液中凝血酶原及纤维蛋白含量的增加,也可促进微血栓的形成,从而易导致末梢器官发生血液循环障碍,造成蹄角质角化不全,而致蹄病发生。

外伤、关节周围蜂窝组织炎、滑膜炎、关节炎也可继发外部感染而导致蹄病发生。

还有,当牛群发生口蹄疫、腐蹄病、衣原体等疾病时,可直接或间接地导致蹄部损伤,导致蹄病发生。

(6)高产因素

高产奶牛全身各器官生理负担较重,长时间器官超负荷,可造成奶牛机体或器官的抵抗力下降、体质下降。高产奶牛营养需求量大,如得不到足够的营养,会促进变形蹄及其他蹄病的发生,这就是高产奶牛群蹄病发生率高于低产牛群的一个基础原因。

(7)营养因素

日粮中精料喂量过多、精粗比例不当、钙磷比例不当均可诱发蹄变形或蹄病。蹄角质在角质化过程中需要多种物质,包括维生素、矿物质及微量元素等,这些物质对保持角质功能的完整性具有重要作用,如果缺乏这些物质会使角质的质量变差,使角质对化学、物理及微生物的抵抗力降低,增大蹄变形的可能性。长期营养失调可导致代谢紊乱,引起蹄叶炎等疾病的发生。

【修蹄的意义】

牛肢蹄病是发病率较高的一类疾病,肢蹄病对养牛生产所造成的损失仅次于乳房炎和不孕症。修蹄是牛卫生保健工作的重要内容之一,此项工作对于提升养牛效益具有重要的意义。

◆牛培育成本巨大,将一头刚出生的犊牛培育成泌乳牛一般需要 26 个月的时间,其间的培育成本很高,如果由于肢蹄病而被淘汰,会对经营者造成较大的经济损失。

◆蹄病对奶牛泌乳性能影响显著,美国加利福尼亚大学的研究表明,奶牛患肢蹄病后所造成的泌乳损失,每头平均为 54.75 美元。

蹄病对牛的产奶能力影响很大,这与牛的体重巨大有直到接关系。我们知道牛蹄的主要功能是运动和支持体重。我们将牛四个蹄子的底面积和人的足底面积做一对比就会发现,牛四个蹄子的底面积之和正好相当于人两脚的足底面积,但成年牛的体重一般 500 千克以上,而人的体重一般不超过 100 千克,奶牛一只蹄所承担的体重约为人一只脚承担体重的 3 倍。奶牛蹄承负的体重巨大。当牛发生蹄病后,疼痛表现明显,不愿意运动,采食量自然会下降。对奶牛来说,采食量减少会明显地表现在泌乳性能上,导致产奶量大幅度下降;对肉牛来说自然会影响日增重。

另外,牛的圈舍地面很难保持干燥,发生蹄病后容易感染而导致病情加重,这也是蹄病能导致生产性大幅度下降的又一个原因。大量的修蹄实践表明,及时修蹄可提高产奶量1.5%~4%。

◆牛肢蹄病淘汰率较高。初步的统计结果表明，我国牛场每年因肢蹄病所造成的奶牛淘汰数量占到了总淘汰率的31.8%，肢蹄病之所以在奶牛生产中能造成如此高的淘汰率，也与奶牛体重过大有关。当奶牛由于肢蹄病卧地不起时，如果不进行人为的辅助站立治疗，较长时间的体重压迫，将会导致奶牛后肢肌肉及神经功能受损，从而加重肢蹄病所造成的经济损失。另外，通过修蹄工作，可减少或降低因蹄变形、蹄病造成的淘汰率。合理而及时地修蹄，能够矫正蹄形，防止蹄变形加剧而招致的肢势改变。

◆通过修蹄可使蹄形整洁，外形美观正常；还可使蹄保持最佳生理功能；对已发生蹄病的牛有治疗之功。当趾间腐烂、蹄糜烂及腐蹄病发生后，经修蹄后，能促使蹄病痊愈。

◆蹄形不正还是引起乳房外伤的因素之一。如过长蹄、剪刀蹄等在牛运动过程中容易损伤乳房，引发乳房炎，所以通过修蹄还有减少乳房损伤、减少乳房炎发病率的作用。

肢蹄病在各生长阶段都可能发病、病程发展慢、初期没有明显症状，不易被发现。肢蹄病会导致牛体况日渐消瘦、采食量下降、产奶量大幅度减少、出现繁殖障碍，最后导致被淘汰或死亡。

◆从事奶牛生产的专业人员体会到，要充分发挥奶牛的生产性能，在牛饲养管理及卫生保健工作上必须高度重视奶牛的“一个中心、三个基本点”，一个中心就是在奶牛饲养管理中要以维护奶牛瘤胃内环境为中心，三个基本点就是乳房、子宫和蹄这三个方面的保健工作，这进一步说明了做好修蹄工作的重要意义。

第二节　奶牛其他外科病防治

1. 脓肿

脓肿是组织器官内形成的外有脓肿膜包裹，内有脓汁潴留的局限性感染灶。以局限性感染和腔内出现脓汁为特征，浅表性的脓肿在临床上比较多见。

【病因】

①微生物感染　葡萄球菌、链球菌、化脓棒状杆菌、绿脓杆菌、大肠杆菌、牛放线菌等都是形成脓肿的病原。

②刺激性较强的药物作用　如将松节油、浓盐水、氯化钙等药物误注入皮下或组织中，即可引起脓肿。

【症状】

①局部温度升高　这一症状在浅表性脓肿表现明显，寒性脓肿无此症状。

②肿胀　如果发生于机体浅表部，则会形成明显的局限性突起，突起大小不一。如果发生于组织深部，肿胀不明显或形成弥散性肿胀。

③疼痛　触摸患部时，病牛表现不同程度的疼痛。

④波动　当脓肿成熟后，波动表现明显，脓肿形成的初期，脓肿比较硬实。

⑤皮肤与皮下组织水肿　这是深部脓肿常表现的一个症状。当脓肿较大或发展成为蜂窝织炎时，病牛出现全身症状。

【诊断】

本病结合临床症状和穿刺脓汁法可作出诊断。

【治疗措施】

①脓汁抽出法　剪毛或剃毛→消毒→抽出脓汁→冲洗脓肿腔→注入消炎药。

②切开疗法　剪毛或剃毛→消毒→切开→排脓→清洗→脓腔内用药。

③对深部脓肿进行切开治疗时，要做相应的麻醉，并要考虑是否需要引流。对一些较严重的脓肿，在治疗时要考虑全身用药。

2.淋巴外渗

淋巴外渗是在钝性外力作用下，导致淋巴管破裂、淋巴液聚集于局部组织内形成的一种非开放性损伤，是奶牛临床上比较常见的一种外科疾病。大多数淋巴外渗经过适当治疗均可痊愈，个别严重的淋巴外渗会导致奶牛丧失生产力而被淘汰。

【病因】

如摔、碰撞、顶撞、踢及棍棒打击等钝性打击是引起本病的主要原因。

【症状及诊断】

①本病多发生于淋巴管较丰富的皮下结缔组织内，筋膜下及肌间少见。一般于受伤后3～4天出现肿胀，有明显的波动但皮肤不紧张。穿刺时流出橙黄色液体、不易凝固，有时混有少量纤维絮片和少量血液。

②肿胀面积因病情程度不同而大小不同，严重者肿胀会窜至更广泛的地方，如臀部、股部。病程较长。如不继发感染，一般均无全身症状。

③本病多发生于肩前淋巴结和膝前淋巴结附近。这是因为这些部位比较容易受到碰撞，同时淋巴管又比较丰富的缘故。

【治疗措施】

①穿刺疗法　小的淋巴外渗通过穿刺抽出淋巴液，然后注入1%～2%碘酊或95%酒精或甲醛酒精液；半小时后，抽出注入的药物，装上压迫绷带。一次无效，可重复二、三次。

②切开疗法　大的淋巴外渗可手术切开进行治疗，切开后清除其中的纤维絮片，充分排出液体，再用浸有甲醛酒精液的纱布填充创腔，然后皮肤切口做假缝合，2天更换一次，当淋巴渗出明显减少或停止后切口做永久性缝合。

注意：治疗淋巴外渗时禁止按摩、热敷及冷敷。

3.脐疝

腹腔器官通过扩大的脐孔脱至皮下所形成的病理现象就是脐疝。脐疝多发生于犊牛。

【病因】

(1)先天性因素

脐孔闭锁不全或未闭锁。

(2)后天性因素

①脐部化脓感染。

②断脐时处理不当，过度牵拉或过短。

③腹压过大，如便秘。

【症状】

①脐孔部有局限性球形肿胀，质地柔软，大小不一，缺乏红、肿、热、痛等炎症反应的局部

症状。

②可复性脐疝　当牛的体位发生变化或挤压疝囊时，其突出会变小或消失。可摸到疝轮，甚至可听到肠蠕动声。当牛努责或挣扎时脐部肿胀会变大。有一定数量的轻度脐疝可自愈。有些较严重者会因摩擦而形成肠瘘。

③如发展为嵌闭性疝，会出现明显的全身症状，如疝痛不安、不食等；如不及时治疗会引起死亡。

【诊断】

要注意本病与脐部脓肿、感染、肿瘤等的区别，必要时可做诊断性穿刺。

【治疗措施】

(1)体外缝合疝轮法

将病牛仰卧保定，剃除脐部被毛，清洗消毒，将挤出的肠及系膜隔皮肤送回，用手将疝轮尽量提起，在皮肤外直接缝合疝轮。7～10 天后拆线。这一治疗方法只适用于较小的可复性脐疝治疗。

(2)手术治疗

①脐部做常规处理。

②脐疝基部做局部浸润麻醉。

③在疝基部纵向切口。

④探查。

⑤整复还纳。

⑥缝合疝轮。

⑦缝合皮肤。

⑧7～10 天拆线。

4.风湿病

风湿病是常有反复发作的急性或慢性非化脓性炎症，以胶原结缔组织发生纤维蛋白变性为特征，病变主要累及骨骼肌、心肌和关节囊中的结缔组织，该病常侵害对称性的肌肉、关节、蹄，另外还有心脏。我国各地的奶牛时有发生。

【病因】

风湿病的发病原因迄今尚未完全阐明。近年来研究表明，风湿病是一种变态反应性疾病，并与溶血性链球菌(医学已证明为 A 型溶血性链球菌)感染有关。已知溶血性链球菌感染后所引起的病理过程有两种：一种表现为化脓性感染，另一种则表现为延期性非化脓性并发病，即变态反应性疾病。而风湿病则属于后一个类型。并得到了临床、流行病学及免疫学方面的支持。

①风湿病的流行季节及分布地区，常与溶血性链球菌所致的疾病，如咽炎、喉炎、急性扁桃腺炎等上呼吸道感染的流行与分布有关。风湿病多发生在冬春寒冷季节。在我国北部，比较寒冷，溶血性链球菌感染的机会较多，风湿病发病率增高，二者在流行病学上甚为一致。

②风湿病发作时，病例的鼻咽部拭子培养，可获得 A 型溶血性链球菌。血清中各种链球菌抗体均增高，在风湿病静止期培养转阴性，抗体滴定值也下降。至今，在临床上仍以检测抗

链球菌溶血素作为风湿病的诊断指标之一。

③链球菌感染后 10 天内用青霉素可以预防急性风湿病的发生。

④动物试验提供了有力的证据。把大量的链球菌抗原包括蛋白、碳水化合物及粘肽注入兔子后,可产生风湿病的表现和病变。

⑤风湿病发病虽然与 A 型溶血性链球菌感染有密切关系,但是并非 A 型溶血性链球菌直接感染所引起。因为风湿病的发病并不是在链球菌感染的当时,而在感染之后的 2～3 周发作。病例的血液培养与病变组织中也均未找到过溶血性链球菌。目前多数人认为风湿病是一种由链球菌感染引起的变态反应或过敏反应。在链球菌感染后,其毒素和代谢产物成为抗原,机体对此产生相应的抗体,抗原和抗体在结缔组织中结合,使之发生了无菌性炎症。

综上所述,风湿病的发生要有下列 4 个条件:

其一,A 型溶血性链球菌感染。

其二,病原菌持续存在或有反复感染,可能因含不同类型 M 蛋白链球菌感染。

其三,机体对链球菌存在产生抗体;感染必须在上呼吸道,而其他部位的链球菌感染不会引起风湿病。

其四,在临床实践中证明,风、寒、潮湿、过劳等因素在风湿病的发生上起着重要的作用。如畜舍潮湿,阴冷,受贼风特别是穿堂风的侵袭,夜卧于寒湿之地或露宿于风雪之中,以及管理不当等都是发生风湿病的诱因。风湿病的病理变化是全身性结缔组织的炎症。

【分类及症状】

风湿病的主要症状是发病的肌群、关节及蹄的疼痛和机能障碍,疼痛表现时轻时重,部位多固定但也有转移的。风湿病有活动型的、静止型的,也有复发型的。根据其病程及侵害器官的不同可出现不同的症状。临床上常见的分类方法和症状如下。

(1)根据发病的组织和器官的不同划分

肌肉风湿病(风湿性肌炎)　主要发生于活动性较大的肌群,如肩臂肌群、背腰肌群、臀肌群、股后肌群及颈肌群等。其特征是急性经过时则发生浆液性或纤维素性炎症,炎性渗出物积聚于肌肉结缔组织中。而慢性经过时则出现慢性间质性肌炎。

因患病肌肉疼痛,故表现运动不协调,步态强拘不灵活,常发生 1～2 肢的轻度跛行。跛行可能是支跛、悬跛或混合跛行。其特征是随运动量的增加和时间的延长而有减轻或消失的趋势。风湿性肌炎时常有游走性,时而一个肌群好转而另一个肌群又发病。触诊患病肌群有痉挛性收缩,肌肉表面凹凸不平而硬感,肿胀。急性经过时疼痛症状明显。

多数肌群发生急性风湿性肌炎时可出现明显的全身症状。病畜精神沉郁,食欲减退,体温升高 1～1.5℃,结膜和口腔黏膜潮红,脉搏和呼吸增数,血沉稍快,白细胞数稍增加。重者出现心内膜炎症状,可听到心内性杂音。急性肌肉风湿病的病程较短,一般经数日或 1～2 周即好转或痊愈,但易复发。当转为慢性经过时,病畜全身症状不明显。病畜肌肉及腱的弹性降低。重者肌肉僵硬,萎缩,肌肉中常有结节性肿胀。病畜容易疲劳,运步强拘。

关节风湿病(风湿性关节炎)最常发生于活动性较大的关节,如肩关节、肘关节、髋关节和膝关节等。脊柱关节(颈、腰部)也有发生。常对称关节同时发病。有游走性。

本病的特征是急性期呈现风湿性关节滑膜炎的症状。关节囊及周围组织水肿,滑液中有的混有纤维蛋白及颗粒细胞。患病关节外形粗大，触诊温热、疼痛、肿胀。运步时出现跛行。跛行可随运动量的增加而减轻或消失。病畜精神沉郁，食欲不振，体温升高，脉搏及呼吸均增数。有的可听到明显的心内性杂音。

转为慢性经过时则呈现慢性关节炎的症状。关节滑膜及周围组织增生，肥厚，因而关节肿大轮廓不清，活动范围变小，运动时关节强拘，运动时能听到噼啪音。

蹄风湿病(风湿性蹄炎)可发生于两前蹄或两后蹄或四蹄同时发病，站立时两前蹄向前伸，蹄尖翘起，以蹄踵部着地负重，同时头高抬、弓腰，后躯下沉，两后肢尽量伸于腹下。四蹄同时发病者常卧地不起。

心脏风湿病(风湿性心肌炎)　主要表现为心内膜炎的症状。听诊时第一心音及第二心音增强，有时出现期外收缩性杂音。对于家畜风湿性心肌炎的研究材料还很少，有人认为风湿性蹄炎时波及心脏的最多，也最严重。

(2)根据发病部位的不同划分

颈风湿病　常发生于奶牛，主要为急性或慢性风湿性肌炎，有时也可能累及颈部关节。表现为低头困难(两侧同时患病时，俗称低头难)或风湿性斜颈(单侧患病)。患病肌肉僵硬，有时疼痛。

肩臂风湿病(前肢风湿)主要为肩臂肌群的急性或慢性风湿性炎症。有时亦可波及肩、肘关节。病牛站立时患肢常前踏，减负体重。运步时则出现明显的悬跛。两前肢同时发病时，步幅短缩，关节伸展不充分。

背腰风湿病　主要为背最长肌、髂肋肌的急性或慢性风湿性炎症，有时也波及腰肌及背腰关节。临床上最常见的是慢性经过的背腰风湿病。病畜驻立时背腰稍拱起，腰僵硬，凹腰反射减弱或消失。触诊背部最长肌和髂肋肌等发病的肌肉时，僵硬如板，凹凸不平。病畜后躯强拘，步幅短缩，不灵活。卧地后起立困难。

臀股风湿病(后肢风湿)　病程常侵害臀肌群和股后肌群，有时也波及髋关节。主要表现为急性或慢性风湿性肌炎的症状。患病肌群僵硬而疼痛。两后肢运步缓慢而困难，有时出现明显的跛行症状。

(3)根据病理过程的经过划分

急性风湿病　发生急剧，疼痛及机能障碍明显。常出现比较明显的全身症状。一般经过数日或1～2周即可好转或痊愈，但容易复发。

慢性风湿病　病程拖延较长，可达数周或数月之久。患病的组织或器官缺乏急性经过的典型症状，热痛不明显或根本见不到。但病畜运动强拘，不灵活，容易疲劳。

【诊断】

到目前为止风湿病尚缺乏特异性诊断方法，在临床上主要还是根据病史和上述的临床表现加以诊断。必要时可进行下述的辅助诊断。

①红细胞沉降率，这是一个古老的但却是鉴别炎性及非炎性疾病的简单方法，风湿时红细胞沉降率不会减小。

②C反应蛋白：当发生风湿病时蛋白含量升高，病情好转时，迅速降至正常。若再次升高，可能风湿病又复发。

③抗核抗体:是针对细胞核任何成分所产生的抗体,可用间接免疫荧光法测定。

④血清抗链球菌素 O 测定,抗 O 高于 500 单位的为阳性。通过测定证明牛是否患有风湿病。

在临床上风湿病除注意与骨质软化症进行鉴别诊断外,还要注意与肌炎、多发性关节炎、神经炎,颈和腰部的损伤及牛的锥虫病等疾病作鉴别诊断。

【治疗措施】

风湿病的治疗要点是:消除病因、加强护理、祛风除湿、解热镇痛、消除炎症。除应改善病畜的饲养管理以增强其抗病能力外,还应采用下述的治疗方法。

(1)应用解热、镇痛及抗风湿药治疗

在这类药物中以水杨酸类药物的抗风湿作用最强。这类药物包括水杨酸、水杨酸钠及阿司匹林等。临床经验证明,应用大剂量的水杨酸制剂治疗风湿病,特别是急性肌肉风湿疗效较高,而对慢性风湿病则疗效较差。除用其粉剂(水杨酸钠、阿司匹林)内服外,还可使用含有水杨酸的针剂,可将 10%水杨酸钠溶液 250～300 毫升,10%葡萄糖酸钙溶液 300～400 毫升,分别静脉内注射,每天 1 次,连用 5～7 次。

阿司匹林(乙酰水杨酸)与水杨酸钠的作用相似,但内服后对胃黏膜刺激性较小。其镇痛作用较水杨酸钠强,但抗风湿作用则较弱。临床上常用其粉剂大剂量内服。

保泰松及羟保泰松两种药,前者为白色或微黄色结晶粉末;后者为白色结晶粉末,是前者的衍生物,其优点是作用较保泰松略强,副作用较低。该药的作用与氨基比林相似,但抗炎及抗风湿作用较强,解热作用则较差,临床上常用于风湿症的治疗。其用法和剂量是:保泰松片剂(每片 0.1 克),牛 2～4 克口服,每天 2 次,3 天后剂量酌减;羟保泰松片剂,牛头两天 12 毫克/千克体重,后 5 天用 6 毫克/千克体重口服,连用 7 天。

(2)应用皮质激素类药物治疗

这类药物能抑制许多细胞的基本反应,因此有显著的消炎和抗变态反应的作用。它还能缓和间叶组织对内外环境各种刺激的反应性,改变细胞膜的通透性。临床上常用的有:醋酸可的松注射液、氢化可的松注射液、地塞米松注射液、醋酸氢化可的松注射液、醋酸泼尼松(强的松)、氢泼尼松(强的松龙)注射液、醋酸氢化泼尼松注射液、氟美松磷酸钠盐注射液及注射用促皮质素等。它们都能明显地改善风湿性关节炎的症状,但容易复发。

(3)应用抗生素控制急性风湿病的链球菌感染

风湿病急性发作期,无论从咽部是否证实有链球菌感染,均需使用抗生素。首选青霉素,肌肉注射每天 2～3 次,一般应用 10～14 天。不主张使用磺胺类抗菌药物,因为磺胺类药物虽然能抑制链球菌的生长,却不能预防急性风湿病的发生。

(4)应用碳酸氢钠、水杨酸钠和自家血液疗法

其方法是,每天静脉内注射 5%碳酸氢钠溶液 500 毫升,10%水杨酸钠溶液 300 毫升。自家血液的注射量为第一天 80 毫升,第三天 100 毫升,第五天 120 毫升,第七天 140 毫升。每 7 天为一疗程。每疗程之间间隔一周,可连用两个疗程。对急性肌肉风湿病疗效显著,对慢性风湿病可获得一定的好转。

(5)应用针灸疗法

应用针灸治疗风湿病有一定的治疗效果。可根据病情的不同采用新针、电针、水针和火针。前肢常用抢风,冲天,肩颐、肩井;后肢常用百会、肾俞、肾角、巴山大胯等穴。

(6)物理疗法

物理疗法对风湿病,特别是慢性经过者有较好的治疗效果。

局部温热疗法:将酒精加热后(40℃左右),或将麸皮与醋按 4∶3 的比例混合炒热后装于布袋内进行患部热敷,每天 1～2 次,连用 6～7 天。亦可使用热石蜡及热泥疗法等。此疗法中可使用红外线(热红灯)局部照射,每次 20～30 分钟,每天 1～2 次,至明显好转为止。

电疗法:中波透热疗法、中波透热水杨酸离子透入疗法、短波透热疗法、超短波电场疗法、周林频谱疗法及多元频谱疗法等对慢性经过的风湿病均有较好的治疗效果。

在急性蹄风湿初期的炎性渗出阶段时,以止痛和抑制炎性渗出为目的,可以使用冷蹄浴,用醋调制的冷泥敷蹄等局部冷疗法。

(7)局部涂擦刺激剂

局部可应用水杨酸甲酯软膏(处方:水杨酸甲酯 15 克、松节油 5 毫升、薄荷脑 7 克、白色凡士林 15 克),水杨酸甲酯莨菪油擦剂(处方:水杨酸甲酯 25 克、樟脑油 25 毫升、莨菪油 25 毫升),亦可局部涂擦樟脑酒精及氨擦剂等。

除上述的疗效外,还有人应用以 10%水杨酸钠溶液为抗凝剂的相合血液 500～1 000 毫升进行输血,以治疗各种风湿病,取得了一定的治疗效果。

5. 蹄冠蜂窝织炎

蹄冠蜂窝织炎是蹄冠部皮下组织、蹄冠和蹄缘真皮以及临近蹄壳皮肤真皮的弥散性化脓性炎症。

【病因】

蹄冠部外伤是导致本病的一个主要原因。微生物从受伤的皮肤侵入蹄冠部组织可引起感染发病。当蹄冠部受伤后,乳牛站在泥泞、积粪的运动场或圈舍地面上,更容易引发本病。牛蹄部长期浸渍于粪尿或污水中,可使皮肤软化,皮肤抵抗能力下降,也可导致微生物侵入引发本病。

另外,本病还可继发于牛的指(趾)间疾病和蹄底溃疡、白线疾病、深部化脓性炎症(如化脓性蹄关节炎)、指(趾)腱鞘炎、球后脓肿等。

【症状】

蜂窝织炎发生的初期常伴有全身性症候,如体温可升高到 40℃,甚至更高,食欲减退,精神沉郁,牛泌乳量明显下降,呼吸和脉搏增数,血液检查,可见白细胞总数增加,嗜中性白细胞比例也增大。

患肢不能站立,或仅以蹄尖着地。运动时呈明显支跛,甚至三脚跳。

蹄冠部呈一致性隆起,甚至突出于角质,牛可见指(趾)间隙也肿胀。蹄冠部可看到被毛逆立,有的部位可表现脱毛,颜色浅的皮肤可看到发红,甚至发紫,皮肤紧张发亮。压迫蹄冠处动物表现明显疼痛。

蹄冠部的炎性水肿,以后可局限形成几个大小不等的肿胀,除脓肿处有肿胀和波动外,其他部位的肿胀消失，如不治疗，脓肿成熟后也可自溃，脓肿破溃后全身症状可明显好转，跛行也可减轻。脓肿破溃后流出不同颜色和稠度的脓汁，脓汁的性状决定于所感染微生物的性质。

蹄冠蜂窝织炎也可向深部蔓延，引起牛球后脓肿；15～20 天后，放射学检查，指(趾)骨可呈现骨膜增殖；蹄冠蜂窝织炎破溃后，如治疗不合理，可形成蹄冠部溃疡，长满肉芽，久不愈合。

【诊断】

根据全身和局部症状不难诊断，但应区别是否为其他病的继发症状，因为蹄冠蜂窝织炎往往是蹄内各组织化脓性过程在蹄冠形成的局部表现。

【防治措施】

本病的预后应慎重，因为往往是继发病，特别是继发于深部组织的化脓性过程，如化脓性蹄关节炎时，就不易治愈。

首先应将动物放在垫有褥草或地面干燥松软的牛棚内，使动物安静，如果卧地不起，要经常让其翻身，以免发生褥疮。

全身应用抗生素控制感染。同时应用各种支持疗法，如输液、注射维生素 C 和碳酸钠液等。

局部治疗时，首先应该清理蹄部污染物，取除蹄铁，用消毒液(0.1%新洁尔灭、4%硫酸铜等)清洗，剪除被毛，广泛涂以碘酊，包括蹄壳。初期可用樟脑酒精液或鱼石脂酒精液或蹄炎膏等包扎治疗。

如果脓肿已经成熟，或肿胀过分压迫组织时，可以切开，切口应该斜向，因为水平切口易破坏角质生长，而垂直切口易引起蹄裂。切开后可保证渗出物充分排出，同时可用防腐消毒液(呋喃西林液、高锰酸钾液等)清洗，清洗后除去可见的坏死组织，为了使渗出物不断排出，可以应用吸湿绷带包扎。

6. 蹄裂

蹄裂是蹄壁角质部分裂开的总称，根据裂开的位置可分为蹄尖裂、蹄侧裂、蹄踵裂；根据裂开的深度可分为浅层裂和深层裂；根据裂开的长度可分为蹄冠裂、负缘裂、全裂；根据裂开的方向可分为纵裂和横裂。

此病是牛较常发生的蹄病之一，奶牛多发生在后趾，特别是外侧趾，冬季比夏季多发。

【病因】

肢势不正、蹄形不正、蹄角质脆弱、蹄角质过度干燥、不及时削蹄、蹄小而体重过大、营养有缺陷等，都是发生蹄裂的病因。

由于各种原因，使蹄对体重的承受力不均衡，负重大的角质部分易发生裂开，如发情牛互相爬跨，对蹄的某部分压力和震荡增强，容易引起角质裂开。蹄冠处受到损伤时，损伤了成角质组织，新长出的角质就易出现裂痕。

急性乳房炎、口蹄疫、急性子宫炎等病也可继发蹄裂。

【症状】

浅层裂时一般没有跛行；深层裂时，由于裂缘的开闭运动，致使该部的真皮发生损伤，并且容易发生感染，局部还可能看到出血，甚至暴露真皮或角质套脱落，临床上表现明显的跛行。角质裂开后，不能重新长到一起；水平全裂时，可能发生脱蹄，即蹄壳完全从断裂处脱下。病例晚期时,出血的肉芽组织可突出于裂隙之外。

横裂是角质生成暂时停滞造成的,常见于代谢障碍、饲养管理不当、全身性疾病等情况。如果角质生成停滞明显,裂隙可向下深达真皮。不太严重的横裂可在角质上形成隆突和凹陷,有时称这种横线为“苦难线”。与纵裂不同,横裂往往同时发生于多个指(趾)。纵裂从蹄冠带到蹄负重面的不同深度的蹄壁裂隙,常发生于体重大的牛品种。

【防治措施】

除去原因,预防蹄裂进一步发展,其方法是注意护蹄,使分裂部减轻负担,减少地面反冲力,也可用手术方法闭合分裂部,防止其进一步发展。为了减轻地面反冲力,应该减轻蹄裂部负重。

薄削法是治疗蹄裂的一种方法,陈旧性蹄裂,由于局部的角质增厚,常常引起慢性跛行。在这种情况下,为了减轻角质压迫,缓解疼痛,可将裂缘的角质削薄,蹄冠裂和全裂时采用本法有一定效果。围绕裂缘削薄角质,离裂缘近处多削,薄削的范围随蹄裂大小而定。

用环氧树脂(简称钢胶)等粘合胶粘合裂蹄也是一种很好的治疗方法。其配方和使用方法如下:

配方:环氧树脂 10 克,邻苯甲酸丁二酯 1.5～2 毫升,乙二胺夏天用 0.65～0.7 毫升、冬天用 0.8～0.9 毫升,滑石粉 5～8 克。

配制方法:将环氧树脂稍加热熔化后,加入邻苯甲酸丁二酯搅拌均匀,再加入乙二胺(点滴加入),边加边搅拌,以免乙二胺挥发影响钢胶质量,搅拌均匀后,再加入滑石粉,搅拌使成微黄色糊状即可。此药必须现配现用,1 小时内用完。

使用方法:先将裂口上方蹄冠处毛彻底剪净,将裂口两侧的角质锉成粗糙面。对裂口先进行一般外科处理,除去血痂异物,并进行彻底消毒。待干燥后,用脱脂棉浸钢胶填平裂口,小裂口只用钢胶填满即可,再把钢胶涂满粗糙面,贴好事先准备好的纱布块,纱布块大小以裂口大小而定,两端要超过裂口,贴完第一块纱布后再涂钢胶,再贴上纱布块,共贴 4～5 层,每层的纱布块都要比前一层略小,以防翘边脱落。外面可装蹄绷带。这样处理后 4 小时,即可牵走。

国外在兽医上广泛应用原西德的 Kulzer 产品,Technovit6091 是第二代产品,这种产品分为两组分,一组分为灰色粉末,其主要成分为甲基丙烯酸类;另一组分为液体,是同化剂。用前按 1∶0.7 混合调匀,涂于蹄壁裂隙处,5 分钟后即可固化,近年来广泛应用于治疗蹄病。

7. 蹄底刺创

蹄底刺创由锋锐物体直接刺到真皮或其深层组织引起,可导致真皮感染和脓肿形成,也可并发破伤风、蹄骨骨折等疾病。

【病因】

引起牛蹄底刺伤的间接原因是蹄底角质过度磨灭,蹄底角质软、薄、不平,慢性蹄叶炎或变形蹄都易造成蹄底刺伤;直接原因也是由尖锐物体直接刺伤。当发生刺伤时,微生物和脏物可随致伤物体进入深部组织,引起化脓坏死性过程。

【症状】

牛发生刺伤后,有不自在表现,如蹄负重时间缩短,出现抖动蹄现象,躺卧时可看到肢突然屈曲,食欲由于疼痛而减退。如已引起化脓过程时症状会变得比较明显。

蹄骨底面相对的角质是最常受刺伤的部位，刺伤物体可进入到角质内，脓汁将角质和真皮剥离开，动物有非常疼痛的表现，炎症消失后，又从真皮长出新的角质，形成新的蹄底，临床上有时可看到双蹄底情况，就是这么形成的。异物刺伤也可能发生在轴侧沟附近，因为该处的角质最薄，导致继发性指(趾)间肿胀、坏死以及腐败性蹄叶炎。发生在蹄尖处的蹄底刺伤可引起远端趾(指)骨或蹄骨骨髓炎。

牛蹄底蹄球结合部刺伤或蹄球部刺激，可能并发腱和腱鞘的损伤，舟状骨滑膜囊损伤，甚至损伤到蹄关节，形成球部关节后脓肿。

【诊断】

要详细询问病史和做周密细致的检查才能确诊，因为刺伤的部位不总是明显的，必须经过仔细地探查才能找到刺入孔。

要确定刺入的方向和深度更是困难，必要时应做 X 光检查，以确定有无异物和脓汁蓄积情况，深部组织损伤情况，有无并发症等。要注意与蹄底挫伤、急性蹄叶炎、蹄骨骨折、牛的指(趾)间蜂窝纵炎、局限性蹄皮炎和球部关节后脓肿作鉴别诊断。

【防治措施】

没有引起深部组织并发症的刺伤，如能及时诊断和合理治疗，预后良好。深部刺伤并引起并发症时，预后应慎重或可疑。如刺入到关节内时，预后不良。

如做蹄底检查时，发现了刺入的物体还存留刺入孔中，不要急于将异物拔出。先将患蹄机械性清除附着的粪尿泥土，用消毒液清洗并擦干，涂以 5%碘酊，然后再将可见的异物拔出，同时注意刺入的方向和深度。如果只发现刺入孔而没有异物存在时，也应做上述处理。

将刺入孔用蹄刀扩成倒漏斗形，是新鲜刺伤时注入 5%碘酊，已化脓时扩开刺入孔即可见脓性渗出物或脓汁从创口流出，这时应尽可能扩大创孔，使脓性渗出物或脓汁充分排出，并切除一切可见的失去活力的组织，扩开角质下的潜道，在牛蹄球部时尽可能保护球部软角质。深部组织有坏死时，也应手术取除，如死骨片必须取出，用消毒液彻底清洗后，再灌注碘酊或碘醚，以控制深部感染。角质缺损面用磺胺或抗生素然后包扎。再装防水绷带或蹄套。

除全身用抗生素控制感染外，还要考虑预防破伤风。如果有骨、腱、关节等并发症时，应采取有关手术或治疗措施。

8. 蹄底挫伤

由于石子、砖瓦块等钝性物体压迫和撞击蹄底，引起蹄底真皮发生挫伤，有时也伤及更深部组织，通常伴有组织溢血，如挫伤的组织发生感染，可引起化脓性过程。多发于蹄底的蹄球结合部或蹄底部。

【病因】

肢势和指(趾)轴不正，蹄的某部分负担过重；某些变形蹄，如狭蹄、倾蹄、弯蹄、平蹄、丰蹄、芜蹄等因蹄的负担不均匀，蹄底过度磨灭，或蹄底角质软、脆不平，弹性减弱等，都易引起蹄底挫伤。修蹄时负重面削得不均匀、不一致，多削的一侧容易发生挫伤，蹄底多削时，多削的蹄底处变弱，容易受到压迫而发生蹄底挫伤。

【症状】

轻度挫伤可能不发生跛行，也不被人们注意，只是在削蹄时，可看到蹄底角质内有溢血痕迹，出现黄色、红色或褐色斑块，此斑块在削蹄一次或几次后可消除。

如果挫伤严重时，则可见不同程度的机能障碍，可看到患肢减负体重，患肢以蹄尖立地，运步时呈典型的支跛，特别是在不平的道路上运步时，可见跛行突然有几步加重，这是挫伤部又重新踏在坚硬的石头或硬物上引起疼痛所致，触诊可感知患侧的指（趾）动脉亢进，蹄温可增高，有时在蹄球窝可看到肿胀，以检蹄器钳压，压到挫伤部时牛疼痛明显。

削蹄检查时，在挫伤部可看到出血斑，这是由于发生挫伤时，常使小血管发生破裂溢血所致，如为毛细血管破裂时，出血呈点状，如为较大的血管出血时则呈斑状，由于流出的血液分解的关系，可呈现不同的颜色，如红色、蓝色、褐色或黄色等。重剧的挫伤，有时在挫伤部形成血肿，在蹄底角质下形成小的腔洞，其中蓄有凝血块。

如果挫伤部发生感染时，可形成化脓性过程，脓汁可向其他部位蔓延，致使角质剥离。形成潜洞或潜道。有时顺蹄壁小叶延伸，引起蹄冠蜂窝织炎，并可从蹄冠处破溃。一般局部化脓时，常从原挫伤处破溃，流出污灰色脓汁，恶臭。蹄在化脓时，常伴有全身症候。化脓过程出现蹄冠或蹄底破溃时，跛行可减轻，全身症状可消失。

【诊断】

蹄底挫伤时诊断并不困难，但应在清洗牛蹄后进行仔细检查。必要时，要削薄蹄底角质进行检查，才能确诊受挫伤的部位和程度。

怀疑深部组织有损伤时，如怀疑骨有损伤时，应作放射学检查。

【防治措施】

轻度挫伤并能及时发现，采取治疗措施时，预后良好。重度挫伤虽然病程较长，但经过治疗，预后也是良好的。引起化脓时，炎症可蔓延到其他组织，预后应慎重。变形蹄引起的蹄底挫伤，治愈后可复发。

治疗原则是除去原因，采取外科治疗措施。

轻度无败性挫伤，除去原因后，使动物休息，停止使役，配合蹄部治疗，一般在2～3天后，炎症可平息。

如果采取上述措施炎症还不消除时，可能已发生化脓过程，清洗后用消毒液浸泡病蹄，擦干后，切除挫伤部角质，使成倒漏斗状，这时脓性渗出物即可从切口流出，充分排除蹄内渗出物和脓汁后，灌注碘酊或碘仿醚到蹄内，外敷松馏油或其他消毒剂浸泡的纱布，外装蹄绷带，全身应用抗生素预防感染。

9. 蹄底脓肿

蹄底脓肿可发生于四肢并引起严重跛行，虽然后蹄外侧趾和前蹄内侧指多发，但其他指（趾）也可发病。

【病因】

刺创及过度生长引起的蹄壁和蹄底沿着白线分开是发生蹄底脓肿的主要原因。强制性地让牛群通过石子地面、冰面或粗糙的放牧地是引起刺创进而导致蹄底脓肿的常见原因。

【症状】

跛行程度从中度跛行到患肢不能负重。发病急骤，类似发生了损伤。如强迫运步，病牛总是试图以健指（趾）负重。因此，若后肢外侧趾患病，病牛将叉开后肢以内侧趾多负重。慢性病例可能有冠状带区和系部的软组织肿胀，或由于感染沿真皮及角质小叶间蔓延可在冠状带处形成破溃。

【诊断】

提举患蹄、清洗患蹄，通常发现患指(趾)温度高于健指(趾)，用检蹄器检查时患指(趾)疼痛明显。通过刮削患指(趾)可以确定脓肿的准确位置。通常可见的黑色线条或角质坏死灶，表明角质受到损伤引起了蹄底脓肿。对于少数病例，这种外部表现并不存在，需要针刺确定最为疼痛区是否有脓汁蓄积，也可用射线照相进行诊断。

【防治措施】

一旦辨明蹄底的外伤，应用修蹄刀或挖槽器探查创道。如果创道延伸(通常为一个黑斑或一条黑线)，应继续探查，直至打开蹄底，脓汁顺利流出。通过蹄底造成一个倒漏斗形的开口，彻底引流，开口直径为1～1.5厘米为宜。兽医不要急于去掉过多的角质，否则会影响愈合。

有些坏死角质存在于创道开口周围，充分引流后，它可被健康角质所替代。如果感染在角质壁下从蹄底延至冠状带，应对创道进行灌洗，灌洗液加入抗感染药物并保证创道上下畅通，将异物冲洗干净。

引流建立后，局部应用抗感染药物，蹄部包扎绷带以免污染及异物进入引流区。若动物贵重或展出牛需尽快恢复正常负重，可每日1次或两次用温硫酸镁溶液浸蹄(1千克水加硫酸镁7克)以促进引流；在浸蹄的间隔期，引流区可用松紧织物或旧短袜保护起来。除非指(趾)上部的软组织发生肿胀，提示深部感染时，并不需要全身应用抗生素。虽然牛蹄底脓肿后发生破伤风的机会不多，但并非不可能，所以，有破伤风发病史的牛场应对蹄底脓肿病牛进行预防注射。

病情经常于24小时内得到改善，几天后便可正常负重。除非病牛仍旧跛行或蹄上部软组织过度肿胀，否则不需进一步治疗。绷带应留置原位1周左右。

10.蹄底溃疡

蹄底溃疡又名局限性蹄皮炎，是指牛蹄的底球结合部发生角质缺失、真皮裸露，进而发生肉芽组织增生，甚至引起蹄深部组织感染的一种常见蹄病。

本病多发生在前蹄的内侧指和后蹄的外侧趾，病变局限于底球结合部(通常靠近近轴侧)，并有一定的对称性。高产奶牛与分娩后产奶高峰期发病较多，长期站立在水泥地面的牛发病率高。潮湿季节和冬季发病率高；发病年龄一般为5～8岁。

【病因】

发病机制尚无定论。一般认为奶牛蹄底溃疡与外伤以及病原微生物感染的关系不大，主要是营养代谢紊乱导致的。已知下列因素可引起本病。

①有人认为固有指(趾)动脉终支和内、外指(趾)动脉之间的吻合支血栓，引起局部缺血性坏死，是引起本病的一个原因。

②慢性瘤胃酸中毒或高精料导致瘤胃内革兰氏阴性细菌大量崩解释放内毒素、或体内组胺水平增高，作用于蹄真皮，导致微循环障碍从而导致本病发生。

③削蹄不合理，易发生本病部位的角质削得不够或过多，易形成对该部位的过度压迫，引起本病。

④牛舍或运动场过度潮湿，易引起角质软化，有助于本病的发生。

⑤远端指(趾)节骨近端受到过分压力而使深屈腱向一侧牵拉,易引起局限性蹄皮炎。这是由于不正肢势造成的,通常为X状肢势(这是Rusterholz氏学说,故本病又叫Rusterholz氏溃疡)。

⑥不良的肢势和蹄形,有助于本病的发生,如X状肢势、直腿、小蹄、卷蹄、大外侧趾、延蹄和芜蹄等。

⑦饲料中锌缺乏也可使蹄底溃疡的发病率升高。

⑧本病的发生还与长期站立水泥地面,或站立和运动在炉灰渣铺的地面和运动场有关。

【症状及诊断】

发病部位多为前肢内侧指和后肢外侧趾,表现为底球结合部的角质变软、崩解、缺损,蹄底真皮外露。患侧蹄壳可感到温度升高,动脉的搏动可增强。早期的病例底球结合部角质脱色,压迫时感觉角质变软,动物表现疼痛。病情进一步发展时,角质可出现缺损,暴露出真皮,或者也长出菜花样或莲蓬样肉芽组织。角质缺损后,粪尿和污泥等异物容易进入角质下引起感染,球部、冠部出现炎性肿胀,并在蹄底角质下形成不同方向的潜道和化脓性蹄皮炎,或并发深部组织的化脓性过程,甚至在蹄冠形成蜂窝织炎和脓肿。有时引起蹄骨骨髓炎,致使深屈腱抵止点处断裂。

后肢外侧趾发病时,患病肢外展,用内侧趾负重。有的牛也用患趾尖负重,使底球结合部架空。有时也可看到患肢抖动,在硬地上运步跛行可增重。

两肢同时患病时,不易被发觉,因为两肢交互休息和负重,只是看到牛卧的时间比以前多,同时显得运步笨拙。二前肢内侧指同时发病时,还会出现前肢交叉站立的姿势。

由于病变和感染的程度不同,可出现不同程度的跛行,跛行可持续很长时间,明显影响产奶量,并且体质下降,甚至被迫淘汰。

【防治措施】

首先应改变病牛的饲料配比,减少精饲料给量,增加优质粗饲料,改善瘤胃内环境,提高瘤胃内容物的pH,降低血浆内毒素含量。

①用消毒液清洗患蹄,切除坏死的角质或过度生长的溃烂肉,然后涂药(松馏油、鱼石脂碘仿醚、氯霉素酒精或蹄炎膏等),包扎,中间换药2～3次。

②如感染化脓时,要全身应用抗生素进行治疗。

③二趾分开较重时,可固定趾尖;为了减少患指(趾)负重也可在健蹄下粘一木块。

④口服硫酸锌对治疗本病也有一定疗效,每天每头5～8克,连用1周。

对有全身症状的病牛,彻底清洗局部后,将去除病变周围角质并适当削蹄,以减少病变局部负重。创口用碘酊消毒。

11. 蹄糜烂

这是乳牛常见的疾病,蹄底和球负面角质糜烂,又称坏死性蹄皮炎,也可继发角质深层组织的疾病。本病是欧洲和北美洲最常见的蹄病。颜色浅的蹄角质比有色素的蹄角质容易发病,后肢比前肢多发,内侧指(趾)比外侧指(趾)多发。英国本病占蹄病的9%。

【病因】

牛舍和运动场潮湿不卫生,牛只长期站立在污泥或潮湿的褥草上容易引起本病,有时和指

(趾)间皮炎同时发生。有人认为结节状丝杆菌与本病有关。

【症状】

本病进展很慢,除非继发角质深层组织疾病和感染。一般不引起跛行。本病只在蹄底或球部出现小的深色小洞,有时小洞联合在一起形成大洞,浅颜色角质比有色素的角质易被侵害。角质糜烂的小洞,也可向深层发展,引起不同的继发症,轴侧沟处最易向深层蔓延,往往在深部组织形成潜道,这时可出现跛行。如果球部发生糜烂,由于球部角质较薄,很容易向深层蔓延。

后肢比前肢多发,内侧趾比外侧趾多发。患慢性蹄叶炎和蹄有变形的牛容易发生本病。

【诊断】

角质糜烂在检查蹄底时才能发现,但应与蹄底溃疡和蹄底外伤性蹄皮炎作鉴别诊断。

【防治措施】

整个蹄应彻底清洗,削除不正常的角质,用4%硫酸铜或其他防腐消毒剂浸泡。蹄浴对本病有很好的防治作用。有继发症时,采用相应的治疗措施。一般预后良好。

12.白线裂

白线是蹄底角质和蹄壁的结合部。白线由不含角小管的角质构成,与含角小管的蹄底和蹄壁相比,更为薄弱。真皮的病变引起白线角质质量下降,从而导致白线疾病。白线是蹄壳的薄弱部位,最易藏污纳垢,发生感染。

【病因】

白线病的发生主要是由于真皮疾病引起角质不健康所致。许多病因可引起真皮炎,包括损伤(如圈舍地面、牛只长期站立、采食和挤奶时间过长)、饲料和环境等因素。牛只在坚硬地面或有小的尖利石片的通道上行走,异物刺伤等都可以引起本病。

【症状】

此病在后肢的外侧趾较多发,白线病早期可见白线角质变黄(血清)或红染(出血),严重的病例白线缺损处形成裂隙,石子和其他脏物成为填塞物,进一步使白线分离。侵入真皮的感染可向蹄底蔓延或沿小叶向上蔓延。后肢外侧趾的远轴侧白线最常发病,这是因为在运动过程中,坚硬的蹄壁和具有弹性的蹄踵的相对运动,使该处的白线受到了机械性牵张。

由于感染的最初部位和蔓延的方向不同,可发生各种白线脓肿。蹄尖处白线感染,有淡灰色脓汁流出。脓汁在蹄底角质下存留,可使角质与其下方的真皮分离,患畜严重跛行。感染可不断向深部延伸可导致真皮发生糜烂,症状会进一步加剧。

蹄部一般检查时常常发热,压迫时疼痛。跛行发作不定,但很剧烈。早期的病例很难诊断,病变很小容易被忽略。蹄壳必须仔细削切,并清除松散的脏物。在外侧白线区有一段黑色的污迹,通常说明有感染。如进一步检查,可发现蹄壳内比较深的东西,实际上可暴露出一缺损处聚积有泥沙,并与感染渗出物混合在一起。

在更进一步发展的病例检查时,冠部可明显地形成窦并导致对这种病变的怀疑,或者在病例的蹄肿胀更为严重时可扩展为化脓性关节炎。

一些病例可暂时平静下来,新生出的角质覆盖原来的缺损。逐渐变化,病变慢慢成熟,引起蹄冠脓肿形成,但没有明显的底缺损。少数病例可侵害到腱。

【诊断】

病变在位置上具有特征性，它的进程是固定的。在蹄尖的例外，该部位上行性感染似乎不到蹄冠。

鉴别诊断包括蹄底的化脓性刺创，深部蹄皮炎、局限性蹄皮炎、蹄壁裂或远端指(趾)节骨骨折。

【防治措施】

在负面可用蹄刀扩开，破碎的脏物应尽可能取出。对于不能达到创腔深部的病例，其壁的角质一定要削除到真皮，形成一个倒V形。

蹄尖的病变应使之暴露并检查深部真皮和远端指(趾)节骨被侵害的情况，后者的一部分也可严格地刮除，在此阶段也允许保留该骨，作为肉芽和新角质生长后的一个功能实体手术处理后创内投抗生素类药物，蹄壳一定要包扎和保护，也可用蹄靴进行保护，以保障休息。

13. 角壁肿

角壁肿也叫角柱病，这是蹄壁角质呈圆柱状或圆锥状增生。本病多发生于牛的蹄前壁和蹄侧壁。角壁肿可能出现在部分蹄壁上，也可能达到蹄壁全长。角壁肿的厚度可达3～50毫米，也有的可能还厚些。角壁肿可对真皮，甚至骨起压迫作用，引起真皮和骨的萎缩，蹄骨可出现缺损面。

【病因】

蹄壁或蹄冠真皮的局限性损伤，如蹄冠挫伤、蹄裂，可引起角质非正常增殖。

【症状】

因角壁肿是逐渐形成的，患畜逐渐得到适应，所以，一般没有明显跛行。

当角壁肿已达到白线时，削蹄时可见其角质与周围的不同，呈浅黄色半月状向内凸出的隆起，有时在隆起物处有管道或漏斗形凹陷，并充满污黑色不良气味的脓性物或污秽干酪样物质，用细的探针检查时，可探知沿小叶有通向蹄冠的管道。

【防治措施】

不引起跛行的病例不必进行治疗。

治疗的目的是消除化脓性炎症过程和切除角壁肿，以停止它对真皮和骨的压迫。治疗时扩开白线处的管道，用消毒液清洗，注入碘酊或碘仿醚控制感染，感染控制后，再以消毒液浸泡蹄，使蹄角质软化后，手术切除角壁肿。

14. 空壁

空壁亦名蚁洞，这是蹄壁的部分角质与真皮分离，白线裂是从蹄底面沿蹄壁向上蔓延。而空壁是从蹄壁上部向下扩延。

【病因】

继发于蹄叶炎和蹄冠损伤，由于破坏了牛角质层或使蹄壁上部角质和真皮分离，真皮和角质生长不一致，其间可形成空洞。

蹄的干湿剧变，蹄负重缘削得高低不平，地面对蹄壁角质的机械撞击是本病的发生因素。

【症状】

空壁如已达蹄负重缘，清蹄后可以看到裂隙，如尚未到达蹄负重缘，则从蹄底检查不出异常。在蹄壁面仔细视诊时，可看到空壁所在的蹄壁向外突出，叩诊时这凸起的蹄壁有空洞音，由于空洞局限在蹄内，不会发生感染，所以，一般也不产生功能障碍，临床上多无跛行，重症时也可出现支跛。

分裂如扩延到整个蹄壁时，蹄底可能下垂，临床症状也会更明显。

【诊断】

诊断上一般不会有什么困难，但应与白线裂区别开。

【防治措施】

没有临床功能障碍时，一般不必治疗，但如扩展到蹄负重面时，要防止粪土等异物进入裂口内，以免造成进一步的感染，治疗方法同白线裂。一般预备后良好。

15. 疣性皮炎

本病为慢性经过，皮肤有疣状增殖为特征。经病理组织学研究证实，病变为真性乳头状纤维瘤。可侵害牛的指(趾)间隙背侧或掌(跖)侧，蹄球或系部、以菜花样隆起病变为特征。

【病因】

病因尚不十分清楚。常继发于牛的指(趾)间皮炎和蹄糜烂；厩舍不洁常为病因之一。

可从自然病例分离出坏死杆菌、真菌和一些其他微生物，包括葡萄球菌。也曾从典型的"疣"分离病毒，但其致病性未得到证实；有人怀疑螺旋体为病原，也未得到证实。

【症状】

本病常发生于后肢，初期可见局部皮肤肥厚和肿胀，活动性降低，继则出现乳头增殖，呈菜花样。如继发于牛的蹄糜烂，蹄角质先剥离，然后出现疣性增殖。在增殖的乳头上附有恶臭渗出物，有时形成干痂附在隆起的组织上，在增殖物之间的小沟内或病变周转，可残留被毛或长的毛干。

疣状物的大小有所不同，呈典型的肉芽肿，有时易出血。慢性增殖时，有的可角化。由于增殖部位不同，可有不同程度的跛行，也有的根本没跛行。一般不出现全身症状。

【诊断】

依据临床病理变化特点即可作出诊断。

【防治措施】

一般预后良好。但范围大，增殖物向恶性发展时，预后慎重或不良。

(1)先将患部机械性清洁，用高锰酸钾液清洗，然后擦干，用抑制剂和收敛剂包扎，蹄保持清洁干燥。

(2)保守疗法无效时，应行手术切除。手术将增殖物切除后，洒布水杨酸，装压迫绷带，但个别病例有复发现象。

(3)也可用烧烙的方法进行治疗。

16. 指(趾)间皮肤增殖

本病是指(趾)间皮肤或皮下组织的增殖性反应，在文献上有不同的名称，如指(趾)间瘤、指(趾)间结节、指(趾)间赘生物、指(趾)间纤维瘤、慢性指(趾)间皮炎、指(趾)间穹窿部组织增殖等。各品种的牛均可发生，荷兰牛和海福特牛多发，中国荷斯坦奶牛发生也很普遍，对北京地区荷斯坦奶牛的调查表明，指(趾)间皮肤增殖的发生率为27.5%。

【病因】

引起本病的原因尚不详。一般认为与品种及遗传因素、有关指(趾)间皮肤过度紧张和剧伸、泥浆或粪尿及异物的异常刺激有关。有人认为本病与饲料中缺锌有关。

【症状】

此病多发生于后肢,可以是单侧性的也可是双侧性的。较小时不引起跛行,趾(趾)间隙皮肤红肿、脱毛,有时可看见破溃面。进一步增殖,可在指(趾)间形成"舌状"突起。随病程的进一步发展,突起会不断增大、变厚,其表面会由于挤压、摩擦而破溃,引起感染时可见表面有渗出物,并有恶臭气味,同时会出现不同程度的跛行。

进一步增殖、破溃,可在指(趾)间形成"草莓"状突起,疼痛和跛行会进一步加重,疼痛剧烈,行走或站立时会非常小心,泌乳量会显著下降。还会导致变形蹄。

【诊断】

肢蹄保定后检查指(趾)间隙,一般容易确诊,但应与真性乳头瘤和指(趾)间隙的炎性肿胀作鉴别诊断。

【防治措施】

及时进行治疗,一般预后良好。个别的牛手术切除后,还可能再发。

①用消毒液清洗,敷药后包扎,可暂时缓解疼痛和炎症,但不能根治。

②用消毒液清洗后,敷以硫酸铜或高锰酸钾等进行腐蚀治疗,但治愈率不高。

③手术治疗是根治本病的一种有效方法。其具体步骤是:

a. 保定麻醉→清洗消毒→绞压止血→切开→分离→切除→止血→敷药→缝合或不缝合→包扎或用防水蹄套或蹄靴。

b. 手术可换药1～2次。指(趾)间过度开张者,可用金属丝做蹄尖固定。

也可用电烙法烙除整块增殖物。手术切除时为了预防出血,手术前可装止血带。在切除增殖物的同时,要切除部分下面的脂肪,如脂肪留得过多,可在创缘之间突出,影响愈合;如切除过多,留的空隙太大,也会影响愈合。手术过程中尽可能达到止血,在增殖物切除后,包扎以前,要解除止血带进行检查,如有出血,应压迫止血;如有大血管时,应进行结扎。

17. 指(趾)间皮炎

指(趾)间皮炎是一种没有扩延到皮下组织的指(趾)间皮肤的急性或慢性炎症。发生于各种牛,乳牛多发。

【病因】

牛舍内潮湿,粪尿积聚,卫生情况差,粪尿污物粘在蹄上,又没有清除,特别是舍饲牛很容易引起本病。

本病的病因尚没有充分的研究,但在澳大利亚、瑞典、美国、英国等在牛指(趾)间隙和相邻的球部浅在性皮炎中曾分离出结节状杆菌,除结节状杆菌为本病病原微生物外,螺旋体也是重要的病原。

【症状】

本病一般单个发生,但在荷兰和比利时有时同时发生很多。常常四个肢都患病,后肢更为严重。许多病例可看到牛划腿,表现出蹄不舒服,运步时不自然,有轻度跛行。初看时,与口蹄疫有些相似，病变局限在表皮，表皮增厚和稍充血，指(趾)间隙内有一些渗出物，出现皮肤表层湿性皮炎，与坏死杆菌病不同，本病并不侵及更深的组织。

有的在发现时，病已发展到因球角质相邻皮肤肿胀而使角质与皮肤分离，分离的角质和真皮之间很快进入泥土、粪便和褥草，出现明显跛行，局部有组织增殖，增殖可向指(趾)间隙掌(跖)侧发展，有的在球角质下形成潜洞。

病变也可能平静下来转为慢性，常常发展为慢性坏死性蹄皮炎(蹄糜烂)，有轻度跛行。

本病可并发角质下潜洞，引起化脓性蹄皮炎、局限性蹄皮炎(蹄底溃疡)、角质不规则消失等。

患本病的牛也可能同时存在乳房或其他部位的湿疹。

【诊断】

根据本病特征可以确诊，但应与口蹄疫、指(趾)间坏死杆菌病和蹄皮炎进行鉴别诊断。

【防治措施】

①蹄保持清洁和干燥。

②潜洞的角质应该扩开取除。患牛可进行蹄浴，用4%硫酸酮或5%甲醛溶液浸泡几分钟。局部应用收敛和防腐绷带包扎，局部所用药物有青霉素、硫酸铜和碘胺二甲嘧啶等。

18. 蹄叶炎

本病又称弥散性无败性蹄皮炎，是蹄真皮的弥漫性、非化脓性炎症，通常侵害几个指(趾)，在急性和亚急性阶段有全身症状。青年牛和年轻母牛多发此病，母牛发生本病与产犊有密切关系，多发生于产犊后。随着我国奶牛生产性能提高，本病发病率有逐年增加的趋势，对奶牛业造成了日趋严重的危害。有人把乳房炎、子宫内膜炎和蹄叶炎并称为奶牛“三炎”。

【病因】

长期以来认为蹄叶炎是全身代谢紊乱的局部表现。但确切的原因还不清楚，蹄叶炎的发生似乎与许多因素有关，包括分娩期间和泌乳高峰后过多的碳水化合物，运动不足，遗传和季节因素等初步的研究结果表明，蹄叶炎的发生与如下几个因素有较密切的关系。

①体内组织胺蓄积可引起牛蹄叶炎发生。实验表明，给牛皮下注射二磷酸组胺(200微克/千克)可引起急性蹄叶炎发生；指(趾)动脉注射组织胺也可在短时间(24小时)内引起急性蹄叶炎发生。

②内毒素可引发奶牛蹄叶炎。现在已经证实，给牛注射革兰氏阴性杆菌内毒素，可成功地诱发蹄叶炎。

③精料过多及粗饲料品质不良常引起奶牛蹄叶炎。

④蹄形不正，运动场设计不合理。

⑤蹄叶炎还常继发于乳房炎、子宫炎、酮病、酸中毒等疾病。

【症状】

蹄叶炎可同时侵害几个指(趾)，前肢内侧指、后指外侧趾多发，可引起局部和全身性症状。急性蹄叶炎时，病畜运步困难，沿硬地或不平地运步时，常小心翼翼，愿意在软地上行走；站立时四肢收在一起，弓背，有减负体重的表现，疼痛，跛行，不愿站立。体温升高，脉搏加快，出汗，肌肉震颤。急性蹄叶炎如不及时治疗会变为慢性蹄叶炎。患病牛在牛舍内常用后趾尖站在粪沟沿上，减轻负重的疼痛。慢性蹄叶炎临床症状不如急性时严重，常无全身症状。站立时肢势异常，运步强拘，球部下沉，蹄底负重不确实，泌乳性能下降，可导致变形蹄、蹄骨移位。有些牛的蹄叶炎常反复发生于每个固定的泌乳时期。

【诊断】

细心地根据临床症状可以确诊，慢性时易与变形蹄的卷蹄、延蹄和扁蹄相混。

【预防措施】

预防本病应注意以下几点：

①科学搭配日粮，保证足够的优质粗饲料。

②精料中添加1%碳酸氢钠及0.5%氧化镁对本病有一定预防作用。

③产前、产后保证充足运动，运动场不可太硬。

④加强蹄部保健，定期修蹄、护蹄。

⑤加强子宫内膜炎、酮病、酸中毒、乳房炎的防治。

【治疗措施】

消除病因、缓解疼痛、防止蹄骨转位是治疗本病的基本原则。

①减少疼痛。可进行冷水蹄浴，也可用3%盐酸普鲁卡因20～30毫升进行趾(指)部神经封闭；还可注射保泰松注射液、10%水杨酸钠等进行镇痛治疗。

②用氢化可的松等抗组胺药物进行治疗，有较好疗效。

③还可用5%碳酸氢钠注射液500～1 000毫升、10%葡萄糖500～1 000毫升进行治疗。

19. 指(趾)间蜂窝织炎

指(趾)间蜂窝织炎是指(趾)间皮肤及皮下组织的炎症，特征是皮肤坏死及裂开，常包括指(趾)间皮肤、蹄冠、系部肿胀，有明显跛行，并有体温反应。坏死杆菌是最常见的病原微生物，所以本病又称指(趾)间坏死杆菌病。本病在许多国家都较为常见，但命名较混乱，美国称本病为腐蹄病，德国和法国称为瘭疽。本病是许多国家的奶牛常见病之一，在我国也较为常见，本病可发生于各年龄阶段的牛，但2～4岁的牛多发，多发生于产前和产后50天。

【病因】

指(趾)间隙由于异物刺伤或粪尿和泥污浸渍，使指(趾)间隙的皮肤抵抗力下降，微生物可从指(趾)间隙侵入。许多人认为坏死杆菌是本病的病原菌。趾部皮炎、指(趾)间皮肤增殖和黏膜病可并发本病。美国人用从腐蹄病活体标本上分出的坏死杆菌和产黑色素杆菌，混合接种于划破的指(趾)间皮肤或皮内，引起典型的腐蹄病病变。

指(趾)间皮炎、球部和蹄冠部皮炎、疣性皮炎、指(趾)间皮肤增殖和黏膜病可并发坏死杆菌感染。

奶牛泌乳期是机体强代谢时期。当营养不良，机体满足不了产奶所需营养需要时，则动用骨骼、血液及其他组织的矿物质、蛋白质和维生素。因此，饲料日粮成分对牛蹄健康影响很大。如干物质不足，钙、磷比例失调，导致泌乳期动用蹄角质的钙、磷及矿物质，会引起蹄质疏松和不坚固，从而促进本病的发生。

【症状】

在本病变发生几小时内，观察力敏锐的畜主，可发现一肢或几肢有轻度跛行，系部和球节屈曲，以蹄尖轻轻负重。本病大约75%发生于后肢。临床观察发现成年牛的右后蹄较多发。

18～36 小时后，指(趾)间隙和蹄冠部出现肿胀，皮肤出现小裂口，甚至脱落，有难闻的气味，表面有伪膜形成。

36～72 小时后，病变可变得更为显著，指(趾)明显分开，指(趾)部、甚至球节有明显肿胀，病畜此时有剧烈疼痛，病肢常提起。系关节及蹄冠部明显肿胀、发红、疼痛，系部变直好似木蹄。

体温常常升高，食欲减退，喜卧，泌乳量下降。再过一、二天，指(趾)间组织出现剥脱。

转归好的病牛，以后出现机化或纤维化，有些病例趾间的皮肤损伤可持续很长时间。某些病牛其坏死可持续发展到深部组织，出现各种并发症，甚至蹄脱落。

【诊断】

根据症状和实验室检查可以确诊，但应与引起的并发症和蹄部化脓性疾病作鉴别诊断。

【防治措施】

及时发现并采取合理的治疗措施，预后良好。延误的病例或治疗不合理的病例，预后应慎重。发展到深部组织的病例，预后不良。治疗可用如下措施。

(1)全身肌肉注射抗生素和磺胺类药物。

(2)局部用防腐药清洗，除去坏死组织，伤口内放置抗生素、包扎。包扎时要注意勿妨碍引流。对重症病例必须全身治疗和局部治疗相结合。

(3)对于症状较轻者可不包扎，每天用 4%硫酸铜或消毒防腐液冲洗 2～4 次。保证圈舍干燥卫生。

(4)口服锌可取得一定疗效，每日口服硫酸锌 16 克，每日每千克体重 4～5 毫克，连续一周。饲料内添加乙二胺二氢碘化物对本病有预防作用。

(5)在澳大利亚和比利时等国家，用坏死杆菌甲醛苗接种免疫已获成功。

20. 幼畜屈腱挛缩

此病属于幼畜疾病，在犊牛上也常有发生。

【病因】

幼畜屈腱挛缩有先天性与后天性两种。先天性屈腱挛缩的病因尚不完全清楚，应考虑到遗传关系，如先天的腱短缩、胎位长期不正姿势，以及钙、磷代谢紊乱和维生素 A、维生素 D 缺乏。本病常发生于犊牛，多为两前肢，而后肢基本不发生。

后天性幼畜屈腱挛缩的原因，主要是幼畜在发育期间完全舍饲，运动不足，全身肌肉不发达，消化障碍，营养不良所引起。风湿性肌炎、佝偻病也能诱发此病。有的腱挛缩继发于腕腱鞘炎、指腱鞘炎，以及腱损伤。

【症状】

犊牛的屈腱挛缩(图 9-24)根据程度不同，表现多种多样。先天性的某些病畜挛缩较轻的，以蹄尖负重，行走时容易猝跌，球节腹屈。挛缩重的球节基本不能伸展，球节前面接触地面行路。

后天性屈腱挛缩，指浅屈肌腱挛缩时，蹄踵仍可接地面，球节屈曲。指屈深肌腱挛缩时，蹄踵高抬，离开地面，更严重者仅能以蹄尖壁接触地面。

不论先天性或后天性的腱挛缩，球节前面接触地面时，不久引起创伤，损伤关节，往往并发化脓性关节炎。

【诊断】

此病临床症状直观，通过肉眼观察完全可以确诊。

【治疗措施】

先天性幼畜屈腱挛缩，包扎石膏绷带或夹板绷带，在打绷带同时应将患肢的球节拉开使蹄负面完全着地，用石膏绷带固定是可以矫正的。但必须注意预防发生褥疮。

后天性挛缩，首先除去原因，可试用石膏绷带固定矫正。屈腱挛缩较重的幼畜，有必要作腱切断术。

腱切断术操作方法：犊牛先天性腱挛缩，下生后就以蹄尖或蹄前壁着地，当用夹板绷带不能矫正其变形使蹄变成正常姿势时，就应当进行腱的切断术。在中等程度的腱挛缩可采用指(趾)浅屈肌腱切断术进行矫正。严重的腱挛缩，应做指(趾)深屈肌腱切断术进行矫正。

图 9-24 犊牛先天性屈腱挛缩

(1)保定

犊牛先天性腱挛缩常常发生在两前肢，采取右侧卧保定，将二后肢捆绑在一立柱上，二前肢的腕关节以上部分捆绑在另一个立柱上，腕关节以下呈游离状。

(2)麻醉

速眠新全身麻醉，剂量为 1 毫升/100 千克体重，肌肉注射，也可仅作局部浸润麻醉。

(3)切口定位

指(趾)浅屈肌腱和指(趾)深屈肌腱切断术均可在掌(跖)中部的内侧作切口，一般切口长 2.5～3 厘米。

(4)手术方法

指(趾)浅屈肌腱切断术：在指(趾)浅屈肌腱和指(趾)深屈肌腱之间的交界处，作一 2.5～3 厘米的皮肤切口，止血钳分离皮下组织，显露屈腱，用止血钳将指(趾)浅屈肌腱和趾深屈肌腱之间的联系分离后，用手术刀伸入两腱之间隙中，将指(趾)浅屈肌腱切断(图 9-25)。皮肤切口用丝线进行缝合。

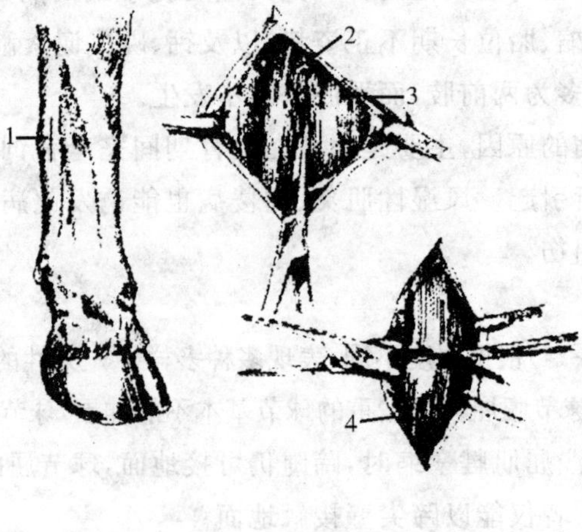

图 9-25 浅屈腱切断

1. 皮肤切口 2. 指(趾)浅屈肌腱 3. 指(趾)深屈肌腱 4. 切断的指(趾)浅屈肌腱远端

指(趾)深屈肌腱切断术:在指(趾)深屈肌腱的前缘作一 2.5 厘米皮肤小切口,用止血钳经皮肤小切口内伸入,止血钳紧紧贴着指(趾)深屈肌腱前面向对侧进行钝性剥离,并将掌心内外侧动脉、静脉和掌神经剥离至腱的前面去,剥离的间隙后面仅有指深和指浅屈肌腱,术者左手指在指(趾)的对侧感觉钳端是否已剥离到对侧皮下,待到达对侧皮下后即可退出止血钳,术者持手术刀经分离的间隙中平行腱插入,然后将手术刀旋转 90 度,使刀刃对着指(趾)深屈肌腱,术者固定手术刀,令助手抓持犊牛蹄部缓缓用力伸直患肢,使指(趾)深屈肌腱紧张,在指(趾)深屈肌腱紧张的状态下手术刀就切断了该腱。然后退出手术刀,检查患肢的腱挛缩是否被矫正,若没有矫正过来,应检查指(趾)深屈肌腱是否被完全切断了,只要指(趾)深屈肌腱被完全切断了,腱的挛缩就可完全矫正过来。缝合皮肤切口,用灭菌纱布包扎保护。

(5)术后护理

对患肢装置夹板绷带,使肢蹄保持正常形态。夹板绷带装置时间为 10～12 天,然后解除绷带并拆除缝线。

术后用青霉素肌肉注射 3 天,以控制切口的感染。

术后对犊牛适当补钙和补充维生素 A,以纠正其佝偻病的发生。

21.髋关节脱位

髋关节脱位可发生于各种动物,但常发生于牛,因为牛的髋臼较浅,股骨头呈球状,其颈粗大,从骨的长轴向内突出,髋臼边缘有三个切迹,即前外、前内和后内切迹,为了使浅的髋臼能容纳股骨头,在髋臼边缘有纤维软骨加强,并跨越这些切迹。股骨头窝和髋臼窝由股骨头韧带连接并附着。

髋关节脱位可分为全脱位和不全脱位。前者为股骨头从髋臼完全脱出并移位,后者为股骨头与髋臼仍保持着部分联系。

【病因】

最常造成本病的原因是外伤性因素,滑倒、跌倒、碰撞,特别是摔倒时两后肢叉开更易发生髋关节脱位,发情牛追爬也是引起此病的一个多发因素,保定时后肢转位不合理,奶牛爬卧综合征,产后闭孔神经损伤等都可引起本病。

缺乏运动,患骨质疏松症也是本病发生的原因之一。

【症状】

髋关节脱位常为一侧性,常发于 2～5 岁的牛,包括 1 日龄小母牛也有报道,其中,前上方脱位在髋关节脱位中较为常见,占髋关节脱位的 80%。

后方脱位股骨头移位于坐骨外下方,站立时病肢向侧方叉开,并比健侧肢长,患肢臀部皮肤特别紧张,股二头肌前方出现一沟,转子处也有一凹陷,运步时呈三脚跳,病肢只能以蹄尖沿地拖曳前进,并呈显外展,迅速向后提举患肢时,可听到移位骨的摩擦音。

内方脱位股骨头移位于耻骨横枝下方或移位于闭孔内,移位于耻骨横枝下方时,患肢呈现短缩,髋股关节上方出现凹陷,膝关节部皮肤形成皱襞,运步时很难以病肢负重,拖曳患肢前进并向外划弧。他动运动时外展容易,但内收则受到限制。

移位于闭孔内时,也可见到病肢短缩,内收和外展患肢都非常容易,运步时患肢不能完全负重,只能以蹄尖沿地拖曳前进。直肠检查时可在闭孔内发现移位的股骨头,在牛如损伤闭孔神经时,可出现闭孔神经麻痹症状。

外上方脱位股骨头移位于髋臼上方,站立时患肢显著短缩,且呈内收和伸展状态,同时肢的背侧面转向外方,跗关节可比对侧高数厘米,关节部变形,转子的轮廓可变得很明显,运步时病肢拖曳前进并向外划大圈,转出的转子在运步时可前后运动,以手掌放在凸出部可感觉到它的移动。

髋关节不全脱位时,也可突发重度混合跛行,但患肢仍可负重。髋股关节常不变形或很轻微。

【诊断】

根据临床表现和病史可作出诊断,放射学摄片检查可证明股骨头脱位情况,但需用 200 毫安以上的大型 X 光机,并需全身麻醉。直肠检查对腹侧脱位有诊断价值。

【防治措施】

发病后 24 小时还有可能整复,以后由于肌肉收缩和软组织纤维化,整复非常困难。在新发病例,即使整复成功,常常发生重新脱位,所以预后也应慎重。

犊牛可用闭合整复,在全身麻醉下将牛放倒,利用杠杆作用整复。支点放在股骨远端内面,肢向远后侧牵引,使膝关节向内旋转,跗关节向外旋转,在支点的作用下,股骨头有外展和向后下方移动的可能性,不断调整牵引方向,检查支点是否合适,直到整复成功。复位后向髋关节四周分点注射 95%的酒精,可提高治疗效果。

一般情况,在脱位后 24 小时内整复,效果较好。超过 24 小时的病例,整复不易成功,即使成功,也容易发生重新脱位。

22. *肩胛上神经麻痹*

肩胛上神经来自臂神经丛较粗的神经,由 C6～C7 颈神经组成,从肩胛下肌和冈下肌之间,绕过肩胛骨前缘的切迹转到外面,分布到冈上肌和冈下肌,在前肢负重时,这些肌肉起制止肩关节外展的作用。因这根神经短而粗,易遭受损伤。牛常发生一侧性麻痹,很少两侧发病。肩胛上神经麻痹是牛肩部损伤的一种,常表现一些相似的症状,故俗称“脱膊”。

【病因】

由于肩胛上神经起源和位置易被牛舍分隔栏损伤,或肩胛骨前缘下 1/3 处受到撞击或打击,损伤该神经。牛在前进过程中,肩部剧烈外展,神经过度牵引损伤。牛横卧保定或局部注射局麻药也可引起暂时性神经麻痹。

【症状及诊断】

当肩胛上神经损伤时,因肩关节失去制止外偏的机能,故动物驻立时,其肩关节外展,与胸壁间形成一掌大的凹陷,肩关节突出,同时肘关节向外突出。病肢肩胛骨下陷,紧贴胸壁,不能随肢的运动而前后摆动,中兽医称之为“云头不翻”。当行走时,患肢提举没有障碍,悬垂阶段,外偏的关节可恢复到正常的位置,凹陷完全消失,但在肢着地的瞬间,关节外展现象重新出现,并表现明显的支跛。病后 1～2 周,冈上肌、冈下肌发生萎缩。

急性病例可出现患肢不愿负重现象,应与肩胛骨、肱骨骨折、二头肌黏液囊炎相区别。

本病依据临床症状可作出诊断。

【防治措施】

轻度神经损伤病例，不用任何治疗，4～6 周内可完全恢复。一般对症治疗。急性病例，局部注射二甲亚砜(DMSO)，也可使用地塞米松(10～40 毫克，肌肉注射)和阿司匹林(NSAID)，可改善局部的炎症。冈上肌和冈下肌进行按摩，2 次/天，20 分钟/次。按摩后，局部涂擦四三一擦剂或樟脑酯。有条件者，可进行局部理疗，包括脉冲电疗、感应电疗、红外线照射及电针疗法等，配合应用维生素 B↓1，每次肌肉注射 500～1 000 毫克，以促进局部血液循环，加速其机能恢复，提高肌肉张力，防止肌肉萎缩。

23. 桡神经麻痹

桡神经为混合神经，是臂神经丛中最大的一支，由 7～9 颈椎和第 1 胸神经组成。桡神经从臂神经丛分出之后，分出肌支至臂三头肌和前臂筋膜张肌，然后经臂二头肌长头和内侧头进入臂骨臂肌沟向下、向外分桡浅、桡深两根神经。桡浅神经分布于前臂背外侧皮肤，桡深神经分布于前肢腕指伸肌。桡神经因其特殊的解剖部位而易受损。临床上，牛桡神经麻痹较为多见。

【病因】

牛桡神经麻痹可由直接损伤、臂骨骨折和分隔栏损伤所致。但多数发生于手术或修蹄时不合理的保定。在地面侧卧或手术台保定时，臂部远端此处桡神经浅在受地面不平物或粗绳索的压迫。修蹄时，前肢站立保定，臂部绳索系缚过紧也可压迫桡神经，引起神经麻痹。臂骨骨折时，其锐利断端可部分或完全损伤桡神经，但临床上不多见。

【症状及诊断】

由于支配肘关节、腕关节、指关节伸展机能的肌肉部分或全部失去作用，病牛站立时，病肢似乎变长。因关节不能固定，故肘关节下沉，腕以下关节屈曲，以蹄尖着地。运步时，因患肢不能充分上举，前伸困难，蹄前壁曳地而行，前方短步。由于患肢伸展不自由，不能越过障碍，甚至在平地行走也易跌倒。如人为固定腕关节，不让腕以下各关节屈曲，也能短时负重，但手一松开，上述症状又重新出现。

本病依据临床症状可作出诊断。

【防治措施】

多数牛桡神经麻痹治疗有效，有的不需特殊治疗，牛放在牛舍，限制活动，以防进一步损伤，会自行好转。如确认牛在手术台或地面造成急性桡神经麻痹，应迫使牛站立并在铺垫的地方走几步，许多牛在几分钟内恢复正常。若在 5 分钟后瘫痪仍存在，最好给予治疗。可用草把在桡神经通路按摩及用拳锤击，2 次/天，每次 10～15 分钟。轻者 1～2 天好转。如牛未怀孕，可静脉或肌肉注射地塞米松 20～50 毫克、口服阿司匹林(NSAID)15.5～31 克，2 次/天，或保泰松，开始用量为 4.4～8.8 毫克/千克体重，再每隔 48 小时用 2.2～4.4 毫克/千克体重。较重者在神经通路涂擦 10%樟脑酒精等刺激剂，皮下注射士的宁 10～20 毫克，1 次/天，7 天为一疗程。针刺和电针疗法常有效。国外报道，严重瘫痪者，可一次用二甲亚砜(DMSO) 1 克/千克体重，用葡萄糖 1∶1 稀释，静脉缓慢注射。

臂骨骨折引起的桡神经麻痹预后不良。

本病的发生主要由不良的倒卧保定引起。因此，手术前应在手术台或地面铺以倒马垫，并在肩部至腕部另加软垫，其垫子至少 20 厘米厚。另外，卧侧前肢应放在厚垫子上，并将其前肢向前拉，确保卧侧肘突不在躯体下，以防桡神经受压。

24. 牛角壳脱落

角壳也叫角鞘，牛角壳脱落是角的一种外科性损伤，在未去角的牛群中常发生此类损伤。牛的额骨两侧各有一个骨质角突，由皮肤的表皮层高度角质化而形成的角壳套在骨质角突上。角壳脱落多发生于育成牛以上的牛，犊牛的角小而软不易发生本损伤。

【病因】

暴力作用是引起本损伤的主要原因。如牛互相顶撞，外力击打，倒牛不慎，牛角被拴紧时猛烈挣扎等均可导致此类损伤。

【症状】

出血、角壳脱落、疼痛是此损伤的主要症状。由于角质小管和骨质角突间存在真皮，此真皮上有较丰富的血管。所以，当发生角壳脱落时常有较多的血液流出。

【治疗措施】

将牛先保定好，然后将粉剂抗生素或磺胺粉撒在一片脱脂棉上，将此脱脂棉裹在骨质角突上，最后给牛打一角绷带包扎即可。

参考文献

[1]侯引绪. 奶牛修蹄工培训教材. 北京:金盾出版社,2008.

[2]侯引绪. 奶牛防疫员培训教材. 北京:金盾出版社,2008.

[3]侯引绪. 奶牛繁殖技术. 北京:中国农业大学出版社,2007.

[4]侯引绪. 奶牛疾病诊断与防治. 赤峰:内蒙古科学技术出版社, 2004.

[5]齐长明. 奶牛疾病学. 北京: 中国农业科学技术出版社,2006.

[6]肖定汉. 奶牛病学. 北京:中国农业大学出版社,2002.

[7]吴敏秋,李国江. 动物外科学与产科. 北京:中国农业出版社,2004.

[8]赵德明.养牛与牛病防治. 2版. 北京:中国农业大学出版社,2004.

[9]王春璈.奶牛临床疾病学. 北京:中国农业科学技术出版社,2007.

[10]冀一伦. 实用养牛科学. 北京:中国农业出版社,2001.

[11]马仲华.家畜解剖学及组织胚胎学.3版. 北京: 中国农业出版社,2004.

[12]吴立夫,欧德渊,等.硫酸锌治疗奶牛蹄底溃疡. 中国兽医杂志,2004,40(2):28-29.

[13]董婧,李林,吕占军,等. 奶牛肢蹄病及其防治. 现代畜牧兽医,2006,1:25-27.

[14]袁凤林,晁向阳. 乳牛变形蹄的矫正及其效果观察. 中国兽医科技, 2000,30(4):39-41.

[15]汪毅,李禄. 奶牛蹄病护理. 中国奶牛,2006,12 :55-56.

[16]廖泽川,张先敏.奶牛蹄的防护及修蹄术.贵州畜牧兽医,2003,27(5):39-40.

[17]于涛, 齐长明. 奶牛蹄变形与修蹄. 中国奶牛,2007,4:56-57.

[18]董婧,李林,吕占军,等. 奶牛肢蹄病及其防治. 现代畜牧兽医,2006,1:36-37.

[19]张华. 奶牛肢蹄病的发病原因与防治对策. 中国奶牛,2007,5:28-40.

[20]李振.预防奶牛肢蹄病的日粮营养措施. 中国奶牛,2007,1:18-21.

[21]郭福存,高登云. 奶牛跛足的病因学及其综合预防措施. 中国奶牛,2007,2:30-32.

[22]齐长明,侯引绪,等. 奶牛蹄病综合防治. 黑龙江畜牧兽医杂志,1990,11:32-34.

[23]于涛.京津地区奶牛变形蹄调查研究[硕士论文]. 北京: 中国农业大学,2007.

[24]邱怀. 现代乳牛学. 北京: 中国农业出版社,2002.

[25]阮征. 乳制品安全生产与品质控制. 北京: 化学工业出版社,2005.

[26]陈幼春. 现代肉牛生产. 北京: 中国农业出版社,1999.

[27]孟庆翔. 肉牛生产经营与决策.4版. 北京:中国农业大学出版社,2005.

[28]李英. 肉牛生产与产品加工. 北京: 中国农业出版社,2000.

[29]顾宪红. 畜禽福利与畜产品品质安全. 北京: 中国农业科学技术出版社,2005.

[30]莫放. 养牛生产学. 北京：中国农业大学出版社,2003.

[31]张沅. 家畜育种学.北京:中国农业出版社,2001.

[32]李保明. 畜牧工程科技创新与发展. 北京：中国农业科学技术出版社,2003.

[33]王凯军. 畜禽养殖污染防治技术与政策. 北京：化学工业出版社,2004.

[34]张彦明. 兽医公共卫生学. 北京：中国农业出版社,2003.

[35]中国标准出版社第一编辑室. 绿色食品标准汇编. 北京：中国标准出版社,2003.

[36]李卫华.农场动物福利研究[硕士论文]. 北京：中国农业大学,2005.

[37]A. D. Fisher, M. A. Crowe, P. O. Kiely et al. Growth, behaviour, adrenal and immune responses of finishing beef heifers housed on slatted floors at 1.5, 2.0, 2.5 or 3.0 m^2 space allowance. Livestock Production Science 1997(51):245-254.

[38]Andrew D. Fisher, Ian G. Colditz, Caroline Lee et al. The in fluence of land transport on animal welfare in extensive farming systems. Journal of Veterinary Behavior 2009(4):157-162.

[39]Baxter, M. R.. The space requirements of housed livestock. CAB International, 1992(5):67-91.

[40]D. A. King, C. E. Schuehle , R. D. Randel et al. Influence of animal temperament and stress responsiveness on the carcass quality and beef tenderness of feedlot cattle. Meat Science , 2006(74):546-556.

[41]D. E. Lowe, W. J. Steen, V. E. Beattie et al. The effects of floor type systems on the performance, cleanliness, carcass composition and meat quality of housed finishing beef cattle. Livestock Production Science, 2001(69):33-42.

[42]D. F. Waynert, J. M. Stookey, K. S. S. chwartzkopf－Genswein et al. The response of beef cattle to noise during handing. Animal Behaviour Science,1999(62):27-42.

[43]Dunn, C. S. Stress reactions of cattle undergoing ritual slaughter using two methods of restraint. The Veterinary Record, 1990(126):522-525.

[44]F. Gottardo, R. Ricci, S. Preciso et al. Effcct of the manger space on welfare and meat quality of beef cattle. Livestock Production Science,2004(89):277-285.

[45]R. A. Field. Effect of castration on meat quality and quantity. Journal of Animal Science, 1971(32):849-858.

[46]F. Andre, M. Tuyttens. The importance of straw for pig and cattle welfare: A review. Animal Behaviour Science,2005(92):261-282.

[47]Grandin T. Assessment of stress during handling and transport. J. Anim. Sci. 1997(75):249-257.

[48]G. Xiccato , Angela Trocino , P. I. Queaque et al. Rearing veal calves with respect to animal welfare: effects of group housing and solid feed supplementation on growth performance and meat quality. Livestock Production Science , 2002(75):269-280.

[49]Heike Schulze Westerath, Simone Laister, Christoph Winckler et al. Exploration as

an indicator of good welfare in beef bulls:An attempt to develop a test for on—farm assessment. Animal Behaviour Science,2009(116):126-133.

［50］Jago J. G. , Bass J. J. , Matthews L. R. . Evaluation of a vaccine to control bull behavior. Proceeding New Zealand Society Animal Production,1997(57):91-95.

［51］J. Carol Petherick. Animal welfare issues associated with extensive livestock production:The northern Australian beef cattle industry. Animal Behaviour Science,2005(92):211-234.

［52］J. Carol Petherick,Vivienne J. Doogan,Richard G. Holroyd et al. Quality of handing and holding yard environment,and beef cattle temperament:Relationships with flight speed and fear of humans. Animal Behaviour Science,2009(120):18-27.

［53］Jon M. W. atts,Joseph M. Stookey. Vocal behavior in cattle:the animal's commentary on its biological processes and welfare. Animal Behaviour Science,2000(67):15-33.

［54］Katz L. S. . Sexual behavior of domesticated ruminants. Hormonal Behavior, 2007(52):56-63.

［55］Knight T. W. , Cosgrove G. P. , Death A. F. , Anderson C. B. Effect of interval from castration of bulls to slaughter on carcass characteristics and meat quality. New Zealand Journal of Agricultural Research, 1999(42):269-277.

［56］Knight T. W. , Cosgrove G. P. , Lambert M. G. et al. Effects of method and age at castration on growth rate and meat quality of bulls. New Zealand Journal of Agricultural Research, 1999(42):255-268.

［57］K. R. Buckham Sporer, L. Xiao, R. J. Tempelman et al. Transportation stress alters the circulating steroid environment and neutrophil gene expression in beef bulls. Veterinary Immunology and Immunopathology ,2008 (121):300-320.

［58］L. T. Martins, M. C. Gonc, alves, K. C. S. Tavares et al. Castration methods do not affect weight gain and have diverse impacts on the welfare of water buffalo males. Livestock Science2011(01549):1-6.

［59］M. Manninen a, R. Sormunen—Cristian b,L. Jauhiainen et al. Effects of feeding frequency on the performance and welfare of mature Hereford cows and their progeny. Livestock Science 2006(100):203-215

［60］Mickael Mazure, Daniel J Prendiville, Mark A Crowe et al. An on-farm investigation of beef suckler herds using an animal welfare index (AWI). BMC Veterinary Research 2010,6:55-57.

［61］Morgan J. B. , Wheeler T. L. , Koohmaraie M. et al. Meat tenderness and the calpain proteolytic system in longissimus muscle of young bulls and steers. Journal of Animal Science, 2008,7:1471-1476

［62］M. Villarroel,G. A. Mara, C. Sanudo. Efect of transport time on sensorial aspects of beef meat quality. Meat Science, 2003(63):353-357.

[63]Pethick D. W. et al. The regulation by nutrition of glycogen in the muscle of ruminants . Recent Advances in Animal Nut ration in Australia ,1999,12:143－145.

[64]Pierre Mormede, Stephane Andanson, Benoit Auperin et al. Exploration of the hypothalamic－pituitary－adrenal function as a tool to evaluate animal welfare. Physiology and Behaviour, 2007(92):317-339.

[65]E. O. Price, A. Sporer K. R. Burton. Transportation stress in young bulls alters expression of neutrophil genes important for the regulation of apoptosis, tissue remodeling, margination, and anti-bacterial function. Vet. Immunol. Immunopathol. 2007(118):19-29.

[66]Purchas R. W. , Burnham D. L. , Morris S. T. . Effects of growth potential and growth path on tenderness of beef longissimus muscle from bulls and steers. Journal of Animal Science, 2002(80):321－322

[67]T. E. Huxsoll, C. C. Borgwardt. Aggressive behavior is reduced in bulls actively immunized against gonadotropin－releasing hormone. Journal of Animal Science, 2003(81): 411-415

[68]Thuer S. , Mellema S. , Doherr M. G. ,et al. Effect of local anaesthesia on short－ and long－term pain induced by two bloodless castration methods in calves . The Veterinary Journal 2007(173):333-342